Leitfaden zur Verteilnetzplanung und Systemgestaltung

Alfons Sillaber

Leitfaden zur Verteilnetzplanung und Systemgestaltung

Entwicklung dezentraler Elektrizitätssysteme

Alfons Sillaber
Innsbruck, Österreich

ISBN 978-3-658-14712-9   ISBN 978-3-658-14713-6 (eBook)
DOI 10.1007/978-3-658-14713-6

Die Deutsche Nationalbibliothek verzeichnet diese Publikation in der Deutschen Nationalbibliografie; detaillierte bibliografische Daten sind im Internet über http://dnb.d-nb.de abrufbar.

Springer Vieweg
© Springer Fachmedien Wiesbaden 2016
Das Werk einschließlich aller seiner Teile ist urheberrechtlich geschützt. Jede Verwertung, die nicht ausdrücklich vom Urheberrechtsgesetz zugelassen ist, bedarf der vorherigen Zustimmung des Verlags. Das gilt insbesondere für Vervielfältigungen, Bearbeitungen, Übersetzungen, Mikroverfilmungen und die Einspeicherung und Verarbeitung in elektronischen Systemen.
Die Wiedergabe von Gebrauchsnamen, Handelsnamen, Warenbezeichnungen usw. in diesem Werk berechtigt auch ohne besondere Kennzeichnung nicht zu der Annahme, dass solche Namen im Sinne der Warenzeichen- und Markenschutz-Gesetzgebung als frei zu betrachten wären und daher von jedermann benutzt werden dürften.
Der Verlag, die Autoren und die Herausgeber gehen davon aus, dass die Angaben und Informationen in diesem Werk zum Zeitpunkt der Veröffentlichung vollständig und korrekt sind. Weder der Verlag noch die Autoren oder die Herausgeber übernehmen, ausdrücklich oder implizit, Gewähr für den Inhalt des Werkes, etwaige Fehler oder Äußerungen.

Lektorat: Dr. Daniel Fröhlich

Gedruckt auf säurefreiem und chlorfrei gebleichtem Papier.

Springer Vieweg ist Teil von Springer Nature
Die eingetragene Gesellschaft ist Springer Fachmedien Wiesbaden GmbH

Vorwort

Im deutschsprachigen Raum gibt es kaum aktuelle und umfassende Darstellungen der theoretischen und praktischen Grundlagen der Gestaltung dezentraler Elektrizitätssysteme. Die allermeisten Publikationen widmen sich der dezentralen Erzeugung, diversen Spezialfragen oder der Vorstellung neuer Entwicklungen auf einem Teilgebiet. Vielfach wird auch eine zunehmende Lücke zwischen der Erforschung beispielsweise von Netzwerktheorien samt zugehöriger Optimierung und der praktischen Arbeit eines Netzplaners in der Elektrizitätswirtschaft wahrgenommen.

Nach mehr als 35 Jahren einschlägiger anwendungsbezogener Arbeit in einem kommunalen Unternehmen und gleichzeitiger nebenberuflicher Lehr- und Forschungstätigkeit an der Universität habe ich versucht, das Basiswissen eines Systemgestalters aus meiner Sicht sinnvoll strukturiert und umfassend darzulegen. Es war Ziel, die Grundlagen so klar wie möglich und vollständig darzustellen. Gleichzeitig sollte Wissen über praktisch bewährte Vorgangsweisen und übliche technische und wirtschaftliche Parameter vermittelt werden. Einfache Anwendungsbeispiele aus der Praxis sollten gleichwertig neben theoretischen Überlegungen gezeigt werden, sodass dem interessierten Leser ein vollständiges Bild geboten wird.

Marktliberalisierung und Entflechtung der Elektrizitätsunternehmen haben die Tätigkeit der Netzplaner und Systemgestalter stark beeinflusst. Die Förderung von Erzeugungsanlagen mit erneuerbaren Energieträgern sowie der Ausstieg aus Atomkraft und fossilen Brennstoffen haben das Gesamtsystem der Elektrizitätsversorgung in Mitteleuropa massiv verändert. Nicht nur die Informations- und Kommunikationstechnik, auch die Energietechnik entwickelt sich rasch weiter. Damit verändern sich Wirtschaftlichkeit und Anwendungsfelder wie beispielsweise bei der dezentralen Automatisierung, innovativen Energiespeicherung und Elektromobilität.

Systemgestalter sind daher gefordert, ihr Wissen und ihre Fähigkeiten durch professionelles Gewichten und Filtern aus der täglichen Informationsflut weiter zu entwickeln. Jeder Netzplaner sollte seinen Erfahrungsschatz und seine individuelle Wissensbasis dokumentieren und weiter entwickeln. Dabei sollte auch die historische Erfahrung der Netzplaner nicht verloren gehen, überraschend viele Fragen der Systemgestaltung wurden bereits vor langer Zeit gelöst. In Alpenländern bestand bereits vor mehr als 100 Jahren die

Elektrizitätsversorgung aus dezentralen Mikrogrids mit virtuellen Kraftwerken auf Basis vollständig erneuerbarer Energieträger samt diversen Energiespeichern.

Die zu beobachtende Fragmentierung der Systemverantwortung erfordert im Gegenzug ein umfassendes Verständnis für technische, wirtschaftliche und organisatorische Zusammenhänge des Elektrizitätssystems und der Elektrizitätswirtschaft. Das betrifft nicht nur die Zusammenarbeit des Systemgestalters mit Instandhaltung, Netzbetrieb und Betriebswirtschaft sondern auch das Verständnis energiepolitischer und regulatorischer Gegebenheiten. Nur die umfassende Betrachtung des Gesamtsystems ermöglicht wirtschaftlich optimale Lösungen und eine dauerhaft qualitätsvolle Elektrizitätsversorgung. Wichtige Elemente sind die gemeinsame bzw. eng abgestimmte Netz- und Anlagenplanung, die aktive Auseinandersetzung mit der Netzregulierung, mit neuen Technologien wie beispielsweise Energiespeicher sowie mit technisch-organisatorischen Regelwerken und Standards. Deren wachsende Komplexität und Umfang sollten die Kreativität der Systemgestalter nicht zu sehr beschränken.

Das vorliegende Buch soll einen möglichst ganzheitlichen Einblick in die Grundlagen und wichtigen Elemente der Gestaltung dezentraler Elektrizitätssysteme bieten. Ein solides Gesamtbild bringt Orientierung und Anregungen für das Einarbeiten in spezielle Themen und den Mut zur Realisierung kreativer Lösungen. Ich danke allen Kollegen aus der Elektrizitätswirtschaft und an den Universitäten, die mich unterstützt haben und denen auch ich vielleicht etwas mitgeben konnte. Ich danke meiner lieben Frau Hermine, meinem Sohn Christian und seiner Frau Katharina für ihr Verständnis und stete Unterstützung. Sie haben mir durch ihr liebevolles, freundliches und strebsames Wesen Kraft gegeben, an diesem Buch zu arbeiten. Ich danke dem Verlag für die sehr gute Zusammenarbeit und das Interesse am vorliegenden Thema.

Innsbruck, im Mai 2016

Abkürzungen

Formelzeichen

a	Abstand, relative Auslastung
a,b,c	Parameter allgemein
A	Annuität, Fläche
A(j)	Anfangsknoten der Kante j
AD	Amortisationsdauer
BK	Kostenbarwert allgemein
BKE	Barwert der Engpasskosten
BKI	Barwert der Investitionskosten
BKV	Barwert der Verlustkosten
BKVP	Barwert der auf die Transportleistung bezogenen Verlustkosten
BRN	Barwert des Restnutzens
c	Spannungsfaktor, spezifische Wärme
C	Kapazität, Konstante, Grad Celsius
$\cos \varphi$	Leistungsfaktor
d	Scheinarbeitsverlustfaktor
D	Entnahmeleistung, Last, Dicke
DP	Längenbezogene Nachfrage
DPV	Längenbezogene Wirkverlustleistung
DR	Längenbezogener Wirkwiderstand einer Leitung
dul,DUL	(Relativer) Längsspannungsabfall
DZ	Längenbezogene Leitungsimpedanz
E	Einspeiseleistung
E(j)	Endknoten der Kante j
E(x)	Erwartungswert der Zufallsgröße x
f	Frequenz, Pheromonpegel
F	Kraft
g	Gleichzeitigkeitsfaktor, Grundlastanteil, Kantenbewertung

G	Menge der ganzen Zahlen
h	Häufigkeit
H	Höhe
i	Strom (Momentanwert)
I	Knotenmenge, Strom (Effektivwert)
I1	Knotenmenge ohne Bilanzknoten
IN	Menge der Netzknoten
IT	Menge der Trassenknoten
J	Kantenmenge
JT	Menge der Trassen(kanten)
J(i)	Menge der zum Knoten i inzidenten Kanten
K	Kosten, Grad Kelvin, Vielfaches
KB	Knotenbilanz
KE	Engpasskosten
KI	Investitionskosten
KJ	Jahreskosten
KJB	Jahresbetriebskosten
KJE	Jahresengpasskosten
KJI	Jahresinvestitionskosten
KJIN	Jahresinstandhaltungskosten
KJV	Jahresverlustkosten
KK	Kabelkosten
KL	Längenbezogene Kosten, Anzahl der Leitungsstrecken
KR	Kapazitätsrestriktion, Anzahl der Leitungsringe
KT	Tiefbaukosten
KV	Verlustkosten
L	Länge, Menge der Leitungstypen
LA	Lastangriffsfaktor
LL	Leitungslänge
LT	Trassenlänge
m	Benutzungsfaktor, Belastungsgrad, Masse
n, N	Knotenzahl, Anzahl
ND	Nutzungsdauer
p	Wahrscheinlichkeit, Preis, Zinssatz
p	Leistungsflussvariable, relative Wirkleistung
P	Wirkleistung allgemein
PE	Erzeugungswirkleistung
Pl	Wirkleistungsfluss
PN	Netzwirkleistung
PV	Wirkverlustleistung
q	(Übergangs-)Wahrscheinlichkeit, Zinsfaktor
q	Relative Blindleistung

Q	Blindleistung
r	Rückspeiseanteil, variabler Radius
R	(Ohmscher) Widerstand, fixer Radius
RN	Restnutzen, Restwert
s	Szenario, Steigerungsfaktor
S	Scheinleistung, Menge von Szenarien
SA	Spannungsabfallgleichung
SD	Stromdichte
SN	Strahlennetzbedingung
SR	Spannungsabfallrestriktion, Anzahl der Stationen je Ring
T	Zeit allgemein, Temperatur
T	Zeitabschnitt, Zeitdauer, Menge von Zeitpunkten bzw. -abschnitten
therm	thermisch wirksam
TK	Transportkapazität
TM	Transportmoment
u	Binäre Variable, relative Spannung, Spannungsabfallvariable
ü	Übersetzungsverhältnis
U	Spannung allgemein
USt	Umspannstelle
w	Gewichtung
W	Wirkarbeit allgemein
x	Binäre Variable, Ortskoordinate
X	Reaktanz
y	Binäre Variable, Ortskoordinate
Y	Admittanz
z	Ganzzahlige Entscheidungsvariable
Z	Impedanz, Zustandsmenge
ZF	Zielfunktion
ZUL	Spannungsbezogene Längsimpedanz
α	Wärmeübergangskoeffizient, Gewichtung
δ	Spannungswinkel
Δ	Differenz
κ	Spezifische elektrische Leitfähigkeit, Stoßfaktor
λ	Spezifische Wärmeleitfähigkeit, Ausfallrate
μ	Permeabilität, Reparaturrate
φ	Phasenwinkel
ψ	Impedanzwinkel
ρ	Dichte, Gewichtung
σ	Boltzmannsche Strahlungskonstante

Indizes

0	Bezugsknoten, Anfangszeitpunkt
0	Leerlauf, leerer Raum
1	Mitsystem, Parameter eines Modellelements
a	Anlagentype, außen
A	Anfang, Anlage, Anschluss, Anteil, Jahreswert
B	Betrieb, Blindgröße
C	kapazitiv
E	Ende, Engpass
Erz	Erzeugung
F	Freileitung
Fe	Eisen
ges	Gesamtwert
grenz	Grenzwert
H	Höchstwert, Hauptfeld
i	Innen, Knoten, Standort, Zustand
ij	Leitung bzw. Zustandsübergang von i nach j
Iso	Isolierung
j	Kante, Leitungstrasse, Zustand
l	Leitungstype
L	Leitung
k	Knoten
K	Kabel, Kraftwerksart, Kurzschluss
K2	Zweipoliger Kurzschluss
K3	Dreipoliger Kurzschluss
m	Knoten
min	Minimalwert
max	Maximalwert
MP	Messperiode
MSK	Mittelspannungskabel
n	Anzahl
N	Netz, Nennwert, Niedrigstwert
NSK	Niederspannungskabel
opt	Optimum
p	Stoßstrom
P	Leistung
PV	Photovoltaik
S	Streuung
t	Zeitpunkt, Zeitdauer
T	Tiefbau, Transformator
therm	thermisch

Ü	Überschreitung
UW	Umspannwerk
v	Verfügbarkeit
V	Verluste
VD	Verluste im Dielektrikum
VL	Leiterverluste
VS	Schirmverluste
w	Wartung
W	Arbeit, Wärme, Wirkgröße
z	Zustand, speziell Ausfall- oder Engpasszustand

Abkürzungen

AIS	Luftisolierte Schaltanlage (Air Insulated Switchgear)
Al	Aluminium
CAE	Computer Aided Engineering
CAIDI	Mittlere Dauer eines Ausfalls (Customer Average Interruption Duration Index)
Cu	Kupfer
DNS	Nicht bedarfsgerecht bereitgestellte Leistung (Demand not served)
DSS	Doppelsammelschiene
ENS	Nicht bedarfsgerecht gelieferte Energie (Energy not served)
ESS	Einfachsammelschiene
EU	Europäische Union
FAT	Abnahmeprüfung im Herstellerwerk (Factory Acceptance Test)
GIS	Gasisolierte Schaltanlage (Gas Insulated Switchgear)
HS	Hochspannung
KWK	Kraft-Wärme-Kopplung
LK	Längskupplung
MO	Metalloxyd
MS	Mittelspannung
NS	Niederspannung
OLTC	Laststufenschalter (On Load Tap Changer)
PVC	Polyvinylchlorid
QK	Querkupplung
RONT	Regelbarer Ortsnetztransformator
SAIDI	Systemweite Ausfalldauer (System Average Interruption Duration)
SAIFI	Systemweite Ausfallhäufigkeit (System Average Interruption Frequency)
SAT	Abnahmeprüfung am Aufstellungsort (Site Acceptance Test)
SZ	Szenario

Inhaltsverzeichnis

1	**Einführung**		1
	1.1	Anforderungen	1
	1.2	Systemgestaltung	3
		1.2.1 Aufgabenstellung	3
		1.2.2 Erwartungen an die Netzplanung	5
	1.3	Planungsaufgaben	7
		1.3.1 Merkmale	7
		1.3.2 Optimierungszeitraum	7
		1.3.3 Ungewissheit	8
		1.3.4 Zerlegbarkeit	9
		1.3.5 Strukturen	10
		1.3.6 Technik	11
	1.4	Planungskompetenzen	12
		Literatur	14
2	**Ziele der Systemgestaltung**		15
	2.1	Nachfragedeckung	16
		2.1.1 Netzzugang	16
		2.1.2 Bedarfsganglinien	17
		2.1.3 Steuerbare Nachfrage	20
		2.1.4 Weitere Netzdienstleistungen	22
		2.1.5 Anwendung in der Netzplanung	23
	2.2	Robustheit	26
		2.2.1 Allgemeines	26
		2.2.2 Ungewissheit	26
		2.2.3 Prognosen	31
		2.2.4 Robustheit	40
	2.3	Wirtschaftlichkeit	42
		2.3.1 Kosten und Nutzen	42
		2.3.2 Investitionsrechnung	47
		2.3.3 Netzkosten	50

		2.3.4	Regulierung	56
	2.4	Versorgungszuverlässigkeit		58
		2.4.1	Zuverlässigkeit von Betriebsmitteln	58
		2.4.2	Verfügbarkeit von Netzelementen	61
		2.4.3	Auswirkungen auf Kundenanlagen	62
		2.4.4	Wege zur Versorgungszuverlässigkeit	64
		2.4.5	Zuverlässige Anlagen und Netze	67
		2.4.6	Entsorgungszuverlässigkeit	72
		Literatur		73
3	**Technik zur Systemgestaltung**			**75**
	3.1	Strukturen		76
		3.1.1	Übersicht	76
		3.1.2	Stations- und Anlagenstruktur	78
		3.1.3	Trassennetz	80
		3.1.4	Leitungsnetze	83
	3.2	Transportkapazität		88
		3.2.1	Physikalische Grundlagen	88
		3.2.2	Erwärmung elektrischer Betriebsmittel	91
		3.2.3	Thermische Belastbarkeit	94
		3.2.4	Flussmodelle und Verteilnetze	97
	3.3	Spannungsmanagement		99
		3.3.1	Spannungsabfall	99
		3.3.2	Lastflussrechnung	103
		3.3.3	Spannungsebenen	104
		3.3.4	Spannungshaltung	105
		3.3.5	Spannungsregelung	108
		3.3.6	Flussmodell mit Knotenpotenzialen	111
	3.4	Kurzschlussmanagement		112
		3.4.1	Kurzschlussfestigkeit	112
		3.4.2	Kenngrößen und Berechnung	114
		3.4.3	Abschätzung	116
		3.4.4	Spannungsqualität	117
	3.5	Netzbetrieb		120
		3.5.1	Betriebstopologie	120
		3.5.2	Prozessleittechnik	125
		3.5.3	Sternpunkterdung	126
		3.5.4	Überspannungsschutz	128
		Literatur		128

4	**Grundlagen der Systemgestaltung**		133
	4.1	Planungstechniken	133
		4.1.1 Planungsprozess	133
		4.1.2 Problemzerlegung	137
		4.1.3 Modellnetze	143
		4.1.4 Rechnergestützte Netzplanung	156
		4.1.5 Planungsorganisation	162
	4.2	Planungssystematik	163
		4.2.1 Übersicht	163
		4.2.2 Grundsatzplanung	165
		4.2.3 Strukturplanung	167
		4.2.4 Ausführungsplanung	169
		Literatur	170
5	**Methoden der Systemgestaltung**		173
	5.1	Grundsatzplanung	173
		5.1.1 Systementwicklung	173
		5.1.2 Systemerneuerung	183
		5.1.3 Gestaltungsgrundsätze	192
		5.1.4 Systemstandards	204
	5.2	Strukturplanung	213
		5.2.1 Standortplanung	213
		5.2.2 Anlagenstruktur	216
		5.2.3 Netzstruktur	227
		5.2.4 Restrukturierung	237
		5.2.5 Strukturoptimierung	244
	5.3	Ausführungsplanung	251
		5.3.1 Umspannwerksgebäude	251
		5.3.2 Schaltanlagen	254
		5.3.3 Transformatoren	257
		5.3.4 Transformatorstationen	259
		5.3.5 Kabelstrecken	261
		5.3.6 Leittechnik	264
		5.3.7 Ersatzstromversorgung	269
		Literatur	270
6	**Zusammenfassung**		275
Sachverzeichnis			285

Einführung 1

Inhaltsverzeichnis

1.1	Anforderungen	1
1.2	Systemgestaltung	3
	1.2.1 Aufgabenstellung	3
	1.2.2 Erwartungen an die Netzplanung	5
1.3	Planungsaufgaben	7
	1.3.1 Merkmale	7
	1.3.2 Optimierungszeitraum	7
	1.3.3 Ungewissheit	8
	1.3.4 Zerlegbarkeit	9
	1.3.5 Strukturen	10
	1.3.6 Technik	11
1.4	Planungskompetenzen	12
Literatur		14

1.1 Anforderungen

Die Elektrizitätsnetze der Zukunft müssen eine Reihe neuer Anforderungen in einem anspruchsvoller werdenden Umfeld bewältigen. Dazu gehört der Umstieg auf ein nachhaltiges Stromerzeugungssystem auf Basis von Wind, Sonne und Biomasse und damit zunehmende dezentrale Erzeugung und Speicherung. Die regulatorischen Rahmenbedingungen entwickeln sich weiter, der Erneuerungsbedarf einer alternden Infrastruktur steigt und die technologische Entwicklung der Energie- und Informationstechnik schreitet rasch fort. Ebenso steigen die Ansprüche der Kunden an Zuverlässigkeit und Sicherheit der Versorgung und die Sensibilität der Bürger betreffend Umweltauswirkungen [1].

Die Stromerzeugung aus Wind und Solarstrahlung beruht auf nicht steuer- und speicherbaren, volatil verfügbaren Primärenergieträgern und erfordert ergänzende Kraftwerke sowie zentrale und dezentrale Energiespeicher. Verbrauchsferne große Wind- und Solarparks führen nicht nur zu einem exorbitant höheren Transportbedarf in den Netzen, sondern werden auch flächendeckend die speicherbasierte Bereitstellung von Wärme und auch Kälte auf Basis elektrischer Überschussenergie fördern. Dezentrale Erzeugungsanlagen werden in bestimmten Gebieten auslegungsrelevant für Verteilnetze und erfordern den Bau eigener Entsorgungsnetze. Synergien mit dezentralen Energiespeichern können wiederum die Netzkosten effizient reduzieren. Bei hohem Anteil an Wind- und Solarstromerzeugung werden elektrische Speicherheizungen, Warmwasserboiler, Wärmepumpen mit Niedertemperaturheizungen oder generell bivalente, das heißt von Strom auf Gas oder Biomasse umschaltbare Speicherheizungen energie- und volkswirtschaftlich interessant. Die massive Substitution fossiler Brennstoffe durch nachhaltig erzeugten Überschussstrom wird eine beachtliche Herausforderung für die Verteilnetze darstellen. Die künftige Verbreitung der individuellen Elektromobilität wird wesentlich von der Verfügbarkeit geeigneter und kostengünstiger Akkumulatoren abhängen. Die flächenhafte Verwendung von Schnellladesystemen wird die Gestaltung dezentraler Elektrizitätssysteme massiv verändern.

Die Regulierung des Netzgeschäfts beeinflusst die Investitionstätigkeit der Verteilnetzbetreiber erheblich. Anreize für Erneuerungsinvestitionen, für eine hohe Versorgungsqualität, zur generellen Effizienzsteigerung oder zur Senkung der Netzverluste verändern die Zielvorstellungen der Netzplanung. Auch die Regulierung wird sich entsprechend den künftigen energiepolitischen und energiewirtschaftlichen Rahmenbedingungen weiter entwickeln müssen. Die optimale Gestaltung des Elektroenergiesystems fordert eine Stärkung der Verantwortung für das Gesamtsystem, um Fehlallokationen zu vermeiden. Volkswirtschaftlich vorteilhaft ist nur eine abgestimmte Entwicklung der dezentralen Erzeugung, der Verteilnetze sowie der dezentralen Energiespeicher. Ebenso zu koordinieren sind die Entwicklung des Erzeugungssystems auf Basis erneuerbarer Primärenergieträger, die großtechnische Energiespeicherung sowie die Stromanwendung für Wärme und Mobilität.

Immer mehr Netzbetriebsmittel erreichen das Ende der technischen Lebensdauer, Erneuerungsmaßnahmen großen Umfangs werden kurz- bis mittelfristig erforderlich. Die Koordination von Erneuerung, Restrukturierung und Weiterentwicklung ist ein wesentlicher Erfolgsfaktor jeder Netzplanung. Nicht nur die Informations-, sondern auch die Energietechnik entwickelt sich ständig weiter und bietet dem Netzplaner innovative Lösungen, die er für wirtschaftliche und zuverlässige Anlagen- und Netzkonzepte nutzen kann. Gerade Verteilnetze werden von einer immer kostengünstigeren Mess-, Automatisierungs- und Kommunikationstechnik profitieren, für den Netzplaner werden immer mehr Prozessinformationen verfügbar. Die breite Einführung digitaler Energiemessgeräte in den Kundenanlagen bietet die Chance, wesentlich bessere Betriebsinformationen auch aus den Niederspannungsnetzen für die Netzplanung bereitzustellen. Zeitabhängige Tarife für Endkunden werden das Nutzungsverhalten verändern und neue Anforderungen an Verteilnetze stellen.

Die Gesellschaft wird immer abhängiger vom unterbrechungsfreien Arbeiten der Informations- und Automatisierungstechnik, die immer mehr Lebensbereiche durchdringt. Die geringe Verbreitung von Notstromversorgungen führt dazu, dass Ausfälle der öffentlichen Stromversorgung privat immer unangenehmer und geschäftlich immer kostspieliger werden sowie zu Sachschäden und Personengefährdung führen können. Wie weltweite Einzelfälle zeigen, können länger dauernde Unterbrechungen der Stromversorgung in urbanen Gebieten desaströse Auswirkungen haben. Daraus resultieren steigende Anforderungen an Zuverlässigkeit, Sicherheit und Robustheit der Stromversorgung und damit auch an die Systementwicklung.

Der Netzplaner muss der steigenden Sensibilität der Bürger hinsichtlich Umweltauswirkungen der Verteilnetze Rechnung tragen. Dies betrifft insbesondere Verstärkungen oder gar den Neubau von Freileitungen und Freiluftschaltanlagen. Zu achten ist zudem auch auf Häufungen von Baustellen im öffentlichen Bereich, auf den möglichen Austritt umweltbelastender Gase oder Flüssigkeiten, auf elektromagnetische Felder oder die Geräuschentwicklung insbesondere von Transformatoren. Schließlich ist bei der Gestaltung von Anlagen auf den Arbeitnehmerschutz Rücksicht zu nehmen.

Es ist Aufgabe des Systemgestalters, auf diese Herausforderungen die bestmöglichen Antworten zu finden und die Erwartungen der Stakeholder zu erfüllen. Der Kostendruck wird zunehmen, die Rahmenbedingungen werden sich immer schneller ändern und die Volatilität der Anforderungen steigen. Dies erfordert eine höhere Planungsqualität, raschere Reaktionen und erhöhte Flexibilität. Dem Ingenieur stehen hierfür weiter entwickelte Planungsmethoden und leistungsfähige Werkzeuge der Informationsverarbeitung zur Verfügung. Wesentliche Erfolgsfaktoren werden aber weiterhin die Kreativität und Qualifikation der Planer sowie die größtmögliche Nutzung von Freiheitsgraden in der Netzplanung bleiben.

Leistungsfähige geografische Informationssysteme sowie vernetzte Datenbanken für den Anlagen- und Leitungsbestand, für Planungs-, Betriebs-, Qualitäts- und Kundeninformationen bilden eine geeignete Informationsbasis zur Netzplanung. Programme zur Systembeobachtung, zur Netzanalyse und Betriebsoptimierung und sogar zur Generierung geeigneter Ausbauvarianten können vollautomatisch im Hintergrund ablaufen. Sie erlauben dem Netzplaner, individuell konfigurierte Planungsaufgaben auf Anforderung zu bearbeiten. Gute Planungsergebnisse werden dann generiert, wenn Theorie und Praxis optimal berücksichtigt werden [2].

1.2 Systemgestaltung

1.2.1 Aufgabenstellung

Das öffentliche Ver- und Entsorgungsnetz (Verteilnetz) ist in einem definierten Netzgebiet im gesamten Betrachtungszeitraum so zu gestalten, dass alle Erzeugungs- und Verbrauchsanlagen angeschlossen werden können und diese dann elektrische Energie im Rahmen der vereinbarten maximalen Leistungen einspeisen bzw. entnehmen können. Anzustreben sind dabei größtmögliche Wirtschaftlichkeit bei hoher Versorgungsqualität und geringsten Umweltauswirkungen unter Einhaltung aller technischen Randbedingungen und externen Vorgaben [3].

Großkraftwerke und große Windparks sowie einzelne Großverbraucher wie beispielsweise Anlagen der Großindustrie werden direkt an das Übertragungsnetz angeschlossen. Verteilnetze sind an vorgegebenen oder zu vereinbarenden Verknüpfungspunkten bzw. Umspannwerksstandorten mit dem übergeordneten Übertragungsnetz verbunden oder zu verbinden. Sie werden zukünftig Teil eines integralen Verbundsystems sein, das den Ausgleich zwischen zentraler und dezentraler Erzeugung, Speicherung und Verbrauch ermöglicht.

An den örtlich definierten Einspeise- und Entnahmepunkten sind die geplanten Leistungsprofile bzw. Zeitreihen der Übergabeleistung oder zumindest die gewünschten Übergabekapazitäten samt Art und Betriebsweise der angeschlossenen Erzeugungs-, Übertragungs-, Speicher- und Verbrauchsanlagen festzulegen. Lokale Energiespeicher ermöglichen eine Entkopplung zwischen den Zeitverläufen der elektrischen Netzeinspeisung bzw. -entnahme und dem Verlauf der Erzeugung und des Verbrauchs der elektrischen Energie bzw. der Nutzenergie. Von Netzkunden steuerbare bzw. von Netzbetreibern gestaltbare Einspeise- und Entnahmeprofile können die zukünftige Netzentwicklung beeinflussen. Abb. 1.1 zeigt die wesentlichen Komponenten des komplexen Elektrizitätsversorgungssystems.

Für die zum Netzausbau in Frage kommenden Anlagentechnologien und Betriebsmittelarten sowie den geplanten Netzbetrieb und die zu erbringende Versorgungsqualität sind externe Standards zu beachten und interne Standards festzulegen. Vorgegeben bzw. zu definieren sind das Netz der möglichen Leitungstrassen zwischen den Einspeise- und Entnahmepunkten sowie mögliche Anlagenstandorte für Umspannwerke und Transformatorstationen. Zu berücksichtigen ist der vorhandene Bestand an Anlagen und Leitungen samt dem erforderlichen Erneuerungsbedarf als Ausgangsbasis jeder praktischen Netzplanungsaufgabe. Neben dem Trassennetz sind betriebliche Randbedingungen wie Knotenbilanzen oder Spannungsgrenzen sowie externe Vorgaben seitens der Netzkunden oder auch Budgetgrenzen zu berücksichtigen.

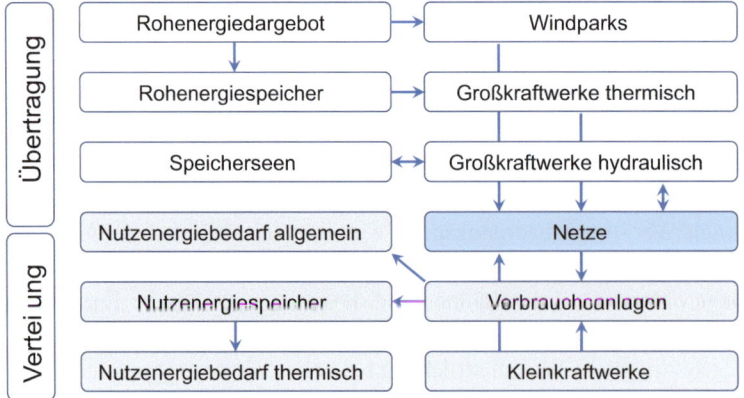

Abb. 1.1 Komponenten der Elektrizitätsversorgung

1.2 Systemgestaltung

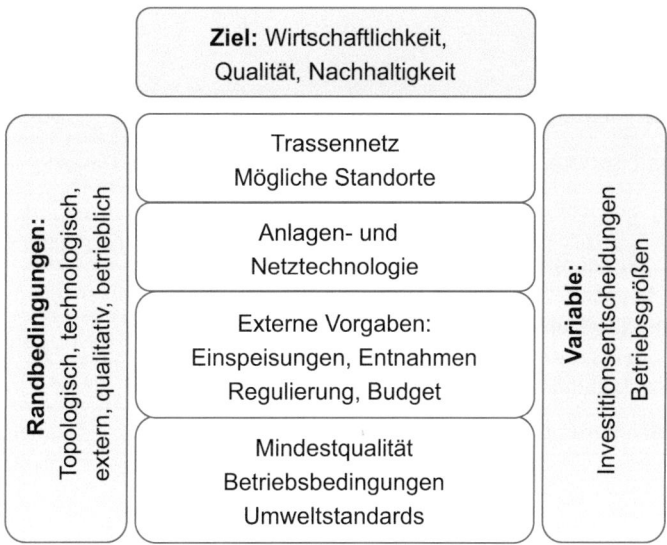

Abb. 1.2 Systemgestaltung als Optimierungsaufgabe

Die genannte Aufgabenstellung stellt ein Optimierungsproblem, genauer eine Aufgabe der optimalen Prozesssteuerung dar. Der Netzplaner legt Investitionsentscheidungen im Planungszeitraum so fest, dass ein Zielfunktional optimiert und alle Nebenbedingungen eingehalten werden. Abb. 1.2 zeigt die Struktur dieser Optimierungsaufgabe [4].

1.2.2 Erwartungen an die Netzplanung

Der Netzplaner muss die gesetzlichen und regulatorischen Vorgaben erfüllen, die technischen und verwaltungsrechtlichen Vorschriften beachten und den Erwartungen einer Reihe wichtiger Stakeholder gerecht werden. Wie Abb. 1.3 beispielhaft für ein Stadtwerk zeigt, ist die Zusammenarbeit mit unternehmensinternen, öffentlichen und privaten Stakeholdern erforderlich.

Die Unternehmensführung wird auf Basis der Eigentümerinteressen und der externen Rahmenbedingungen strategische und koordinierende Vorgaben für die Entwicklung des eigenen dezentralen Elektrizitätssystems formulieren. Im Gegenzug wird von der Netzplanung eine betriebswirtschaftlich optimale und nachhaltige Systemgestaltung zur Zufriedenheit aller internen und externen Stakeholder erwartet. Die Umsetzung erfolgt in Zusammenarbeit mit den internen Management Services mittels abgestimmter Investitions- und Finanzpläne, laufendem strategischem und operativem Controlling und durch budgetäre und technische Koordination mit Instandhaltung und Betrieb (Asset Services). Die Zusammenarbeit mit den Customer Services umfasst vor allem den Netzanschluss

Unternehmensinterne Stakeholder	Öffentliche Stakeholder	Private Stakeholder
Unternehmensführung	Energiepolitik	Bürger
Management Services	Regulierungsbehörde	Von Projekten betroffene Nachbarn
Customer Services	Elektrizitätsbehörde	
Andere Infrastrukturen: Gas, Wasser, Fernwärme, Telekom	Von Projekten betroffene Lokalpolitik	Grundeigentümer
		Netzanschlusswerber
	Straßenverwaltung	Netzkunden
Netzinstandhaltung	Interessensvertretung	Lieferanten
Netzbetriebsführung	Massenmedien	Bauherren

Abb. 1.3 Stakeholder der Netzplanung

neuer oder geänderter Kundenanlagen sowie den Informationsaustausch über die derzeitige und künftige Netznutzung von Bestandskunden.

Die Kooperation mit den Kollegen anderer Infrastrukturen ermöglicht die Nutzung von Synergien bei abgestimmten gemeinsamen Projekten. Dies erschließt oft erhebliche Einsparungspotenziale bei Tiefbauarbeiten zur gemeinsamen Verlegung von Leitungen oder bei der gemeinsamen Nutzung von Standorten. Die praktischen Erfahrungen der Fachleute aus Netzbau, Netzinstandhaltung und Netzbetrieb sollte der Netzplaner in die Planungsrichtlinien einarbeiten und bei Neubauprojekten berücksichtigen. Der von der Netzinstandhaltung definierte Erneuerungsbedarf hat wesentlichen Einfluss auf jede praktische Netzplanung. Eine enge Abstimmung zwischen Netzplanung und -betrieb trägt wesentlich zur Optimierung des Gesamtsystems bei, gemeinsames Betätigungsfeld ist vor allem die langfristige Betriebsplanung.

Energiepolitik und Regulierung definieren den strategischen und operativen externen Rahmen für die Gestaltung des dezentralen Elektrizitätssystems. Die rechtlichen und wirtschaftlichen Vorgaben haben einen massiven Einfluss auf die Finanzierung der Netzinfrastruktur und damit auf Investitionsstrategien sowie auf das Anschluss- und Nutzungsverhalten der Netzkunden. Elektrizitätsbehörden sind für die Genehmigung größerer Ausbauprojekte zuständig und können Ausführungsdetails hinsichtlich Sicherheitsstandards oder Emissionen beeinflussen. Forderungen der Lokalpolitik betreffen oft konkrete Projekte mit Auswirkungen auf Nachbarn oder die Umwelt, besonders sensibel sind meist Freileitungsprojekte. Kabelprojekte sind mit der Straßenverwaltung abzustimmen, die zeitliche Abstimmung von Bauvorhaben bringt Synergien und Vorteile für die Bürger. Interessensvertretungen beispielsweise für Kaufleute oder Landwirte können Ausführung und Ablauf von Projekten beeinflussen. Massenmedien können Bürger für gewisse energiewirtschaftliche Themen sensibilisieren oder über geplante Infrastrukturprojekte informieren.

Gut informierte Bürger stehen Infrastrukturprojekten meist eher wohlwollend gegenüber. Schwieriger ist oft der Umgang mit betroffenen Nachbarn, es ist ihnen zu vermitteln, dass ihre Rechte selbstverständlich respektiert werden. Von Projekten betroffene Grundeigentümer sind für nachteilige Auswirkungen angemessen zu entschädigen und im Gegenzug über die Vorteile leistungsfähiger Netzanschlussmöglichkeiten zu informieren. Netzanschlusswerber sind naturgemäß an kostengünstig, rasch und unkompliziert erstellten Netzanschlüssen interessiert. Netzkunden schätzen eine zuverlässige und preiswerte Netznutzung, rasche und unkomplizierte technische und kommerzielle Services sowie bei Bedarf auch einfache Erweiterungsmöglichkeiten. Lieferanten stellen technische Lösungen für Anlagen und Leitungen bereit, die Netzbetreiber wählen daraus qualitativ hochwertige, langlebige und kostengünstige Komponenten für die jeweilige Aufgabe aus.

1.3 Planungsaufgaben

1.3.1 Merkmale

Eine kurze Analyse soll die typischen Merkmale von Netzplanungsaufgaben zeigen, damit das erforderliche fachliche Wissen des Netzplaners abgrenzbar ist. Wichtig ist die konkrete Formulierung von Zielvorstellungen hinsichtlich Wirtschaftlichkeit und Qualität unter Berücksichtigung der wesentlichen Grundaufgabe, der robusten und nachhaltigen Deckung der Nachfrage nach Netzdienstleistungen. Hinzu kommt die Festlegung eines geeigneten Betrachtungszeitraums, damit zukünftige Entwicklungen in angemessener Weise bei aktuellen Investitionsentscheidungen berücksichtigt werden können. Ein wesentliches Merkmal, die Ungewissheit der zukünftigen Entwicklung, sollte bei allen Planungsüberlegungen eine wichtige Rolle spielen, um robuste Lösungen identifizieren zu können.

Komplexe Planungsaufgaben sind nur beherrschbar, wenn sie in Teilaufgaben zerlegt werden können, deren Wechselwirkungen überschaubar sind. Der Netzplaner sollte die wichtigsten Methoden der Problemzerlegung und auch der Koordination von Teilaufgaben kennen. Struktur (Topologie) und Technik der Elektrizitätsversorgung stellen die wesentlichen Randbedingungen der Netzplanung dar. Sowohl bewährte Strukturen und Technologien als auch innovative Lösungen sollten angemessen betrachtet werden. Im Folgenden werden einige spezielle Merkmale von Netzplanungsaufgaben analysiert.

1.3.2 Optimierungszeitraum

Wie bereits festgestellt, werden bei der optimalen Steuerung des Netzausbaus die Investitionsentscheidungen im Planungszeitraum so festgelegt, dass Wirtschaftlichkeit und Versorgungsqualität unter Einhaltung aller strukturellen, betrieblichen und externen Nebenbedingungen optimiert werden. In der Praxis werden nur diskrete Zeitpunkte für mög-

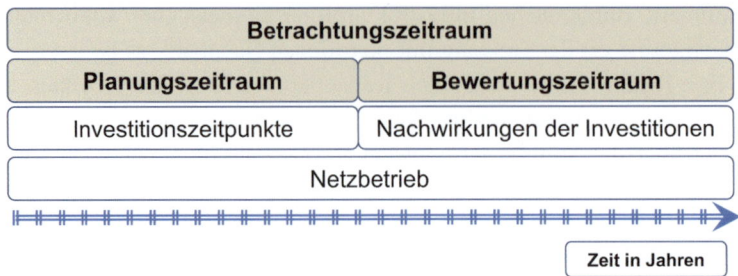

Abb. 1.4 Planungs-, Bewertungs- und Betrachtungszeitraum

liche Investitionen und fixe Zeitintervalle – meist Jahre – für den Netzbetrieb betrachtet, man spricht von einem dynamischen oder mehrstufigen Optimierungsproblem.

Investitionen in die Infrastruktur haben eine lange Lebensdauer, der Betrachtungszeitraum ist daher angemessen zu wählen. An den eigentlichen Planungszeitraum sollte ein Bewertungszeitraum anschließen, der eine langfristige Beurteilung der Nachwirkungen aller Investitionsentscheidungen erlaubt. Planungs- und Bewertungszeitraum zusammen bilden den Betrachtungszeitraum, wie Abb. 1.4 zeigt [5].

1.3.3 Ungewissheit

Langfristige Betrachtungszeiträume bedingen wachsende Ungewissheit über zukünftige Entwicklungen. Durch solide Prognosen kann der Netzplaner die Ungewissheit reduzieren, sie nimmt jedoch gegen das Ende des Betrachtungszeitraums hin unweigerlich zu. Dem ist durch die Analyse realistischer Szenarien Rechnung zu tragen, ein breites Spektrum möglicher Entwicklungen sollte berücksichtigt werden. In der Praxis sind reale Investitionsentscheidungen nur für die nächste Zukunft festzulegen, sie sollten aber langfristig optimal und robust sein [5].

Quellen der Ungewissheit können lokale, regionale oder globale Entwicklungen sein, die bei Prognosen und Szenarien zu berücksichtigen sind. Lokale Umstände betreffen typischerweise die konkrete örtliche und zeitliche Entwicklung der Einspeise- und Entnahmeleistungen. Zu den regionalen Entwicklungen zählen Art und Dichte der Verbauung, die Gestaltung der Raumordnung bzw. Flächenwidmung, die regionale Bevölkerungs- und Wirtschaftsentwicklung sowie die Investitionsbereitschaft in dezentrale Erzeugungsanlagen. Globale Trends umfassen unter anderem Verstädterung, Produktionsverlagerung, Lebensgewohnheiten, die technologische Entwicklung sowie die Energiepolitik. Ein Beispiel für das Anwachsen der Ungewissheit in der Entwicklung dezentraler Elektrizitätssysteme ist die massive Förderung dezentraler Stromerzeugung, die von der Politik auch jederzeit geändert werden kann.

Investitionsentscheidungen unter Ungewissheit erfordern Kapazitätsreserven für unerwartete Entwicklungen und damit robuste Lösungen. Die wirtschaftlich optimale Ausle-

1.3 Planungsaufgaben

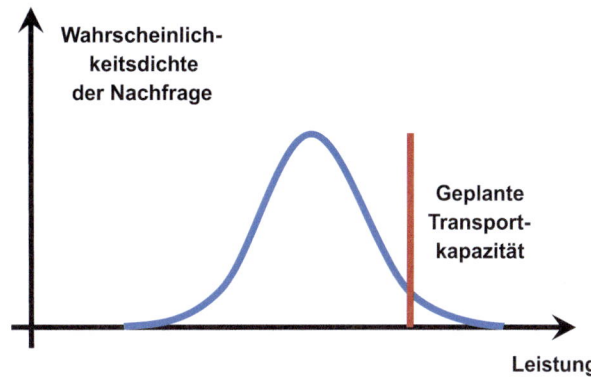

Abb. 1.5 Kapazitätsfestlegung unter Ungewissheit

gung dieser Reserven ist eine wesentliche Aufgabe der Netzplanung. Eine Reduktion der Ungewissheit kann die Investitionskosten senken, daher sind alle verfügbaren Informationsquellen für bessere Prognosen zu nützen und diese auch aktuell zu halten. Abb. 1.5 zeigt die prognostizierte Leistung als Zufallsgröße mit ihrer Wahrscheinlichkeitsdichte sowie die geplante Transportkapazität.

1.3.4 Zerlegbarkeit

Komplexe große Netzplanungsprobleme lassen sich häufig in einfachere Teilprobleme zerlegen, ohne dass die Güte der gefundenen Lösungen wesentlich abnimmt. In zeitlicher Hinsicht formuliert man einstufige (statische) Netzplanungsaufgaben typischerweise bei der Erstausbauplanung oder bei der Zielnetzplanung. Man geht davon aus, dass der Erstausbau des Elektrizitätsnetzes soweit absehbar auch langfristig die günstigste Lösung darstellt, ein weiterer Stufenausbau also nicht erforderlich erscheint. Für eine gegebene Planungsaufgabe stellt das Zielnetz unabhängig oder auch abhängig vom vorhandenen Verteilnetz das langfristig anzustrebende Optimum dar [5].

Geografisch bieten sich natürliche Grenzlinien wie Gebirge, Flüsse, Grünflächen, Eisenbahnen oder Autobahnen an, um Teilnetzgebiete vorab festzulegen und das Gesamtplanungsproblem zu vereinfachen. Historisch zweckmäßig gewachsene Teilnetze können als Basis für eine sinnvolle räumliche Zerlegung (Dekomposition) einer umfangreichen Planungsaufgabe dienen. Auch der Netzplaner kann je nach vorliegender Problemstellung ein relevantes Planungsgebiet abgrenzen, um den Planungsaufwand zu limitieren.

Die technologisch orientierte Zerlegung richtet sich nach Spannungsebenen und trennt die Anlagenplanung von der Leitungsplanung. Zu beachten ist aber beispielsweise, dass Mittel- und Niederspannungskabel im selben Graben verlegt werden können, daher ist bei der Feintrassierung eine gegenseitige Abhängigkeit zwischen den Netzebenen zu berücksichtigen.

1.3.5 Strukturen

Netzplanung kann grundsätzlich auf einer freien Fläche stattfinden, die Leitungsführung erfolgt sozusagen querfeldein. Dies ist vor allem für Freileitungen in relativ dünn besiedelten Gebieten vorteilhaft. Kabellegungen erfolgen heutzutage aber meist entlang öffentlicher Straßen und Wege, das Straßennetz bildet daher das Netz möglicher Leitungstrassen. In städtisch verbauten Gebieten gibt es dazu kaum Alternativen, in ländlichen Gebieten ist die gute Zufahrtsmöglichkeit von Vorteil. Auf dem vorgegebenen Trassennetz kann dann das optimale Leitungsnetz geplant werden.

Die Basisstruktur von Verteilnetzen ohne Verzweigungen bilden Leitungsstränge und Leitungsringe zwischen den Einspeise- und Entnahmepunkten. Zusammen mit einer bzw. zwei Hauptanspeisungen bilden sie Ring- und Strangnetze, wie Abb. 1.6 zeigt. Eine Hauptanspeisung verbindet das Netz meist mit einem Netzknoten einer höheren Spannungsebene, ist also im Allgemeinen ein Umspannwerk oder eine Transformatorstation, seltener handelt es sich um eine Schaltstation. Unverzweigte Strahlennetze findet man in der Praxis kaum [6].

Lässt man Verzweigungen in Netzknoten zu, erhält man einfach oder mehrfach gespeiste Strahlen- und Maschennetze, wie Abb. 1.7 zeigt. Verzweigungen können mit Hilfe einer Abzweigmuffe auch auf jeder Kabelstrecke realisiert werden.

Eine grundlegende Aufgabenstellung der Netzplanung ist die Ermittlung kürzester oder kostengünstiger Wege zwischen vorgegebenen Netzknoten, also deren optimale Verbindung oder Vernetzung. Ein Beispiel ist die Feintrassierung einer Leitung zwischen zwei

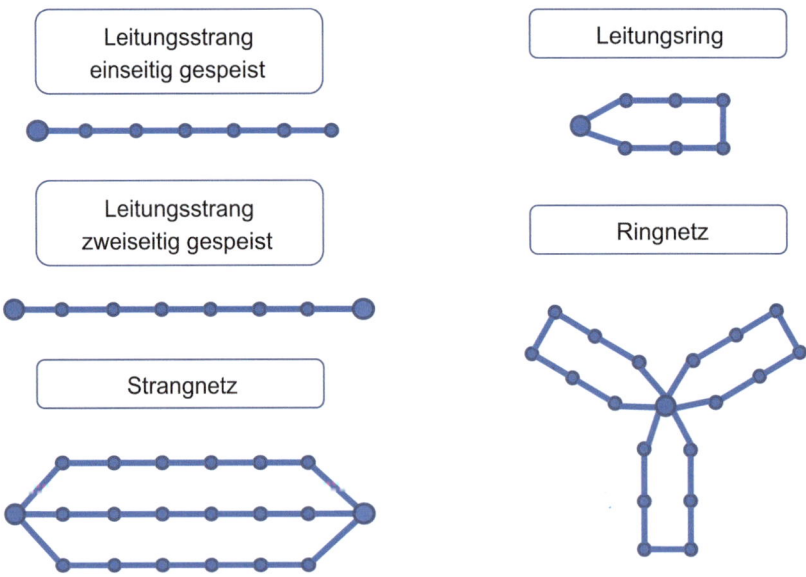

Abb. 1.6 Strang- und Ringnetze

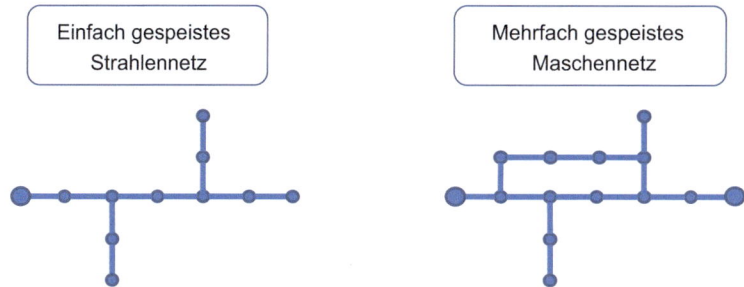

Abb. 1.7 Strahlen- und Maschennetze

Stationen. Zwischen mehreren Knoten kann ein Strahlennetz minimaler Länge relativ einfach gefunden werden. Komplexer ist die Planung eines oder mehrerer Leitungsringe oder -stränge minimaler Gesamtlänge.

1.3.6 Technik

Eine ebenso wichtige Teilaufgabe ist die Planung optimaler Transportkapazitäten. Wirkverluste in Transformatoren und Leitungen führen zur Erwärmung der Betriebsmittel, die Temperaturen dürfen materialspezifische Grenzwerte nicht überschreiten. Die daraus resultierenden Grenzwerte der Belastung (z. B. thermischer Grenzstrom) sind wesentliche Dimensionierungskriterien in der Netzplanung. Festzulegen sind Nennleistungen der Transformatoren sowie Leitungstypen und -querschnitte, die kurzzeitig zulässigen thermischen Überlastungen sind ebenfalls von Interesse.

In städtischen Netzgebieten mit ausreichend hoher Lastdichte ist die thermische Belastbarkeit der Leitungen entscheidend für die Transportkapazität. In ländlichen Gebieten wird jedoch der Spannungsabfall zum limitierenden Faktor. Die maximal zulässige Spannungsabweichung an der Übergabestelle zur Kundenanlage ist ein entscheidendes Planungskriterium bei niedriger Lastdichte. Von strategischer Bedeutung ist daher die langfristige Festlegung der Spannungsebenen in einem Netzgebiet. Eine radikale Maßnahme ist der Umstieg auf eine neue Spannungsebene, in der Praxis werden aber auch historisch gewachsene Betriebsspannungen an neue Standards angepasst (z. B. 25 kV → 30 kV). Im Niederspannungsbereich können auch einzelne Netzabschnitte mit 1000 V Nennspannung realisiert werden.

Dem Netzplaner steht eine Reihe von Möglichkeiten zur Verfügung, das zulässige Spannungsband im Netzbetrieb optimal auszuschöpfen, um Netzverstärkungen hinauszuschieben oder zu vermeiden. Diesem Spannungsmanagement dienen Regel- und Stelltransformatoren, zukünftig wohl auch leistungselektronische Stellglieder sowie die Kontrolle der Blindleistungsflüsse im Netz. Das zulässige Spannungsband ist durch Normen

Abb. 1.8 Elemente der Netzplanung

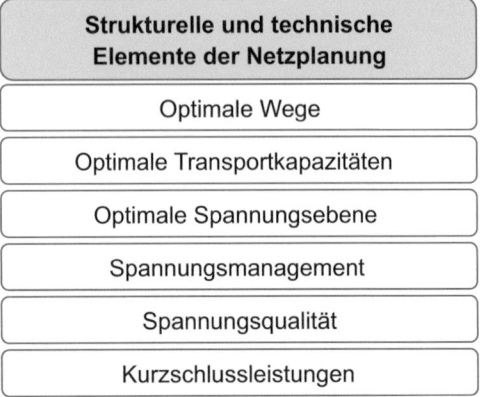

vorgegeben, Hersteller von Elektrogeräten streben langfristig geringere zulässige Spannungsabweichungen an.

Neben stationären Spannungsabweichungen müssen auch rasche Spannungsänderungen und andere Beeinträchtigungen der Netzspannung limitiert werden, um die ebenfalls genormte Spannungsqualität zu gewährleisten. Verursacht werden diese Störungen häufig durch Netzrückwirkungen von Kundenanlagen, daher ist an den Übergabestellen eine angemessene minimale Kurzschlussleistung bereitzustellen. Es ist ebenfalls Aufgabe der Netzplanung, in allen Spannungsebenen die maximalen Kurzschlussströme langfristig zu begrenzen und alle Betriebsmittel kurzschlussfest auszulegen [6].

Die genannten elementaren Teilaufgaben der Netzplanung sind in Abb. 1.8 dargestellt.

1.4 Planungskompetenzen

In den folgenden Kapiteln wird erforderliches Basiswissen zur Gestaltung von regionalen und kommunalen Ver- und Entsorgungsnetzen dargestellt. Die praxisgerechte Formulierung von Planungszielen und die umfassende Kenntnis der rechtlichen, wirtschaftlichen und technischen Randbedingungen sind wichtige Voraussetzungen für erfolgreiche Netzplanungsprojekte. Das Wissen um Planungstechniken und unterstützenden Werkzeuge, die kontinuierliche Aufbereitung der notwendigen Planungsdaten sowie die Zusammenarbeit mit allen Stakeholdern sind unverzichtbare Erfolgsfaktoren. Eine effiziente Organisation und Strukturierung der Planungsaktivitäten sowie die praxisgerechte Bewertung und Umsetzung der Planungsergebnisse ermöglichen es letztendlich, den vollen Nutzen der Gestaltungsarbeit zu lukrieren.

Kap. 2 befasst sich mit den wesentlichen Zielen der Systemgestaltung wie Nachfragedeckung, Wirtschaftlichkeit, Versorgungsqualität und Robustheit der umzusetzenden Planungsergebnisse. Die Nachfrage nach Netzdienstleistungen und ihre nach Zeitpunkt, Ort und Qualität differenzierte Kenntnis ist Ausgangspunkt aller Netzplanungsaktivitäten. Ih-

1.4 Planungskompetenzen

re Beschreibung hinsichtlich Gleichzeitigkeit, Steuerbarkeit und Bedarfsspitzen muss den Anforderungen der Kapazitätsplanung genügen. Prognosen über den Betrachtungszeitraum liefern die für alle Planungen notwendigen Basisinformationen, der damit verbundenen Ungewissheit müssen die Planungs- und Bewertungsmethoden Rechnung tragen. Für das eigene Unternehmen wie für jeden Netzkunden ist die nachhaltige Wirtschaftlichkeit der Systementwicklung bedeutsam. Fragen der Dienstleistungsqualität, insbesondere der Ver- und Entsorgungszuverlässigkeit, haben einen wesentlichen Einfluss auf Kosten und Strukturen dezentraler Energiesysteme.

Kap. 3 befasst sich mit Struktur und Technik der Elektrizitätsversorgung als wesentliche Randbedingungen der Systemgestaltung. Typische Strukturen von Stationsanlagen sowie Grundelemente von Netzstrukturen und ihre systemtechnischen Eigenschaften werden dargelegt. Die thermischen Belastbarkeiten der Betriebsmittel bestimmen die Transportkapazitäten vor allem in Netzen mit hoher Nachfragedichte. Zunehmende wirtschaftliche Bedeutung erlangen moderne Methoden des Spannungsmanagements insbesondere für ländliche Netze mit hoher dezentraler Einspeisung. Sie ermöglichen es, Ausbaumaßnahmen zu reduzieren oder hinauszuschieben. Der Planer legt auch maximale und minimale Kurzschlussleistungen in den Netzen fest und beeinflusst damit maßgeblich Anlagenkosten und Spannungsqualität. Methoden der Instandhaltung und des Betriebes wirken sich auf die Systemgestaltung aus, daher verdienen Asset Management und Betriebsplanung entsprechende Aufmerksamkeit.

In Kap. 4 werden die grundlegenden Planungstechniken behandelt und eine Planungssystematik entwickelt. Elementare Planungsprozesse wie der Umgang mit Planungsvarianten sowie Modellierung und Optimierung sind Bausteine aller Planungstätigkeiten. Praxisnahe Methoden der Problemzerlegung (Dekomposition) vereinfachen substanziell jede Problemlösung. Planungsmodelle für Leitungen und Netze erleichtern vor allem grundsätzliche Untersuchungen und machen fundamentale Zusammenhänge sichtbar. Der zweckmäßige Einsatz rechnergestützter Planungsmethoden erhöht die Planungsqualität und senkt den Planungsaufwand, der Systemplaner muss jedoch deren Potenziale richtig einschätzen. Schließlich hängt der Planungserfolg wesentlich von einer zweckmäßigen Organisation der Planungstätigkeiten ab. Die Systematik der Netzplanung nutzt die sachliche Zerlegbarkeit der Planungsaufgabe hinsichtlich Detaillierung. Unterschieden werden Grundsatzfestlegungen, die Gestaltung der Systemstrukturen und die Detailplanung oder Projektierung.

Kap. 5 beschreibt die zentralen Methoden der Systemgestaltung: Grundsatz-, Struktur- und Projektplanung. Die langfristige Systementwicklung wird stark von energiepolitischen, regulatorischen, volkswirtschaftlichen sowie technologischen Entwicklungen beeinflusst. Der Systemgestalter sollte auf unterschiedliche Szenarien vorbereitet sein und Entwicklungswahrscheinlichkeiten realistisch einschätzen können. Grundsätzliche Festlegungen und Planungsstandards sollten sowohl Neu- als auch Ersatzinvestitionen betreffen. Die Gestaltung der Systemstrukturen erfordert die Auswahl von Standorten, die Festlegung von Anlagenstrukturen, die Planung der Netztopologie sowie die Bestimmung der Hauptparameter der Betriebsmittel. Die Detailplanung von Stationsbauwerken, Anlagen,

Leitungsstrecken sowie von Leittechnik und Nebenanlagen sollte gemeinsame systemrelevante Vorgaben berücksichtigen.

Die knappe Darstellung möglichst aller für die Gestaltung dezentraler Elektrizitätssysteme relevanten Fakten und Zusammenhänge soll das Verständnis für das komplexe Gesamtsystem fördern. Planungs- und Ausführungsbeispiele verdeutlichen die gängige Planungs- und Realisierungspraxis. Darauf aufbauend kann sich der Netzplaner eine Wissensplattform schaffen, auf der er seine Fähigkeiten und seine Kreativität zum Nutzen aller Stakeholder entfalten kann.

Literatur

1. Deutsche Energie-Agentur GmbH (Herausgeberin, 2012) Ausbau- und Innovationsbedarf der Stromverteilnetze in Deutschland bis 2030. Endbericht zur dena-Verteilnetzstudie, Berlin http://www.dena.de/fileadmin/user_upload/Projekte/Energiesysteme/Dokumente/denaVNS_Abschlussbericht.pdf (Abfrage 18.8.2015)
2. Paulun T, Haubrich H J (2007) Rechneroptimierte Ausbaustrategien für Hoch- und Mittelspannungsnetze. emw 2007, 3, 51–54
3. Sillaber A (2013) Gestaltung von Mittelspannungsnetzen. Seminar Verteilnetzplanung, veranstaltet von Österreichs Energie, Fuschl (Salzburg)
4. Berg A, Hinüber G, Moser A (2009) Planung von optimalen Strom- und Gasverteilungsnetzen. Energiewirtschaftliche Tagesfragen 59, 12, 8–12
5. Paulun T (2007) Strategische Ausbauplanung für elektrische Netze unter Unsicherheit. Dissertation RWTH Aachen, Aachener Beiträge zur Energieversorgung, Bd. 115
6. Schlabbach J (2009) Elektroenergieversorgung. 3. Aufl., VDE Verlag, Berlin

Ziele der Systemgestaltung

2

Inhaltsverzeichnis

2.1	Nachfragedeckung	16
	2.1.1 Netzzugang	16
	2.1.2 Bedarfsganglinien	17
	2.1.3 Steuerbare Nachfrage	20
	2.1.4 Weitere Netzdienstleistungen	22
	2.1.5 Anwendung in der Netzplanung	23
2.2	Robustheit	26
	2.2.1 Allgemeines	26
	2.2.2 Ungewissheit	26
	2.2.3 Prognosen	31
	2.2.4 Robustheit	40
2.3	Wirtschaftlichkeit	42
	2.3.1 Kosten und Nutzen	42
	2.3.2 Investitionsrechnung	47
	2.3.3 Netzkosten	50
	2.3.4 Regulierung	56
2.4	Versorgungszuverlässigkeit	58
	2.4.1 Zuverlässigkeit von Betriebsmitteln	58
	2.4.2 Verfügbarkeit von Netzelementen	61
	2.4.3 Auswirkungen auf Kundenanlagen	62
	2.4.4 Wege zur Versorgungszuverlässigkeit	64
	2.4.5 Zuverlässige Anlagen und Netze	67
	2.4.6 Entsorgungszuverlässigkeit	72
Literatur		73

2.1 Nachfragedeckung

2.1.1 Netzzugang

Die Nachfrage nach Netzdienstleistungen entsteht aus dem Bedarf der Netzkunden, innerhalb gewisser Grenzen am gewünschten Ort elektrische Energie aus dem Verteilnetz zu entnehmen oder einzuspeisen. Den kommerziellen Rahmen bildet die sogenannte Bereitstellungsleistung, eine vertraglich zwischen Netzbetreiber und Kunde vereinbarte Wirkleistung in Form eines 15 min-Mittelwerts. Die Leistungsbereitstellung erfolgt an dem mit dem Kunden vereinbarten Entnahme- oder Einspeisepunkt, an dem meist auch die Eigentumsgrenze festgelegt wird. Bei einem Neuanschluss muss das bestehende Netz vom günstigsten Netzanschlusspunkt bis zu dieser Eigentumsgrenze durch den Verteilnetzbetreiber ausgebaut werden.

Für die thermische Dimensionierung der Netzkomponenten ist aber nicht die Wirkleistung, sondern im Wesentlichen die Scheinleistung bzw. der Strom maßgeblich. In der Praxis begnügt man sich für Planungszwecke häufig mit Grenzen für den Leistungsfaktor für bestimmte Kategorien von Kundenanlagen, z. B. 0,95 für Wohnungen oder 0,9 für Gewerbeanlagen. Zusätzlich sind die Spannungs- oder Netzebene sowie die technische Ausführung des Entnahme- oder Einspeisepunktes der Kundenanlage in angemessener Weise einvernehmlich festzulegen:

- Hausanschlusskasten im Niederspannungsnetz (Netzebene 7; NS),
- Kabelabgang im Niederspannungsverteiler einer Trafostation (Netzebene 6; NS),
- Schaltfeld der Mittelspannungsanlage einer Trafostation (Netzebene 5; MS),
- Schaltfeld der Mittelspannungsanlage eines Umspannwerks (Netzebene 4; MS),
- Schaltfeld der Hochspannungsanlage eines Umspannwerks (Netzebene 3; HS).

Folgende Abb. 2.1 zeigt beispielhaft die wesentlichen Komponenten eines Niederspannungs-Hausanschlusses [1, 2].

Die vom Kunden gewünschte Bereitstellungsleistung ist bei Neuanschlüssen ein Planungswert des Projektanten der Kundenanlage. Dementsprechend enthält sie Reserven gegenüber dem tatsächlich zu erwartenden Höchstwert des Leistungsbedarfs. Eine entsprechende Abstimmung zwischen den Planern ist zweckmäßig. Im Laufe der Netznutzung kann sich aber der Leistungsbedarf erhöhen, sodass die ursprüngliche Bereitstellungsleistung überschritten wird. Spätestens dann ist eine erhöhte Bereitstellungsleistung zwischen Netzbetreiber und Kunde zu vereinbaren. Ein erfahrener Netzplaner wird sowohl die Reserven des Anlagenprojektanten als auch Wahrscheinlichkeit und Zeitdauer zukünftiger Leistungserhöhungen realistisch einschätzen können. Das sorgfältige Dokumentieren aller Planungsgrößen kann zur Wirtschaftlichkeit nicht unwesentlich beitragen.

2.1 Nachfragedeckung

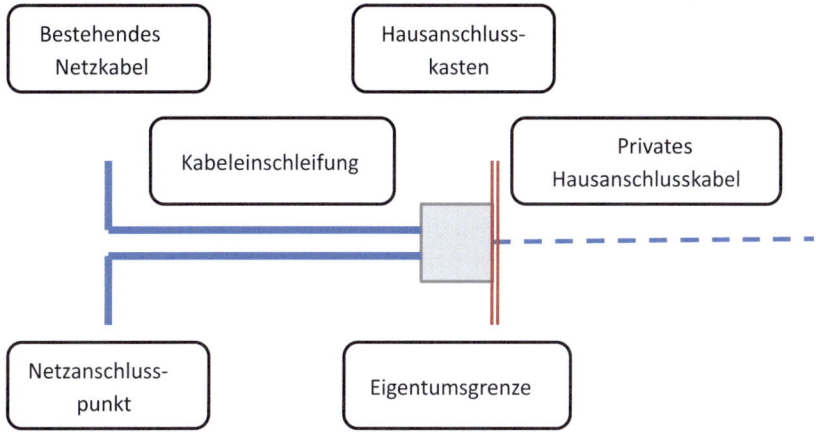

Abb. 2.1 Netzanschluss eines Hauses

2.1.2 Bedarfsganglinien

2.1.2.1 Charakteristische Beispiele

Viele Ganglinien der Entnahme oder Einspeisung zeigen eine tägliche, wöchentliche und jährliche Periodizität. Sie spiegeln die privaten Lebensgewohnheiten sowie die wirtschaftlichen und sozialen Aktivitäten der Bevölkerung wider (vgl. Abb. 2.2). Sie unterliegen kurzfristigen Schwankungen sowie langfristigen Veränderungen und werden durch die Technologien der Energienutzung bzw. -umwandlung bestimmt.

Die Bilder zeigen beispielhaft die obere und untere Einhüllende von gemessenen Tageslastganglinien. Gerade bei einzelnen Wohnungen gibt es eine große Variationsbreite, erst eine zweckentsprechend gewählte, ausreichend große Menge (Stichprobe) ermöglicht

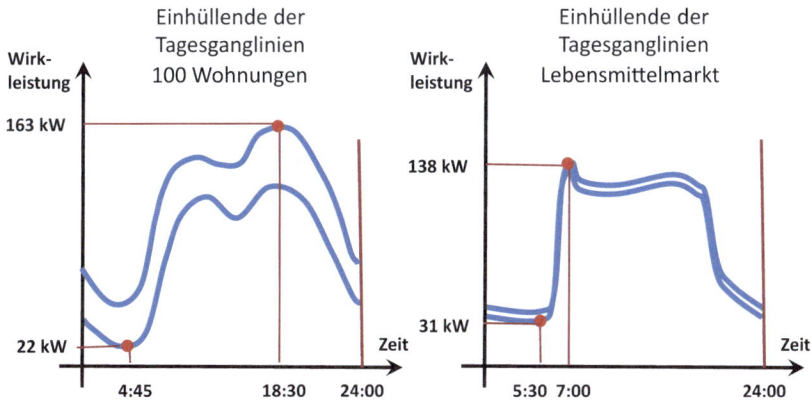

Abb. 2.2 Beispiele für Tageslastganglinien

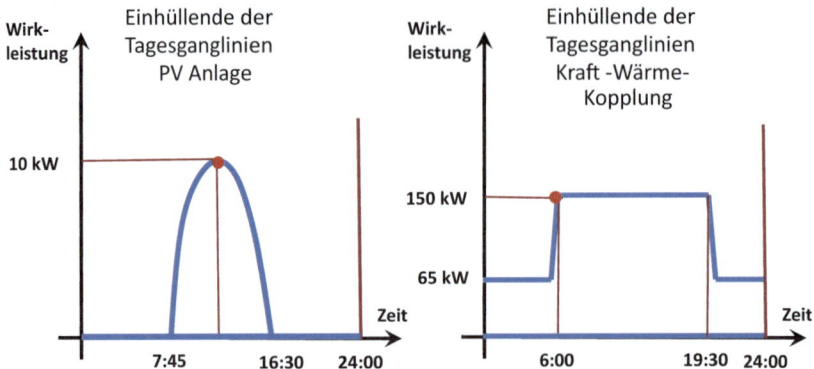

Abb. 2.3 Beispiele für Tageseinspeiseganglinien

ausreichend stabile Aussagen. Beträchtliche Unterschiede gibt es sowohl in Wohn- als auch in Wirtschaftsgebieten zwischen Arbeitstagen und Freizeittagen. Saisonale Unterschiede ergeben sich hauptsächlich durch Klimatisierung sowie elektrische Raumheizung. Auch die elektrische Warmwasserbereitung beeinflusst den Tageslastgang.

Einspeiseganglinien dezentraler Erzeugungsanlagen können sehr unterschiedlich sein, als Beispiele werden in Abb. 2.3 Einhüllende von Tagesganglinien von Photovoltaikanlagen und Kraft-Wärme-Kopplungsanlagen vorgestellt.

Mangels Sonneneinstrahlung oder Mangels zeitgleichen Bedarfs an Nutzwärme kann die Einspeisung natürlich auch tageweise zum Teil oder gänzlich entfallen. Durch lokale Energiespeicher können die Ganglinien massiv beeinflusst werden.

Es empfiehlt sich, für die Netzplanung charakteristische Nachfrageganglinien auszuwerten und zu dokumentieren. So lassen sich langfristige Änderungen der Nachfrage beispielsweise durch Änderung der Lebensgewohnheiten (Haushaltsgröße, Kochgewohnheiten) und ihre Auswirkungen auf auslegungsrelevante Nachfragespitzen zuverlässiger analysieren.

2.1.2.2 Summation von Bedarfsganglinien

Die Gesamtlastganglinie eines Niederspannungskabels oder einer Trafostation erhält man durch vorzeichenrichtige Addition der Bedarfsganglinien aller angeschlossenen Kundenanlagen. Durch die meist unterschiedlichen Zeitverläufe ist die Gesamthöchstlast kleiner als die Summe aller Einzelhöchstlasten, dies gilt für beide Lastflussrichtungen. Die Zeitpunkte der Extremlasten verändern sich häufig bei der Summenbildung, wie Abb. 2.4 zeigt.

Zeigen die Bedarfsganglinien der Kundenanlagen in einem Gebiet stark unterschiedliche Zeitverläufe, so spricht man von starker zeitlicher Inhomogenität. Flächenwidmungspläne sorgen für eine geordnete Entwicklung der Bebauung und der Gebäudenutzungen. Sie weisen beispielsweise Wohn-, Gewerbe-, Handels- oder Grünzonen aus und brin-

2.1 Nachfragedeckung

Abb. 2.4 Summe von Ganglinien

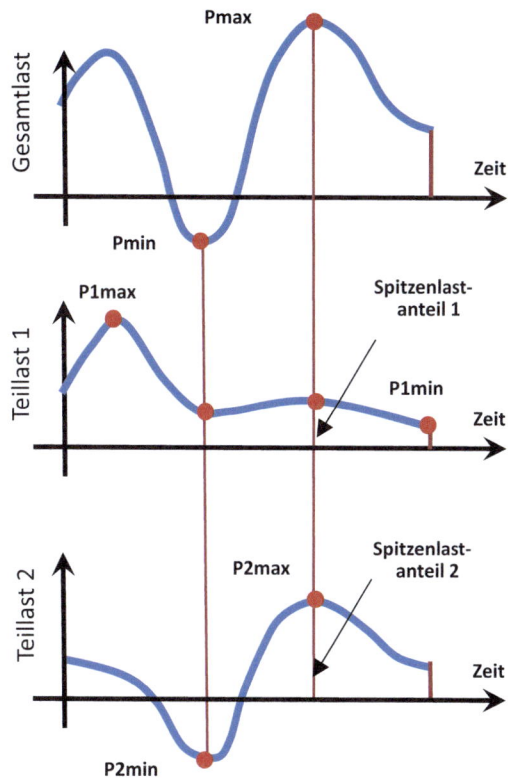

gen so eine gewisse Nachfragehomogenität in diesen Teilgebieten. Die oft uneinheitliche Entwicklung von Photovoltaikanlagen in Wohngebieten sorgt für eine wachsende Inhomogenität der Ganglinien.

Dauerlinien sind zeitlich der Größe nach geordnete Ganglinien und beschreiben die Zeitdauer der Überschreitung einer bestimmten Leistung. Durch die zeitliche Umordnung bleibt die Information über die Energiemenge erhalten, da es eine flächeninvariante Transformation ist. Sehr wohl geht aber die Information des Zeitpunktes bestimmter Lasten verloren, daher ist eine Addition von Dauerlinien nicht sinnvoll. Gerade wegen der wachsenden zeitlichen Inhomogenität mit zunehmender dezentraler Einspeisung wird die Beobachtung von kumulierten Nachfrage- und Auslastungsganglinien für die Systemgestaltung immer wichtiger.

2.1.3 Steuerbare Nachfrage

2.1.3.1 Klassische Laststeuerung

Seit vielen Jahrzehnten wird Verbrauchern der klassische Nachtstrom für Speicherheizungen, Warmwasserbereitung, Wärmepumpen oder ähnliche Wärmespeicheranwendungen angeboten. Ähnliches gilt vielerorts auch für die öffentliche Straßenbeleuchtung. Auch nach der Liberalisierung des Elektrizitätsmarktes werden noch häufig Energiemengen in der Nacht zu günstigen Preisen geliefert und reduzierte Netznutzungstarife an Verbraucher verrechnet.

Die Steuerung der Nachtstromverbrauchsgeräte in den Kundenanlagen erfolgt im Allgemeinen durch Verteilnetzbetreiber nach mehr oder weniger fixen Zeitplänen. Hierzu werden in Städten oft zentral gesteuerte Tonfrequenz-Rundsteueranlagen, auf dem Lande auch dezentrale Zeitschaltuhren verwendet. Hinzu kommt mancherorts auch die Möglichkeit der Funkrundsteuerung. In den meisten Fällen werden die Verbrauchsanlagen zentral eingeschaltet und durch Thermostate ausgeschaltet, der seltenere umgekehrte Fall wird Rückwärtsauflading genannt. Dies führt zu typischen Einschaltspitzen bei diesen gesteuerten Lasten gemäß Abb. 2.5.

Die Grafik zeigt das Anschlussleistungs-Zeit-Fenster einer Gruppe von Heißwasserspeichern in Haushalten zur Warmwasserbereitung in der Nacht. Im Normalbetrieb stellt sich ein mittlerer, annähend dreiecksförmiger Leistungsverlauf ein, da der tägliche Warmwasserverbrauch der einzelnen Haushalte sehr unterschiedlich sein kann. Sollten durch eine Störung Aufheizzyklen ausfallen, so könnte der dargestellte in der Praxis maximale Leistungsverlauf auftreten. Dies sollte in der Netzplanung und auch bei der Gestaltung von Speicheranwendungen beachtet werden.

Roh- und Nutzenergiespeicher können Nachfrageganglinien massiv verändern. Die zeitliche Nutzung dezentraler Speicher hängt fundamental von den Speicherkosten, von Strom- und Energiepreisen und deren zeitlicher Dynamik sowie von Netznutzungsentgelten, Steuern und Förderungen ab. Hinzu kommen die Begrenzungen durch die Transportkapazitäten dezentraler Netze. Volkswirtschaftlich sinnvoll ist der dezentrale Speicherein-

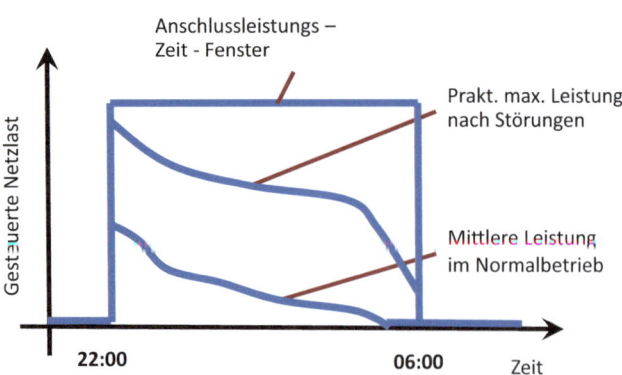

Abb. 2.5 Ganglinien von Nachtspeicheranwendungen

satz in Zeitfenstern mit ungenutzten Transportkapazitäten zur Aufnahme überschüssiger und damit preiswerter Erzeugungsmengen.

2.1.3.2 Steuerung nach Energiepreisen

Der liberale Elektrizitätsmarkt bietet Marktteilnehmern Anreize zu vermehrter Erzeugung bei hohen Marktpreisen und vermehrtem Verbrauch bei niedrigen Marktpreisen. Dies wird durch entsprechende Roh- bzw. Nutzenergiespeicher ermöglicht (Erdgasspeicher, Biogasbehälter, Heißwasserspeicher). Nutzbar ist das derzeit allerdings nur für größere Marktteilnehmer mit direktem oder indirektem Zugang zu den dynamisch veränderlichen Börsepreisen. Kleinkunden werden von Stromhändlern oder -lieferanten derzeit kaum dynamisch veränderliche Preise (Dynamic or Real Time Pricing) angeboten. Mit der zunehmenden Verbreitung von vernetzten elektronischen Zählern auch bei Kleinkunden wird eine Voraussetzung für die dynamische Verbrauchssteuerung samt viertelstündlicher Energieabrechnung geschaffen [3].

Derzeit bieten sich im Bereich der Verteilnetze mangels wirtschaftlicher Stromspeicher vor allem Wärmespeicher zur Nutzung von Wind- und Solarstromüberschüssen an (Power to Heat). Sie können speziell für Fernheiz(kraft)werke (KWK) auch mit Biomasse- oder Biogasfeuerung interessant sein. Allerdings müssen die Verteilnetze und Anschlussanlagen entsprechend dimensioniert sein, da Speichereinsatz und Netzinanspruchnahme im Grunde von europäischen Börsepreisen ohne Rücksicht auf lokale Transportkapazitäten abhängig sind. Die Dienstleistung der Speichersteuerung nach Strompreisen kann künftig dezentral z. B. durch elektronische Zähler mit Steuerungsfunktionen oder zentral mittels Rundsteuerung durch einen Dienstleister oder den Verteilnetzbetreiber erfolgen.

2.1.3.3 Steuerung nach Kapazität des Verteilnetzes

Wie bei der klassischen Laststeuerung erfolgt die Freigabe der Entnahme oder Einspeisung nach Maßgabe freier Netzkapazitäten gesteuert durch den örtlichen Verteilnetzbetreiber. Neue Funktionen wären beispielsweise dynamische lokale Freigabefenster, eine Kombination mit der Steuerung nach Energiepreisen wäre wirtschaftlich zweckmäßig. Auch eine feinstufigere und netztechnisch präziser abgestimmte Steuerung als bisher wäre vorstellbar, sie erlaubt dann eine optimale Koordination des Energiemarkts mit freien Netzkapazitäten.

Der optimale Einsatz dezentraler Speicher nach netztechnischen und energiewirtschaftlichen Kriterien ist eine wesentliche Voraussetzung zur sinnvollen Nutzung von Wind- und Solarenergie. Sobald der breite Einsatz dezentraler Speicher wirtschaftlich interessant wird, hat das einen wesentlichen Einfluss auf die Gestaltung der dezentralen Elektrizitätssysteme. Neben dem Normalbetrieb der Speicher sind für den Netzplaner auch Ausnahmesituationen z. B. nach einem großflächigen und länger dauernden Stromausfall zu beachten. Aus dieser Sicht bietet die Möglichkeit zur zentral gesteuerten, zeitabhängigen und feinstufigen Begrenzung durch den Verteilnetzbetreiber Vorteile [4].

2.1.4 Weitere Netzdienstleistungen

2.1.4.1 Blindleistung

Nahezu alle Verbraucheranlagen benötigen neben Wirkleistung auch Blindleistung, insbesondere für Motoren im Bereich Gewerbe und Industrie. Blindarbeitsbezug bis zu einem gewissen Prozentsatz des Wirkarbeitsbezuges wird im Allgemeinen toleriert, Überbezug wird pönalisiert. Das ist plausibel, da Netzelemente – grob gesagt – entsprechend der Scheinleistung dimensioniert werden müssen und die Wirkverluste auf den Netzelementen ebenfalls quadratisch mit der Scheinleistung wachsen. Insgesamt gilt auch für den Blindarbeitsbezug eine Rahmenvereinbarung wie für den Wirkarbeitsbezug.

Nicht nur Netzkunden haben Interesse an der örtlichen Bereitstellung von Blindleistung und der Lieferung von Blindarbeit, sondern auch Verteilnetzbetreiber. Diese können Netzverluste, Leistungsflüsse und Spannungsabfälle verringern und eventuell Netzausbaumaßnahmen vermeiden oder hinausschieben. Der Blindleistungshaushalt eines dezentralen Elektrizitätssystems (Netz und Kundenanlagen) beeinflusst auch das Spannungsmanagement des Übertragungsnetzes am Verknüpfungspunkt. Ein effizientes Blindleistungsmanagement mit Anreizen insbesondere für dezentrale Erzeugungsanlagen ist ein wesentlicher Beitrag für eine wirtschaftlich vorteilhafte Entwicklung von Verteilnetzen [5].

2.1.4.2 Kurzschlussleistung und Spannungsqualität

An den Verknüpfungspunkten mit den Kundenanlagen hat der Verteilnetzbetreiber gemäß den technischen Standards eine minimale und eine maximale Kurzschlussleistung sicher zu stellen. Die minimale Kurzschlussleistung ist erforderlich, um bei Kurzschlüssen das Auslösen der Überstromschutzeinrichtungen sowie eine ausreichende Spannungsqualität gewährleisten zu können. Im Niederspannungsnetz hängen Maßnahmen des Personenschutzes gegen indirektes Berühren und der Anlagenschutz wesentlich von der sicheren Abschaltung von Kurzschlussströmen ab (z. B. Nullung).

Rasch wechselnde Lasten bei Verbrauchern führen wegen der ebenso rasch wechselnden Spannungsabfälle zu Schwankungen der sinusförmigen Wechselspannung in benachbarten Kundenanlagen und beeinträchtigen somit lokal die Spannungsqualität. Je größer die Kurzschlussleistung des Netzes an dieser Stelle, desto geringer die Auswirkungen auf die Spannungsqualität. Die Nachfrage der Kunden nach hoher Spannungsqualität hat insbesondere in ländlichen Gebieten vor allem wegen der wachsenden Abhängigkeit von elektronischer Informationsverarbeitung stark zugenommen.

Die maximale Kurzschlussleistung bestimmt den Nennausschaltstrom der Leistungsschalter und Sicherungen sowie die Kurzschlussfestigkeit aller Elektroanlagen. Gemäß den technischen Vorschriften darf sie maximal kurzzeitig, beispielsweise während Umschaltvorgängen, überschritten werden. Sicherungen begrenzen den maximalen Kurzschlussstrom, sie können daher zum Schutz schwächerer Anlagenteile eingesetzt werden [5].

2.1.4.3 Dienstleistungen für Übertragungsnetze

Nicht nur Einspeiser und Entnehmer sondern auch Übertragungsnetzbetreiber benötigen Dienstleistungen aus den dezentralen Elektrizitätssystemen. Im Normalbetrieb werden ein abgestimmtes Wirk- und Blindleistungsmanagement sowie ein koordinierter Speichereinsatz mit zunehmender Verbreitung dezentraler Erzeugung und Speicherung an Bedeutung gewinnen. Heute wird bereits die zeitweise Begrenzung der dezentralen Einspeisung zur Unterstützung eines sicheren Übertragungsnetzbetriebes praktiziert.

Ein abgestimmtes Störungsmanagement sieht eine Reihe von Aufgaben für Verteilnetze vor. Bei drohenden Engpässen im Übertragungsnetz kann eine spannungsabhängige Lastabsenkung unterstützend im Sinne der Spannungsstabilität wirken. Dies wird durch Abschalten oder Ändern der Sollwerte der unterspannungsseitigen Spannungsregelungen der HS/MS – Transformatoren erreicht. In Gebieten mit Erzeugungsüberschuss im Übertragungsnetz wird im Fall von Engpässen die dezentrale Erzeugung reduziert. Dies erfolgt mittels Fernsteuerung durch die Verteilnetzbetreiber auf Anforderung durch die Übertragungsnetzbetreiber.

Im Rahmen koordinierter Maßnahmen gegen Großstörungen erfolgt in den dezentralen Elektrizitätssystemen ein abgestufter Lastabwurf bei Unterfrequenz und teilweise auch bei Unterspannung. Gemeinsame Maßnahmen sind ebenso bei Überfrequenz und Überspannung vorgesehen. Eine abgestimmte Vorgangsweise erfordert auch der Wiederaufbau des Übertragungsnetzes nach einer Großstörung. Schwarzstartfähige Großkraftwerke beginnen mit der Spannungsvorgabe im Übertragungsnetz, die Lastaufnahme muss feinstufig in enger Zusammenarbeit mit den Verteilnetzbetreibern unter Beachtung der dezentralen Erzeugung erfolgen [6].

2.1.5 Anwendung in der Netzplanung

2.1.5.1 Nachfrageschätzung

Die Einschätzung der aktuellen und zukünftigen Nachfrage zählt zu den wichtigsten Aufgaben eines Netzplaners. Die Nachfrageentwicklung wird erst im folgenden Kapitel im Detail behandelt. Folgende Informationsquellen stehen zur Verfügung:

- Angaben der Projektanten von Kundenanlagen,
- Vergleichen und Clustern bestehender Kundenanlagen,
- Publikationen von Erfahrungswerten,
- Einzelmessungen an Kundenanlagen,
- Einzelmessungen im Niederspannungsnetz,
- Flächenwidmungs- und Bebauungspläne,
- Vergleiche von Teilnetzen oder Netzgebieten,
- Permanente Messungen in Umspannwerken und Trafostationen,
- Zuordnung der Kundenanlagen zu einer Netzlastmessung,
- Vergleiche zwischen unterschiedlichen Verteilnetzen.

Wichtig ist vor allem die realistische Einschätzung allfälliger Reserven, die in Angaben zur (zukünftigen) Nachfrage bereits enthalten sein können. Moderne Informationssysteme ermöglichen die Zuordnung von Kundenanlagen zu Leitungsabzweigen und somit zu realen Messwertreihen. Damit können synthetische Leistungsganglinien für Kundenanlagen bzw. Kundengruppen an real gemessenen Ganglinien kalibriert werden [7].

2.1.5.2 Zeitliche Dispersion der Nachfrage

Leistungsflüsse in Netzelementen setzen sich meist aus vielen unterschiedlichen Nachfrageverläufen der angeschlossenen Kundenanlagen zusammen. Wie bereits erläutert, hängt die Form der Summenganglinie stark von der zeitlichen Homogenität der Einzelganglinien ab. Für die Netzplanung entscheidend sind die positiven und negativen Jahreshöchstwerte der Transportleistung je Netzelement, danach richten sich die zu planenden Transportkapazitäten.

Zu ihrer Ermittlung sind grundsätzlich aktuelle Jahresganglinien erforderlich. Oft stehen aus Messungen nur Tagesganglinien zur Verfügung, die zu Tagesleistungsbändern zusammengefügt werden können. Sie sind aber nur dann repräsentativ, wenn sie die sogenannten charakteristischen Tage mit den Jahresmaxima und -minima umfassen.

Den Höchstwert der Netzentnahme (Netzlast) oder der Netzeinspeisung in einem Netzgebiet erhält man durch vorzeichenrichtige Addition der Nachfrageganglinien in den Netzknoten und Maximalwertbildung über den vorgegebenen Zeitraum, wie Gl. 2.1 zeigt.

$$D_H = \max_{t \in T} \sum_{i \in I} [D_i(t) - E_i(t)] \quad \text{wenn} \quad D_H > 0$$
$$E_H = \max_{t \in T} \sum_{i \in I} [E_i(t) - D_i(t)] \quad \text{wenn} \quad E_H > 0 \qquad (2.1)$$

In Netzgebieten mit massiven Photovoltaikeinspeisungen tritt der Höchstlastzeitpunkt im Allgemeinen zur Zeit der höchsten Nachfrage auf, wenn die Einspeisung gerade Null ist (z. B. trüber Werktag im Winter). Im Gegenzug tritt der Zeitpunkt der höchsten Rückspeisung bei höchster PV-Einspeisung und minimaler Netzlast auf (z. B. sonniger Sonntag im Sommer).

Bei der Addition von Ganglinien ist in der Praxis die Summenhöchstleistung kleiner als die Summe der Einzelhöchstleistungen (vgl. Gl. 2.2). Dieser Effekt ist auf die Ungleichzeitigkeit der einzelnen Höchstleistungen zurückzuführen, die durch einen Gleichzeitigkeitsfaktor berücksichtigt wird. Zum Zeitpunkt der Summenhöchstleistung sind somit die Spitzenlastanteile der Einzellastgänge zu addieren, wie auch Abb. 2.6 zeigt.

$$P_H = g \cdot \sum_i P_{Hi} \qquad P_H = \sum_i P_{Ai} \qquad (2.2)$$

Gleichzeitigkeitsfaktoren hängen stark von Verbrauchsgewohnheiten ab, daher können nur Erfahrungswerte angegeben werden. Allen Netzplanern wird empfohlen, im eigenen

2.1 Nachfragedeckung

Abb. 2.6 Gleichzeitigkeit und Spitzenlastanteile

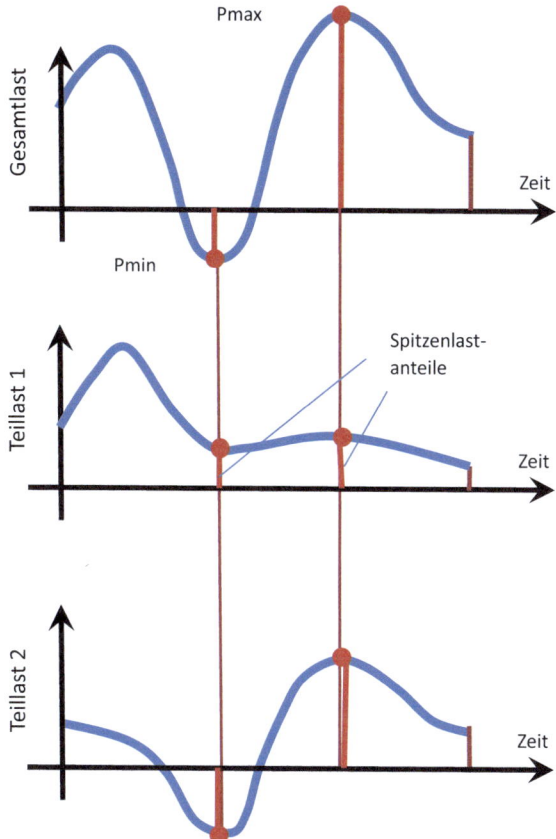

Netzgebiet Schätzwerte zu dokumentieren. Für den Spitzenlastanteil einer von n Wohnungen ohne Elektroheizung wird häufig der Zusammenhang gemäß Gl. 2.3 verwendet [7].

$$P_{An} = P_{H1} \cdot \left[g_\infty + (1 - g_\infty) \cdot n^{-k}\right], \quad P_{H1} = 4 \div 8 \text{ kW};$$
$$g_\infty = \frac{1}{4} \div \frac{1}{8}; \quad k = 0{,}5 \div 1 \tag{2.3}$$

Im Folgenden werden einige Erfahrungswerte für Gleichzeitigkeitsfaktoren angegeben [8]:

Handelszentren   0,6–0,9,
Gewerbezonen   0,3–0,7,
Industriegebiete   0,5–0,8,
Photovoltaikanlagen 0,9–0,95.

2.1.5.3 Räumliche Dispersion der Nachfrage

Wie bereits erwähnt, wird die Nutzung des Baulandes durch Flächenwidmungs- und Bebauungspläne strukturiert. Auch historisch gewachsene Siedlungs- und Bebauungsformen führen zu charakteristischen Flächennutzungen. Damit kann auch der Netzplaner einigermaßen homogene Teilnetzgebiete identifizieren, denen jeweils eine charakteristische Flächenlastdichte zugeordnet werden kann. Sie kann in weiten Bereichen variieren, Anhaltswerte sind im Folgenden angeführt:

Wohngebiet bis etwa 5 Etagen	3–10 MW/km^2,
Wohngebiet über etwa 5 Etagen	7–15 MW/km^2,
Gewerbezone ohne Produktion	3–10 MW/km^2,
Handelszentren	7–15 MW/km^2,
Stadtkern mit Handel und Dienstleistungen	10–30 MW/km^2,
Industriezone mit Produktion	10–40 MW/km^2.

2.2 Robustheit

2.2.1 Allgemeines

Alle Investitionsentscheidungen der Verteilnetzbetreiber haben langfristige Auswirkungen auf Wirtschaftlichkeit und Zuverlässigkeit der Elektrizitätsver- und -entsorgung. Die Berücksichtigung der zukünftigen Entwicklungen erfordert im Wesentlichen die Prognose der Nachfrage, der Wirtschaftlichkeitskenngrößen und des Umfeldes für künftige Projekte. Alle Prognosen sind naturgemäß mit Ungewissheit behaftet, die mit der Prognosedauer grundsätzlich anwächst. Zur Beherrschung dieser Ungewissheit sind möglichst robuste Investitionsstrategien erforderlich.

2.2.2 Ungewissheit

2.2.2.1 Ungewissheit in der Netzplanung

Grundsätzlich sind alle Parameter der Netzplanung in der Zukunft ungewiss. Das Ausmaß der Ungewissheit und deren Einfluss auf die Qualität der Planungsergebnisse werden im Folgenden kurz diskutiert [9].

Fundamentalen Einfluss auf die Netzgestaltung hat die zukünftige Nachfrage nach Ver- und Entsorgung. Um die Ungewissheit der Nachfrageentwicklung zu minimieren, ist der Nachfrageprognose entsprechende Aufmerksamkeit zu widmen. Besonders ungewiss ist derzeit die künftige Verbreitung dezentraler Speicher mit erheblichem Einfluss auf die Transportkapazitäten. Allfällige Unsicherheiten bei der zukünftigen Förderung erneuerbarer dezentraler Erzeugung beeinflussen ebenfalls die Netzausbauplanung. Wegen ihrer grundsätzlichen Bedeutung wird die optimale Festlegung der Transportkapazität bei ungewisser Nachfrage im nächsten Abschnitt näher analysiert.

Ungewisse Entwicklungen der Wirtschaftlichkeitsparameter und der wirtschaftlichen Rahmenbedingungen führen zu Unsicherheiten bei der Kapitalwertermittlung und damit auch bei den optimalen Investitionszeitpunkten. Ungewissheit in der Entwicklung des regulatorischen Rahmens bedingt ebenfalls Unsicherheiten in der Investitionsstrategie und bei der Erneuerung der alternden Infrastruktur. Technologische Entwicklungen können Kostenstrukturen manchmal auf schwer vorhersagbare Weise verändern.

Die Technik der Verteilnetze birgt eine Reihe von Ungewissheiten, wie beispielsweise die Lebensdauer der Betriebsmittel. Unsichere Zeitpunkte von Ersatzinvestitionen haben natürlich Einfluss auf die Netzentwicklung. Ungewiss sind beispielsweise auch mit anderen Infrastrukturbetreibern abgestimmte Bauprojekte für gemeinsame Leitungstrassen. Neue Technologien, wie verlustarme Transformatoren, Einrichtungen zur dezentralen Spannungsregelung, kompakte Leistungsschalteranlagen für Trafostationen oder neue Verlegemethoden für Kabel müssen ihren wirtschaftlich-technischen Nutzen erst in der Praxis nachweisen. Der Zeitpunkt ihres routinemäßigen Einsatzes in Verteilnetzen ist daher anfangs noch schwer abzuschätzen.

2.2.2.2 Kapazitätsfestlegung unter Ungewissheit

Die grundlegenden Zusammenhänge bei der wirtschaftlichen Kapazitätsfestlegung unter Ungewissheit werden im Folgenden gezeigt (vgl. Abb. 2.7):

Fall 1: Sichere Kapazitätsfestlegung bei determinierter Last

Die zu erwartende Last $E(P) = P$ ist gewiss (determiniert), die notwendige Transportkapazität TK kann mit Gewissheit festgelegt werden. Da die Betriebsmittelkapazitäten TK standardisiert sind, wird das kostengünstigste Betriebsmittel mit $TK_1 > E(P) = P$ gewählt.

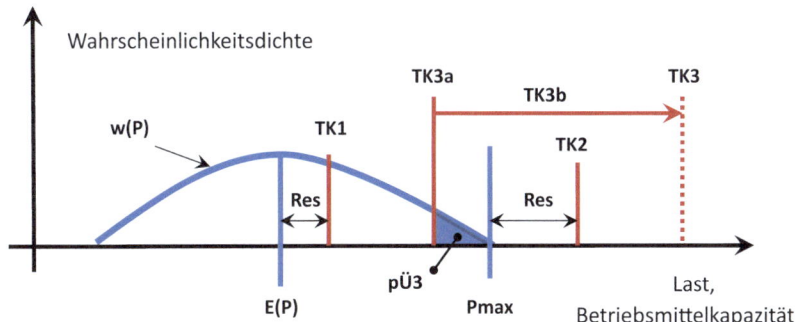

Abb. 2.7 Kapazitätsfestlegung unter Ungewissheit

Fall 2: Sichere Kapazitätsfestlegung bei ungewisser Last
Die zu erwartende Last P ist eine Zufallsgröße, deren Wahrscheinlichkeitsdichte w(P) gegeben ist. P_{max} sei die maximal erwartbare Last mit $w(P < P_{max}) = 1$; das kostengünstigste Betriebsmittel mit $TK_2 > P_{max}$ stellt eine sichere Auswahl dar. Eine sichere Kapazitätsfestlegung bei ungewisser Last erfordert die Berücksichtigung des möglichen Schwankungsbereichs $P_{max} - E(P)$.

Fall 3: Unsichere Kapazitätsfestlegung bei ungewisser Last
Bei der Festlegung der Transportkapazität wird ein geringes Risiko in Kauf genommen. Mit einer entsprechend geringen Wahrscheinlichkeit $p_{Ü3}$ wird die Last über der gewählten Kapazität TK_{3a} liegen: $E(P) < TK_{3a} < P_{max}$. In diesem Fall, also mit der Wahrscheinlichkeit $p_{Ü3}$, wird ein zusätzliches Betriebsmittel erforderlich werden, dessen Standardkapazität TK_{3b} oft über den Mindesterfordernissen liegt.

In den genannten Fällen sind folgende Investitionskosten zu erwarten:

Fall 1 und 2: $K_1 = K(TK_1)$ $K_2 = K(TK_2)$,
Fall 3: $\quad\quad K_3 = K(TK_{3a}) + p_{Ü3} \cdot K(TK_{3b}) = K_{3a} + p_{Ü3} \cdot K_{3b}$.

Festzustellen ist, dass die Kapazitätsfestlegung unter Ungewissheit höhere Kosten verursachen wird als eine Entscheidung bei determinierten Anforderungen. Die Verringerung der Ungewissheit reduziert also die zu erwartenden Investitionskosten. Vergleicht man die Wirtschaftlichkeit der sicheren und der risikobehafteten Kapazitätsfestlegung unter Ungewissheit, so gilt Gl. 2.4 für die Grenze der Überschreitungswahrscheinlichkeit.

$$K_2 = K_3 \Leftrightarrow p_{Ü3} = \frac{K_2 - K_{3a}}{K_{3b}} \quad\quad (2.4)$$

Risikobehaftete Kapazitätsfestlegungen sind interessant, wenn die Überschreitungswahrscheinlichkeiten sowie die Kosten der Basis- und der Zusatzkapazitäten klein sind. Das gilt insbesondere dann, wenn kostengünstige Vorleistungen für allfällige spätere Kapazitätserweiterungen erbracht werden. Ein gutes Beispiel ist die Mitverlegung von Leerrohren im offenen Kabelgraben für spätere Kapazitätserhöhungen.

2.2.2.3 Merkmale und Auswirkungen der Ungewissheit
Der Netzplaner sollte folgende Merkmale und Auswirkungen der Ungewissheit beachten:

- Grundsätzlich nimmt die Ungewissheit mit wachsender Vorschauzeit zu. Langfristig treten immer mehr nicht vorhergesehene Entwicklungen ein.
- Die Ungewissheit ist umso größer, je kleiner die betrachtete statistische Grundgesamtheit ist. Die Lastentwicklung einzelner, vor allem neuer Gewerbebetriebe ist häufig ungewiss, die Gesamtlast großer Wohngebiete entwickelt sich im Allgemeinen relativ stabil und vorhersagbar.

2.2 Robustheit

- Für viele Planungsparameter lässt sich aus der Vergangenheit ein Trend für die zukünftige Entwicklung herleiten. Dies ermöglicht eine mehr oder weniger verlässliche Vorausschau, solange sich dieser Trend nicht ändert.
- Folgt eine Planungsgröße einem Trend, so wird sich dieser Trend zu einem gewissen Zeitpunkt verändern bzw. verschwinden (Sättigungseffekt). Dies gilt typischerweise für die Netzlast in einem Neubaugebiet.
- Ungewisse Eintrittszeitpunkte zukünftiger Ereignisse wie beispielsweise Trendwenden oder der Ablauf der technischen Nutzungsdauer von Betriebsmitteln lassen sich meist nur schwer vorhersagen.
- Gewisse Planungsparameter können sich sprunghaft ändern wie z. B. die Netzlast eines Industriebetriebes. Die Vorhersage ist dementsprechend mit großer Ungewissheit behaftet. Andere Planungsgrößen wie z. B. die Netzlastentwicklung einer Großstadt weisen keine Sprünge sondern einen weitgehend stetigen Verlauf auch bei Trendänderungen auf.
- Gibt es mehrere Varianten, gibt es auch mehrere Bereiche, in denen sich eine Planungsgröße entwickeln kann.

Abb. 2.8 illustriert solche Phänomene der Ungewissheit in der Netzplanung.

Wie bereits einmal erwähnt, gibt es auch Zusammenhänge bzw. Korrelationen zwischen zukünftigen Entwicklungen. Steigende Energiepreise führen auch zu mehr oder weniger wachsenden Preisen für Investitionsgüter.

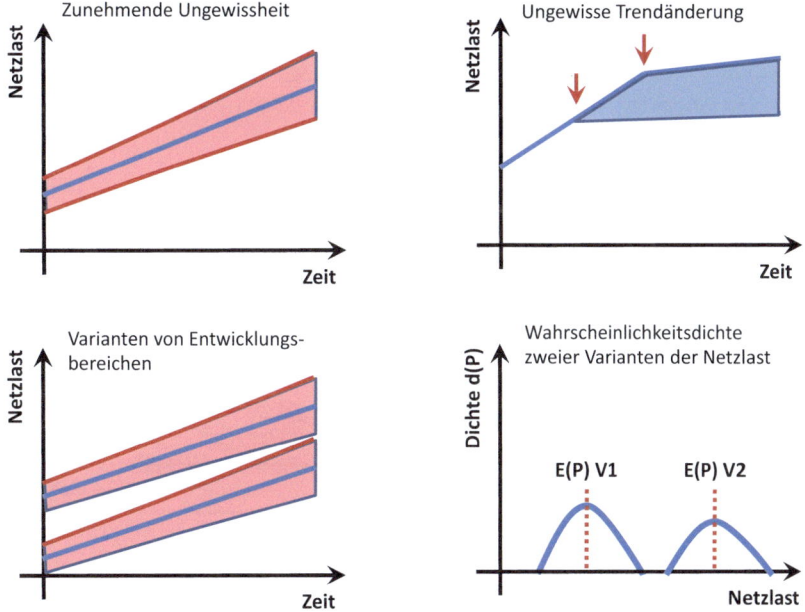

Abb. 2.8 Phänomene der Ungewissheit

Es ist in der Praxis meist schwierig, die Wahrscheinlichkeit bestimmter Entwicklungen in der Zukunft einzuschätzen. Die Kunst der vorausschauenden Planung besteht darin, alle wahrscheinlichen Entwicklungen zu berücksichtigen, für unwahrscheinliche Entwicklungen aber keine unnötigen Vorleistungen zu erbringen.

2.2.2.4 Diskrete stochastische Prozesse

Ungewisse zukünftige Entwicklungen können mittels diskreter stochastischer Prozesse modelliert werden. Dies kann am Beispiel einer ungewissen Entwicklung der Nachfrage (z. B. Netzlast) gemäß folgender Abb. 2.9 anschaulich dargestellt werden. Ausgangspunkt ist der Istzustand im Bezugsjahr 0. Alle eingezeichneten Zustandsübergänge, die vom selben Zustand ausgehen, seien in diesem Beispiel gleich wahrscheinlich [9].

Zu den dargestellten zukünftigen Zeitpunkten nimmt die Netzlast mit den angegebenen Zustandswahrscheinlichkeiten jeweils einen bestimmten Wert an. Diese Zustandswahrscheinlichkeiten p_{ti} zur Zeit t ergeben sich aus den Zustandswahrscheinlichkeiten $p_{(t-1)j}$ im vorausgehenden Zeitschritt und den Übergangswahrscheinlichkeiten $q_{(t-1)ji}$ gemäß Gl. 2.5.

$$\forall t \in T, t > 0; i \in I_t: p_{ti} = \sum_{j \in I_{(t-1)}} q_{(t-1)ji} \cdot p_{(t-1)j} \qquad (2.5)$$

Stochastische Prozesse, bei denen die Zustandswahrscheinlichkeiten in jedem Zeitschritt nur von den unmittelbaren Vorzuständen und den Übergangwahrscheinlichkeiten abhängen, nennt man MARKOFF-Prozesse. Einen der vielen möglichen Wege vom jetzigen Anfangs- bis zu einem der Endzustände nennt man Szenario. Die Wahrscheinlichkeit eines Szenarios ergibt sich nach Gl. 2.6.

$$p_{Szenario} = \prod_{\forall ji \in Szenario} q_{ji} \qquad (2.6)$$

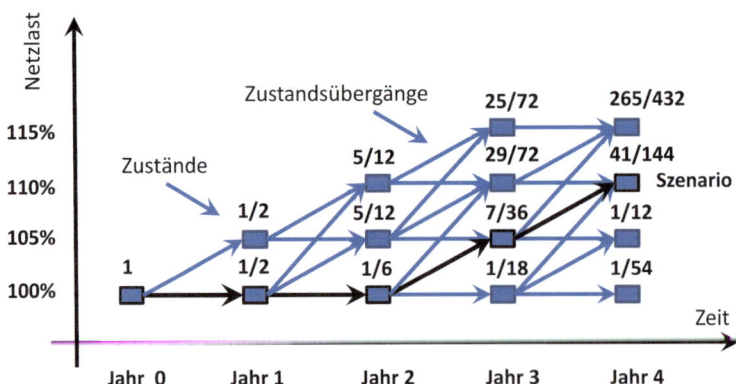

Abb. 2.9 Diskreter stochastischer Prozess

2.2 Robustheit

Die Ungewissheit der zukünftigen Netzlastentwicklung beeinflusst in der Praxis beispielsweise die Barwerte der Investitions- und Netzverlustkosten. Seien KI die notwendigen Investitionskosten vor einer Laststeigerung um 5 Prozentpunkte, so gilt für den Barwert der Investitionskosten mit einem Kalkulationszinssatz von $p = 4\%$ im Beispiel nach Abb. 2.9:

Maximum: $2{,}89 \cdot$ KI
Szenario: $\;\;1{,}81 \cdot$ KI
Minimum: $\;\;0$

Seien KJV die Jahresverlustkosten bei einer Netzlast von 100 % und steigen diese quadratisch mit der Netzlast, so gilt für die möglichen Verlustkostenbarwerte:

Maximum: $5{,}47 \cdot$ KJV
Szenario: $\;\;4{,}88 \cdot$ KJV
Minimum: $\;\;4{,}61 \cdot$ KJV

Die Wahrscheinlichkeit des eingezeichneten Szenarios ergibt sich mit 1/54.

Insbesondere ungewisse langfristige Entwicklungen lassen sich gut auf Basis von Szenarien stochastischer Prozesse analysieren. Ungewisse Entwicklungen von Netzlast, Kosten oder Zinssätzen, aber auch ungewisse Realisierungszeitpunkte von Kundenprojekten oder Ersatzzeitpunkte alter Betriebsmittel können als Zufallsprozesse dargestellt werden. In der Praxis ist es oft schwierig, Zustands- und Übergangswahrscheinlichkeiten zu prognostizieren. Man begnügt sich dann oft mit einem mittleren sowie realistischen Extremszenarien (Max, Mid, Min).

2.2.3 Prognosen

2.2.3.1 Übersicht

Grundsätzlich sind alle erforderlichen Planungsparameter für den gesamten Planungszeitraum zu prognostizieren. Basis ist naturgemäß die Entwicklung der Nachfrage nach Einspeisung und Entnahme unter Beachtung der Steuerbarkeit und des möglichen Einsatzes von Energiespeichern. Jede Aussage zur längerfristigen Wirtschaftlichkeit beruht auf prognostizierten Wirtschaftlichkeitskenngrößen wie Kosten, Zinssätzen, Energiepreisen etc.

Jede Netzausbauplanung erfordert auch Vorhersagen zur Verfügbarkeit von Leitungstrassen sowie von Grundstücken für Anlagenstandorte. Technologische Entwicklungen oder neue technische Vorschriften können die Netzentwicklung beeinflussen. Große Auswirkungen auf die langfristige Systementwicklung werden auch in Zukunft neue Gesetze und regulatorische Vorgaben haben, eine entsprechende Vorschau ist zu empfehlen. Wegen ihrer Bedeutung wird die Nachfrageprognose im Folgenden ausführlich behandelt, alle Prognosemethoden gelten grundsätzlich auch für die anderen Planungsparameter [10].

2.2.3.2 Nachfrageprognosen

Entscheidend für die thermische Auslastung der Betriebsmittel sind die Jahresspitzenwerte des Betriebsstromes. Diese Extremwerte sind schwieriger zu prognostizieren als Mittelwerte, die beispielsweise für Energieverbrauchsprognosen heranzuziehen sind. Jahresspitzenwerte treten naturgemäß nur einmal jährlich auf, eine solide Datenbasis gewinnt man dementsprechend nur über einen mehrjährigen Zeitraum. Wegen der Größenordnung der thermischen Zeitkonstanten der Kabel sind für die Netzplanung Minutenmittelwerte aussagekräftig. Diese können im Allgemeinen nur aus technischen Mess- und Informationssystemen stammen, da kommerzielle Systeme Viertelstundenmittelwerte aufzeichnen. In der Praxis muss man sich aber oft mit Viertelstundenmittelwerten zufrieden geben, die Korrelation mit den Minutenmittelwerten ist aber meist gut zu quantifizieren.

In der Netzplanungspraxis wird statt mit Stromwerten oft mit Wirkleistungen gearbeitet, der Leistungsfaktor wird für einzelne Verbrauchergruppen geschätzt. Zukünftige Möglichkeiten der Blindleistungsbegrenzung oder sogar -vorgabe bei dezentralen Erzeugern oder Industriebetrieben sind (soweit sinnvoll möglich) zu prognostizieren. Zur Ermittlung des Barwertes der Netzverlustkosten ist die Prognose von Arbeitsverlustfaktoren erforderlich. Dauer- oder Ganglinien können sich durch wachsenden Einsatz dezentraler Erzeugungsanlagen und von Energiespeichern ändern. Dies kann sich auf die Prognosen der Spitzenwerte von Netzlasten sowie auf zukünftige Arbeitsverlustfaktoren massiv auswirken.

Kurzfristige Prognosen umfassen einen Zeitraum von etwa ein bis zwei Jahren und betreffen die Netzlasten größerer Kundenprojekte in der Realisierungsphase wie beispielsweise Einkaufszentren oder Industrieprojekte. Sie sind die Basis zur Festlegung und Realisierung der Netzkapazitäten beispielsweise von Anschluss- oder Netzanlagen und Betriebsmitteln. Mittelfristige Prognosen decken meist einen Horizont von drei bis zehn Jahren ab und dienen vorwiegend der Festlegung der zu realisierenden Reservekapazitäten oder zumindest von Vorleistungen für absehbare Leistungszuwächse. Sie dienen auch der mittelfristigen Budgetplanung, der zeitlichen Disposition größerer Ausbaumaßnahmen und der vorbereitenden Ressourcenbereitstellung. Langfristige Prognosen umfassen Zeiträume von mehr als 10, typischerweise 20 Jahre und bilden die Basis für Grundsatzuntersuchungen, Langzeitkonzepte und die Planung anzustrebender Zielnetze. Der mit dem Prognosezeitraum naturgemäß wachsenden Ungewissheit ist durch entsprechend realistisch gewählte Szenarien Rechnung zu tragen [11].

Last- und Einspeiseprognosen sollen die Frage beantworten, wann, wo und wieviel Wirkleistung entnommen oder eingespeist werden soll. Gleichmäßige Nachfrageänderungen beruhen auf mittel- und langfristigen Trends wie Bevölkerungsentwicklung, Änderung der Verbrauchsgewohnheiten, technologische Entwicklungen etc. Zu prognostizieren sind somit Trends oder Änderungsraten und die Zeitpunkte von Trendbrüchen. Relativ rasche oder sprunghafte Nachfrageänderungen hängen mit Investitionstätigkeiten zusam-

2.2 Robustheit

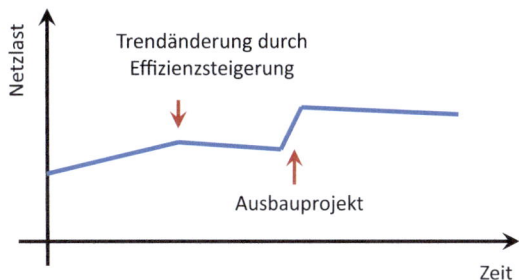

Abb. 2.10 Lastprognose Einkaufszentrum

men, seien es Neubau oder Generalsanierung von Wohn- oder Gewerbegebieten oder der Bau dezentraler Kraftwerke. Zu prognostizieren sind Orte, Zeitpunkte und Höhe der Leistungsänderungen und zwar meistens eher kurz- bis mittelfristig. Abb. 2.10 zeigt beispielhaft die mittelfristige Lastprognose für ein Einkaufszentrum.

Eine Gebietsabgrenzung für die Netzlastprognose kann technologisch, geografisch oder geometrisch definiert werden. Die technologische Abgrenzung umfasst beispielsweise das Netzgebiet eines Umspannwerkes bzw. einer Trafostation oder alle Kundenanlagen, die im Normalschaltzustand an einen bestimmten Leitungsabzweig angeschlossen sind. Geografische Abgrenzungen können durch Straßen, Eisenbahnen, Flüsse, Parks, Wälder etc. aber auch durch Bebauungspläne oder ähnliche Verwaltungsgrenzen definiert werden. Die kleinste geografische Einheit ist meist das durch Straßen abgegrenzte Gebäudegeviert. Geometrische Gebietseinteilungen beruhen oft auf Quadranten $100\,\text{m} \cdot 100\,\text{m}$ oder einem Vielfachen davon. Obige Definitionen legen Gebietslasten fest, die sich aus Einzellas-

Abb. 2.11 Nachfrageprognosen

Nachfrageprognosen Entnahmen, Einspeisungen	
Spitzenwerte	Mittelwerte
Minutenwerte	Viertelstundenwerte
Ströme	Wirkleistungen
Blindleistungsgrenzen	Blindleistungsvorgaben
Arbeitsverlustfaktor	Dauer-, Ganglinien
Trend, -änderung	Lastsprung
Nicht steuerbare Lasten	Steuerbare Lasten (Speicher)
Einzellasten	Gebietslasten
Abgrenzung Prognosegebiet: technologisch, geografisch, geometrisch	

ten (Gebäude, dezentrale Kraftwerke etc.) zusammensetzen. Für Prognosezwecke ist es sinnvoll, Gebiete mit möglichst homogener Lastentwicklung wie beispielsweise Wohn-, Gewerbe- oder Geschäftsviertel abzugrenzen.

In Abb. 2.11 sind alle für die Nachfrageprognose vorgestellten Spezifikationen nochmals übersichtlich dargestellt.

2.2.3.3 Zeitreihenprognose

Methoden der Zeitreihenprognose, auch univariate Prognosemethoden genannt, beruhen auf der Analyse der Eigenschaften einer Zeitreihe der Prognosegröße (z. B. Jahresspitzenwerte). Mathematisch ist eine Zeitreihe eine Folge äquidistanter Beobachtungen der Realisierung der Prognosegröße auf Basis eines Zufallsprozesses. Die Prognose beruht fundamental auf Analyse und Fortsetzung des Trends der Zeitreihe. Die wichtigsten Methoden der Trendanalyse beruhen auf Filter- und Regressionsverfahren [12].

Mathematische Zeitreihenprognosen umfassen 3 Schritte:

- Modellbildung: Für den Trend ist eine optimale Trendfunktion auszuwählen.
- Parametrierung: Die Parameter der gewählten Trendfunktion sind zu optimieren.
- Prognose: Die Trendfunktion ist in die Zukunft zu extrapolieren und bei Bedarf das Prognoseintervall zu ermitteln.

Eine Messwertreihe wird in der Systemplanung im Allgemeinen als Summe einer Trendfunktion, einer periodischen und einer zufälligen Komponente gemäß Gl. 2.7 angesehen.

$$P_t^{Mess} = P_t^{Trend} + P_t^{Periode} + P_t^{Zufall}, \quad t = 1, \ldots, n \tag{2.7}$$

2.2.3.3.1 Filterverfahren

Bei den Filterverfahren wird die Trendfunktion durch geeignete Filteralgorithmen schrittweise aus der Messwertreihe generiert. Es gibt zahlreiche unterschiedliche Filteralgorithmen, alle beruhen auf einer Mittelwertbildung, um zufällige und periodische Einflüsse zu dämpfen. Die periodische Komponente spielt bei der Langfristprognose von Jahresspitzenwerten keine Rolle. In Gl. 2.8 und 2.9 wird der auch für die Netzplanung gut geeignete Algorithmus der Linearen Exponentiellen Glättung nach HOLT und WINTERS vorgestellt [12].

$$P_t^{Trend} = a \cdot P_t^{Mess} + (1-a) \cdot \left(P_{t-1}^{Trend} + \Delta P_{t-1}^{Trend}\right) \tag{2.8}$$

$$\Delta P_t^{Trend} = b \cdot \left(P_t^{Trend} - P_{t-1}^{Trend}\right) + (1-b) \cdot \Delta P_{t-1}^{Trend} \tag{2.9}$$

a und b sind Glättungsparameter mit $0 < a, b < 1$. Die von Filterverfahren ermittelte Trendfunktion ist grundsätzlich nichtlinear. Die Glättungsparameter bestimmen Stabilität und Reagibilität des Prognoseverfahrens: Zufällige Schwankungen sollen möglichst wenig und Trendänderungen möglichst rasch Einfluss auf die Trendfunktion ausüben. Abb. 2.12 zeigt eine praktische Trendprognose für die Netzlast einer Großstadt mit den Glättungsparametern $a = 0{,}5$; $b = 0{,}25$.

2.2 Robustheit

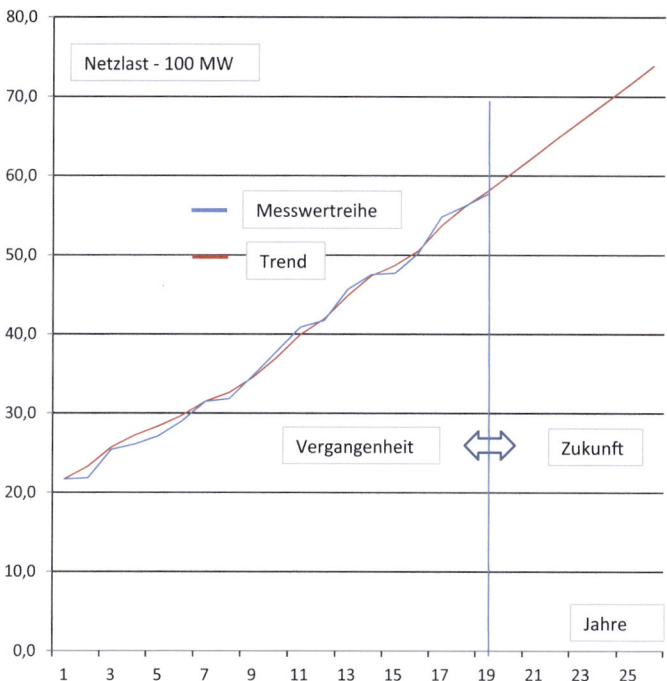

Abb. 2.12 Trendprognose der Netzlast

2.2.3.3.2 Regressionsverfahren

Bei den Regressionsverfahren werden die Parameter einer gewählten linearen oder nichtlinearen Trendfunktion nach den Methoden der Ausgleichsrechnung optimal geschätzt. Die Summe der gewichteten Quadrate der Abweichungen der Messwertreihe von der Trendfunktion wird dabei minimiert (Weighted Least Squares). Die Gewichtung soll den Einfluss älterer Messwerte dämpfen und damit die Reagibilität erhöhen [12]. Für eine lineare Trendfunktion gilt Gl. 2.10.

$$\text{WLS} = \sum_{i=1}^{N} \left\{ w_i \cdot [P_i - (A + Bt_i)]^2 \right\} \to \text{Min} \tag{2.10}$$

Die Parameter der Regressionsgeraden findet man durch Nullsetzen der partiellen Ableitungen der Zielfunktion nach diesen Parametern, wie Gl. 2.11, 2.12 und 2.13 zeigen.

$$\frac{\partial \text{WLS}}{\partial A} = \frac{\partial \text{WLS}}{\partial B} = 0 \tag{2.11}$$

$$A = \frac{\sum_{i=1}^{N}(w_i \cdot t_i^2) \cdot \sum_{i=1}^{N}(w_i \cdot P_i) - \sum_{i=1}^{N}(w_i \cdot t_i) \cdot \sum_{i=1}^{N}(w_i \cdot t_i \cdot P_i)}{\sum_{i=1}^{N} w_i \cdot \sum_{i=1}^{N}(w_i \cdot t_i^2) - \left\{\sum_{i=1}^{N}(w_i \cdot t_i)\right\}^2} \quad (2.12)$$

$$B = \frac{\sum_{i=1}^{N} w_i \cdot \sum_{i=1}^{N}(w_i \cdot t_i \cdot P_i) - \sum_{i=1}^{N}(w_i \cdot t_i) \cdot \sum_{i=1}^{N}(w_i \cdot P_i)}{\sum_{i=1}^{N} w_i \cdot \sum_{i=1}^{N}(w_i \cdot t_i^2) - \left\{\sum_{i=1}^{N}(w_i \cdot t_i)\right\}^2} \quad (2.13)$$

Abb. 2.13 illustriert die Netzlastprognose mittels einer Regressionsgeraden ohne Gewichtung der Messwerte.

Neben linearen und polynomialen Trendfunktionen wird für Lastprognosen häufig auch die Gompertz-Funktion gemäß Gl. 2.14 und Abb. 2.14 verwendet. Sie ist vorteilhaft, wenn

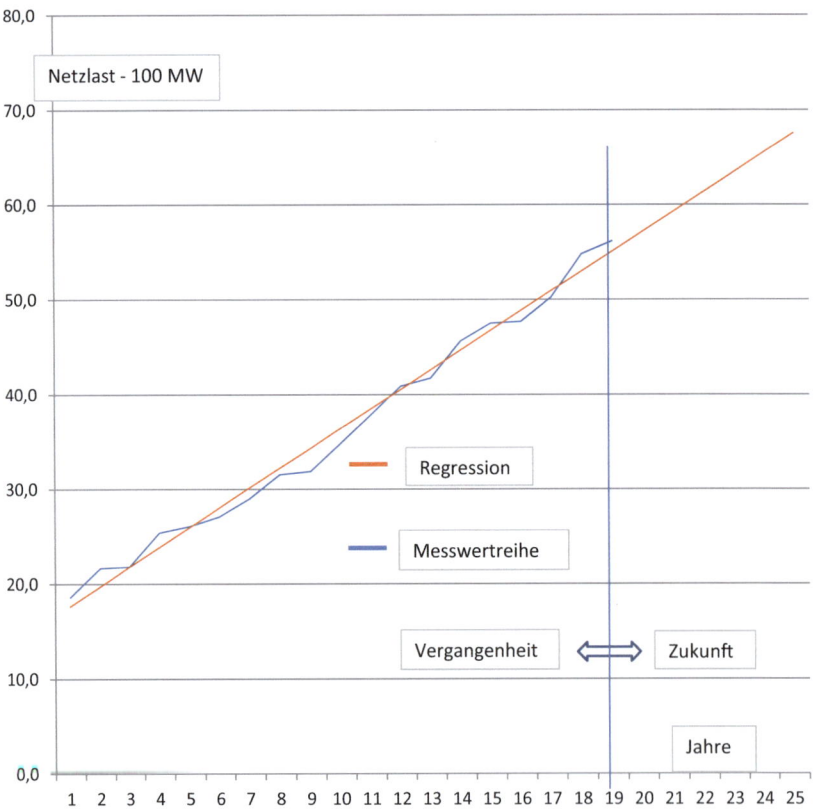

Abb. 2.13 Regressionsgerade der Netzlast

2.2 Robustheit

Abb. 2.14 Gompertz-Funktion

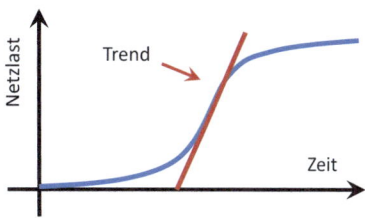

zu erwarten ist, dass Sättigungseffekte einen vorhandenen Trend in der Zukunft beenden werden.

$$P(t) = ae^{be^{ct}} \qquad (2.14)$$

2.2.3.3.3 Bereichsprognosen
Obige Punktprognosen können durch Angabe von Konfidenz- oder Vertrauensintervallen zu Bereichsprognosen ergänzt werden. Diese Intervalle beruhen auf statistischen Schätzungen der Varianzen von Stichproben normalverteilter Grundgesamtheiten bei vorgegebenen Irrtumswahrscheinlichkeiten. Die entsprechenden Beziehungen können der umfangreichen Literatur zur mathematischen Statistik entnommen werden [12]. Wie Abb. 2.15 zeigt, wächst das Vertrauensintervall im Prognosezeitraum grundsätzlich nichtlinear (trichterförmig) an.

2.2.3.3.4 Praxis der Nachfrageprognose
Bei der praktischen Nachfrageprognose auf Basis von Zeitreihen sind einige zusätzliche Gegebenheiten zu beachten:

- Prognose von Spitzenwerten, nicht von Mittelwerten,
- Notwendigkeit von Bereichsprognosen,
- Nachfragetrends und -sprünge,
- Trendänderungen und Sättigungseffekte.

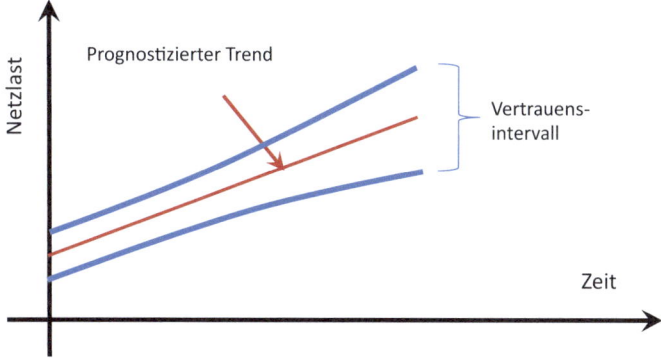

Abb. 2.15 Trendprognose mit Vertrauensintervall

Die beschriebenen Methoden ermitteln einen Trend für die Erwartungs- oder Mittelwerte der Jahresspitzenwerte der Nachfrage. Für die Netzplanung sind aber die künftig zu erwartenden Maximalwerte der Jahresspitzenwerte, also eigentlich die Obergrenze des Vertrauensintervalls von Interesse. Dem ist bei der Prognose besondere Aufmerksamkeit zu schenken. Vertrauensintervalle sind zwar statistisch exakt berechenbar, in der Praxis wird das Intervall der Bereichsprognose aber oft empirisch geschätzt. Auf Basis der Streuung der Messwerte um die Trendfunktion wird ein in der Vergangenheit konstantes Basisintervall geschätzt, das sich in die Zukunft linear verbreitert. Die Obergrenze des als konstant geschätzten Basisintervalls ist eine gute empirische Prognose für die Maximalwerte der Jahresspitzenwerte. Zusätzlich lässt sich noch empirisch ein Vertrauensintervall für diese Prognose schätzen. In Abb. 2.16 ist diese Prognose samt Vertrauensintervall grün dargestellt. Auch eine (teilweise) Berücksichtigung der zukünftigen trichterförmigen Erweiterung kann für die Maximalwertprognose in Betracht gezogen werden.

Trendprognosen auf Basis langfristiger Messwertreihen erfordern in der Praxis die Identifikation spezieller Ereignisse außerhalb der eigentlich zu Grunde liegenden Nachfrageentwicklung. Dazu zählen beispielsweise einmalige Sonderprojekte oder Änderungen des Netzschaltzustandes, die zu Änderungen des erfassten Teilnetzgebietes führen. Die dadurch verursachten Sprünge in der gemessenen Folge der Jahresspitzenwerte sind sauber zu eliminieren.

Wie bereits erwähnt, sind kurz- bis mittelfristige Trendprognosen zweckmäßig und sinnvoll, solange nicht mit Trendänderungen oder sogar Trendbrüchen zu rechnen ist. Diese Phänomene sind auch mit nichtlinearen Trendfunktionen schwierig zu prognostizieren. Sättigungseffekte können beispielsweise mit Hilfe der Gompertzfunktion modelliert werden. Für die genaue Vorhersage des Sättigungsniveaus ist oft ein Kausalmodell für eine Modellprognose nützlich, wie es im Folgenden vorgestellt wird.

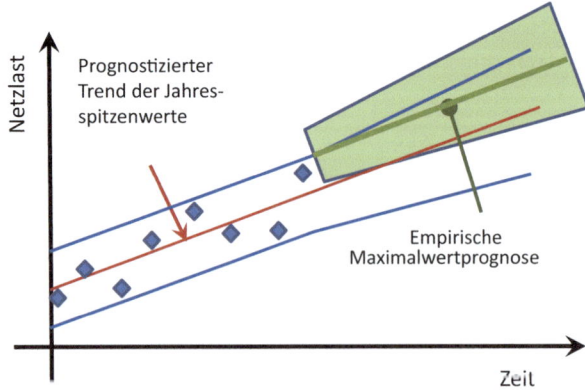

Abb. 2.16 Empirische Bereichsprognose für Maximalwerte

2.2.3.4 Modellprognose

Bei der Modellprognose wird die Entwicklung der Jahresspitzenwerte der Nachfrage in Abhängigkeit von Modellgrößen wie beispielsweise Wohnbevölkerung, Wohneinheiten, Geschäftsflächen, Gebäudeflächen etc. betrachtet. Im ersten Schritt wird ein Kausalmodell für den Zusammenhang zwischen Prognose- und Modellgröße ermittelt: Dies erfolgt durch Vergleich mit bestehenden Kundenanlagen, ähnlichen Anlagengruppen oder homogenen Teilnetzgebieten. Solche Zusammenhänge können auch möglichst aktuellen Statistiken und Literaturangaben entnommen werden. Im zweiten Schritt kann das gefundene Kausalmodell anhand aktuell verfügbarer Messwerte an der örtlichen Aufgabenstellung kalibriert werden. Im dritten Schritt wird eine Prognose der Modellgröße erstellt und daraus die Entwicklung der Prognosegröße hergeleitet [11, 12].

Modellprognosen eignen sich gut für langfristige Vorhersagen der Nachfrage beispielsweise in Wohngebieten. Ein Zusammenhang zwischen Wohnungsanzahl und Spitzenlast wurde bereits in Abschn. 2.1.5 (Gl. 2.3) hergeleitet. Zu prüfen ist, ob und wie sich dieser Zusammenhang zukünftig ändern wird. Dabei ist die Entwicklung der Personenzahl je Haushalt, der Geräteausstattung und der Nutzungsgewohnheiten zu berücksichtigen. Schwierig zu prognostizieren ist manchmal der zeitliche Verlauf der Bautätigkeit, Statistiken zur Baukonjunktur und lokalpolitische Informationen können Hinweise liefern. Prognosen der zukünftig höchstens zu erwartenden Wohnungsanzahl in einem Teilnetzgebiet erfordern Angaben aus den Flächennutzungs- und Bebauungsplänen der Gemeinden wie Bebauungsarten, Bau- und Geschoßflächendichten. Sehr hilfreich ist oft der Vergleich mit anderen Wohngebieten und deren historischer Entwicklung. Mit der skizzierten Modellprognose können somit nichtlineare Trends bzw. Sättigungseffekte prognostiziert werden. Eine Übersicht dazu zeigt Abb. 2.17.

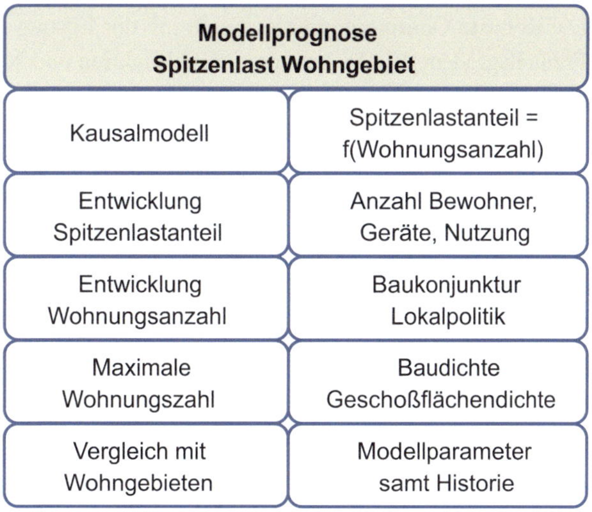

Abb. 2.17 Elemente einer Modellprognose

Modellprognose Spitzenlast Wohngebiet	
Kausalmodell	Spitzenlastanteil = f(Wohnungsanzahl)
Entwicklung Spitzenlastanteil	Anzahl Bewohner, Geräte, Nutzung
Entwicklung Wohnungsanzahl	Baukonjunktur Lokalpolitik
Maximale Wohnungszahl	Baudichte Geschoßflächendichte
Vergleich mit Wohngebieten	Modellparameter samt Historie

Ähnliche Prognosemodelle sind auch für Dienstleistungsbetriebe, Handelsgeschäfte und Einkaufszentren gut einsetzbar. Hier bezieht man die Jahresspitzenlast auf die Geschäftsfläche und prognostiziert dann die Entwicklung dieser Flächen. Unterschiede und Änderungen dieses spezifischen Wertes können durch Heiz- bzw. Kühlbedarf bzw. Entwicklungen in der Beleuchtungstechnologie hervorgerufen werden. Es empfiehlt sich jedenfalls eine Kalibrierung dieser Kennzahlen an vergleichbaren Objekten bzw. Teilnetzgebieten.

Modellprognosen kann man auch aus gemessenen oder geschätzten Lastprofilen der Netzkunden sowie aus Standardlastprofilen nach entsprechender Kalibrierung aufbauen. Die Istdaten stehen aus dem kommerziellen Lastprofilmanagement des Netzbetreibers zur Verfügung. Für die Netzplanung zweckmäßig gewählten Kundentypen können mittlere Planungslastprofile zugeordnet werden. Für ein Teilnetzgebiet können dann Einzelprognosen für die zukünftige Entwicklung der Anzahl der Kundenanlagen sowie für deren Energieverbrauch erstellt werden. Dieses Prognoseverfahren ermöglicht es also, eine Spitzenlastprognose aus kundentypspezifischen Energiemengenprognosen herzuleiten.

In der Literatur findet man eine Unzahl von Methoden zur Modellprognose. Häufig ist eine Kombination von kurz- bis mittelfristiger Trendprognose und langfristiger Modellprognose zweckmäßig, um allfällige Trendbrüche besser vorhersagen zu können. In der Praxis wird oft eine Bereichsprognose auf Basis zweier oder mehrerer realitätsnaher Szenarien erstellt. Dies ist vor allem dann notwendig, wenn plötzliche Trendänderungen nicht ungewöhnlich sind. Beispiele hierfür sind Förderungen für dezentrale Erzeuger oder die Entwicklung von Speicheranwendungen.

2.2.4 Robustheit

Die Robuste Optimierung befasst sich mit der Lösung von Optimierungsproblemen mit Freiheitsgraden, d. h. Parameter von Zielfunktion und Nebenbedingungen können in vorgegebenen Bereichen variieren. Lösungen, die für möglichst große Variationsbreiten dieser Parameter optimal sind, werden zusätzlich als robust bezeichnet. Solche Modelle können in der Investitionsplanung zur Optimierung unter Ungewissheit verwendet werden. Bei praktischen Planungsrechnungen ist dabei die Sensitivität (Empfindlichkeit) der optimalen Lösung gegenüber Variationen der Parameter von Interesse [9, 13].

Das Konzept wirtschaftlich robuster bzw. nicht robuster Ausbaupläne bei ungewissen Lastprognosen wird im Folgenden an zwei einfachen Kostenfunktionen K = K(P) demonstriert. Da die prognostizierte Netzlast eine Zufallsgröße darstellt, gilt für den Erwartungswert der Kosten Gl. 2.15.

$$E(K) = \int_{P_{min}}^{P_{max}} p(P) \cdot K(P) dt \qquad (2.15)$$

In Abb. 2.18 sind die Kostenfunktionen zweier Ausbaupläne dargestellt. Der Einfachheit halber ist die Nachfrage als gleichverteilte Zufallsgröße zwischen P_{min} und P_{max}

2.2 Robustheit

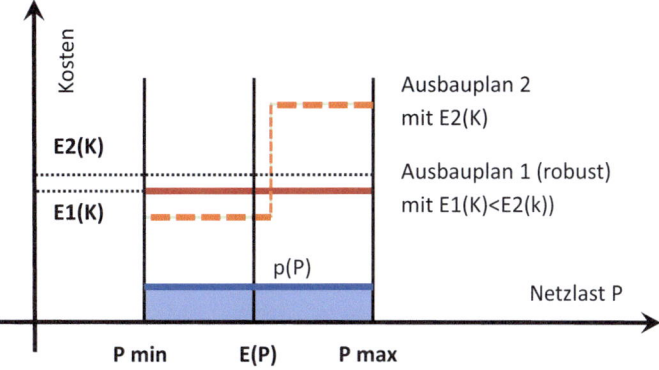

Abb. 2.18 Robuster Ausbauplan

angenommen. Da der Erwartungswert der Kosten für Ausbauplan 1 niedriger ist, wird er als robust gegenüber ungewissen Nachfrageentwicklungen bezeichnet. Zu bemerken ist, dass jedoch die Kosten des Ausbauplans 2 beim Erwartungswert der prognostizierten Leistung niedriger sind.

Wirtschaftlich robuste Ausbaupläne weisen also niedrige Erwartungswerte für die Kosten im gesamten Prognosebereich auf. Sie sind durch geschicktes Nützen der Kostenstruktur von Netzausbauprojekten am besten zu erreichen: Zusätzliche Reservekapazitäten für ungewisse Entwicklungen erfordern oft nur geringe Zusatzaufwendungen. Beachtet werden sollte, dass durch Verbessern der Prognose, d. h. Verkleinern des Prognosebereichs robuste Ausbaupläne kostengünstiger werden. Robustheit und zweckmäßige Reservekapazitäten hängen somit stark von der Prognosequalität ab.

Obiges Bild von Robustheit ist rein statisch und nur bezogen auf einen ungewissen Planungsparameter, die zukünftige Netzlast. Bei dynamischen Planungsaufgaben ist die Robustheit von Ausbauplänen in allen praktisch relevanten Szenarien s zu beurteilen. Entscheidend ist der Erwartungswert des Kostenbarwertes, wie Gl. 2.16 zeigt.

$$E(BK) = \sum_{s \in S} p(s) \cdot BK(s), \quad s \in S \qquad (2.16)$$

Es ist Aufgabe des Netzplaners, die meist große Menge möglicher Szenarien auf die praktisch relevanten einzuschränken. Häufig begnügt man sich mit Bereichsprognosen für die Nachfrage, nur für spezielle Aufgabenstellungen betrachtet man zusätzliche Prognosebereiche z. B. für Wirtschaftlichkeitsparameter. Meist werden neben mittleren Szenarien zusätzliche Extremszenarien analysiert, um die Robustheit der Ausbaupläne beurteilen zu können.

Neben der Robustheit findet man in der Literatur auch den Begriff der Elastizität von Ausbauplänen, ein Maß für den verbleibenden Entscheidungsspielraum nach getroffenen Investitionsentscheidungen. In der Zielnetzplanung versteht man darunter die nach bestimmten

Ausbaumaßnahmen im Rahmen der Restrukturierung noch erreichbare Teilmenge an Zielnetzen. Ein weiterer Begriff ist die Flexibilität eines Ausbauplanes: Man bezeichnet damit die Wahrscheinlichkeit, dass von einem Ausbauplan zukünftig auch bei unerwarteten Entwicklungen der Planungsparameter nicht mehr abgewichen werden muss [9].

2.3 Wirtschaftlichkeit

2.3.1 Kosten und Nutzen

2.3.1.1 Übersicht

Die Investitionstätigkeit umfasst langlebige Sachinvestitionen zur nachhaltigen Sicherstellung der Versorgungsaufgabe zu minimalen Kosten oder maximalem Nutzen. Es handelt sich um Erst-, Erweiterungs-, Verstärkungs-, Ersatz- oder Optimierungsinvestitionen [11, 12, 14].

Zur optimalen Entwicklung von Elektrizitätssystemen sind langfristige Wirtschaftlichkeitsbewertungen in der Investitionsplanung unerlässlich. Dabei werden grundsätzlich folgende Kostenarten berücksichtigt:

- Investitionskosten,
- Instandhaltungskosten,
- Betriebskosten,
- Engpasskosten.

Sie werden auf unterschiedliche Weise von den Investitionsentscheidungen beeinflusst, daher sind sie immer gesamthaft zu betrachten. Gesteigerte Ersatzinvestitionen können hohe Instandhaltungskosten infolge vieler älterer Betriebsmittel drastisch reduzieren. Manchmal erfordern neue Technologien beispielsweise mit elektronischen Bausteinen erhöhte Instandhaltungsaufwendungen, die dann auch zu bewerten sind. Die wichtigste Komponente der Betriebskosten sind die Kosten für die Netz- oder Transportverluste, dazu kommen zukünftig auch allenfalls Speicherverluste.

Netzengpässe können bei Verbrauchern Kosten für Stromausfälle oder bei Erzeugern Einnahmenverluste durch herabgesetzte Erzeugungsleistung verursachen. Netzbetreiber können verpflichtet sein, den Erzeugern die entgangenen Einspeiseentgelte zu ersetzen. Ausfallkosten für nicht bedarfsgerecht gelieferte Energiemengen gestatten eine Bewertung der Versorgungszuverlässigkeit unterschiedlicher Netzausbauvarianten. Sie fallen zwar bei Netzkunden an, können aber durch ein entsprechendes Regulierungsmodell (Qualitätskomponente) auch den Verteilnetzbetreiber belasten. Meist werden jedoch bei der Planung von Verteilnetzen nicht Ausfallkosten berücksichtigt, sondern Mindesterfordernisse für die Versorgungszuverlässigkeit formuliert.

Der Nutzen von Investitionsentscheidungen im Betrachtungszeitraum wird in der klassischen Ausbauplanung meist nicht explizit bewertet. Vielmehr soll eine vorgegebene

2.3 Wirtschaftlichkeit

Versorgungsaufgabe mit geringsten Kosten erfüllt werden. Die zulässigen Ausbauvarianten müssen alle technischen und betrieblichen Anforderungen zu minimalen Kosten abdecken, darüber hinausgehende Kapazitäten werden oft als nicht nutzbringend angesehen. Der Planer kann allerdings auch den Nutzen von Kapazitätsreserven in einzelnen Planungsvarianten bei unvorhergesehenen Laststeigerungen bewerten.

Die Restwerte der Investitionsgüter am Ende des Betrachtungszeitraums sollten insbesondere bei temporären Stromversorgungen oder kurzen Betrachtungszeiträumen berücksichtigt werden. Damit wird ein allfälliger Verwertungsnutzen oder der Nutzen durch Hinausschieben von weiteren Investitionen abgebildet. In der Infrastrukturwirtschaft sollte aber der Betrachtungszeitraum für Wirtschaftlichkeitsvergleiche in der Netzplanung grundsätzlich die technisch-wirtschaftliche Lebensdauer der Betriebsmittel berücksichtigen, Planungs- und Bewertungszeitraum sind daher ausreichend anzusetzen.

2.3.1.2 Investitionskosten

Auswahlentscheidungen x legen für jeden vorgegebenen Anlagenort i, jede in Frage kommende Leitungstrasse j sowie jeden Investitionszeitpunkt t die zu errichtende Anlagen- oder Leitungstype (a oder l) fest (vgl. Gl. 2.17).

$$KI_t = \sum_{a \in A} \sum_{i \in I} KI_{ta} \cdot x_{tai} + \sum_{l \in L} \sum_{j \in J} KI_{tl} \cdot x_{tlj}, \quad t \in T \qquad (2.17)$$

Für alle Investitionsalternativen müssen die jeweiligen Investitionskosten zu jedem möglichen Investitionszeitpunkt bekannt sein. Investitionskosten für Leitungen werden oft längenproportional angesetzt, dies gilt allerdings nur bei Vernachlässigung der längenunabhängigen Projektkosten. Investitionskosten können zu unterschiedlichen Zeitpunkten durchaus unterschiedlich sein: Ein Beispiel sind Erneuerungskosten für eine städtische Kabelstrecke, wenn in einem bestimmten Jahr eine Generalsanierung der Infrastruktur in einem Straßenabschnitt vorgesehen ist und entsprechende Synergien genutzt werden können.

2.3.1.3 Instandhaltungskosten

Die laufenden Kosten für vorbeugende Instandhaltung und fallweise Instandsetzung hängen sowohl von der Betriebsmitteltechnologie als auch von der unternehmensinternen Instandhaltungsstrategie ab. Die von Investitionsentscheidungen beeinflussbaren Instandhaltungskosten können in der Netzplanung durch entsprechend kapitalisierte Zuschläge zu den Investitionskosten angemessen berücksichtigt werden.

Moderne Kabel weisen gegenüber Freileitungen sehr niedrige Instandhaltungskosten auf. Zu beachten sind Instandhaltungskosten für Gebäude und Gebäudeinfrastruktur sowie für Anlagenleittechnik. Letztere erfordert wegen ihrer begrenzten Lebensdauer im Allgemeinen eine periodische Erneuerung innerhalb des Lebenszyklus der Energieanlagen.

2.3.1.4 Betriebskosten

Diskutiert werden im Folgenden die durch Investitionsentscheidungen beeinflussbaren Netzverlustkosten als wichtigste Komponente der Betriebskosten. Entbündelte Verteilnetzbetreiber müssen die elektrische Energie zur Abdeckung der Netzverluste am Elektrizitätsmarkt beschaffen. Entsprechende Bezugsverträge enthalten Arbeitspreise, manchmal auch Leistungspreise und gestatten eine Bewertung des Jahresverlustleistungsprofils samt allfälligen Änderungen durch Netzausbau.

In der Systemplanung sind die von Investitionsentscheidungen beeinflussten Transportverluste der einzelnen Ausbauvarianten zu bewerten. Entscheidend sind daher Unterschiede in den Netzverlusten und die daraus resultierenden Unterschiede in den Beschaffungskosten. Der Ausgleich dieser Mengenunterschiede erfolgt marktseitig über die Bilanzgruppe der Netzverlustenergie und physikalisch im Allgemeinen aus dem übergeordneten Netz. Zu bewerten sind aus Unternehmenssicht daher auch die vorgelagerten Transportkosten der Netzverlustenergie mit den Systemnutzungstarifen der entsprechenden Netzebene.

Verluste auf Freileitungen und Kabeln bis höchstens 110 kV sind weit überwiegend stromabhängig, spannungsabhängige Verluste auf Hochspannungsleitungen (Ableitverluste und bei Freileitungen auch Koronaverluste) werden meist vernachlässigt oder allenfalls durch einen Zuschlag bewertet. Bei Transformatoren sind sowohl die stromabhängigen Wicklungs- oder Kupferverluste als auch die spannungsabhängigen Kern- oder Eisenverluste zu berücksichtigen.

Die Ganglinie der Verlustleistung eines Kalenderjahres kann für jede Netzausbauvariante auf Basis exakter Netzberechnungen für alle Zeitschritte (üblicherweise 1/4 h) ermittelt werden, wenn die Ganglinien der Einspeiser und Entnehmer bekannt sind. Häufig begnügt man sich mit Näherungsrechnungen auf Basis repräsentativer Tage. Für die Jahresverlustkosten gilt mit einem gegebenen Leistungspreis für den Jahreshöchstwert der Wirkverlustleistung und einem Arbeitspreis für die Wirkverlustarbeit Gl. 2.18.

$$\text{KJV} = p_{PV} \cdot P_{VH} + p_{WV} \cdot W_V \qquad (2.18)$$

Für den Zusammenhang zwischen dem Jahreshöchstwert der Wirkverlustleistung und der stromabhängigen Jahresverlustarbeit wurde der Scheinarbeitsverlustfaktor d gemäß Gl. 2.19 eingeführt.

$$W_V = P_{VH} \cdot T_A \cdot d, \quad d = \frac{1}{T_A} \cdot \int_0^{T_A} \frac{I^2(t)}{I_H^2} dt \qquad (2.19)$$

Der Scheinarbeitsverlustfaktor ist ein Formfaktor zur Berücksichtigung der Jahresganglinie oder Jahresdauerlinie des Stromes bei der Berechnung der stromabhängigen Jahresverlustarbeit. Insbesondere in städtischen Netzgebieten kann man für Planungszwecke häufig eine gewisse Homogenität mit einheitlichen Jahresdauerlinien, Knotenspannungen

2.3 Wirtschaftlichkeit

und Leistungsfaktoren voraussetzen. Dann gilt Gl. 2.20.

$$P_{VH} = \frac{1}{U_N^2 \cdot \cos^2\varphi_N} \cdot \sum_{l \in L} R_l \cdot P_{lH}^2, \quad d = \frac{1}{T_A} \cdot \int_0^{T_A} \frac{P_l^2(t)}{P_{lH}^2} dt \qquad (2.20)$$

An linearisierten und normierten Jahresdauerlinien gemäß Abb. 2.19 kann man noch einige Zusammenhänge zur Berechnung der Jahresverlustarbeit zeigen.

Gl. 2.21 beschreibt eine linearisierte und normierte Jahresdauerlinie.

$$\frac{P(t)}{P_H} = 1 - (1-g) \cdot \frac{t}{T_A} = 1 - (1+r) \cdot \frac{t}{T_A} \qquad (2.21)$$

Für den Benutzungsfaktor gilt Gl. 2.22.

$$m = \frac{1}{2}(1+g) = \frac{1}{2}(1-r) \qquad (2.22)$$

Damit erhält man Gl. 2.23 für den Scheinarbeitsverlustfaktor.

$$\begin{aligned} d &= \int_0^1 \frac{P^2(t)}{P_H^2 \cdot T_A} dt = \int_0^1 [1-(1-g)\cdot\tau]^2 d\tau \\ &= \frac{1}{3} \cdot (1+g+g^2) = \frac{1}{3} \cdot (1-r+r^2) \\ &= \frac{1}{3} \cdot (1-2m+4m^2) \end{aligned} \qquad (2.23)$$

Damit lässt sich nun leicht die Frage beantworten, bei welchem Grundlast- bzw. Rückspeiseanteil oder bei welchem Benutzungsfaktor die Jahresverlustarbeit minimal ist (vgl. Gl. 2.24).

$$d(g) = \text{Min!} \Rightarrow d'(g) = 0 \Leftrightarrow g = -\frac{1}{2}; \quad r = \frac{1}{2}; \quad m = \frac{1}{4} \qquad (2.24)$$

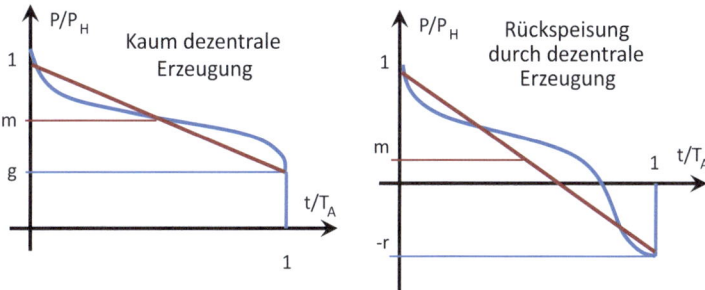

Abb. 2.19 Normierte Jahresdauerlinien

2.3.1.5 Engpasskosten

Auf Grund von Netzengpässen kann in bestimmten Situationen Verbrauchern Energie nicht bedarfsgerecht geliefert oder im Gegenzug von Erzeugern nicht ins Netz eingespeist werden. Bewertet man in der Netzplanung diese Energiedefizite mit Engpasskosten, lassen sich Transport- oder auch Speicherkapazitäten optimieren. Unwirtschaftliche Netzausbaumaßnahmen für geringe Energiedefizite können so vermieden werden, sofern das zulässig ist.

Bei Betriebsmittelausfällen im Netz kann die Versorgung von Verbrauchern beeinträchtigt werden, die Ausfall- oder Defizitenergie kann mit Leistungs- und Arbeitspreisen bewertet werden, wie Gl. 2.25 zeigt.

$$KE = \sum_{z \in Z} h_z \cdot \left(p_{PE} \cdot P_{EHz} + p_{WE} \cdot T_{MP} \cdot \sum_{t \in T_z} P_{Et} \right) \quad (2.25)$$

Regulatorische Bestimmungen können vorsehen, dass dezentrale Einspeiser für eigentlich erzeugbare Energiemengen, die auf Grund von Engpässen nicht in das Verteilnetz eingespeist werden können, vom Verteilnetzbetreiber entschädigt werden müssen. Für die Bewertung werden dann die gesetzlich vorgesehenen Förderpreise für die jeweilige Kraftwerkskategorie gemäß Gl. 2.26 angesetzt.

$$\begin{aligned} KE &= \sum_{k \in K} \left\{ p_{Ek} \cdot \sum_{z \in Z} W_{Ekz} \right\}; \\ W_{Ekz} &= T_{MP} \cdot \sum_{t \in T_z} P_{Ekt}; \quad P_{Ekt} = \max(PE_{kt} - PN_{kz}, 0) \end{aligned} \quad (2.26)$$

In jedem Engpasszustand z wird die von Kraftwerken der Kategorie k nicht einspeisbare Arbeit W_{Ekz} aus der Zeitreihe der theoretisch erzeugbaren Wirkleistungen PE_{kt} unter Berücksichtigung der jeweils ins Netz einspeisbaren Wirkleistung PN_{kz} ermittelt.

2.3.1.6 Restnutzen

Den Restwert eines Investitionsgutes zu einem bestimmten Zeitpunkt t kann man beispielsweise durch lineare Abschreibung der Investitionskosten über die technisch-wirtschaftliche Nutzungsdauer gemäß Gl. 2.27 ermitteln.

$$RN = KI \cdot \left[1 - \frac{t}{T_{ND}} \right] \quad (2.27)$$

Damit beträgt der Barwert des Restnutzens einer Investition zu Beginn des Jahres i mit einer Nutzungsdauer von L Jahren am Ende des Betrachtungszeitraums von N Jahren nach Gl. 2.28:

$$BRN(i, L, N) = KI \cdot \frac{1}{L} \cdot (i - 1 + L - N) \cdot q^{-N}; \quad i + L > N \quad (2.28)$$

2.3.2 Investitionsrechnung

2.3.2.1 Allgemeines

Die Wirtschaftlichkeit unterschiedlicher Ausbauvarianten ist mit den Methoden der Investitionsrechnung zu bewerten und zu vergleichen. Zu unterscheiden sind statische und dynamische Wirtschaftlichkeitsvergleiche: Bei statischen Analysen sind zeitliche Entwicklungen fix vorgegeben, alle Investitionen finden zum gleichen (Bezugs-)Zeitpunkt statt. Bei dynamischen Vergleichen können Investitionen zu Beginn eines jeden Jahres des Planungszeitraums stattfinden, die laufenden Jahreskosten können sich abhängig von den Investitionsentscheidungen unterschiedlich entwickeln [11, 12].

Für statische Analysen verwendet man in der Netzplanung im Allgemeinen die Annuitätsmethode, für dynamische Vergleiche die Kapital- oder Barwertmethode. Beide Methoden gehören zu den Diskontierungsverfahren, daher sind für beide geeignete Betrachtungszeiträume und Kalkulationszinssätze zu wählen [15].

In statischen (einstufigen) Verfahren können damit Investitionskosten in Jahresinvestitionskosten (Annuitäten) umgerechnet und in einen Vergleich der Gesamtjahreskosten einbezogen werden. Bei dynamischen (mehrstufigen) Verfahren lassen sich Investitionen zu unterschiedlichen Zeitpunkten wirtschaftlich vergleichen und ebenso wie Jahreskostenreihen (Renten) in Kapital- oder Barwerte umrechnen.

Betrachtungszeiträume sollten die technisch-wirtschaftliche Nutzungsdauer der Betriebsmittel berücksichtigen, in der Praxis werden häufig 20 bis 40 Jahre angesetzt. Der Kalkulationszinssatz bildet generell gesehen die langfristige branchenspezifische Kapitalverzinsung und regulatorische Vorgaben für Investitionen in die Infrastruktur ab. Aktuelle Zinsbewegungen sollten nicht zu stark berücksichtigt werden, es handelt sich vielmehr um einen mittleren Zinssatz im Betrachtungszeitraum. In der Praxis wird derzeit mit etwa 3 bis 6 % gerechnet. Grundsätzlich handelt es sich bei der Festlegung dieser Planungsparameter um betriebswirtschaftliche Entscheidungen, die auch das Interesse des Unternehmens an (möglichst frühzeitigen) Investitionen zur Senkung von Instandhaltungs-, Betriebs- und Engpasskosten abbilden.

2.3.2.2 Annuitätenmethode

Der Annuitätsfaktor A gemäß Gl. 2.29 ermöglicht die Umrechnung einmaliger Investitionskosten in eine Jahresrente bzw. in Jahreskosten (Annuitäten) für Tilgung und Verzinsung über den Betrachtungszeitraum.

$$\text{KJI} = \text{KI} \cdot \text{A}; \quad A = \frac{q-1}{1-q^{-N}}; \quad q = 1 + p \qquad (2.29)$$

Für den statischen Wirtschaftlichkeitsvergleich von Planungsvarianten sind die Gesamtjahreskosten nach Gl. 2.30 heranzuziehen.

$$\text{KJ} = \text{KJI} + \text{KJIN} + \text{KJB} + \text{KJE} \qquad (2.30)$$

Statische Vergleiche können in der Praxis typischerweise für folgende Planungsaufgaben angewendet werden:

- Grundsatzentscheidungen betreffend Typenauswahl,
- Grobabschätzung der Wirtschaftlichkeit aktueller Projekte,
- Ersterschließung eines Netzgebietes durch Vollausbau in einem Zuge,
- Gestaltung von Zielnetzen.

Ein Anwendungsbeispiel für die Annuitätenmethode ist die Auswahl des wirtschaftlich optimalen Leitungstyps l mit dem Leiterquerschnitt Q in Abhängigkeit vom Jahreshöchstwert der Wirkleistung gemäß Gl. 2.31 und 2.32.

$$KJ = KJI + KJB = \frac{q-1}{1-q^{-N}} \cdot KI_l + [p_{PV} + p_{WV} \cdot T_A \cdot d] \cdot P_{VH} \qquad (2.31)$$

$$\text{mit} \quad P_{VH} = \frac{R_l \cdot P_H^2}{U_N^2 \cdot \cos^2 \varphi_N} \quad \text{gilt} \quad KJ = C1_l + C2_l \cdot P_H^2 \qquad (2.32)$$

Im Folgenden werden die Jahreskosten in Abhängigkeit von der Jahreshöchstleistung für verschiedene Leiterquerschnitte Q dargestellt. Aus Abb. 2.20 entnimmt man sofort die jeweils kostenoptimalen Leiterquerschnitte für die jeweiligen Leistungsbereiche.

2.3.2.3 Kapitalwertmethode

Dynamische Wirtschaftlichkeitsvergleiche berücksichtigen die zeitliche Abfolge und die langfristigen Auswirkungen von Investitionsentscheidungen sowie die Entwicklung der Kosten und Anforderungen an Netzausbauvarianten in der Zukunft. Dies erfordert die Festlegung der Zeitverläufe aller notwendigen Planungsparameter im gesamten Betrachtungszeitraum.

Zu unterschiedlichen Zeitpunkten oder Zeiträumen anfallende Kosten werden durch Diskontierung (Abzinsung) nach den Methoden der Zins- und Zinseszinsrechnung auf den Beginn des Betrachtungszeitraums bezogen, um die Planungsvarianten wirtschaftlich vergleichen zu können. Für diese Kapital- oder Barwertbildung gelten folgende Formeln:

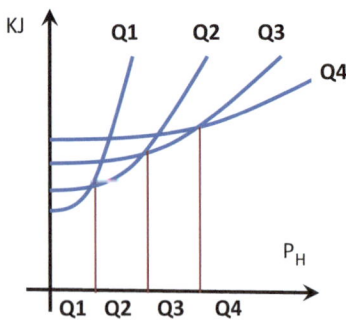

Abb. 2.20 Kostenoptimale Leitungsquerschnitte

2.3 Wirtschaftlichkeit

Einmalige Investitionskosten zu Beginn des Jahres i gemäß Gl. 2.33.

$$\text{BKI} = \text{KI} \cdot q^{1-i} \tag{2.33}$$

Barwert des Restnutzwertes am Ende des Betrachtungszeitraums von N Jahren gemäß Gl. 2.34.

$$\text{BRN} = \text{RN} \cdot q^{-N} \tag{2.34}$$

Konstante Jahresreihe (Jahr 1 bis N) von Verlustkosten gemäß Gl. 2.35.

$$\text{BKV} = \text{KJV} \cdot \sum_{i=1}^{N} q^{-i} = \text{KJV} \cdot \frac{1 - q^{-N}}{q - 1} \tag{2.35}$$

Wachsende Jahresreihe (Jahr M bis N) von Engpasskosten gemäß Gl. 2.36.

$$\text{BKE} = \text{KJE}_1 \cdot \frac{1}{s} \cdot \sum_{i=M}^{N} \left(\frac{q}{s}\right)^{-i} = \text{KJE}_1 \cdot \frac{1}{s} \cdot \frac{\left[\frac{q}{s}\right]^{1-M} - \left[\frac{q}{s}\right]^{-N}}{\frac{q}{s} - 1} \tag{2.36}$$

KJE_1 seien die Jahresengpasskosten im ersten Jahr, s deren jährlicher Steigerungsfaktor. Die Barwertfaktoren gelten für Investitionskosten jeweils am Jahresanfang, die Rentenbarwertfaktoren setzen nachschüssige Rentenzahlungen an den Jahresenden voraus. Verzichtet man dabei auf eine Unterteilung in Planungs- und Bewertungszeitraum, so gelten die in Abb. 2.21 dargestellten Zeitpunkte und Zeiträume.

Wirtschaftlichkeitsvergleiche über lange Betrachtungszeiträume müssen dem Problem der Prognoseungewissheit Rechnung tragen, wie in Abschn. 2.2 diskutiert worden ist. Sie sollten daher nur der möglichst soliden wirtschaftlichen Bewertung unmittelbar anstehender Investitionsentscheidungen dienen. Weiter in der Zukunft liegende Investitionsentscheidungen in so einer Kalkulation sind vorerst nur Teile einer wahrscheinlichen Entwicklung und jedenfalls zeitgerecht vor der Umsetzung zu überprüfen.

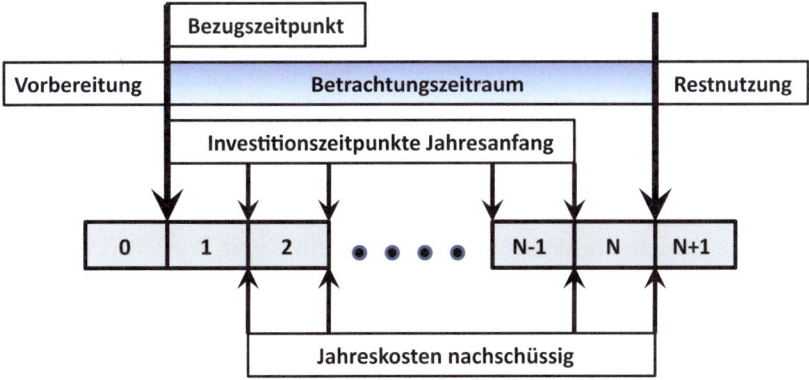

Abb. 2.21 Betrachtungszeitraum für die Kapitalwertmethode

Zu beachten ist, dass sich die einzelnen Kostenkomponenten langfristig unterschiedlich entwickeln können. Verglichen werden in der Netzplanung häufig Anlagenkosten und Energiekosten für Netzverluste oder Netzengpässe. Anlagenkosten werden hauptsächlich von Material- und Personalkosten sowie langfristig auch von technologischen Entwicklungen determiniert. In den Materialkosten sind unter anderem auch Energiekosten (z. B. bei Aluminium) in unterschiedlichen Anteilen enthalten. Solche unterschiedlichen Entwicklungen lassen sich durch entsprechend unterschiedliche Kalkulationszinssätze berücksichtigen.

Werden individuelle oder generelle Preissteigerungen (Inflation) in einem Planungsmodell nicht vorgesehen, so ist dementsprechend der Kalkulationszinssatz als Realzinssatz festzusetzen. Der Rentenbarwertfaktor kann auch genützt werden, um die Amortisationsdauer AD von Investitionen zur Effizienzsteigerung gemäß Gl. 2.37 zu berechnen.

$$\text{KI} = \Delta\text{KJB} \cdot \frac{1 - q^{-AD}}{q - 1}; \quad AD = -\frac{\lg\left[1 - p \cdot \frac{\text{KI}}{\Delta\text{KJB}}\right]}{\lg q} \qquad (2.37)$$

2.3.3 Netzkosten

2.3.3.1 Allgemeines

Die Vertrauenswürdigkeit von Wirtschaftlichkeitsvergleichen hängt wesentlich von der Qualität der verwendeten Kosteninformationen und Modellparameter ab. Der Bereitstellung korrekter Parameter sollte daher mindestens dieselbe Sorgfalt wie der eigentlichen Netzplanung gewidmet werden. Dies gilt natürlich nicht nur für die aktuelle wirtschaftliche Situation, sondern für den gesamten Betrachtungszeitraum. Die wirtschaftliche Bewertung von Ausbauvarianten setzt natürlich Kostenanalysen aller möglichen Alternativprojekte mit angemessener Genauigkeit und vertretbarem Aufwand voraus.

Wirtschaftlichkeitsanalysen erfordern den Vergleich der Kapitalwerte aller Ausbauvarianten, wobei Investitions-, Instandhaltungs-, Betriebs- und allfällige Engpasskosten über den gesamten Betrachtungszeitraum zu berücksichtigen sind. Zu beachten sind dabei besonders die vollständige Abbildung aller Investitionskosten und die sinnvolle Abschätzung der anzusetzenden langfristigen Entwicklung der Energiekosten.

Im Folgenden werden beispielhaft realitätsnahe Kosten für Zwecke der Netzplanung vorgestellt und Kostenentwicklungen diskutiert. Diese Erfahrungswerte können dem Planungsingenieur nur einen Eindruck praxisnaher Größenordnungen verschaffen, sie können jedoch niemals die eigene und jeweils aktuelle Erarbeitung von Wirtschaftlichkeitsdaten für reale Planungsprojekte ersetzen. Daraus werden grundlegende Kostenstrukturen in dezentralen Elektrizitätssystemen abgeleitet. Alle folgenden Kostenangaben verstehen sich auf Preisbasis 2010.

Tab. 2.1 Kostenstruktur von Umspann- und Schaltstationen

Grundstück	Hochbau	Tiefbau	Anlagen	Trafos	Kabel
Erwerb	Projektierung	Projektierung	Projektierung	Projektierung	Projektierung
Dienstbarkeit	Anlagen-gebäude	Genehmigung	Beschaffung	Beschaffung	Beschaffung
Nebenkosten		Baustelle	Schaltfelder	Umspanner	HS/MS/NS/FM
Steuern	Trafoboxen	Abbruch	Leittechnik	Leittechnik	Abnahme
	Genehmigung	Aushub	Abnahme	Abnahme	Anlieferung
	Baustelle	Kabelgraben	Anlieferung	Anlieferung	Verlegung
	Rohbau	Kabelkanal	Montage	Aufstellung	Anschluss
	Dach	Boden-vorbereitung	Prüfung	Prüfung	Prüfung
	Fenster, Türen		Dokumente	Dokumente	Dokumente
	Fassade	Bohrungen			
	Böden	Entwässerung			
	Kanal, Wasser	Verfüllung			
	Heizung	Abdeckung			
	Elektro	Erdung			
	Ausgestaltung	Oberfläche			
	Haustechnik	Gestaltung			

2.3.3.2 Umspann- und Schaltstationen

Eine praxisnahe Kostenstruktur für ein Anlagenprojekt zeigt Tab. 2.1.

Grundstückskosten sowie Dienstbarkeitsgebühren sind immer von Standort und Größe abhängig und können sehr stark variieren. Umspannwerke werden oft individuell geplant, daher sind auch keine allgemeinen Angaben zu Hoch- und Tiefbaukosten verfügbar. Soweit möglich, empfehlen sich standardisierte Bauweisen und -größen, für die dann auch Richtwerte angegeben werden können.

Typische Hochbaukosten für Umspannwerksgebäude sollen im Folgenden kurz vorgestellt werden. Vorausgesetzt werden mittlere Bauvolumina mit und ohne Raum für eine gasisolierte 110 kV Schaltanlage mit Doppelsammelschiene, einfache Massivbauweise, jedoch ohne kostensparende oder allenfalls erforderliche zusätzliche Maßnahmen. Auch die Mittelspannungsschaltanlage ist mit Doppelsammelschiene ausgeführt, die Anzahl der Abzweige geht von einer durchschnittlichen Auslastung aus. Nebenräume für Erdschlusslöschung, Eigenbedarf und Leittechnik sind vorgesehen. Baukosten können regional und je nach Wettbewerbssituation stark unterschiedlich sein.

Tab. 2.2 zeigt beispielhaft grobe Richtwerte für Hochbaukosten von Umspannwerksgebäuden, nicht enthalten sind Kosten für die Bauausgestaltung.

Mit AIS werden luftisolierte und mit GIS gasisolierte Schaltanlagen bezeichnet. Tab. 2.3 zeigt Richtwerte für die Kosten von metallgekapselten Schaltanlagen mit Doppelsammelschiene.

Tab. 2.4 zeigt Richtwerte für die Kosten von Verteilnetztransformatoren.

Tab. 2.2 Hochbaukosten Umspannwerke [T€]

Hochbaukosten abhängig von Transformatoren und Schaltanlagen		
Transformatorleistung UW ohne 110 kV Schaltanlage	MS AIS 10 kV	MS GIS 20 kV
2·10 MVA	750	600
2·20 MVA	900	750
2·40 MVA	1200	900
UW mit 110 kV Schaltanlage (GIS)		
2·10 MVA	1550	1400
2·20 MVA	1850	1600
2·40 MVA	2250	1800

Tab. 2.3 Kosten der Schaltanlagen für Umspannwerke [T€]

	Schaltfeld Anlagentechnik	Schaltfeld Leit- und Schutztechnik	Schaltfeld Komplett
110 kV GIS	220	40	260
30 kV GIS Trafo	75	15	90
30 kV GIS Kabel	70	10	80
20 kV GIS Trafo	45	15	60
20 kV GIS Kabel	40	10	50
10 kV AIS Trafo	45	15	60
10 kV AIS Kabel	30	10	40

Tab. 2.4 Kosten von Transformatoren [T€]

Nennleistung [MVA]	Umspannwerks-Trafos HS/MS	Nennleistung [kVA]	Stationstrafos MS/NS
6,3	250	250	11
10	350	400	13
20	500	630	16
31,5	600	800	19
40	700	1000	22

Obige Kosten gelten für den betriebsbereiten Transformator samt Kabelanschlüssen sowie Schutz- und Steuereinrichtungen. Umspannwerkstransformatoren sind üblicherweise mit einem Stufenlastschalter ausgestattet. Transformatorpreise hängen stark von den technischen Ausführungsstandards, den Metallnotierungen und der aktuellen Marktlage ab.

Bei Umspannwerken ist im Allgemeinen für zusätzliche Räume und Einrichtungen wie Stationsleittechnik, Eigenbedarf, Erdschlusslöschung, Rundsteuerung o. ä. mit Zusatzkosten von etwa 10–15 % zu rechnen.

Tab. 2.5 zeigt Richtwerte für die Kosten von Transformatorstationen.

Obige Kosten verstehen sich betriebsbereit, jedoch ohne Transformatoren und Transformatoranschlusskabel; in den Gebäudekosten sind die Tiefbaukosten ohne Kabelarbeiten enthalten.

2.3 Wirtschaftlichkeit

Tab. 2.5 Kosten von Transformatorstationen

Kosten von Gebäuden und Anlagen je nach Bauweise [T€]				
Gebäude Einfachstation	Kompaktstation Metallgehäuse	20		
	Fertigteilstation Beton	35		
	Einbaustation Massivbauweise	50		
Gebäude Doppelstation	Fertigteilstation Beton	40		
	Einbaustation Massivbauweise	60		
Lastschaltanlagen	AIS 10 kV 1 T, 2 K	24	AIS 10 kV 2 T, 3 K	40
	GIS 10,20 kV 1 T, 2 K	32	GIS 10,20 kV 2 T, 3 K	54
	GIS 30 kV 1 T, 2 K	48	GIS 30 kV 2 T, 3 K	80
NS-Verteiler	1 Leistungsschalter, 8 NH Sicherungslasttrenner	12		
	1 Leistungsschalter, 12 NH Sicherungslasttrenner	14		

2.3.3.3 Kabelnetze

Eine praxisnahe Kostenstruktur für Kabelstrecken zeigt Tab. 2.6.

Richtwerte für die längenspezifischen Errichtungskosten für Kabelstrecken können Tab. 2.7 entnommen werden.

Obige Kostenangaben gelten für Kunststoffkabel mit Standardleiterquerschnitten (MS: NA2XS2Y 3·1·150/25, NS: E-AYY 4·150rm) bei konventioneller Erdverlegung unter mittleren Verhältnissen. Tiefbaukosten können sehr stark variieren, bei unkonventionellen

Tab. 2.6 Kostenstruktur einer Kabelstrecke

Kabel	Tiefbau
Projektierung	Projektierung
Genehmigung	Genehmigung
Beschaffung	Baustelle
Lagerung	Schneidarbeiten
Transport	Belag entfernen
Zieharbeiten	Grabung Bagger
Kabelrohre	Grabung von Hand
Sandbettung	Materialtransport
Erdung	Materialentsorgung
Markierung	Pölzung
Muffen	Bohrungen
Endverschlüsse	Betonformteile
Vermessung	Kabelkanal
Kabelprüfung	Betonarbeiten
Dokumentation	Verfüllung
	Verdichtung
	Belag provisorisch
	Belag endgültig

Tab. 2.7 Kosten von Kabelstrecken [T€/km]

Nennspannung [kV]	0,4	10	20	30	110
Tiefbauarbeiten Stadt	150	160	160	180	400
Tiefbauarbeiten Land	90	100	100	120	180
Kabel je System betriebsbereit	24	30	36	50	300

Verlegemethoden wie Pflügen oder Bohren sind sie niedriger, bei aufwendigen Trassierungen in dicht verbauten Gebieten auch weit höher.

2.3.3.4 Instandhaltungs- und Betriebskosten

Schaltanlagen und Transformatoren werden grundsätzlich sehr wartungsarm gebaut, dennoch sind regelmäßige Inspektionen und Überprüfungen, kleine Servicearbeiten an beweglichen Teilen von Schaltern sowie bedarfsweise Instandsetzungen und Reinigungsarbeiten unerlässlich. Große Transformatoren verfügen manchmal über Einrichtungen zur künstlichen Kühlung mit einem entsprechenden Betriebsaufwand. Umspannwerksgebäude erfordern ebenfalls einen gewissen Aufwand für Betreuung, Reinigung und Heizung. Die jährlichen Kosten für Instandhaltung und Betrieb werden meist als Prozentsatz der Investitionskosten angesetzt, Richtwerte sind etwa 1–2 %.

Beträchtlich ist oft der Aufwand für Instandhaltung und Betrieb der Prozessleittechnik, im Besonderen für Softwareupdates und -upgrades mit den zugehörigen Prüfungen der Feldleit-, Kommunikations- und Schutztechnik. Leittechnische Geräte haben im Allgemeinen eine wesentlich kürzere Lebensdauer als die primärtechnischen Anlagen und müssen daher etwa ein- bis dreimal während der Nutzungsdauer der Energieanlage getauscht werden. Diese Erneuerungskosten müssen zusätzlich den jährlichen Instandhaltungskosten von etwa 1–3 % der Investitionskosten berücksichtigt werden.

Moderne Kabelstrecken mit Kunststoffkabeln erfordern praktisch keinen Instandhaltungsaufwand. Ältere Kabelbauarten mit Öl-Papier-Isolierung benötigen eine Überwachung des Flüssigkeitsstandes, manchmal werden auch regelmäßige Alterungsprüfungen vorgenommen. Einrichtungen zur künstlichen Kühlung von Hochspannungskabeln 110 kV werden nur höchst selten verwendet, da sie auch einen erheblichen Betriebsaufwand verursachen. Öfters wird das Temperaturlängsprofil mit modernen optothermischen Methoden erfasst, auch dieser Messaufwand ist nicht vernachlässigbar. Sehr unterschiedlich sind die Kosten der Instandsetzungsarbeiten nach Kabelfehlern, deren längenspezifische Häufigkeiten entsprechenden Kabelfehlerstatistiken zu entnehmen sind [16].

2.3.3.5 Energiekosten

Die Kosten der elektrischen Energie zur Abdeckung der Netzverluste und für den Netzbetrieb werden durch die jeweiligen Beschaffungsmodalitäten bzw. Stromlieferverträge festgelegt. Jeder Verteilnetzbetreiber kann daraus aktuelle Arbeits- und eventuell auch

2.3 Wirtschaftlichkeit

Leistungspreise für Wirtschaftlichkeitsvergleiche in der Netzplanung ableiten. Kurzfristige Spotmarktpreise sind nicht geeignet, vielmehr sind langfristige Durchschnittspreise möglichst auf Basis von Fundamentalanalysen zu ermitteln und entsprechend zu prognostizieren.

Die Kosten nicht bedarfsgerecht an Verbraucher gelieferter Energie werden durch volkswirtschaftliche Analysen ermittelt. Aktuelle Werte hierfür betragen etwa 10–20 €/kWh, sie sind damit etwa 100mal höher als die üblichen Gesamtstrompreise für Verbraucher. Engpasskosten für nicht in das Netz lieferbare Energie orientieren sich üblicherweise an den geförderten Einspeisepreisen für dezentrale Erzeuger, aktuelle Werte werden von den Regulierungsbehörden veröffentlicht.

2.3.3.6 Kostenstruktur

Die Beschaffungskosten für Betriebsmittel wie Transformatoren und Leitungen zeigen in Abhängigkeit von der Nennleistung oder der Strombelastbarkeit relativ hohe Basiskosten für die Mindestgröße und nur geringe Zuwachskosten für größere Transportkapazitäten. Dies ist charakteristisch für sogenannte Fixkostenprobleme. Dies wird noch deutlicher, wenn man anstelle der Beschaffungskosten – wie in der Netzplanung üblich – die Errichtungskosten betriebsbereiter Anlagen betrachtet. Die Beschaffungskosten für Transformatoren steigen bei Verdoppelung der Nennleistung nur um etwa 40 %, die Errichtungskosten für ein Transformatorfeld im Allgemeinen gar nur um etwa 30 %.

Die Kosten eines Kabelgrabens übersteigen die Kosten eines Kabels im Nieder- und Mittelspannungsbereich insbesondere in städtischen Gebieten um ein Vielfaches. Die Gesamtkosten einer Kabelstrecke steigen daher nur geringfügig, wenn nicht nur ein, sondern mehrere Kabel gleichzeitig in einem Graben verlegt werden. Eine Kabelstrecke mit zwei Kabeln im selben Graben kostet nur etwa 10–30 % mehr als eine Strecke mit nur einem Kabel. Die Errichtung von Kabelstrecken zeigt also ebenso eine ausgeprägte Fixkostenstruktur, dies gilt analog auch für die Mitlegung anderer Leitungen. Abb. 2.22 zeigt graphisch den Zusammenhang zwischen Errichtungskosten und Transportkapazität (Nennleistung) für Transformatoren unterschiedlicher Größen und von Kabelstrecken bei gleichzeitiger Verlegung von einem oder mehreren Kabeln im selben Graben [17].

Gemäß obiger Darstellung fallen hohe Basiskosten für die Investitionsentscheidung und zusätzlich linear zunehmende Kapazitätskosten an. In der Praxis ist bei Kabelverlegungen im selben Graben obige Kostenfunktion linear, bei Transformatoren unterschiedlicher Größen meist jedoch nur näherungsweise. Die spezifischen Kapazitätskosten nehmen jedenfalls mit zunehmender Transportkapazität ab.

Diese Kostenstruktur bedingt ausgeprägte Skaleneffekte („Economies of Scale") und begünstigt die räumliche und zeitliche Konzentration der Investitionen in Transportkapazitäten. Dies bedeutet für wirtschaftliche Lösungen in der Netzplanung:

- Weniger und größere Umspannwerke oder Trafostationen,
- Weniger Transformatoren mit größerer Nennleistung,
- Größere Einheiten statt späterer Verstärkung,

Abb. 2.22 Fixkostenproblem

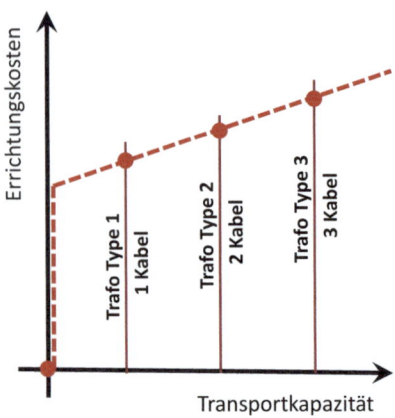

- Weniger Kabel mit größeren Querschnitten,
- Gleichzeitige Verlegung mehrerer Kabel im selben Graben,
- Verlegung zusätzlicher Leerrohre,
- Umwege für Kabelstrecken, um Grabungslängen zu kürzen,
- Zeitliches Vorziehen von Kabellegungen zur Nutzung offener Kabelgräben,
- Gemeinsame Trassen für Strom, Beleuchtung, Telekom, Wasser, Gas,
- Gemeinsame zeitgleiche Erneuerung der gesamten Infrastruktur einer Straße.

Die wirtschaftlichen Vorteile durch die zeitliche und örtliche Bündelung der Kabelverlegung sollten durch den Netzplaner optimal genützt werden. Vorteilhaft kann auch die präventive Verlegung von Leerrohren sein, wenn eine spätere Nutzung absehbar ist. Neben Energiekabeln können auch andere Versorgungsleitungen wie Telekomleitungen im selben Graben verlegt werden, wenn es die Sicherheitsvorschriften zulassen und die Instandhaltung nicht behindert wird.

2.3.4 Regulierung

2.3.4.1 Regulierung und Verteilnetzplanung

Die Begrenzung der Erlöse von Verteilnetzbetreibern dämpft im Allgemeinen deren Investitionstätigkeit, prüfenswert bleiben allenfalls Investitionen zur Effizienzsteigerung. Erst die anreizorientierte Steuerung der Erlöse durch Regulierungsbehörden beeinflusst die Investitionstätigkeit für Erneuerung und Verstärkung positiv. Folgende Regulierungsanreize sind üblich: Investitionsanreize, Anreize zur Sicherung der Ver- und Entsorgungsqualität oder zur Verminderung der Netzverluste [18, 19].

Wirksame Investitionsanreize reduzieren operative Aufwendungen (OPEX) zu Lasten der Kapitalaufwendungen (CAPEX) der Netzbetreiber. Neue Anlagen und Leitungen mit höheren (optimierten) Transportkapazitäten senken die Netzverluste, Netzstrukturen können vereinfacht und damit die Effizienz gesteigert werden. Höhere Investitionsbudgets ermöglichen somit die raschere Hebung von Effizienzpotenzialen.

Qualitätskomponenten in der Anreizregulierung sollen Verteilnetzbetreiber motivieren, Ausfallhäufigkeiten und -dauern für Verbraucher gering zu halten. Ersatzinvestitionen werden dadurch in Mitteleuropa vor allem im Bereich störungsanfälliger Mittel- und Niederspannungs-Freileitungen beschleunigt, es können aber auch künftige Netz- und Anlagenstrukturen beeinflusst werden. Selektive Investitionen in die Automatisierung von Mittelspannungsnetzen und Netzstationen sowie Maßnahmen der Betriebsplanung können das Störungsmanagement effizienter gestalten und zu niedrigeren Wiederversorgungsdauern und Ausfallkosten führen.

Regulatorische Vorgaben zur Entsorgungsqualität dezentraler Erzeuger haben starke Auswirkungen auf den Ausbau von Verteilnetzen. Dabei spielen Fragen der Verteilung der Netzanschlusskosten, des Zuverlässigkeitsniveaus der Entsorgung, der Zulässigkeit von Engpässen und der Entwicklung lokaler Energiespeicher eine wesentliche Rolle. Dies wird im folgenden Abschnitt noch diskutiert.

Anreize zur Reduktion der Netzverluste fördern ebenfalls die Investitionstätigkeit der Verteilnetzbetreiber sowie auch die Betriebsoptimierung. Regulatorisch erstrebenswert ist ein volkswirtschaftlich sinnvolles Gesamtoptimum aus Investitions- und Verlustaufwendungen. Eine uneingeschränkte Vergütung der Netzverlustkosten durch Netzverlustentgelte macht entsprechende Investitionen zur Effizienzsteigerung uninteressant. Die regulatorische Festlegung der Netzverlustentgelte beeinflusst wesentlich alle Wirtschaftlichkeitsüberlegungen in der Netzplanung.

Ein interessantes Spannungsfeld bilden die Kurzfristigkeit von Regulierungsanreizen sowie von politisch induzierten Förderaktionen und die Langfristigkeit der Investitionstätigkeit der Verteilnetzbetreiber. Der Netzplaner sollte dies bei der Einschätzung der langfristigen Auswirkungen seiner Planungen stets berücksichtigen. Er sollte jedenfalls fundamentale volks- und energiewirtschaftliche Zusammenhänge nicht aus dem Auge verlieren.

2.3.4.2 Regulierung und Systementwicklung

Die derzeitige Organisation der europäischen Elektrizitätswirtschaft beruht auf konsequenter Entflechtung zwischen Erzeugung, Handel, Vertrieb (Wettbewerbsbereich) einerseits und den Netzbetreibern (Infrastrukturbereich) andererseits. Die Energiepolitik fördert in manchen Ländern massiv die Stromerzeugung aus erneuerbaren Energieträgern, vermisst wird jedoch oft die ausreichende Rücksichtnahme auf bestehende Infrastrukturen und eine volkswirtschaftlich sinnvolle Entwicklung des Gesamtsystems. Regulierungsbehörden stehen im Rahmen ihrer gesetzlichen Befugnisse vor der schwierigen Aufgabe, eine gesamtwirtschaftlich zweckmäßige Entwicklung des Gesamtsystems aus Marktakteuren, Systembetreibern und Kunden sicher zu stellen.

Zukünftig könnten Netzplaner über ihre bisherige Aufgabe hinaus auch Mitverantwortung für eine energie-, volks- und gesamtwirtschaftlich sinnvolle Entwicklung des Gesamtsystems übernehmen. Neben ihrer Kernaufgabe könnten sie auch Beiträge zur optimalen gemeinsamen Entwicklung von dezentraler Erzeugung, dezentralen Energiespeichern und der Netzinfrastruktur leisten. Die Realisierung einer optimalen Systementwicklung erfordert aber ausgewogene Anreizsysteme für Investoren sowie die Möglichkeit von steuernden Vorgaben im Sinne der Verteilnetzbetreiber. Der nachhaltigen Entwicklung eines volks- und energiewirtschaftlich zweckmäßigen (europäischen) Elektrizitätssystems auf Basis einer koordinierten Energiepolitik und abgestimmter regulatorischer Rahmenbedingungen für alle Stakeholder wird derzeit noch zu wenig Aufmerksamkeit geschenkt.

Folgende Ansätze zur Optimierung des gesamten Elektrizitätssystems sind denkbar:

- (Teilweise) Übernahme von Netzanschlusskosten durch dezentrale Erzeuger, sofern nicht ohnehin vorgesehen,
- Örtlich variable Förderung dezentraler Erzeuger in Abstimmung mit freien Netzkapazitäten,
- Gemeinsame (koordinierte) Förderung von dezentraler Erzeugung und volkswirtschaftlich zweckmäßiger Speicherung,
- Förderung steuerbarer Verbraucher und Einspeiser abhängig von freien Netzkapazitäten,
- Systemnutzungstarife, die zeitlich abhängig von freien Netzkapazitäten steuerbare Verbraucher und Erzeuger zu Lasten unflexibler Netzkunden begünstigen,
- Förderungen und/oder Entgelte für dezentrale Systemdienstleistungen,
- Neuregelungen bei den Engpasskosten dezentraler Erzeuger,
- Adaptierung der Steuer-, Abgaben- und Fördersysteme zur volkswirtschaftlich zweckmäßigen Entwicklung des gesamten Elektrizitätssystems.

2.4 Versorgungszuverlässigkeit

2.4.1 Zuverlässigkeit von Betriebsmitteln

2.4.1.1 Allgemeines
Ausfälle von Betriebsmitteln können unterschiedliche Ursachen haben, man unterscheidet innere Fehler und äußere Einwirkungen. Innere Fehler betreffen naturgemäß immer nur ein Betriebsmittel, äußere Einwirkungen können auch mehrere oder sogar viele Betriebsmittel betreffen. Innere Fehler betreffen entweder die Stromleiter (Unterbrechungen) oder die Isolierung (Erd- und Kurzschlüsse). Ausfälle von Betriebsmitteln sind als zufällige Ereignisse anzusehen, da die kausale Wirkungskette in der Praxis nicht vollständig determinierbar ist. Ausgefallene Betriebsmittel werden repariert oder ersetzt, die resultierenden Ausfalldauern können ebenfalls als Zufallsgrößen aufgefasst werden [20–22].

2.4.1.2 Zufallsprozesse
Obiges Verhalten der Betriebsmittel wird theoretisch durch einen stochastischen Zufallsprozess, nämlich einen zweistufigen Markoffprozess beschrieben. Dieser Prozess

2.4 Versorgungszuverlässigkeit

kennt die Zustände „In Betrieb" und „Ausgefallen" mit den zugehörigen Wahrscheinlichkeiten, die Häufigkeit der Zustandsänderungen wird durch Ausfall- und Inbetriebnahmeraten beschrieben, wie Abb. 2.23 zeigt [23].

In der Theorie lässt sich obiger Zufallsprozess durch eine Differentialgleichung für die Zustandswahrscheinlichkeiten p (Betrieb) und q (Ausfall) beschreiben, wobei im Folgenden konstante Übergangsraten vorausgesetzt werden (vgl. Gl. 2.38).

$$p(t + dt) = p(t) - p(t) \cdot \lambda \cdot dt + q(t) \cdot \mu \cdot dt, p(t) + q(t) = 1$$
$$\frac{dp}{dt} = -\lambda \cdot p + \mu \cdot (1 - p), p(0) = p_0 \tag{2.38}$$

Die Lösung dieser linearen Differentialgleichung erfolgt mittels Exponentialansatz für einen vorgegebenen Anfangszustand gemäß Gl. 2.39.

$$p(t) = A + B \cdot e^{-C \cdot t}, p(0) = 1: p(t) = \frac{\mu}{\lambda + \mu} + \frac{\lambda}{\lambda + \mu} \cdot e^{-(\lambda + \mu) \cdot t} \tag{2.39}$$

Im eingeschwungenen Zustand ergeben sich folgende Zusammenhänge zwischen den Zustandswahrscheinlichkeiten und den Übergangsraten (vgl. Gl. 2.40).

$$p(t) = \frac{\mu}{\lambda + \mu} = p_z; \quad q(t) = \frac{\lambda}{\lambda + \mu} = q_z \tag{2.40}$$

Obige Zustandswahrscheinlichkeiten werden auch als Verlässlichkeit p_z bzw. Nichtverlässlichkeit q_z bezeichnet. Konstante Übergangsraten gelten streng genommen wegen Frühausfällen nicht am Anfang und wegen Alterungsausfällen nicht am Ende der Technischen Lebensdauer eines Betriebsmittels, sondern in der eigentlichen Nutzungsphase. Dies zeigt die bekannte Badewannenkurve gemäß Abb. 2.24.

Abb. 2.23 Zweistufiges Zustandsmodell

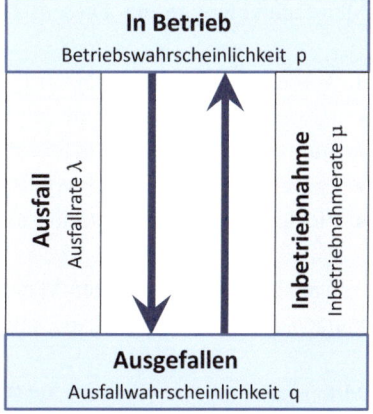

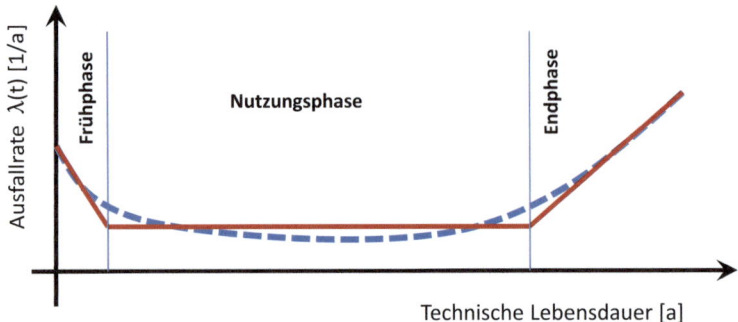

Abb. 2.24 Badewannenkurve

2.4.1.3 Praktische Maßnahmen

In der Praxis werden Ausfall- und Inbetriebnahmeraten durch langjähriges Aufzeichnen der Ausfallhäufigkeiten [1/a] und Inbetriebnahmedauern [h] für einzelne Betriebsmittelklassen näherungsweise ermittelt. Ein wesentliches Fundament für eine hohe Ver-/Entsorgungsqualität sind langjährig zuverlässige Betriebsmittel. Zur Erreichung dieses Ziels sind folgende Maßnahmen empfehlenswert, erfahrungsgemäß lassen sich aber Frühausfälle nie gänzlich ausschließen:

- Einkauf hochwertiger und langjährig erprobter Betriebsmittel,
- Umfangreiche Qualitätskontrollen bei Abnahmen und Materialeingang,
- Erprobte Montage- und Verlegetechniken unter strenger Aufsicht,
- Hoch qualifiziertes und erfahrenes Montagepersonal,
- Strenge Inbetriebnahmeprüfungen.

Durch rasches Instand- oder Ersetzen fehlerbehafteter Betriebsmittel erreicht man geringe Inbetriebnahmedauern. Damit hält man auch die Wahrscheinlichkeit von zufälligen Mehrfachfehlern gering. Diesem Ziel dienen:

- Vorbereitete Maßnahmen zur raschen Fehlerlokalisierung,
- Ausreichende Bereitschaft qualifizierter Monteure und Fachfirmen,
- Infrastruktur zur Fehlerbehebung: Fahrzeuge, Werkzeuge etc.,
- Ersatzteillager, Reservebetriebsmittel,
- Hochwertige Dokumentation zur Fehlerbehebung.

Zum besseren praktischen Verständnis sollte der Netzplaner zumindest die Größenordnungen der Zuverlässigkeitsparameter moderner Betriebsmittel abschätzen können:

Mittelspannungskabel je km: $\lambda = 0{,}03$ [1/a]; $\mu = 300$ [1/a]; $p = 0{,}9999$; $q = 10^{-4}$,
Mittelspannungsschaltfeld: $\lambda = 0{,}003$ [1/a]; $\mu = 30$ [1/a]; $p = 0{,}9999$; $q = 10^{-4}$.

2.4.2 Verfügbarkeit von Netzelementen

2.4.2.1 Gewollte Abschaltungen von Betriebsmitteln

Neben ungewollten Ausfällen wegen Fehlern an Betriebsmitteln gibt es geplante Abschaltungen aus unterschiedlichen Gründen. Solche Gründe sind Wartungsarbeiten oder Arbeiten im Nahbereich eines Betriebsmittels. Hinzu kommen noch ungeplante aber gewollte Abschaltungen wegen möglicher Gefährdungen z. B. bei Natur- oder Unfallereignissen. Dies betrifft häufig Freileitungen.

Solche Ereignisse sind unabhängig von der Zuverlässigkeit der Betriebsmittel, sie beeinflussen aber deren Verfügbarkeit. Unter Verfügbarkeit versteht man somit die Wahrscheinlichkeit des ungestörten Betriebszustandes unter Einbeziehung der Zuverlässigkeit und dieser gewollten Abschaltungen. Diese gewollten Abschaltungen können unter gewissen Voraussetzungen näherungsweise wie zufällige Ereignisse modelliert werden. Die praktischen Auswirkungen werden an folgendem realitätsnahen Beispiel gezeigt:

Mittelspannungsschaltfeld Wartung: $q_w = 2 \cdot 10^{-4}$; $p_w = 0{,}9998$,
Mittelspannungsschaltfeld Verfügbarkeit: $q_v = q_z + q_w = 1 \cdot 10^{-4} + 2 \cdot 10^{-4} = 3 \cdot 10^{-4}$;
$p_v = 0{,}9997$.

2.4.2.2 Ausfallzustände

In Stromnetzen fallen Betriebsmittel aus oder werden aus unterschiedlichen Gründen abgeschaltet und sind dann nicht verfügbar. Die Abschaltung erfolgt bei Fehlern automatisch durch Auslösung eines Leistungsschalters oder einer Sicherung. Sie umfasst einen Abschaltbereich, der in Mittel- und Niederspannungsnetzen eine Vielzahl von Betriebsmitteln umfassen kann. Nach Feststellung des fehlerbehafteten Betriebsmittels wird meist durch Handschaltungen der betroffene Bereich bestmöglich eingegrenzt, nicht fehlerbehaftete Betriebsmittel außerhalb dieses Bereichs werden wieder in Betrieb genommen [23].

Abgeschaltet wird nicht ein Betriebsmittel allein, sondern alle Betriebsmittel zwischen zwei (angrenzenden) Schaltern, z. B. Lasttrennschaltern. Diese kleinsten betrieblich schaltbaren Netzabschnitte nennt man Netzelemente, Beispiele sind Kabelstrecken, Transformatorabzweige oder Sammelschienenabschnitte. Bei sehr sparsamer Gestaltung von MS- oder NS-Netzen wird an Stelle eines Schalters manchmal nur ein im spannungslosen Zustand einfach demontierbares Leiterstück vorgesehen. Die nicht verfügbaren Netzelemente bestimmen den Ausfallzustand des Netzes, zu unterscheiden sind Einfach- und Mehrfachausfallzustände.

Bei Mehrfachausfallzuständen sind mehrere Netzelemente zeitlich überlappend nicht verfügbar. Folgende Arten von Mehrfachausfallzuständen können unterschieden werden:

- Unkritische Mehrfachausfallzustände: Die betroffenen Netzelemente sind im Netz ausreichend weit funktionell bzw. örtlich voneinander entfernt. Die realen Auswirkungen sind nicht größer als bei einzelnen Einfachausfällen.

- Kritische Mehrfachausfallzustände: Durch die funktionelle Nähe der nicht verfügbaren Netzelemente haben einzelne Netzknoten keine Verbindungen mehr zum Verteilnetz.

Mehrfachausfälle kann man nach den Ursachen unterscheiden:

- Zufällige Mehrfachausfälle: Es gibt keinen determinierten Zusammenhang zwischen den Einfachausfällen.
- Kausale Mehrfachausfälle: Naturereignisse wie Gewitter, Stürme, Erdbeben, Hitzewellen oder Überschwemmungen verursachen in einem begrenzten Gebiet mehrere Ausfälle. Auch intensive Bautätigkeit in Sanierungsgebieten kann zu vermehrten Kabelfehlern (Baggerschäden!) führen.
- Folgeausfälle: Bei Erdschlüssen in Mittelspannungsnetzen mit isoliertem oder induktiv geerdetem Sternpunkt treten transiente und stationäre Überspannungen auf, die Isolierungen stark beanspruchen. Daher sind Folgefehler nicht unwahrscheinlich. Folgeausfälle kommen auch beim Brand eines Betriebsmittels in einem Umspannwerk oder einer Trafostation vor.

2.4.3 Auswirkungen auf Kundenanlagen

2.4.3.1 Ver- und Entsorgungsstörungen

Ob Ausfallzustände zu Einschränkungen oder Unterbrechungen der Ver- oder Entsorgung von Kundenanlagen führen, hängt von ausreichenden betrieblichen und strukturellen Reserven im aktuellen Betriebszustand des Verteilnetzes ab. Gibt es Reservenetzelemente, die die Aufgaben ausgefallener Netzelemente bei der aktuellen Netzauslastung in ausreichendem Maß unmittelbar übernehmen können (Heiße Reserve), treten keine Ver-/Entsorgungsstörungen auf. Müssen Reservenetzelemente erst eingeschaltet werden (Kalte Reserve), treten kurze Ver-/Entsorgungslücken auf, man spricht von struktureller Reserve [20].

Da die verursachenden Betriebsmittelausfälle zufällige Ereignisse sind, sind Ver-/Entsorgungsstörungen grundsätzlich ebenfalls zufällige Ereignisse, die durch Wahrscheinlichkeiten, Häufigkeiten und Dauern beschrieben werden können. Merkmale von Engpässen in der Ver-/Entsorgung sind auch die Engpassleistung (Ausfallleistung, nicht bedarfsgerecht bereitgestellte Leistung, DNS = Demand not served) und die Engpassenergie (Ausfallarbeit, nicht bedarfsgerecht gelieferte Energie, ENS = Energy not served) (vgl. auch Abschn. 2.3.1).

2.4.3.2 Versorgungsqualität

Die Zuverlässigkeit der Versorgung von Kundenanlagen wird häufig als Versorgungsqualität bezeichnet. Die empirischen Kennzahlen gemäß Gl. 2.41 sind international weit

2.4 Versorgungszuverlässigkeit

verbreitet [24, 25].

$$\text{SAIFI} = \frac{\sum_{z \in Z} N_z \cdot h_z}{N_{ges}};$$

$$\text{CAIDI} = \frac{\sum_{z \in Z} N_z \cdot T_z}{\sum_{z \in Z} N_z \cdot h_z}; \qquad (2.41)$$

$$\text{SAIDI} = \frac{\sum_{z \in Z} N_z \cdot T_z}{N_{ges}} = \text{SAIFI} \cdot \text{CAIDI}$$

Die Ausfälle werden dabei mit der Anzahl N der betroffenen Kundenanlagen gewichtet:

- SAIFI (System Average Interruption Frequency Index): Kennzahl der durchschnittlichen Unterbrechungshäufigkeit im System,
- CAIDI (Customer Average Interruption Duration Index): Kennzahl der durchschnittlichen Ausfalldauer einer betroffenen Kundenanlage,
- SAIDI (System Average Interruption Duration Index): Kennzahl der durchschnittlichen Ausfalldauer im System.

Der Nachteil obiger Kennziffern besteht darin, dass jede Kundenanlage unabhängig von der Nachfrage nach elektrischer Energie als gleichwertig angesehen wird. Es gibt eine große Zahl ähnlicher Kennziffern, auch die Voraussetzungen zu deren Ermittlung sind sehr unterschiedlich. Aussagekräftig können diese empirisch ermittelten Kennzahlen nur für ausreichend große Grundgesamtheiten sein.

Für die Netzplanung geeigneter sind analytisch berechnete Erwartungswerte der Ausfallleistung (DNS) und Ausfallarbeit (ENS) für den Vergleich von Planungsvarianten. Sie ermöglichen eine kostenmäßige Bewertung der Systemzuverlässigkeit durch Simulation einer relevanten Teilmenge aller Ausfallzustände. So können beispielsweise die Kennziffern gemäß Gl. 2.42 die Versorgungsqualität einer Planungsvariante in einem Kalenderjahr beschreiben:

$$E(\text{DNS}) = \sum_{z \in Z} h_z \cdot E(P_{Ez}); \quad E(\text{ENS}) = \sum_{z \in Z} h_z \cdot T_z \cdot E(P_{Ez}) = \sum_{z \in Z} p_z \cdot E(P_{Ez}) \quad (2.42)$$

Ausfallleistungen und Ausfallarbeiten können in speziellen Störungsstatistiken auch empirisch erfasst werden, um die historische Systemzuverlässigkeit ausreichend quantifizieren zu können.

2.4.4 Wege zur Versorgungszuverlässigkeit

2.4.4.1 Übersicht
Im Folgenden werden die wesentlichen Grundprinzipien zur Gewährleistung einer hohen Versorgungszuverlässigkeit in Verteilnetzen dargestellt:

- Hohe Verfügbarkeit der Netzelemente,
- Einsatz von Reservenetzelementen,
- Zuverlässige Versorgungskette über alle Netzebenen.

2.4.4.2 Netzelemente
Basis einer qualitativ hochwertigen Versorgung sind zuverlässige und wartungsarme Aufbauelemente. Es ist daher Aufgabe des Netzgestalters, dies in Beschaffung, Qualitätskontrolle, Logistik, Montage und Inbetriebnahme grundsätzlich zu unterstützen. Es sollten daher nur langfristig bewährte, eingehend geprüfte und professionell montierte Betriebsmittel verwendet werden. Älteren Praktikern sind noch die unbefriedigenden Erfahrungen mit den ersten Hochspannungskabeln mit Polyäthylenisolierung im vorigen Jahrhundert bekannt [15].

Fällt ein Betriebsmittel aus, so gibt es im Wesentlichen folgende Möglichkeiten zur Wiederherstellung der Versorgung und auch des Netzes:

1. Ausbau, Reparatur beim Hersteller, Wiedereinbau,
2. Reparatur an Ort und Stelle,
3. Ausbau, Einbau eines bereit gehaltenen Ersatzbetriebsmittels,
4. Erstellen eines Provisoriums,
5. Einschalten eines betriebsbereiten, eingebauten Reservenetzelements.

Die erste Möglichkeit wird beispielsweise bei schweren Schäden an Transformatoren angewandt, die Reparaturdauer kann Monate betragen. Je nach Netzebene wird dies mit den Möglichkeiten drei bis fünf kombiniert. Die Reparatur an Ort und Stelle erfolgt jedenfalls bei Kabeln und Freileitungen, übliche Reparaturdauern bewegen sich von Stunden bis zu Tagen. Die Reparatur von Schaltanlagen nach schwerwiegenden Fehlern im Hochspannungsbereich ist meist aufwendig, sie kann Wochen bis Monate dauern. Möglichkeit drei wird typischerweise bei defekten Kabelendverschlüssen, Kabelmuffen, Freileitungsisolatoren, Stationstransformatoren MS/NS und Hochspannungsgeräten in Schaltanlagen angewandt. Die Wiederinbetriebnahmedauer des Netzelementes beträgt im Allgemeinen Stunden bis Tage. Typische Provisorien sind das vorübergehende Aufstellen mobiler Transformatorstationen oder das Verlegen flexibler Kabeltrossen auf der Straße. Die fünfte Möglichkeit senkt die Dauer bis zur Wiederinbetriebnahme entscheidend, bei ferngesteuerter Einschaltung auf Minuten, bei Um- und Einschaltung vor Ort größenordnungsmäßig etwa auf eine Stunde.

2.4.4.3 Reserven und (N−1)-Prinzip

Daraus lässt sich folgender Schluss ziehen: Entscheidend für eine hohe Versorgungszuverlässigkeit ist in der Netzplanungspraxis das Bereithalten von Reservenetzelementen, die im Störungsfall die Funktion des ausgefallenen Netzelements übernehmen. Sind diese Reservenetzelemente eingeschaltet (Heiße Reserve), so treten keine Versorgungsunterbrechungen auf. Sind sie bereit zum Einschalten (Kalte Reserve), so sind kurzzeitige Versorgungsunterbrechungen unvermeidlich.

Dieses Bereithalten hat wirtschaftliche Grenzen, es erfolgt generell in allen Netzebenen, im Niederspannungsnetz vor allem in Gebieten hoher Verbrauchsdichte. Wirtschaftliches Kriterium sind die vermeidbaren Engpasskosten auf Basis der spezifischen Ausfallkosten und der Erwartungswerte von Ausfallleistung und -energie. Neben dieser Optimierung nach Wirtschaftlichkeitskriterien gibt es in der Praxis der Netzplanung anerkannte Standards, an die sich die Verteilnetzbetreiber halten. Wenn Reserveelemente vorhanden und eingeschaltet sind, um Einfachausfallzustände ohne Engpässe zu beherrschen, so ist dieser Netzbereich nach dem betrieblichen (N−1)-Prinzip konfiguriert. Sind kurze Versorgungsunterbrechungen bis zur Umschaltung auf Reserveelemente zulässig, spricht man vom strukturellen (N−1)-Prinzip.

2.4.4.4 Versorgungskette

Die Versorgungszuverlässigkeit der Verbrauchsanlagen in Verteilnetzen kann im Allgemeinen nur durch eine zuverlässige Verbindung mit dem Übertragungsnetz gewährleistet werden. Dezentrale Einspeiser sind in der Praxis nur selten in der Lage, relevante Teile von Verteilnetzen über längere Zeit zuverlässig zu versorgen. Es muss daher eine zuverlässige Versorgungskette vom Übertragungsnetz über alle Netzebenen bis zu den Kundenanlagen am Niederspannungsnetz gemäß Abb. 2.25 geben.

Die Versorgung einer Großstadt mit etwa 150.000 Einwohnern kann rein von der Übertragungskapazität her (ohne Reserven) beispielsweise über einen 380/110 kV Transformator (z. B. 300 MVA), über etwa 15 Transformatoren 110/20 kV mit 25 MVA und etwa 500–800 Transformatoren mit 400–800 kVA erfolgen. Daran sieht man größenordnungsmäßig die unterschiedlichen Auswirkungen von Betriebsmittelausfällen hinsichtlich der Anzahl der gegebenenfalls betroffenen Kundenanlagen bzw. der Ausfallleistung. Will man daher das gleiche hohe Niveau der Zuverlässigkeit über alle Netzebenen sicherstellen, so ist ne-

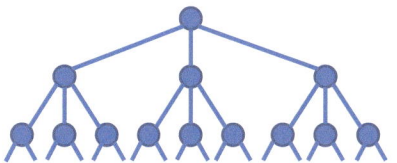

Umspannwerke 380/110 kV
110 kV Netz
Umspannwerke 110/20 kV
20 kV Netz
Trafostationen 20/0,4 kV
0,4 kV Netz

Abb. 2.25 Versorgungskette

ben der Ausfallhäufigkeit vor allem die Ausfalldauer in höheren Netz(Spannungs-)ebenen gering zu halten.

In 380/110 kV – Umspannwerken und im 110 kV – Netz sind die Reservenetzelemente daher ständig in Betrieb, man spricht auch von heißer Reserve. Einfachausfallzustände dürfen daher die Versorgung der Kundenanlagen nicht beeinträchtigen, das betriebliche (N−1)-Prinzip ist einzuhalten. HS/MS – Umspannwerke werden aus später diskutierten Gründen mit ferngesteuert einschaltbereiten Reservetransformatoren, also mit kalter Reserve ausgestattet. Viele Mittelspannungsnetze weisen Strukturen mit örtlich zuschaltbaren Reserveelementen, also ebenfalls kalte Reserven auf. Das strukturelle (N−1)-Prinzip ist erfüllt. Transformatorstationen haben sehr häufig keine Reservetransformatoren, weisen aber meist genug Leistungsreserven auf, um insbesondere in städtischen Gebieten eine gegenseitige Ausfallreserve sicher zu stellen. Niederspannungsnetze weisen in städtischen Versorgungsgebieten meist vermaschte Strukturen mit ausreichenden Reserven für Einfachausfälle auf. Hausanschlüsse werden üblicherweise ohne Redundanz ausgeführt.

Analog dazu ist auch für dezentrale Einspeiser eine zuverlässige Entsorgungskette von großer wirtschaftlicher Bedeutung. Dies gilt nicht nur für alle von Rückspeisung betroffenen Netzebenen, sondern wegen des Leistungsgleichgewichts und der meist mangelnden lokalen Inselbetriebsfähigkeit auch für das Gesamtsystem einschließlich Übertragungsnetz.

2.4.4.5 Zollenkopf-Prinzip

Grundsätzlich gilt also: Je höher die Netz- bzw. Spannungsebene, desto höher ist die Ausfallleistung. Daher sollte die Ausfalldauer umso kleiner sein, um die Ausfallsarbeit auf allen Netzebenen in etwa gleich zu halten. Damit wird eine Versorgungskette vom Übertragungsnetz bis zur Kleinkundenanlage mit einheitlichem Zuverlässigkeitslevel auf allen Netzebenen realisiert. Diese Forderung wurde erstmals von ZOLLENKOPF formuliert [15, 17].

In Abb. 2.26 ist das klassische Zollenkopf-Prinzip beispielhaft für eine Ausfallarbeit von 1 MWh mit logarithmischen Achsenskalierungen dargestellt. Für Umspannwerkstransformatoren sollte die Umschaltung auf einen Reservetransformator mittels Fernsteuerung vorgesehen werden. Ausgefallene Mittelspannungsleitungen können durch Umschaltungen vor Ort ersetzt werden. Im Niederspannungsbereich kann bei Stichleitungen auch ein Provisorium errichtet werden.

Das Zollenkopf-Prinzip zeigt, wie über unterschiedliche Spannungsebenen der Versorgungskette ein als ausreichend empfundenes Niveau der Versorgungszuverlässigkeit auf wirtschaftlich zweckmäßige Weise erreicht werden kann. Eine fundamentale Erhöhung der Versorgungszuverlässigkeit für kleine Netzkunden erfordert nicht nur Verbesserungen im Niederspannungsnetz, sondern in allen Netzebenen. Verschlechterungen in einer Netzebene wirken sich unmittelbar auf Endkunden im Niederspannungsnetz aus.

Abb. 2.26 Zollenkopf-Prinzip

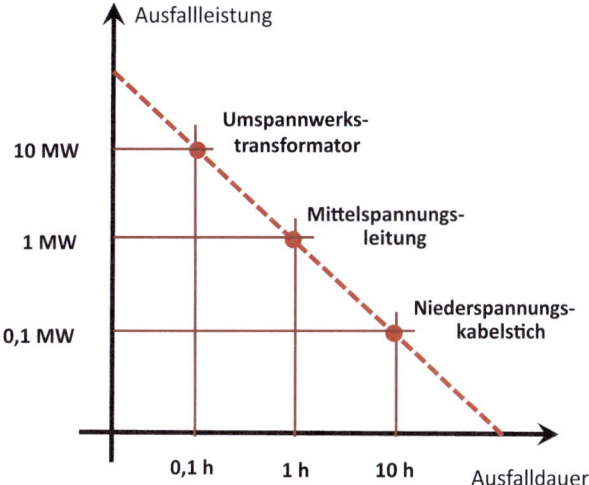

2.4.5 Zuverlässige Anlagen und Netze

2.4.5.1 Zuverlässige Anlagen

Über die Zuverlässigkeit der einzelnen Netzelemente hinaus sind mögliche Mehrfachfehler mit gemeinsamer Ursache zu beachten. Wegen der räumlichen Nähe kann ein Fehler eines Betriebsmittels Auswirkungen auf mehrere Netzelemente haben. So sollte beispielsweise ein Sammelschienenkurzschluss niemals andere Sammelschienenabschnitte beeinträchtigen. Auch Einwirkungen von außen sollten nicht zum Ausfall eines oder gar mehrerer Netzelemente führen. Dies gilt beispielsweise für Blitzschlag, Hochwasser aber auch für Blackouts, welche den Betrieb bzw. die Betriebsbereitschaft eines Netzelements möglichst nicht beeinträchtigen sollten [26].

Obiges ist insbesondere für sogenannte eigensichere Umspannwerke wichtig, die eine $(N-1)$ – sichere Versorgung des eigenen Netzgebiets gewährleisten sollen. Bei Ausfällen in nicht eigensicheren Umspannwerken müssen in der Regel die Nachbarumspannwerke zur Versorgung des Netzgebietes herangezogen werden. Dies gilt im Übrigen auch für die meisten Transformatorstationen, auch bei Ihnen sind allfällige Reserveelemente räumlich entfernt angeordnet; man spricht dann von indirekter Reserve. Im Gegensatz dazu besitzen eigensichere Umspannwerke direkte Reserven an Ort und Stelle. Abb. 2.27 zeigt Konzepte mit eigensicheren und nicht eigensicheren Umspannwerken, Reservetransformatoren sind mit R gekennzeichnet.

Eigensichere Umspannwerke verfügen über Schaltanlagen mit Doppelsammelschienen oder zumindest Einfachsammelschienen mit mehreren Sammelschienenabschnitten. Letztere erfordern gegebenenfalls die Abstimmung der Netzstrukturen mit der Schaltanlagenstruktur. Besonders wichtige und große Doppelsammelschienenanlagen können auch in mehrere Sammelschienenabschnitte gegliedert werden. In Mitteleuropa nicht üblich sind Schaltanlagen mit 1,5 oder 2 Leistungsschaltern je Leitungsabzweig [14].

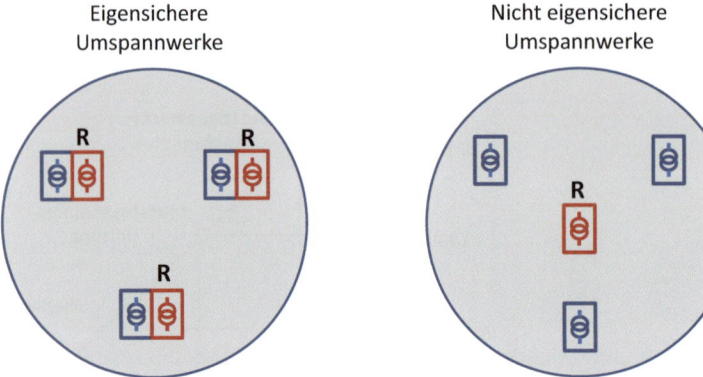

Abb. 2.27 Eigensichere Umspannwerke

Zur Realisierung zuverlässiger Schaltanlagen speziell in eigensicheren Umspannwerken sollten in der Praxis folgende Möglichkeiten bedacht werden:

- Anlagenabschnitte in unterschiedlichen Brandabschnitten des Gebäudes,
- Voll ausgerüstete Reservefelder,
- Einfache Anschlussmöglichkeiten für zusätzliche Kabel,
- Einfache Umrangierung der Kabel,
- Einfacher Ersatz fehlerbehafteter Teile,
- Einfache Notbedienebene,
- Ausreichende thermische Reserven für außergewöhnliche Betriebsfälle,
- Einfache Anlagenerweiterung,
- Qualitativ hochwertiger Schutz gegen Blitzschlag, Überspannungen, Brand, Hochwasser, Erdbeben, Terror usw.

Folgende Empfehlungen tragen dazu bei, Folgefehler von Netzelementen in Hoch- und Mittelspannungsschaltanlagen zu vermeiden:

- Metallschottung zwischen Netzelementen als Schutz gegen Störlichtbögen,
- Druckentlastung nach außen zum Schutz nicht betroffener Anlagenteile,
- Bildung mehrerer Brandabschnitte auch in Kabelkellern,
- Getrennte und geschützte Kabeltrassen,
- Zwei Trenner in Serie zwischen Netzelementen, z. B. Sammelschienenabschnitten,
- Schnelle redundante Selektivschutzeinrichtungen.

Interessant ist das Spannungsfeld zwischen Anlagengröße und Versorgungszuverlässigkeit. Führt ein eigensicheres Umspannwerk mit $3 \cdot 20$ MVA Transformatoren (Var. A) für ein Netzgebiet mit einer Spitzenlast von 30 MW zu einer höheren Versorgungszuverlässigkeit als eines mit $2 \cdot 40$ MVA (Var. B)? Diese Frage hängt eng mit der Betriebsweise der Umspannwerke zusammen, es müssen zusätzliche Annahmen für ein Zuverlässigkeitsmodell getroffen werden:

- Gleiche Ausfallhäufigkeiten und Verfügbarkeiten der Transformatoren,
- Nur zufällige Ausfälle, keine Ausfälle mit gleicher Ursache, keine Folgeausfälle,
- Alle Transformatoren seien im Normalbetrieb gleich ausgelastet, die Gleichzeitigkeitsfaktoren der Trafolasten seien eins,
- Betrachtet werden Einfachausfälle und Doppelausfälle,
- Kurzzeitige Überlastbarkeit wird nicht betrachtet.

Bei Einfachausfällen ist die Häufigkeit bei Var. A größer ($h_A = h_B \cdot 1{,}5$), die Ausfallleistung bei Var. B größer {$E(P_{E1B}) = E(P_{E1A}) \cdot 1{,}5$}, E(ENS) ist also gleich. Bei Doppelausfällen ist die Häufigkeit bei Var. A ebenfalls größer ($h_A = h_B \cdot 3$), die Ausfallleistung bei Var. B größer {$E(P_{E2B}) = E(P_{EA}) \cdot 3$}, E(ENS) ist also ebenfalls gleich.

Diese Aussagen ändern sich natürlich in Abhängigkeit von der Spitzenlast.

2.4.5.2 Zuverlässige Netze

Das strukturelle (N−1)-Prinzip ist wesentlich für zuverlässige Verteilnetze: Jeder Lastknoten ist über zwei disjunkte, d. h. unterschiedliche Leitungsfolgen mit einer eigensicheren oder zwei verschiedenen Hauptanspeisungen verbunden. Darüber hinaus müssen bei Ausfall einer beliebigen Leitung und nach Durchführung der notwendigen Umschaltungen alle Entnehmer (Einspeiser) versorgt sein und alle betrieblichen Randbedingungen (Thermische Grenzlast, Grenzen für Knotenspannungen) eingehalten werden [27].

Hochspannungsnetze weisen oft eine Maschennetzstruktur auf und werden auch vermascht betrieben. Bei Ausfall eines Netzelements übernehmen die anderen Leitungen dessen Transportaufgabe, es stehen also in jedem Belastungszustand ausreichend direkte oder indirekte Reserven für die volle Versorgung aller Verbraucher bereit. Dies ist vom Netzplaner im Voraus für alle relevanten Belastungszustände durch Ausfallsimulationen zu überprüfen.

Unverzweigte Mittelspannungsnetze können beispielsweise als Ring- oder Strangnetze ausgeführt werden. Im Normalzustand sind die Ringe bzw. Stränge etwa in Lastmitte geöffnet, werden also strahlenförmig betrieben (Halbringe, -stränge). Die Belastung der Ringe und Stränge ist so zu begrenzen, dass auch bei Ausfall einer Leitung alle betrieblichen Randbedingungen eingehalten werden. Im ungünstigsten Fall müssen alle Verbraucher von einer Seite des Ringes bzw. Stranges aus versorgt werden können. Steigen die Verbraucherlasten über diesen Grenzwert hinaus, so kann ein Reservekabel vom Hauptanspeisepunkt bis zu den Enden der Halbringe bzw. -stränge wirksame Abhilfe schaffen, wie Abb. 2.28 zeigt.

Verzweigte Mittelspannungs-Strahlennetze lassen sich folgendermaßen zu (N−1) – sicheren Netzen aufrüsten: Zusätzliche Kabel sind von den Haupteinspeisepunkten zu den Verzweigungspunkten und Querverbindungen vor allem zwischen den Endpunkten der Leitungsstrahlen zu verlegen. Dies wird in Abb. 2.29 beispielhaft veranschaulicht.

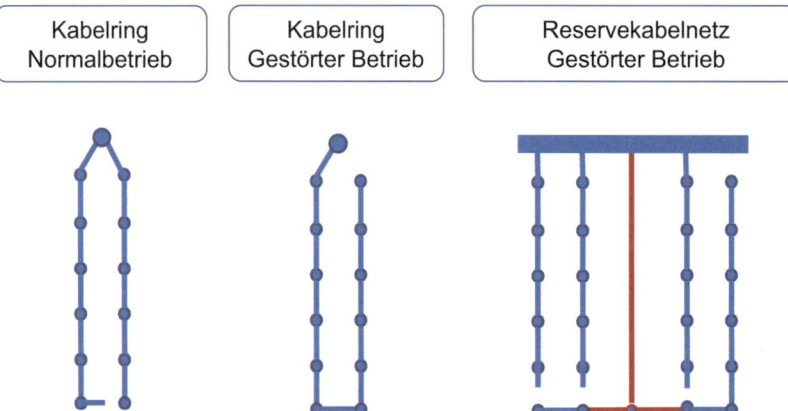

Abb. 2.28 Zuverlässige Ring- und Reservekabelnetze

Folgendes sollte beachtet werden: Jedes Strahlennetz kann durch Verlegung von zwei oder mehr Kabeln je Graben zu einem (N−1)-sicheren Netz bei gleicher Trassenlänge konfiguriert werden. Dabei können jedoch Mehrfachfehler mit gleicher Ursache zu länger dauernden Ausfällen führen, beispielsweise durch übereifrige Baggerfahrer. Dies lässt sich aber durch Auskreuzen von Ringen vermeiden, wie Abb. 2.30 zeigt.

Jeder Verteilnetzplaner sollte die zumindest in der Nähe von Hauptanspeisungen (Umspannwerken) unvermeidbare Verlegung mehrerer Kabel im selben Graben hinsichtlich Versorgungszuverlässigkeit und Wirtschaftlichkeit objektiv bewerten.

Niederspannungsnetze in dicht verbauten Gebieten werden im Allgemeinen (N−1) – sicher ausgeführt. Die Kabel werden auf beiden Seiten der Straße in den Gehsteigen verlegt und in die Hausanschlusskästen eingeschleift. Daraus ergeben sich zwischen den

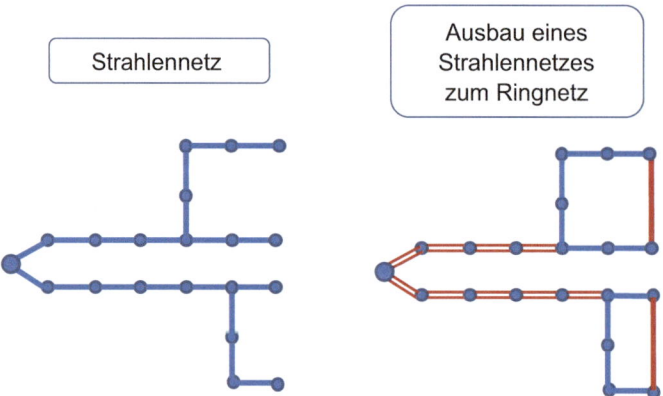

Abb. 2.29 Zuverlässige verzweigte Netze

2.4 Versorgungszuverlässigkeit

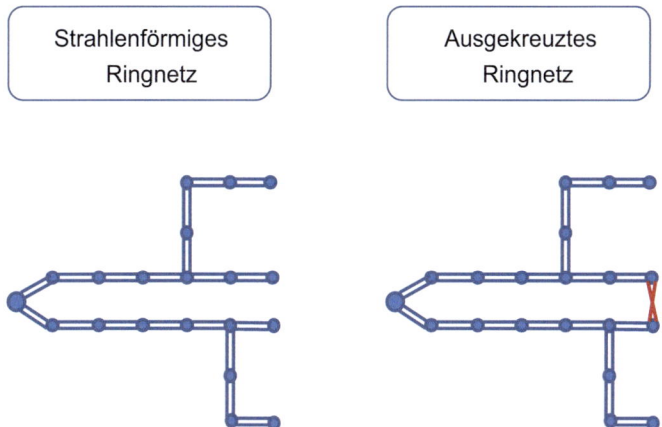

Abb. 2.30 Auskreuzen von Kabelringen

Transformatorstationen mehr oder weniger vermaschte Netzstrukturen. In dünn besiedelten Gebieten werden häufig Strahlennetze realisiert, in schmalen Straßen und Wegen wird nur ein Längskabel verlegt, von Schaltkästen aus werden oft mehrere Gebäude über Stichkabel angeschlossen. Abb. 2.31 zeigt einen Ausschnitt aus einem städtischen, Abb. 2.32 aus einem verkabelten ländlichen Netz.

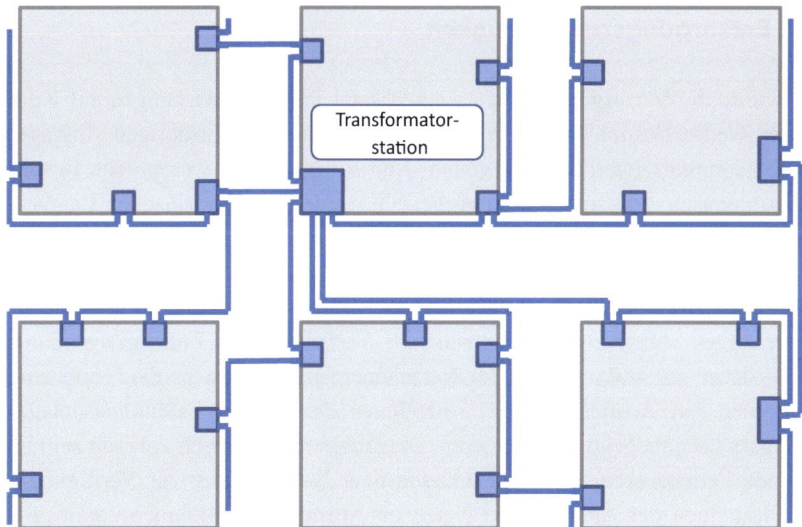

Abb. 2.31 Städtisches Niederspannungsnetz

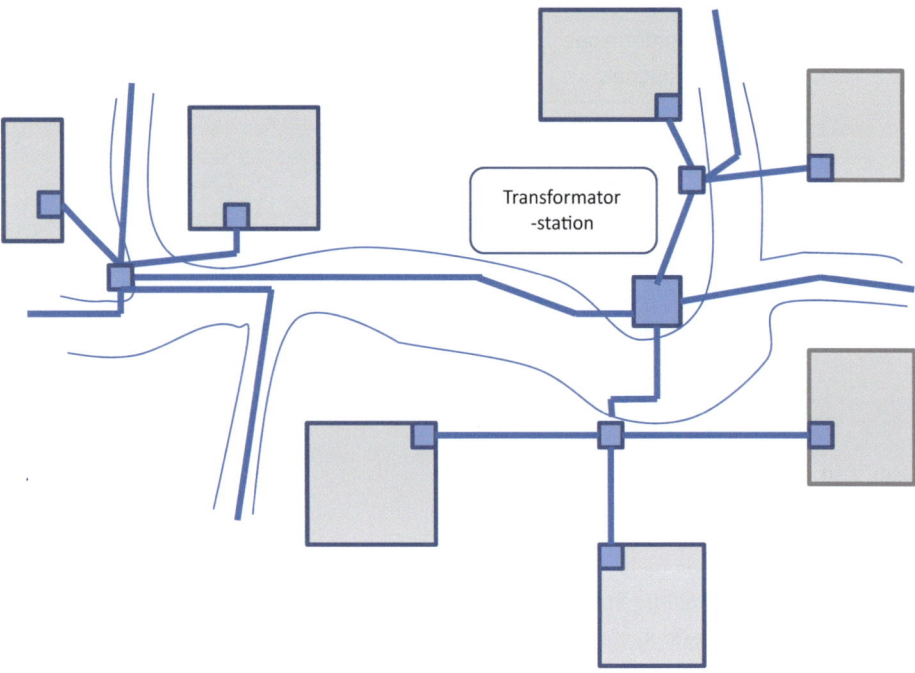

Abb. 2.32 Ländliches Niederspannungsnetz

2.4.6 Entsorgungszuverlässigkeit

Bisher wurde die Versorgungszuverlässigkeit samt ihren Auswirkungen auf Kundenanlagen und Netzstrukturen diskutiert, prinzipiell könnten alle bisherigen Aussagen auch für die Entsorgungszuverlässigkeit gelten. Nun soll aber eine wesentliche Besonderheit der Entsorgungszuverlässigkeit kurz vorgestellt werden. Die spezifischen Engpasskosten für die Entsorgung bewegen sich in der Größenordnung von Gesamtstrompreisen je kWh für Endverbraucher, wie in Abschn. 2.3.1 dargelegt worden ist. Demgegenüber sind die Engpasskosten der Versorgung in etwa 100-fach größer [28].

Daher ist es volkswirtschaftlich sinnvoll, Verteilnetze in Entsorgungsrichtung nur (N−0) − sicher zu strukturieren. Bei Netzelementausfällen ist es dann notwendig, die Leistung der von Ausfallzuständen betroffenen dezentralen Erzeugungsanlagen dem Netzengpass entsprechend zu reduzieren. Dies muss regulatorisch zulässig sein und entsprechende Fernsteuereinrichtungen müssen dem Netzbetreiber zur Verfügung stehen. Die Auslastungen der Anlagen und Netze im Normalbetrieb können damit in Entsorgungsrichtung grundsätzlich höher angesetzt werden als in Versorgungsrichtung [29, 30].

Literatur

1. Österreichs Energie (Herausgeber, 2012) Technische Anschlussbedingungen für den Anschluss an öffentliche Versorgungsnetze mit Betriebsspannungen bis 1000 V (TAEV 2012). Seminar und Medienverlags- und -vertriebs GmbH, Wien
2. BDEW Landesgruppen Norddeutschland und Berlin/Brandenburg (Herausgeber, 2012) Technische Anschlussbedingungen für den Anschluss an das Niederspannungsnetz (TAB NS Nord 2012). BDEW, Hamburg und Berlin
3. OECD IEA (Herausgeber, 2003) The Power to Choose – Demand Response in Liberalised Electricity Markets. Internationale Energie Agentur, Paris
4. Gronstedt P, Kurrat M (2012) Integration dezentraler Energieumwandlung im aktiven Verteilnetz über den Ansatz einer netzorientierten Betriebsweise. 12. Symposium Energieinnovation, Graz
5. Schlabbach J (2009) Elektroenergieversorgung. 3. Aufl, VDE Verlag, Berlin
6. Energie-Control Austria (Herausgeber, 2015) Technische und organisatorische Regeln für Betreiber und Benutzer von Netzen, Teil E: Technische Maßnahmen zur Vermeidung von Großstörungen und Begrenzung ihrer Auswirkungen, Version 2.2. http://www.e-control.at/documents/20903/415340/TOR_E_20150204_V2+20/beec6406-00fd-43e7-95be-16d010fb1008 (Abfrage 21.6.2015)
7. Brandauer W (2009) Verluste im Niederspannungsverteilnetz. Diplomarbeit am Institut für Elektrische Anlagen der TU Graz
8. http://www.elektro-fachplanung.de/Fachinfo/Planungshilfen/Leistung1/Dimensionen/dimensionen.htm (Abfrage 21.6.2015)
9. Paulun T (2007) Strategische Ausbauplanung für elektrische Netze unter Unsicherheit. Dissertation RWTH Aachen, Aachener Beiträge zur Energieversorgung, Bd. 115
10. Kronig P, Höckel M (2010) Lastprognosen im Verteilnetz. Bulletin SEV/VSE 4, 2010, 30–35
11. Pabla A S (2005) Electric Power Distribution. McGraw-Hill, New York
12. Voß W (Herausgeber, 2000) Taschenbuch der Statistik. Carl Hanser Verlag, München
13. Scholl A (2001) Robuste Planung und Optimierung. Physica Verlag, Heidelberg
14. Willis H Lee (2004) Power Distribution Planning Reference Book. 2. Aufl, CRC Press Taylor & Francis Group, Boca Raton FL
15. Kaufmann W (1995) Planung öffentlicher Elektrizitätsverteilungs-Systeme. VDE Verlag GmbH, Berlin
16. Huber W, Kamenka D (2009) Kabeldiagnose bei den Stadtwerken Ingolstadt Netze GmbH. np 48, 11, 18–27
17. Sillaber A (2013) Gestaltung von Mittelspannungsnetzen. Seminar Verteilnetzplanung veranstaltet von Österreichs Energie, Fuschl (Salzburg)
18. Kirchberg T (2014) Anreizregulierung im deutschen Strom- und Gassektor: Auswirkungen auf die Rentabilität von Netzinvestitionen. Igel Verlag, Hamburg
19. Haber A (2010) Stromnetzregulierung – Investitionsförderungen und Anforderungen am Beispiel Österreich. Energiewirtschaftliche Tagesfragen 60, 10, 85–87
20. Dugan R C, McGranaghan M F, Santoso S, Beaty W (2012) Electrical Power Systems Quality. 3. Aufl, McGraw-Hill, New York
21. Mombauer W, Schlabbach J (2008) Power Quality. VDE Verlag GmbH, Berlin
22. Steinbauer J (2001) Erfassung und Beurteilung von Störungen in elektrischen Netzen. Diplomarbeit TU Graz
23. Allan R, Billinton R (1996) Reliability Evaluation of Power Systems. Springer Media, New York

24. Forum Netztechnik/Netzbetrieb im VDE (Herausgeber) Versorgungszuverlässigkeit und Spannungsqualität in Deutschland. www.vde.com/de/fnn/arbeitsgebiete/versorgungsqualitaet/Documents/FNN-Fakten-Versorgungsqualitaet_2013-03-11.pdf (Abfrage 5.7.2015)
25. Energie-Control Austria (Herausgeber) Ausfall- und Störungsstatistik Österreich – Ergebnisse 2013. www.e-control.at/documents/20903/-/-/fbf0a5e3-73d4-4b23-86cb-98631c108806 (Abfrage 5.7.2015)
26. Sillaber A, Tiwald R, Knauf B (2004) Neue Konzepte für Mittelspannungsschaltanlagen in städtischen Umspannstationen. ew 103, 2004, 5, 32–37
27. Wirtz F (2009) Zusammenhang von Zuverlässigkeit und Kosten in Mittelspannungsnetzen. Dissertation RWTH Aachen, Aachener Beiträge zur Energieversorgung, Bd. 125
28. Michael Schmidthaler M, Reichl J, Schneider F (2012) Der volkswirtschaftliche Verlust durch Stromausfälle: Eine empirische Analyse für Haushalte, Unternehmen und den öffentlichen Sektor. Perspektiven der Wirtschaftspolitik 13, 4, 308–336
29. Meuser M (2012) Verbesserte Ausnutzung bestehender Netzstrukturen zur Integration elektrischer Erzeugungsanlagen. Dissertation RWTH Aachen, Aachener Beiträge zur Energieversorgung, Bd. 143
30. Schermeyer H, Klapdor K, Steinhausen B, Bergmann P, Bertsch V (2014) Lösungsvorschläge für ein marktnahes Einspeisemanagement. Energiewirtschaftliche Tagesfragen 64 (2014), 8, 52–56

Technik zur Systemgestaltung 3

Inhaltsverzeichnis

3.1	Strukturen	76
	3.1.1 Übersicht	76
	3.1.2 Stations- und Anlagenstruktur	78
	3.1.3 Trassennetz	80
	3.1.4 Leitungsnetze	83
3.2	Transportkapazität	88
	3.2.1 Physikalische Grundlagen	88
	3.2.2 Erwärmung elektrischer Betriebsmittel	91
	3.2.3 Thermische Belastbarkeit	94
	3.2.4 Flussmodelle und Verteilnetze	97
3.3	Spannungsmanagement	99
	3.3.1 Spannungsabfall	99
	3.3.2 Lastflussrechnung	103
	3.3.3 Spannungsebenen	104
	3.3.4 Spannungshaltung	105
	3.3.5 Spannungsregelung	108
	3.3.6 Flussmodell mit Knotenpotenzialen	111
3.4	Kurzschlussmanagement	112
	3.4.1 Kurzschlussfestigkeit	112
	3.4.2 Kenngrößen und Berechnung	114
	3.4.3 Abschätzung	116
	3.4.4 Spannungsqualität	117
3.5	Netzbetrieb	120
	3.5.1 Betriebstopologie	120
	3.5.2 Prozessleittechnik	125
	3.5.3 Sternpunkterdung	126
	3.5.4 Überspannungsschutz	128
Literatur		128

3.1 Strukturen

3.1.1 Übersicht

3.1.1.1 Objekte und Strukturen

In der Netzplanung findet man punkt-, linien- und flächenförmige Objekte, die Anlagen und Leitungen sowie weitere planungsrelevante Gegebenheiten von Verteilnetzen darstellen. Abb. 3.1 zeigt eine Übersicht dazu. Diese objektorientierte Sichtweise bewährt sich in geografisch orientierten Netzinformationssystemen, die auch zur Unterstützung der Netzplanung dienen [1].

Objekte können innere Strukturen aufweisen: Umspannwerke enthalten Schaltanlagen und Transformatoren, Schaltanlagen bestehen wiederum aus Schaltfeldern mit Stromschienen und Betriebsmitteln. Leitungstrassen können Leerrohre, Kabel und Muffen enthalten. Punkt- und linienförmige Objekte bauen Strukturen in Flächenobjekten auf: In einem Umspannwerksgebiet bilden das Umspannwerk und alle Transformatorstationen samt den Mittelspannungsleitungen beispielsweise ein Ringnetz.

Alle diese Strukturen können mathematisch als Graphen nachgebildet werden: Graphen bestehen aus einer Menge von Knoten (Punktobjekten), die durch eine Menge von Kanten (Linienobjekten) verbunden sind. Planare Graphen befinden sich auf einer Fläche (Flächenobjekt). Sie eignen sich bestens zur Modellierung von Netzstrukturen sowie von Stations- oder Anlagenstrukturen in Form schematisierter Schaltpläne oder Raumkonzepte. Werden kostenoptimale Wege auf Graphen gesucht, werden die Kanten des Graphen mit Kosten bewertet [2].

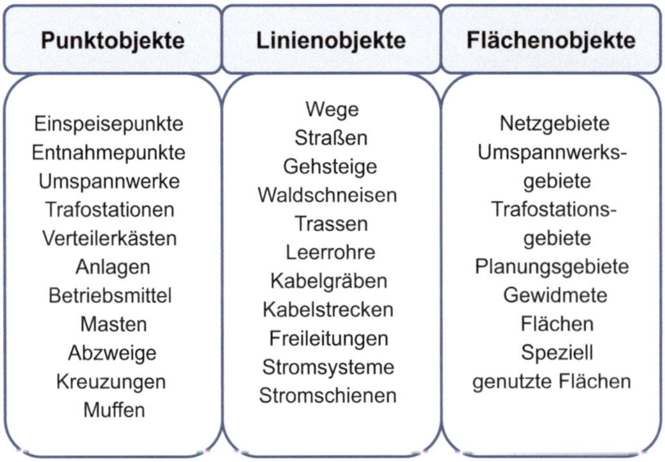

Punktobjekte	Linienobjekte	Flächenobjekte
Einspeisepunkte Entnahmepunkte Umspannwerke Trafostationen Verteilerkästen Anlagen Betriebsmittel Masten Abzweige Kreuzungen Muffen	Wege Straßen Gehsteige Waldschneisen Trassen Leerrohre Kabelgräben Kabelstrecken Freileitungen Stromsysteme Stromschienen	Netzgebiete Umspannwerks- gebiete Trafostations- gebiete Planungsgebiete Gewidmete Flächen Speziell genutzte Flächen

Abb. 3.1 Objekte der Netzplanung

3.1.1.2 Netzplanung und Strukturen

Zur Planung der Strukturen dezentraler Elektrizitätssysteme sind im Allgemeinen mehrere Arbeitsschritte erforderlich [3]:

- **Planungsvorbereitung:** Eine Fläche ist als Planungsgebiet für ein (Teil-)netz abzugrenzen. Meist wird darauf ein Projektnetz (Standort- und Trassennetz) mit allen in Betracht zu ziehenden Standorten und Trassen bzw. Wegen definiert. Beispiel ist ein Umspannwerksgebiet mit Flüssen und Eisenbahnen als natürliche Begrenzungen samt öffentlichem Straßennetz als Projektnetz zur Planung eines Mittelspannungsnetzes.
- **Stations- und Anlagenplanung:** Ein wichtiger Schritt ist die Standortplanung, bei der aus den möglichen die zu realisierenden Standorte zu ermitteln sind. Die Stations- und Anlagenstrukturen werden unter Beachtung der Planungsziele in Form von Übersichtsschaltplänen festgelegt.
- **Trassenplanung:** Aus dem Netz aller denkbaren Trassen, dem Wegenetz, werden die für Netzplanungsprojekte relevanten Trassen zur Realisierung von Leitungsprojekten (Trassennetz) ausgewählt. Ein typisches Wegenetz sind alle Straßen bzw. Gehsteige, mögliche Trassen auf Brücken, in Tunnels oder Unterführungen sind meist individuell zu prüfen. Trassen können für bestimmte Projekte reserviert werden, auf gemeinsame Infrastrukturen ist Rücksicht zu nehmen (Strom, Gas, Wasser, Telekom).
- **Leitungsplanung:** Auf dem Trassennetz werden entsprechend den Planungszielen die zu realisierenden Leitungen geplant. Eine integrierte Leitungs- und Trassenplanung ist insbesondere für städtische Kabelnetze vorteilhaft, da dann die besondere Fixkostenstruktur berücksichtigt werden kann. Die Planung kann sich deshalb über mehrere Spannungsebenen und auch unterschiedliche Versorgungsnetze erstrecken.
- **Feintrassierung:** Darunter versteht man die genaue Festlegung der geografischen Lage einer Leitung unter Berücksichtigung aller lokalen Gegebenheiten. Dazu zählt auch die Standortfestlegung notwendiger Bauwerke (Ziehschächte etc.) und Muffen für Kabelstrecken oder der Masten für Freileitungen.

Abb. 3.2 zeigt übersichtlich die unterschiedlichen Strukturen bei den einzelnen Planungsschritten.

In der Netzplanung unterscheidet man also Projektnetze und Ergebnisnetze. Manchmal werden Trassen oder Leitungen ohne vorgegebene Projektnetze geplant, man spricht dann auch von geometrischer Planung in der Ebene. Werden vollständig neue Netze oder Strukturen ohne Berücksichtigung eines vorhandenen Altbestandes geplant, spricht man von Neuplanung, Planung auf der „Grünen Wiese" oder „Greenfield Planning". Geht man von einem vorhandenen Bestandsnetz und einem vorgegebenen Anlagenbestand aus, handelt es sich um Restrukturierungs- oder Erweiterungsplanung.

Strukturen bei der Planung dezentraler Elektrizitätssysteme		
Planungsschritte	Projektstrukturen	Ergebnisstrukturen
Stations- und Anlagenplanung	Mögliche Standorte	Stations- und Anlagenstrukturen
Trassenplanung	Mögliche Trassen	Geplantes Trassennetz
Leitungsplanung	Mögliche Leitungsprojekte	Leitungsnetz je Spannungsebene
Feintrassierung	Mögliche Leitungstrassen	Trassenverlauf Einbauten

Abb. 3.2 Strukturen der Netzplanung

3.1.2 Stations- und Anlagenstruktur

Im Folgenden werden einige Basisüberlegungen zur Gestaltung von Stations- und Anlagenstrukturen vorgestellt.

3.1.2.1 Stationsstruktur

Umspannwerke und Transformatorstationen umfassen drei wesentliche Komponenten:

- **Oberspannungsseitige Schaltanlage:** Sie ist eine optionale Komponente, sie kann beispielsweise bei Stichanspeisung oder vereinfachter Einschleifung entfallen. Ob diese wirtschaftlichen Lösungen in Frage kommen, kann erst nach Prüfung der Netzkonfiguration, des Netzbetriebes und der Zuverlässigkeit der Netzanbindung entschieden werden.
- **Transformatoren:** Die Nennleistung der Transformatoren wird hauptsächlich von der zukünftigen Nachfrage, der Wirtschaftlichkeit und der gewünschten Robustheit der Investitionsentscheidung bestimmt. Die Anzahl der Transformatoren wird zusätzlich vor allem von der erforderlichen Systemzuverlässigkeit beeinflusst. Dreiwicklungs-Transformatoren weisen zwei getrennte Unterspannungswicklungen auf und bedingen eine spezielle Stationsstruktur. Sie werden nur selten in sehr großen städtischen Abspannwerken eingesetzt.
- **Unterspannungsseitige Schaltanlage:** In größeren Umspannwerken können mehrere Schaltanlagen vorgesehen und jeweils an einen Transformator angeschlossen werden. In Transformatorstationen ist es durchaus üblich, jedem Transformator einen eigenen NS-Verteiler zuzuordnen. In speziellen Fällen findet man nach den Schaltfeldern der Schaltanlage noch eine weitere Aufteilung auf mehrere Leitungen, beispielsweise mittels Lastschaltanlagen. Die Anzahl der Sammelschienen und der Sammelschienenabschnitte hängt stark von der gewünschten Systemzuverlässigkeit, aber auch von Nachfrage, Anzahl der Teilnetze und weiteren technischen Gegebenheiten ab.

3.1 Strukturen

Abb. 3.3 Beispielhafte Umspannwerksstruktur

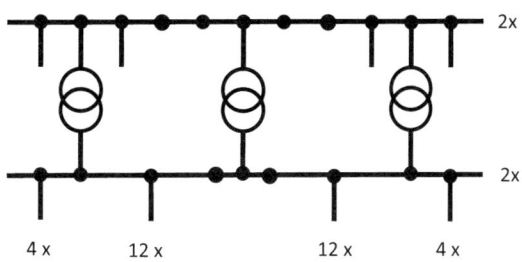

Ein Beispiel für die Struktur eines städtischen Umspannwerks mit Doppelsammelschienenanlagen (DSS) mit Längskupplungen zeigt Abb. 3.3.

3.1.2.2 Anlagenstruktur

Folgende Strukturelemente sind bei der Planung optimaler Anlagenkonfigurationen zu betrachten:

- **Anzahl der Sammelschienen:** Überlegungen zur Wirtschaftlichkeit führen vor allem bei kleineren Anlagen zur Einfachsammelschiene wie beispielsweise in Transformatorstationen. Wegen der geforderten Versorgungszuverlässigkeit werden oft eigensichere Umspannwerke realisiert und mit Doppelsammelschienenanlagen ausgestattet. Dreifachsammelschienen werden ebenso wie Umgehungsschienen selten realisiert.
- **Sammelschienenabschnitte:** Sie können aus Redundanzgründen an Stelle einer Mehrfachsammelschiene ausgeführt werden, ein Abschnitt wird oft einem Transformator zugeordnet. Längskupplungen sind dann so auszuführen, dass Störungen auf einen Abschnitt begrenzt bleiben und betriebliche Umschaltungen im Fehlerfall möglich sind.
- **Anzahl der Schaltfelder:** Die Anzahl der Transformatorfelder entspricht jener der Transformatoren, bei Ausfällen kann eine Notverbindung über ein Querkupplungsfeld vorgesehen werden. Die Anzahl der Leitungsfelder bzw. abgehenden Leitungen berücksichtigt die wirtschaftliche Auslastung der Leitungen bei gegebener Nachfrage sowie allfällige Reserven für absehbare Erweiterungen. Allenfalls können auch Reservefelder für schwerwiegende Störungen an Schaltfeldern vorgesehen werden.
- **Struktur der Abzweige:** Die Feinstruktur der Abzweige wird durch die Anordnung der Betriebsmittel bestimmt: Sammelschienen-, Leitungs- und Erdungstrenner, Strom- und Spannungswandler, Leistungsschalter. Die Anordnung ist je nach Spannungsebene, Art des Abzweiges und Anlagentechnologie weitgehend standardisiert, der Planer sollte aber die Konsequenzen von Betriebsmittelfehlern beachten. Die Position der Stromwandler ist entscheidend, ob ein Sammelschienen- oder ein Leitungskurzschluss festgestellt wird, jene des Leistungsschalters ist maßgebend für die Abschaltung von Leitungskurzschlüssen. Betriebliche Notwendigkeiten bezüglich Erdung und Messung sind ebenfalls zu berücksichtigen, eine gängige Anordnung zeigt Abb. 3.4 [4].
- **Mehrfachanschlüsse:** Aus Gründen der Wirtschaftlichkeit werden in Mittelspannungsnetzen auch mehrere Leitungen an ein Schaltfeld angeschlossen. Oft wird ein

Abb. 3.4 Typische Abzweigstruktur

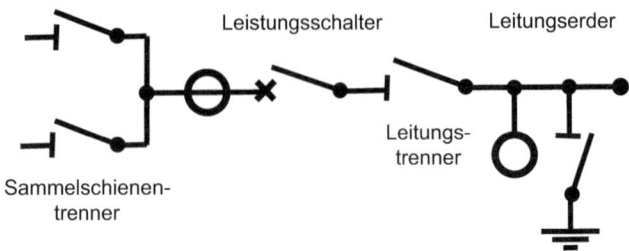

gemeinsamer Leistungsschalter als ausreichend für meist 2, manchmal auch bis zu 4 Leitungen angesehen, das betriebliche Schalten der einzelnen Leitungen erfolgt dann mittels Lasttrennern. Unterschiedliche Varianten auch mit zwei Leistungsschaltern oder einer eigenen Lastschaltanlage sind denkbar [5]. In Transformatorstationen wird oft ein NS-Leistungsschalter je Transformator und ein NS-Verteiler mit etwa 4–20 NH-Sicherungslasttrennern vorgesehen.

3.1.3 Trassennetz

3.1.3.1 Vernetzung

Auf einem vorgegebenen Wege-(Projekt-)netz soll das kostengünstigste Trassennetz gefunden werden, das alle Stationsknoten miteinander verbindet. Sind nur zwei Stationsknoten gegeben, spricht man vom Problem des kostengünstigsten Weges auf dem Projektnetz. In der Verteilnetzplanung nennt man diese Aufgabenstellung auch Feintrassierung. In der Praxis kann diese Aufgabe recht unterschiedlich aussehen: Eine neue 110 kV-Freileitung wird so trassiert, dass sie möglichst kostengünstig auf dem kürzesten vertretbaren Weg geführt wird, im Gelände optisch möglichst wenig auffällt und vor allem große Abstände zu bebauten Gebieten einhält. Wichtig ist dabei eine möglichst frühzeitige Abstimmung mit betroffenen Grundeigentümern und der Bevölkerung. In städtischen Gebieten steht für Kabeltrassen ein meist umfangreiches Netz von Gehsteigen entlang von Straßen zur Verfügung. Die optimale Trassierung erfolgt meist nach niedrigen Tiefbaukosten unter Nutzung bestehender Leerrohrtrassen wie Abb. 3.5 zeigt.

Vereinfacht wird als Wegenetz oft das Straßennetz herangezogen, bei genauerer Trassierung kann aber auch das Gehsteignetz für Nieder- und Mittelspannungsnetze verwendet werden. Bei praktischen Planungsaufgaben ist nicht das kürzeste Trassennetz, sondern das kostengünstigste zu ermitteln; damit können unterschiedliche längenspezifische Trassenkosten wie bei teuren Straßenquerungen oder wie bei kostengünstigen Trassen in Grünflächen berücksichtigt werden. Das Trassennetz stellt im einfachsten Fall einen sogenannten Baum auf dem Wegenetz dar, es ist somit ein Strahlennetz.

Das Ermitteln des kostengünstigsten Baums zwischen den Stationsknoten auf dem Straßennetz stellt mathematisch eine graphentheoretische Optimierungsaufgabe dar, die erstmals vom Schweizer Mathematiker Steiner untersucht worden ist. Sie heißt auch Stei-

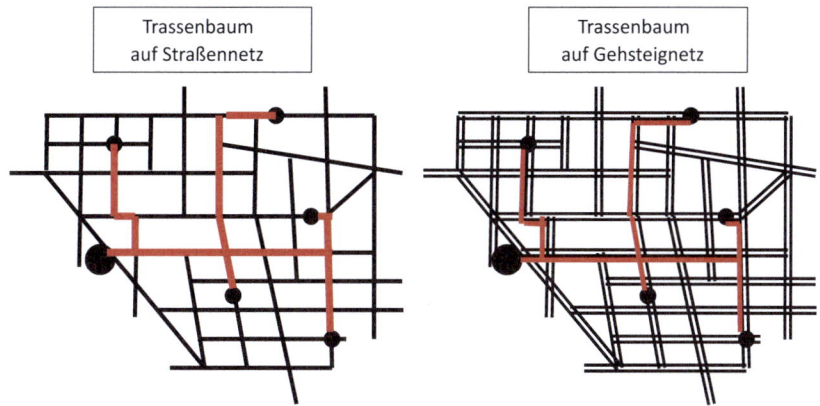

Abb. 3.5 Trassennetz auf einem Wegenetz

ner-Baum-Problem auf Graphen, für das eine Fülle von Lösungsmethoden existiert. Der Steinerbaum repräsentiert also die kostengünstigste Möglichkeit, mit Kabeltrassen alle Stationen eines Verteilnetzes miteinander zu vernetzen, d. h. die Tiefbaukosten eines Kabelnetzes zu minimieren [6].

3.1.3.2 Transport

In obiger Vernetzungsaufgabe wird ein Umspannwerk im MS-Netz gleich behandelt wie eine Trafostation im MS-Netz, nämlich als einfacher Stations- bzw. Anlagenknoten auf dem Wegenetz, analoges gilt für HS- und NS-Netze. Der Einfachheit halber wird die Problematik im Weiteren nur für Mittelspannungsnetze diskutiert. In einem Steiner-Baum werden daher meist nur etwa 1 bis 3 Leitungstrassen vom Umspannwerk ausgehen. Aus Sicht des wirtschaftlichen und zuverlässigen Energietransports vom und zum Umspannwerk kann das insbesondere bei großen Umspannwerken in städtischen Gebieten zu wenig sein [7].

Es macht daher Sinn, in einem gewissen Bereich rund um das Umspannwerk nicht die vorige Vernetzungsaufgabe, sondern eine sogenannte Transportaufgabe zu lösen. Dabei geht es darum, von ausgewählten Transformatorstationen rund um das Umspannwerk voneinander unabhängige kostengünstige Trassen zum Umspannwerk zu finden. Voneinander unabhängige (kantenfremde) Trassen haben keine gemeinsamen Wegstücke, dies gewährleistet eine hohe Versorgungssicherheit. Abb. 3.6 zeigt beispielhaft die Transporttrassen rund um ein Umspannwerk.

Durch die obige Vorgabe der Transformatorstationen mit kantenfremden Trassen zum Umspannwerk wird die Transportaufgabe von der vorher beschriebenen Vernetzungsaufgabe vollständig entkoppelt. Die Anzahl der unabhängigen Trassen vom/zum Umspannwerk sollte entsprechend der installierten (N−1)-sicheren Transformatorleistung gewählt werden. In Niederspannungsnetzen ist die Einbindung einer Transformatorstation meist wesentlich einfacher: Im Allgemeinen genügt eine einzige Kabeltrasse zu einer Straße mit

Abb. 3.6 Transporttrassen auf einem Wegenetz

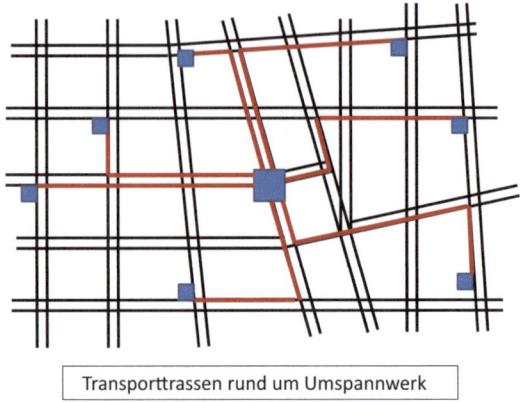

Anbindung an die bestehenden Kabeltrassen, wenn die Reservehaltung aus benachbarten Stationen erfolgt.

Entsprechend den genannten Aufgaben bestehen also auch Verteilnetze aus zwei Bereichen: Dem Transportbereich rund um den zentralen Einspeise-/Rücklieferpunkt und dem restlichen Vernetzungsbereich. Entsprechend unterschiedlich sind die Teilaufgaben der Trassenplanung: Voneinander unabhängige und kostengünstige Trassen in Transportrichtung einerseits und Vernetzung bei minimalen Tiefbaukosten andererseits, wie Abb. 3.7 zeigt.

In der Praxis sind die Bereiche nicht streng abgrenzbar. Hinzu kommt, dass natürlich alle Stationen bzw. Anlagen auch im Transportbereich vernetzt, d. h. kostengünstig an die Transporttrassen angebunden werden müssen.

Abb. 3.7 Transport- und Vernetzungsbereich

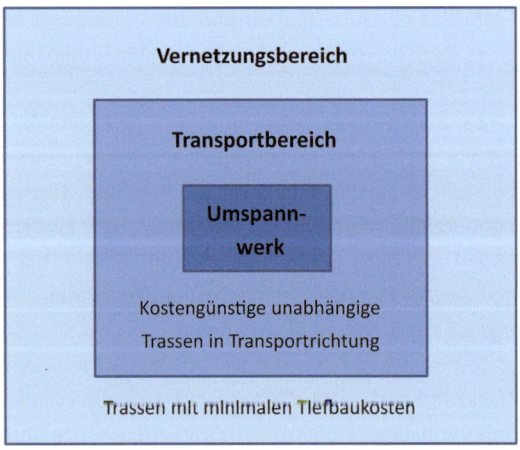

3.1.4 Leitungsnetze

3.1.4.1 Netz- und Leitungsstrukturen
Grundsätzlich lassen sich folgende Netzformen unterscheiden (vgl. Abb. 3.8):

- **Strahlennetz:** Zwischen zwei beliebigen Netzknoten gibt es genau einen Weg, es gibt keine Maschen. Parallel geschaltete Kabel bzw. Leitungssysteme entlang einer Trasse sind zulässig.
- **Maschennetz:** Zwischen zwei beliebigen Netzknoten gibt es mehr als einen Weg, es gibt wenige Maschen in schwach vermaschten und viele Maschen in stark vermaschten Netzen.
- **Gemischte Netze:** Teilweise Maschen-, teilweise Strahlennetz.

Folgende Strukturvarianten sind zu unterscheiden (vgl. Abb. 3.8):

- **Unverzweigte Netze:** Ring-, Strang- und Reservekabelnetze wurden bereits in Abschn. 2.4.5 als Netze mit Stationsketten vorgestellt. Nur spezielle Stationen (Netzanbindepunkte) haben mehr als zwei Leitungsabzweige, die Netze werden auch als kettenförmig bezeichnet.
- **Verzweigte Netze:** Beliebige Stationen haben mehr als zwei Leitungsabzweige.

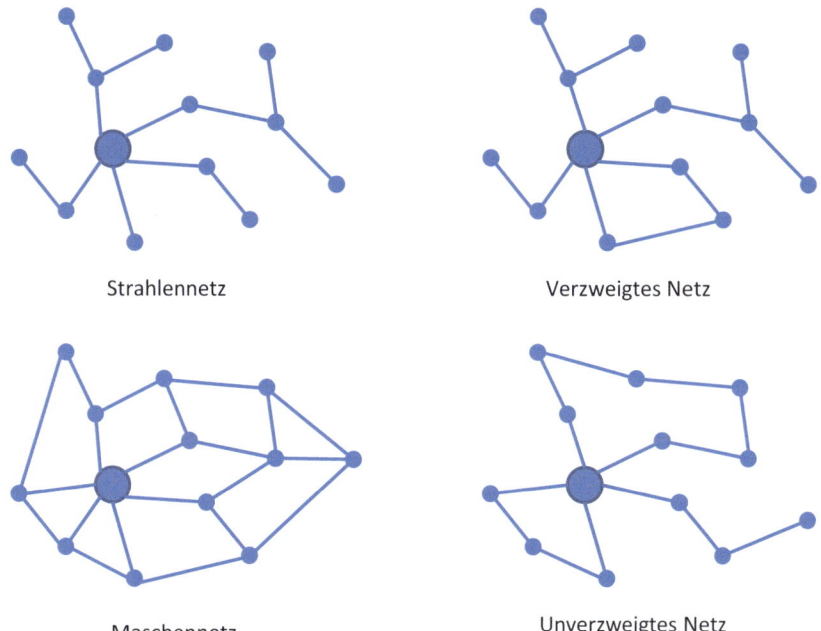

Abb. 3.8 Netzstrukturen

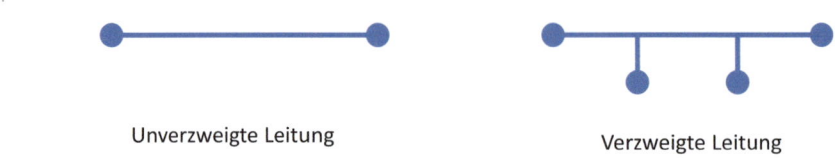

Abb. 3.9 Leitungsstrukturen

Weiters gibt es folgende Leitungsvarianten, wie Abb. 3.9 zeigt:

- **Unverzweigte Leitungen:** Leitungsabzweige oder Abzweigmuffen sind nicht vorhanden.
- **Verzweigte Leitungen:** Mit Leitungsabzweigen oder Abzweigmuffen entstehen sogenannte Drei-, Vier- oder Mehrbeine. Häufig findet man verzweigte zweisystemige 110 kV-Freileitungen.

In allen genannten Netzstrukturen können auch Stützpunkte vorkommen. Das sind zentrale Netzknoten ähnlich den Umspannwerken in MS-Netzen oder den Transformatorstationen in NS-Netzen. Von diesen Stützpunkten gehen zahlreiche Leitungen ab, sie verfügen über entsprechend große Schaltanlagen. Stützpunkte im engeren Sinn verfügen aber über keine Transformatoren, sie sind dann mit starken Leitungen mit Umspannwerken bzw. Transformatorstationen verbunden. Abb. 3.10 zeigt beispielhaft ein MS-Stützpunktnetz.

Historisch gewachsene Mittelspannungsnetze zeigen in der Praxis oft kettenförmige Strukturen mit zusätzlichen Querverbindungen und auch kurzen Leitungsstichen. Niederspannungsnetze sind in städtisch verbauten Gebieten meist Maschennetze, in ländlich verbauten Gebieten oft kettenförmig (Ring-, Strangnetze) oder strahlenförmig als Netze mit Verzweigungen strukturiert.

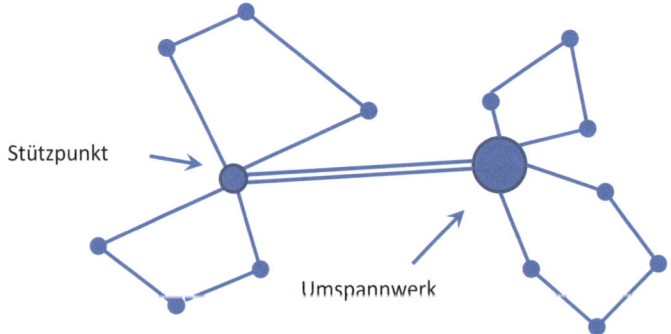

Abb. 3.10 Stützpunktnetz

3.1.4.2 Netzplanung ohne Trassen

Die Planung von Verteilnetzen kann ohne explizite Modellierung des Trassennetzes erfolgen. Basis ist das Projektnetz, das alle in Frage kommenden Leitungen sowie alle Stationen enthält. Selbstverständlich können die einzelnen Leitungskosten auch Trassenkosten mit berücksichtigen, d. h. jeder möglichen Leitung ist implizit eine Trasse fix zugeordnet. Oft werden die Leitungskosten mit Hilfe fix angenommener Umwegfaktoren berechnet, um die Trassierung entlang eines Wegenetzes vereinfacht nachzubilden. Die Aufgabe der Feintrassierung unter Beachtung der Fixkostenstruktur gemäß Abschn. 2.3.3 muss jedoch anschließend separat gelöst werden.

Im Folgenden bezieht sich der Begriff des kostenoptimalen Netzes nur auf die Errichtungskosten der Leitungen. Sind die längenspezifischen Errichtungskosten im gesamten Netzbereich gleich, kann man ebenso von längenminimalen Netzen sprechen. Auch bei den Leitungsnetzen wird rund um den zentralen Einspeiseknoten ein Transportbereich und außerhalb ein Vernetzungsbereich unterschieden. Dies kann man deutlich an einem exemplarischen Mittelspannungsringnetz gemäß Abb. 3.11 sehen.

Ein vollständiger Leitungsgraph (Projektnetz) mit n Knoten und allen denkbaren Leitungsprojekten enthält $n \cdot (n-1)/2$ Kanten. Bei praktischen Planungsaufgaben lässt sich diese Zahl wesentlich reduzieren, indem von jedem Stationsknoten nur maximal k (z. B. 6) Leitungen zu benachbarten Knoten in Betracht gezogen werden. Vom zentralen Einspeiseknoten (Umspannwerk, Stützpunkt) gibt es mögliche Leitungsprojekte nur zu den Stationsknoten im Transportbereich. Eine weitere Möglichkeit zur Reduktion der Anzahl möglicher Leitungsprojekte ist die sogenannte Delaunay-Triangulierung. Vorgege-

Abb. 3.11 Ringnetz mit Netzbereichen

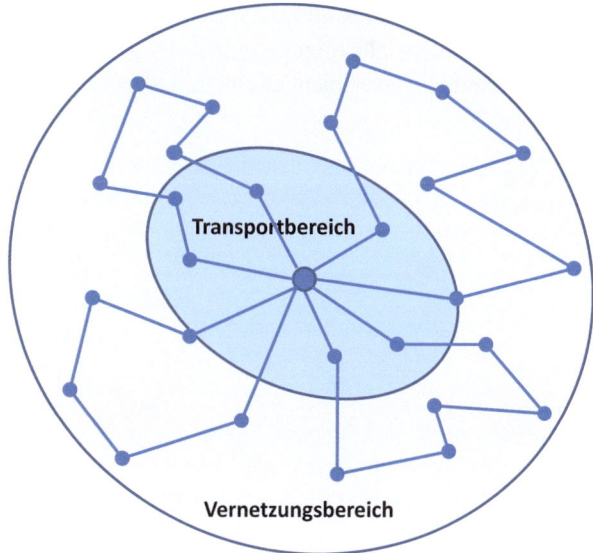

Abb. 3.12 Delaunay Triangulierung

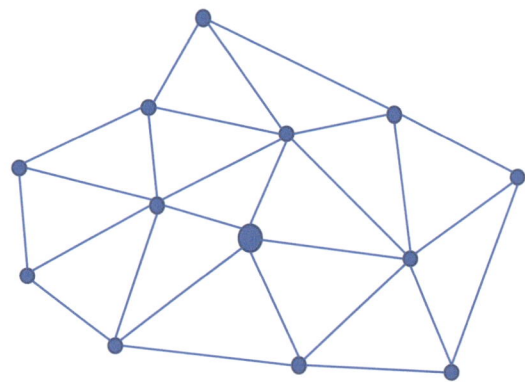

bene Punkte auf einer Fläche (die Stationsknoten) sind die Eckpunkte flächendeckender Dreiecke (Dreieckseiten sind mögliche Leitungen), wie Abb. 3.12 zeigt.

Die Dreiecke müssen der sogenannten Umkreisbedingung entsprechen, die Umkreise dürfen keine weiteren Knoten enthalten. Für Zwecke der Netzplanung kann man diesen reduzierten Leitungsgraphen modifizieren und die Anzahl möglicher Leitungen zum zentralen Einspeisepunkt erhöhen [7].

Die Planungsaufgabe, auf einem vollständigen oder reduzierten Projektnetz ein kostenoptimales Strahlennetz zu planen, heißt Problem des kostenoptimalen Spannbaums oder „Minimum Spanning Tree"-Problem (vgl. Abb. 3.13).

Wie man sieht, gehen vom zentralen Verknüpfungspunkt nur wenige Leitungen aus, da eine Vernetzungsaufgabe, aber keine Transportaufgabe gelöst wurde. Das Problem des minimalen Spannbaums umfasst im Gegensatz zum Steiner-Baum-Problem keine Trassenknoten sondern nur Stationsknoten. Es gibt daher keine optionalen Trassenverzweigungen, darum ist es mathematisch ein wesentlich einfacheres Problem [2, 6].

Abb. 3.13 Minimaler Spannbaum

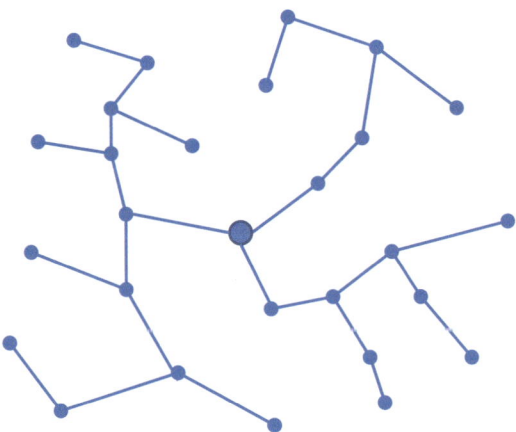

3.1.4.3 Kombinierte Trassen- und Leitungsplanung

Bei der kombinierten Trassen- und Leitungsplanung wird die optimale Leitungsführung samt Feintrassierung direkt auf dem vorgegebenen Wege- bzw. Projektnetz geplant. Das Projektnetz enthält neben den Stationsknoten auch die Verzweigungen bzw. Kreuzungen der Trassen als potenzielle Endpunkte von Leitungsabschnitten. Die Investitionsentscheidungen der kombinierten Planung betreffen somit nicht Leitungen, sondern Leitungsabschnitte auf ausgewählten Kanten des Projektgraphen, es handelt sich wieder um ein Steiner-Baum-Problem.

Bei der kombinierten Leitungs- und Trassenplanung können Tiefbau- und Leitungskosten insbesondere von Kabelnetzen gemeinsam optimiert werden. Dabei wird die besondere Fixkostenstruktur bei Kabelmitlegungen im selben Graben berücksichtigt, die entsprechenden Synergien lassen sich somit optimieren (vgl. Abschn. 2.3.3).

Am einfachen Beispiel der parallelen Kabelführung gemäß Abb. 3.14 kann die Wirtschaftlichkeit der Nutzung einer gemeinsamen Kabeltrasse gezeigt werden.

Gl. 3.1 zeigt die Bedingung für die Wirtschaftlichkeit der Kabelmitlegung, wenn man einheitliche längenspezifische Errichtungskosten KL voraussetzt und Verlustkosten nicht berücksichtigt:

$$\frac{a}{2b} \geq 1 + \frac{KL_K}{KL_T} \qquad (3.1)$$

Da das Verhältnis der längenspezifischen Kabelkosten zu den Tiefbaukosten bei Nieder- und Mittelspannung insbesondere in städtischen Gebieten im Allgemeinen viel kleiner als eins ist, können durch zeitliche und örtliche Bündelung von Kabellegungen in vielen Fällen die Investitionskosten bedeutend reduziert werden.

Abb. 3.14 Wirtschaftliche Kabelmitlegung

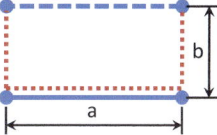

3.2 Transportkapazität

3.2.1 Physikalische Grundlagen

3.2.1.1 Wirkverluste und Betriebsarten

Wechselstrom verursacht ohmsche Verluste wie Gleichstrom und Zusatzverluste durch Selbst- und Gegeninduktion. Bei mehreren Stromleitern und vor allem bei größeren Querschnitten wirken Skin- und Proximityeffekt. Ungleichmäßige Stromdichten infolge von Stromverdrängung führen zu zusätzlichen Wirkverlusten. In beidseitig geerdeten Kabelschirmen, in der Armierung und in leitfähigen Kabelmänteln fließen oft beachtliche Induktionsströme mit entsprechenden Beiträgen zu den Kabelverlusten. In Verteiltransformatoren verursacht das Hauptfeld Hysterese- und Wirbelstromverluste in den ferromagnetischen Kernblechen. Streufelder verursachen zusätzliche Wärmeverluste im Stahlkessel und anderen Metallteilen. Auch alle metallischen Teile in der Nähe stromführender Kabel und Leiter wie beispielsweise Kabeltassen oder Stahlkonstruktionen tragen zu Zusatzverlusten bei [8–10].

Man unterscheidet stromabhängige und spannungsabhängige Wirkverluste in Verteilnetzen. Zu den stromabhängigen Verlusten zählen alle Leiter- und Wicklungsverluste (Kupferverluste) sowie Zusatzverluste in Metallteilen (Schirmen, Mänteln, Kesseln, Kabeltassen etc.) in der Nähe von Stromleitern. Spannungsabhängig sind die Wirkverluste in den Eisenkernen der Verteiltransformatoren (Eisenverluste) sowie dielektrische Verluste in Isolierstoffen. Die Eisenverluste der Transformatoren bezeichnet man auch als Leerlaufverluste, deren Kupferverluste als Kurzschlussverluste. In der Netzplanung kann man die dielektrischen Verluste der Kabelisolierungen bis zu einer Nennspannung von 220 kV im Allgemeinen vernachlässigen [11, 12].

Die stromabhängige Wirkverlustleistung von Netzelementen in symmetrischen Drehstromsystemen wird nach Gl. 3.2 berechnet, der Wirkwiderstand ist grundsätzlich frequenz- und temperaturabhängig. Insbesondere bei hoch belasteten Leitungen sollten in der Planung realistische Betriebstemperaturen berücksichtigt werden.

$$P_V = 3 \cdot R(f, T) \cdot I^2 \tag{3.2}$$

Die Wirkverlustleistung von Transformatoren lässt sich beispielsweise nach Gl. 3.3 abschätzen, wenn man eine spannungsunabhängige Last ansetzt. Die Eisenverluste sind im normalen Betriebsbereich etwa proportional dem Quadrat der relativen Netzspannung, die Kupferverluste sind proportional der Summe der Quadrate der relativen Wirk- und Blindlast sowie verkehrt proportional dem Quadrat der relativen Netzspannung. In der Verteilnetzplanung wird die Spannungsabhängigkeit der Verluste nur in Sonderfällen berücksichtigt.

$$P_{VT} = P_{0N} \cdot u^2 + P_{KN} \cdot (p^2 + q^2) \cdot \frac{1}{u^2}; \quad u = \frac{U}{U_N}; \quad p = \frac{P}{S_N}; \quad q = \frac{Q}{S_N} \tag{3.3}$$

Betriebsmittel wie Kabel, Leiterseile und Transformatoren stellen somit Wärmequellen dar, ihre Übertemperaturen gegenüber der Umgebung hängen von der Wärmeabfuhr ab. Hinsichtlich des Zeitverlaufs der Erwärmung unterscheidet man folgende Betriebsarten [13]:

- **Dauerbetrieb** (Permanent Rating): Die Stromstärke im Betriebsmittel bleibt ständig etwa gleich hoch; Beispiele sind Kraftwerksanbindungen oder Industriebetriebe im Mehrschichtbetrieb.
- **Zyklischer Betrieb** (Cyclic Rating): Er wird durch den sogenannten Belastungsgrad nach Gl. 3.4 definiert.

$$m = \frac{P_{\text{Mittel 24h}}}{P_{\text{Höchst 24h}}} \tag{3.4}$$

Der Belastungsgrad geht von einem täglichen Lastzyklus aus und ist der Quotient aus Mittel- zu Höchstlast. Letztere kann aus einem viertelstündlichen Mittelwert gebildet werden. Von EVU-Last spricht man bei einem Belastungsgrad m kleiner als 0,7.

- **Ausnahmebetrieb** (Emergency Rating): Ohne wesentliche Minderung der Lebensdauer des Betriebsmittels ist in seltenen Ausnahmesituationen eine kurzzeitig erhöhte Belastung des Betriebsmittels zulässig. Davon sollte bei Ausfallzuständen im Netz Gebrauch gemacht werden.
- **Kurzschluss** (Short Circuit): Für maximal wenige Sekunden darf der zulässige Dauerkurzschlussstrom fließen, nahezu die gesamte Verlustwärme wird in den Leitern gespeichert.

3.2.1.2 Natürliche Wärmeabfuhr

Die in einem Kabelleiter entstehende Verlustwärme muss mittels Wärmeleitung durch die Kabelisolierung nach außen geführt werden. Hinzu kommen die Schirm- bzw. Metallmantelverluste, die dann zusätzlich durch den Kunststoffmantel bzw. die äußere Umhüllung abzuführen sind. Schließlich erfolgt der Wärmeübergang in das Erdreich bzw. an die Luft. Im Erdreich ist die Wärmeleitung stark vom Feuchtigkeitsgehalt abhängig [14].

In Luft verlegte Kabel und Freileitungsseile geben ihre Verlustwärme an die Umgebungsluft ab, die Wärmeabfuhr erfolgt durch Wärmeleitung, Konvektion und Strahlung. Starken Einfluss auf die Leitertemperatur haben die Umgebungstemperatur, Sonneneinstrahlung, Windgeschwindigkeit und -richtung [15].

Eisenkern und Wicklungen in Öltransformatoren geben die Verlustwärme an die umgebende Isolierflüssigkeit ab, es entsteht eine Strömung durch Kühlkanäle in den Aktivteilen und durch die Kühlrippen. Neben einer effizienten Kühlung weisen Öltransformatoren auch erhebliche Wärmespeicherkapazitäten auf und sind daher kurzzeitig relativ stark überlastbar. Bei Trockentransformatoren muss die Wärme von den Aktivteilen direkt an die Umgebungsluft abgegeben werden, die Wärmespeicherfähigkeit ist wesentlich geringer. Transformatoren geben die Verlustwärme an die Umgebung hauptsächlich durch Konvektion, aber auch durch Wärmeleitung und -strahlung ab [12].

Die Wärmeleitung lässt sich analog zur elektrischen Stromleitung berechnen. Für einen durch Temperaturunterschiede getriebenen Wärmestrom gilt Gl. 3.5 [16].

$$P_W = \frac{\Delta T}{R_W} \qquad (3.5)$$

Die Wärmeleitung im Erdreich wird stark durch die Materialzusammensetzung und durch den Feuchtigkeitsgehalt bestimmt. Bei höheren Bodentemperaturen kann es zur lokalen Bodenaustrocknung kommen, wodurch sich der Wärmewiderstand stark erhöht. Bei zyklischer Belastung ist dieser Vorgang (teilweise) reversibel, d. h. bei EVU-Last sind höhere thermische Grenzströme zulässig [4].

Der Wärmewiderstand kann ganz allgemein gemäß Gl. 3.6 berechnet werden.

$$R_W = \frac{D}{\lambda \cdot A} \qquad (3.6)$$

Konvektion beruht auf dem Wärmetransport durch einen Massestrom gemäß Gl. 3.7.

$$P_W = c \cdot \frac{dm}{dt} \cdot \Delta T \qquad (3.7)$$

Jeder Körper gibt Wärmestrahlung nach dem Strahlungsgesetz von Stefan Boltzmann nach Gl. 3.8 ab.

$$P_W = \sigma \cdot A \cdot T^4 \quad \sigma = 5{,}67 \cdot 10^{-8}\, W/m^2 K^4 \qquad (3.8)$$

Der Wärmeübergang durch eine Trennfläche zwischen Feststoff und gasförmigem oder flüssigem Kühlmedium wird durch Wärmeübergangskoeffizienten gemäß Gl. 3.9 beschrieben [16].

$$P_W = \alpha \cdot A \cdot \Delta T \qquad (3.9)$$

Das Verständnis für die grundlegenden Mechanismen der Wärmeabfuhr ermöglicht es dem Netz- und Anlagenplaner, Erwärmung und Kühlung elektrischer Betriebsmittel praxisgerecht zu beurteilen und realitätsnahe und wirtschaftliche Lösungen zu planen.

3.2.1.3 Forcierte Wärmeabfuhr

Künstliche Kühlung wird bei Kabeln nur im Hoch- und Höchstspannungsbereich angewandt. Am effizientesten aber technisch sehr aufwendig ist die innere Kühlung des Hohlleiters eines Höchstspannungskabels mittels einer forcierten Ölströmung. Einfacher ist die direkte oder indirekte äußere Kühlung mittels forcierter Wasser- oder Luftströmung, deshalb wird sie wesentlich häufiger angewandt. Bei der direkten äußeren Kühlung wird das Kabel direkt vom Kühlmittel umströmt, es liegt in einem Kühlrohr oder Kühlkanal. Bei der indirekten äußeren Kühlung werden zwischen bzw. nahe bei den zu kühlenden Kabeln eigene Kühlrohre verlegt. Kabel und Kühlrohre werden dabei häufig in Magerbeton verlegt, um definierte Verhältnisse für die Wärmeabfuhr sicher zu stellen [14, 17].

Forcierte Öl- und/oder Luftkühlung wird bei Verteilungstransformatoren vor allem im Ausnahme- bzw. Überlastbetrieb eingesetzt. Werden bei HS/MS-Transformatoren die Radiatoren räumlich vom Kessel getrennt, ist eine Ölumwälzpumpe meist unumgänglich. Auch bei der gelegentlich eingesetzten äußeren Wasserkühlung ist im Allgemeinen die forcierte Umwälzung des/der Kühlmittel erforderlich [12].

3.2.2 Erwärmung elektrischer Betriebsmittel

3.2.2.1 Allgemeines

Die maximal zulässige Leitertemperatur eines Kabels wird im Allgemeinen durch das Material der Isolierung und dessen Lebensdauer bestimmt. Auch in Transformatoren dürfen die Leiterisolierung und das Isolieröl im sogenannten Heißpunkt am oberen Wicklungsende thermisch nicht überbeansprucht werden. Die Grenztemperatur von Freileitungsseilen ist durch die mechanische Entfestigung und die zulässige Längendehnung festgelegt. Die Einwirkungsdauer hoher Temperaturen ist von entscheidendem Einfluss auf die Lebensdauer von Isolierstoffen. Dem entsprechend werden zulässige Grenztemperaturen umso höher angesetzt, je kürzer die Einwirkungsdauer ist.

Im Folgenden wird an einigen elementaren und für die Verteilnetzplanung typischen Aufgabenstellungen gezeigt, wie der Zusammenhang zwischen Übertemperaturen und Wärmeverlusten ermittelt werden kann. Vorab werden dazu in Tab. 3.1 einige Materialkennwerte bereitgestellt [4, 16].

Tab. 3.1 Thermische Materialkennwerte

Physikalische Größe	Einheit	Material	Wert	
Spezifische Wärme	J/kg.K	Luft 1 bar	1005	
		Kabelisolieröl	1750	
		Wasser	4187	
Spezifische Wärmeleitfähigkeit	W/K.m	VPE	0,28	
		Isolierpapier	0,18	
		Trafoöl	0,13	
		Beton	1,5	
		Magerbeton	1	
		Erde feucht	1	
		Erde trocken	0,4	
		Schotter	0,3	
			Dauernd	Kurzschluss
Grenztemperatur	C	VPE	90	250
		Isolierpapier	80	160

3.2.2.2 Thermischer Grenzstrom erdverlegter HS-Einleiter-Kunststoff-Kabelsysteme

Der Wärmewiderstand der Isolierung bzw. des Kunststoffmantels kann wegen des zylindersymmetrischen Wärmeströmungsfeldes nach Gl. 3.10 berechnet werden.

$$R_W = \int_{R_i}^{R_a} \frac{dr}{\lambda \cdot A(r)} = \int_{R_i}^{R_a} \frac{dr}{\lambda \cdot L \cdot 2\pi \cdot r} = \frac{1}{2\pi \cdot \lambda \cdot L} \cdot \ln \frac{R_a}{R_i} \quad (3.10)$$

Beispielhaft wird das erwärmungstechnische Ersatzschaltbild eines Hochspannungskabels mit Schirm und Kunststoffmantel in Abb. 3.15 gezeigt. Die innere Wärmequelle bildet Leiterverluste und die halben dielektrischen Verluste nach. Die äußere Wärmequelle umfasst die zweite Hälfte der dielektrischen Verluste und die Schirmverluste. Die entstehenden Wärmeströme verursachen Temperaturdifferenzen an der Isolierung, am Kabelmantel und in der Umgebung.

Schirmverluste lassen sich bei einseitiger Schirmerdung nahezu vermeiden, in Verteilnetzen wird der Kabelschirm jedoch meist beidseitig geerdet. Bei längeren Hoch- und Höchstspannungskabeln werden zur Reduktion der Schirm-, Mantel- und Armierungsverluste diese metallischen Umhüllungen zweimal äquidistant zyklisch in den Muffen ausgekreuzt („Cross Bonding"). Damit werden die darin induzierten Spannungen aller drei Phasen in Serie geschaltet und damit kompensiert [10, 14].

Im Folgenden wird eine vereinfachte Erwärmungsrechnung für ein im Dreieck verlegtes 110 kV VPE Kabelsystem mit 500 mm² Kupferleiter gezeigt. Die längenbezogenen Wärmewiderstände werden wie folgt angesetzt:

Isolierung	$R_i = 14$ mm	$R_a = 34$ mm	$\lambda = 0{,}28$ W/Km	$R_{WL} = 0{,}50$ K/W
Mantel	$R_i = 36$ mm	$R_a = 42$ mm	$\lambda = 0{,}28$ W/Km	$R_{WL} = 0{,}09$ K/W
Erde trocken	$R_i = 63$ mm	$R_a = 400$ mm	$\lambda = 0{,}50$ W/Km	$R_{WL} = 0{,}74$ K/W
Erde feucht	$R_i = 250$ mm	$R_a = 1500$ mm	$\lambda = 1{,}00$ W/Km	$R_{WL} = 0{,}21$ K/W

Für die im Dreieck verlegten Kabel wird ein Ersatzradius mit dem 1,5-fachen Kabelradius angenommen und damit näherungsweise mit einem kreiszylindrischen Wärme-

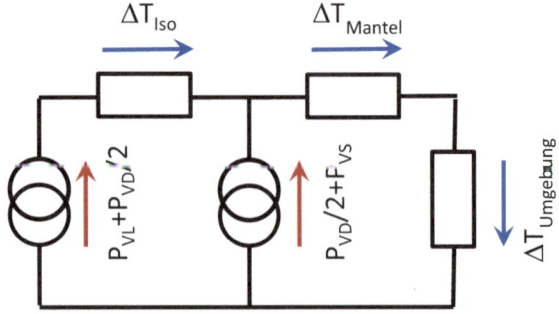

Abb. 3.15 Thermisches Ersatzschaltbild eines Hochspannungskabels

3.2 Transportkapazität

strömungsfeld im Erdreich gerechnet. Die zulässige Leitertemperatur wird mit 90 C, die unbeeinflusste Temperatur des Erdreichs mit 20 C angesetzt. Durch Kabelisolierung und -mantel wird die Verlustleistung eines Leiters und die halben dielektrischen Verluste, durch den Mantel zusätzlich die Schirmverluste und die dielektrischen Verluste und schließlich durch das Erdreich die Verlustleistung aller drei Kabel transportiert (vgl. Gl. 3.11).

$$\Delta T = \left(P_{VL} + \frac{P_{VD}}{2}\right) \cdot R_{WIso} + (P_{VL} + P_{VD} + P_{VS}) \cdot R_{WMantel} \\ + 3 \cdot (P_{VL} + P_{VD} + P_{VS}) \cdot \left(R_{WErde}^{trocken} + R_{WErde}^{feucht}\right) \quad (3.11)$$

Die Schirmverluste werden vereinfachend mit 15 % der Leiterverluste angesetzt, die dielektrischen Verluste vernachlässigt. Für die zulässige längenbezogene Wirkverlustleistung des Drehstromsystems erhält man $P_V = 62$ W/m. Der längenbezogene Wirkwiderstand des Leiters bei 20 C beträgt 41 µΩ/m und 52 µΩ/m bei 90 C. Der thermische Grenzstrom beträgt somit 630 A, die übertragbare Scheinleistung bei Nennspannung im Dauerbetrieb etwa 120 MVA.

Die Oberflächentemperatur der Kabel liegt bei 79 C, die Temperatur an der Grenzschicht zwischen ausgetrockneter und feuchter Erde beträgt 33 K. Daraus folgt, dass das Erdreich rund um die drei Kabel entscheidend für die Leitertemperatur ist. Insbesondere Hoch- und Höchstspannungskabel werden daher oft mit einem Magerbetonblock umgeben, um eine verbesserte und klar definierte Wärmeabfuhr zu ermöglichen.

Magerbeton	$R_i = 63$ mm	$R_a = 400$ mm	$\lambda = 1{,}0$ W/Km	$R_{WL} = 0{,}29$ K/W

Wiederum wird näherungsweise mit einem kreiszylindrischen Strömungsfeld gerechnet. Die zulässige längenbezogene Wirkverlustleistung des Drehstromsystems beträgt nun 104 W/m, der thermische Grenzstrom 816 A, die Oberflächentemperatur 72 K. Die übertragbare Scheinleistung konnte um etwa 30 % auf 155 MVA gesteigert werden. Eine sorgfältige thermische Auslegung und Überwachung hoch belasteter Kabelstrecken kann schwerwiegende Langzeitausfälle vermeiden [14, 18].

3.2.2.3 Natürliche Belüftung von Transformatorräumen

Transformatoren geben ihre Verlustwärme durch Konvektion und Strahlung an die Umgebung ab. Sie werden häufig in geschlossenen Transformatorräumen aufgestellt, die über eine natürliche Belüftung verfügen. Kühle Zuluft wird von unten eingeleitet, sie erwärmt sich am Transformator und steigt auf. Die warme Abluft wird über dem Transformator wieder ins Freie geleitet. Dieser Luftkreislauf wird durch den sogenannten Kamineffekt bewirkt.

Nimmt man eine Temperaturerhöhung der Luft um 20 C an, so ist für jedes kW Transformatorverluste ein Volumenstrom von etwa 2,3 m³/min notwendig. Der Wärmeübergang findet an der meist durch Kühlrippen vergrößerten Oberfläche des Transformators statt

Abb. 3.16 Natürliche Kühlung eines Transformatorraums

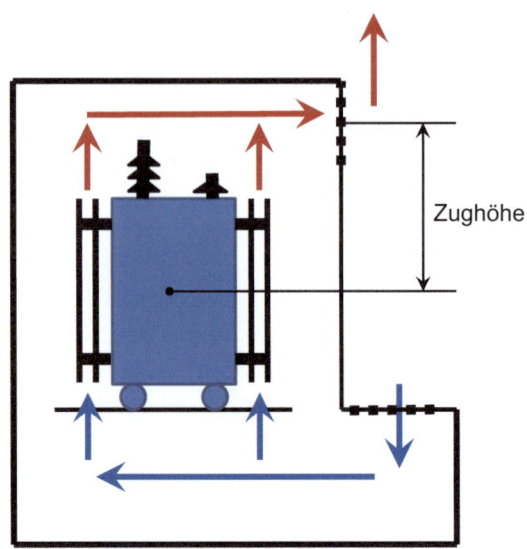

und erfordert ebenfalls eine entsprechend erhöhte Oberflächentemperatur. Der Kamineffekt benötigt eine möglichst große Zughöhe und möglichst geringen Widerstand gegen die Luftströmung gemäß Abb. 3.16 [4].

Die Zughöhe wird von Mitte Trafokessel bis Mitte Abluftöffnung angegeben. Widerstände gegen die Luftströmung treten vor allem in den Lüftungselementen der Zu- und Abluftöffnungen sowie durch Richtungsänderungen des Luftstromes auf. Die Konstruktion der Lüftungselemente, die stocher-, insekten- und spritzwassersicher sein müssen, beeinflusst erheblich die Übertemperaturen des Transformators. Die Strömungswiderstandsbeiwerte werden meist durch Versuche bestimmt, sie können aber auch mittels numerischer Verfahren der Strömungsdynamik berechnet werden [19].

In der Praxis werden oft sehr einfache Näherungsformeln zur Bemessung der Lüftungsquerschnitte verwendet. Ein Schweizer Transformatorhersteller [20] gibt eine Formel gemäß Gl. 3.12 an.

$$A = 0{,}188 \frac{P_V}{\sqrt{H}} \quad (3.12)$$

A ist der Zu- und Abluftquerschnitt [m^2], P_V die Trafoverlustleistung [kW] und H die Zughöhe [m]. Bei beengten Raumverhältnissen, wie sie bei Kompaktstationen auftreten, empfiehlt sich jedoch eine genauere Berechnung.

3.2.3 Thermische Belastbarkeit

3.2.3.1 Strombelastbarkeit von Kabeln

Internationale und nationale Normen und Vorschriften regeln die zulässigen thermischen Grenzströme für Kabel in Verteilnetzen unter standardisierten Betriebs- und Umgebungsbedingungen. Auch Kabelhersteller geben Hinweise und Empfehlungen für maximal zulässige Ströme unter unterschiedlichen Rahmenbedingungen [21, 22].

Dauerbetrieb tritt in Verteilnetzen beispielsweise beim Anschluss von Wasser- oder Heizkraftwerken sowie von Industriebetrieben im Dreischichtbetrieb auf. Zyklischen Betrieb findet man beim Anschluss von Wohngebieten, kleinen Gewerbe- und Dienstleistungsbetrieben sowie Photovoltaikanlagen. Dieser zyklische Betrieb, unter bestimmten Voraussetzungen auch EVU-Last genannt, ermöglicht bei erdverlegten Kabeln die zumindest teilweise Rückbildung der Bodenaustrocknung und damit einen höheren thermischen Grenzstrom [4].

Standardisierte Umgebungsbedingungen gehen von 30 C Lufttemperatur und 20 C Erdbodentemperatur aus. Die Wärmeleitfähigkeit feuchten Erdreichs wird mit $\lambda = 1{,}0$ W/Km, jene trockenen Erdreichs mit $\lambda = 0{,}4$ W/Km angenommen. In den Vorschriften werden Umrechnungsfaktoren für andere Temperaturen und Wärmeleitfähigkeiten, andere Belastungsgrade, Verlegearten und Kabelhäufungen angegeben [4].

Für hoch belastete Kabelstrecken insbesondere im Hoch- und Höchstspannungsbereich wird oft eine individuelle Berechnung des thermischen Grenzstroms unter Beachtung der gennanten Einflüsse vorgenommen. Die Grundlagen sind weltweit einheitlich in IEC 60287 (Electric Cables – Calculation of the Current Rating) für Dauerbetrieb [23] sowie in IEC 60853 (Calculation oft he Cyclic and Emergency Rating of Cables) für Zyklischen und Ausnahmebetrieb definiert [24]. IEC 60287 enthält Informationen zur Berechnung des Leiterwiderstands bei Wechselstrom und Betriebstemperatur sowie zur Kalkulation der Schirm-, Mantel- und Armierungsverluste und der dielektrischen Verluste. Kabelfirmen bieten entsprechende Berechnungsprogramme an.

In Deutschland gilt zudem die DIN VDE 0298-4:2013 [25] für die Verwendung von Kabeln und isolierten Leitungen für Starkstromanlagen. Sie ist aber nur für Kabel und Leitungen in oder an Gebäuden anzuwenden. Informationen zur thermischen Belastbarkeit von Kabeln findet man auch in DIN VDE 0276-1000 [26] als Nachfolgevorschrift der zurückgezogenen DIN VDE 0298-2, deren Belastbarkeitstabellen früher häufig herangezogen wurden.

In Österreich sind mit den Vorschriften ÖVE/ÖNORM E8200 [27] unter anderem folgende europäische Harmonisierungsdokumente in Kraft:

- HD 603: Energieverteilungskabel mit Nennspannung 0,6/1 kV,
- HD 620: Energieverteilungskabel mit extrudierter Isolierung mit Nennspannungen von 3,6/6(7,2) kV bis einschließlich 20,8/36(42) kV,
- HD 632: Energieverteilungskabel mit extrudierter Isolierung und ihre Garnituren für Nennspannungen über 36 kV (Um = 42 kV) bis 150 kV (Um = 170 kV).

Diese Dokumente enthalten auch Angaben zur Strombelastbarkeit der Kabel.

Tab. 3.2 stellt einen kleinen Auszug der Strombelastbarkeiten von Kunststoffkabeln dar.

Tab. 3.2 Strombelastbarkeiten erdverlegter Kunststoff-Einleiterkabel mit Aluminiumleiter bei Verlegung im Dreieck und EVU-Last [A]

Querschnitt [mm^2]	Nennspannung [kV]			
	1	10	20	30
50	151	171	172	174
95	222	248	251	254
150	284	315	319	322
240	375	413	417	422

Auffallend sind die sehr ähnlichen Werte der Strombelastbarkeit für alle Mittelspannungsebenen. Im Gegensatz dazu variieren die zulässigen Stromdichten zwischen etwa 3,5 A/mm^2 und 1,5 A/mm^2 bei zunehmenden Querschnitten. Die Werte für NS-Kabel sind etwas geringer, weil es sich um PVC-Kabel handelt, im Gegensatz zu den MS-VPE-Kabeln. Die Grenztemperatur von PVC ist geringer als die von VPE.

3.2.3.2 Strombelastbarkeit von Leiterseilen

Von Freileitungsseilen werden unter anderem hohe Leitfähigkeit, Zugfestigkeit und Dauerstrombelastbarkeit bei geringem Eigengewicht, geringe Längen- und Festigkeitsänderung bei hohen Temperaturen sowie natürlich hohe Korrosionsbeständigkeit und damit lange Lebensdauer erwartet. Häufig werden Aluminium/Stahl-Seile für Mittel- und Hochspannungsfreileitungen verwendet. Die im Dauerbetrieb zulässigen Strombelastbarkeiten findet man in EN 50182 [28], weiterführende Überlegungen hierzu findet man beispielsweise in [29]. Häufig verwendete Freileitungsseile für Mittelspannungsleitungen (Al/St 70/12 bis 120/20) erlauben maximale Stromdichten im Dauerbetrieb von etwa 4,2 bis 3,4 A/mm^2. Für Hochspannungsleitungen (Al/St 185/30 bis Al/St 380/50) liegen diese Werte bei etwa 2,9 bis 2,2 A/mm^2, jeweils bezogen auf den Al-Querschnitt.

Als standardisierte Umgebungsbedingungen in Mitteleuropa gelten 35 C Lufttemperatur, volle Sonneneinstrahlung und eine transversale Windgeschwindigkeit von 0,6 m/s. Herkömmliche Freileitungsseile erlauben maximale Seiltemperaturen von 80 C ohne Einschränkung der Lebensdauer. Neue Hochtemperaturseile gestatten maximale Temperaturen bis 250 C, die längenspezifische Wirkverlustleistung kann damit etwa vervierfacht, der thermisch zulässige Dauerstrom bei gleichem Querschnitt in etwa verdoppelt werden. Diese hohe Strombelastbarkeit ist ideal für den Ausnahmebetrieb bei Ausfallzuständen im Netz oder für Netzverstärkungen ohne Neubau von Freileitungen [15].

In Deutschland existiert eine Anwendungsregel für den witterungsabhängigen Freileitungsbetrieb über 45 kV, nämlich VDE AR N4210-5 [30]. Sie legt fest, unter welchen Voraussetzungen und Umgebungsbedingungen geänderte Werte für die Strombelastbarkeit von Freileitungen angewendet werden können. Dies ermöglicht auch in Verteilnetzen eine höhere Leitungsauslastung beispielsweise im Winter.

Nieder- und Mittelspannungsfreileitungen können durch isolierte Freileitungsseile bzw. kunststoffumhüllte Leiter ertüchtigt werden. Damit werden Trassenbreite und Instandhaltungsaufwand beträchtlich reduziert, die thermische Strombelastbarkeit kann oft gesteigert werden. In Österreich gelten ÖVE/ÖNORM E8200-626 [31] für isolierte Freileitungsseile 0,6/1(1,2) kV und in Deutschland DIN EN 50397 [32] für kunststoffumhüllte Leiter größer 1 kV bis 36 kV mit Informationen zur zulässigen Strombelastbarkeit.

Grundsätzlich werden die vollständigen technischen Daten von Freileitungsseilen von den jeweiligen Herstellern bekannt gegeben [33, 34].

3.2.3.3 Belastbarkeit von Transformatoren

Verteiltransformatoren werden im Normalbetrieb nach Möglichkeit mit innerer und äußerer natürlicher Kühlung betrieben. Die vom Hersteller anzugebende Nennscheinleistung gilt für Dauerbetrieb unter standardisierten Umgebungsbedingungen, im Zyklischen Betrieb ist kurzzeitig eine höhere Belastung zulässig [4, 12]. Die standardisierten Bedingungen gehen gemäß IEC 60076 [35] von einer maximalen Temperatur der Umgebungsluft von 40 C aus. Im Ausnahmebetrieb ist im Bedarfsfall durch künstliche Lüftung, bei HS/MS-Transformatoren eventuell zusätzlich durch forcierte Ölumwälzung, eine wesentlich höhere Belastbarkeit realisierbar.

Die Überlastbarkeit der Transformatoren hängt von der Vorbelastung und der Dauer der Überlast ab, für Öl- und Trockentransformatoren findet man entsprechende Regeln ebenfalls in IEC 60076 [35]. Gießharzisolierte Transformatoren weisen grundsätzlich geringere Wärmespeicherfähigkeiten auf, Richtlinien für kurzzeitige Überlastungen werden auch von den Herstellern herausgegeben [4, 36]. Entscheidend ist, dass die höchste zulässige Wicklungsübertemperatur (meist 65 K) nicht oder nur im Ausnahmefall überschritten wird.

Untersuchungen und Berechnungen zur Erwärmung, Überlastbarkeit und Lebensdauer von Transformatoren findet man beispielsweise in [37].

3.2.4 Flussmodelle und Verteilnetze

3.2.4.1 Aufgabenstellung

Auf einem vorgegebenen Projektnetz sollen Leitungen von einem Bezugsknoten zu allen anderen Netzknoten errichtet werden, auf denen es dann betragsmäßig beschränkte Flüsse gibt, die Energietransporte mit begrenzter Leistung nachbilden. Knoten weisen vorgegebene Einspeisungen und Entnahmen auf oder sind reine Durchgangs- oder Bilanzknoten für die Flüsse. Im Bezugsknoten ergibt sich daraus eine resultierende Einspeisung/Entnahme. Die Kanten werden mit längenabhängigen Investitions- und zusätzlich leistungsspezifischen Verlustkostenbarwerten bewertet. Planungsziel ist die Errichtung eines Strahlennetzes mit minimalen Gesamtkosten, d. h. möglichst geringer Summe aus Investitionskosten und Verlustkostenbarwerten gemäß Abb. 3.17.

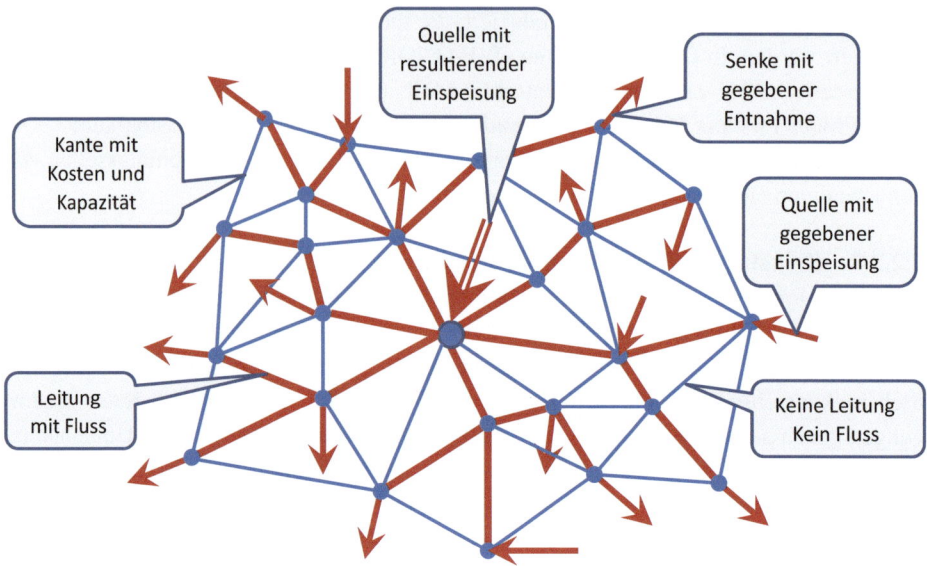

Abb. 3.17 Flussmodell mit Investitionsentscheidungen

3.2.4.2 Mathematisches Modell

Gl. 3.13–3.16 zeigen eine einfache mathematische Formulierung des statischen Flussmodells mit Investitionsentscheidungen und Transportkapazitäten für obige Aufgabe.

$$\text{ZF: } K_{\text{Netz}} = \sum_{j \in J} \left\{ KI_j \cdot x_j + BKVP_j \cdot p_j^2 \right\} \to \text{Min} \qquad (3.13)$$

$$\text{KB: } \forall i \in I1 : \sum_{j \in J(i)} \{\pm p_j\} = E_i - D_i \qquad (3.14)$$

$$\text{KR: } \forall j \in J: |p_j| \leq P_j^{\max} \cdot x_j \qquad (3.15)$$

$$\text{SN: } \sum_{j \in J} x_j = N - 1 \qquad (3.16)$$

Die Zielfunktion ZF minimiert die Summe der von den Investitionsentscheidungen abhängigen Investitionskosten und die quadratisch von den Kantenflüssen abhängigen Verlustkostenbarwerte je Kante (Trasse). Als Nebenbedingungen KB gibt es in allen Knoten mit Ausnahme des Bezugsknotens Bilanzgleichungen für die Kantenflüsse unter Beachtung allfälliger Einspeisungen und Entnahmen. Die Kapazitätsrestriktionen KR beschränken die Flüsse in jeder Kante betragsmäßig in Abhängigkeit von der jeweiligen Investitionsentscheidung. Die Bedingung für die Topologie eines Strahlennetzes SN bestimmt die Anzahl der Leitungen, sodass keine Maschen entstehen.

3.2.4.3 Verteilnetzplanung

Mit dem beschriebenen einfachen Modell können kostenoptimale Strahlennetze geplant werden. Geplant wird nicht auf einem echten Wegenetz, der Trassengraph enthält als Kanten nur die möglichen Leitungsprojekte zwischen den Stationsknoten. Damit lässt sich die Strahlennetzbedingung einfach formulieren.

Die diskreten Variablen erlauben nur eine Investitionsentscheidung je Kante, eine Typenauswahl ist nicht vorgesehen. Eine entsprechende Modellerweiterung ist jedoch nicht besonders aufwendig. Die Verlustkostenbarwerte jeder Leitung werden als quadratische Funktion des Wirkleistungsflusses formuliert, dies setzt die Annahme eines einheitlichen Leistungsfaktors und nahezu gleicher Knotenspannungen im Netz voraus.

Die Bilanzgleichungen für die Flüsse entsprechen der Knotenregel bzw. dem ersten Kirchhoffschen Gesetz, formuliert für die Wirkleistungsflüsse. Leistungsverluste werden in diesen Lastflussgleichungen nicht berücksichtigt, sehr wohl jedoch gehen sie in die Zielfunktion ein. Da die Gleichungen für die Maschenregel bzw. das zweite Kirchhoffsche Gesetz nicht formuliert werden, können mit dem beschriebenen Modell keine Maschennetze geplant werden [38].

3.3 Spannungsmanagement

3.3.1 Spannungsabfall

3.3.1.1 Leitung

Für den symmetrischen Betrieb einer kurzen Drehstromleitung gilt die Ersatzschaltung gemäß Abb. 3.18 [39].

Der ohmsche Querleitwert kann in der Verteilnetzplanung generell vernachlässigt werden. Der verkettete Spannungsabfall kann daher mittels komplexer Rechnung gemäß Gl. 3.17 und 3.18 berechnet werden.

$$U_L = \sqrt{3} \cdot Z_L \cdot I_L = \sqrt{3} \cdot (R_L + iX_L) \cdot \left(I_E + \frac{I_C}{2}\right) \qquad (3.17)$$

$$I_C = i\omega C_L \cdot \frac{U_E}{\sqrt{3}} \qquad (3.18)$$

Abb. 3.18 Ersatzschaltbild einer Drehstromleitung

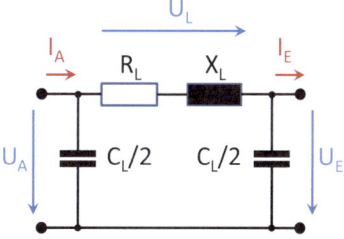

In Nieder- und Mittelspannungsnetzen kann auch der kapazitive Ladestrom bei der Berechnung von Spannungsabfällen vernachlässigt werden. Üblicherweise werden am Ende der Leitung Wirk- und Blindleistungen vorgegeben, dann gilt Gl. 3.19.

$$U_L = \sqrt{3} \cdot Z_L \cdot \frac{S_E^*}{\sqrt{3} \cdot U_E^*} = (R_L + iX_L) \cdot (P_E - iQ_E) \cdot \frac{1}{U_E^*} \tag{3.19}$$

Setzt man die Spannung am Ende der Leitung vereinfachend gleich der Nennspannung, so gelten Gl. 3.20–3.23.

$$U_L = \{(R_L \cdot P_E + X_L \cdot Q_E) + i \cdot (X_L \cdot P_E - R_L \cdot Q_E)\} \cdot \frac{1}{U_N} \tag{3.20}$$

$$U_L = U_L^{längs} + iU_L^{quer} \tag{3.21}$$

$$U_L^{längs} = (R_L \cdot P_E + X_L \cdot Q_E) \cdot \frac{1}{U_N} \tag{3.22}$$

$$U_L^{quer} = (X_L \cdot P_E - R_L \cdot Q_E) \cdot \frac{1}{U_N} \tag{3.23}$$

Der Spannungsabfall kann also in eine reelle Längs- und eine imaginäre Querkomponente zerlegt werden, wie Abb. 3.19 zu entnehmen ist.

In diesem Zeigerdiagramm sieht man den Phasenwinkel φ, den Impedanzwinkel ψ und den Spannungswinkel δ. Das Diagramm stellt Wirk- und Blindleistungsentnahme am Ende der Leitung dar. Es gilt aber ebenso für Wirk- und/oder Blindleistungseinspeisung, der Phasenwinkel kann beliebig vorgegeben werden. Man kann den Längsspannungsabfall auch gemäß Gl. 3.24 formulieren.

$$U_L^{längs} = U_L \cdot \cos(\psi - \phi) = \frac{Z_L \cdot S_E}{U_N} \cdot \cos(\psi - \phi) \tag{3.24}$$

Für die Spannung am Anfang der Leitung gilt Gl. 3.25.

$$U_A = \sqrt{(U_E + U_L^{längs})^2 + (U_L^{quer})^2} \tag{3.25}$$

Abb. 3.19 Zeigerdiagramm Spannungsabfall

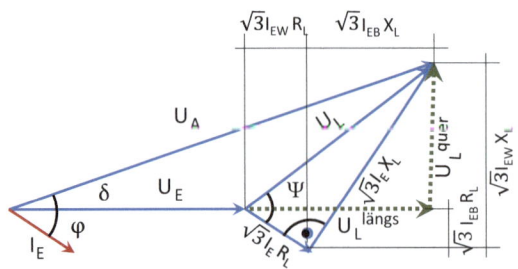

3.3 Spannungsmanagement

Tab. 3.3 Elektrische Kenngrößen von Einleiter-Kunststoffkabeln

Isolierung	Nennspannung	Wirkwiderstandsbelag bei 20 C [Ω/km]			Blindwiderstandsbelag Dreieck [Ω/km]		
		95^2 Al	150^2 Al	240^2 Al	95^2 Al	150^2 Al	240^2 Al
PVC	400 V	0,32	0,21	0,13	0,09	0,08	0,08
VPE	10 kV	0,33	0,22	0,14	0,11	0,11	0,10
VPE	20 kV				0,12	0,11	0,11
VPE	30 kV				0,13	0,12	0,11
		500^2 Cu	800^2 Cu	1200^2 Cu	500^2 Cu	800^2 Cu	1200^2 Cu
VPE	110 kV	0,041	0,027	0,018	0,13	0,11	0,10
		Kapazitätsbelag [µF/km]			Ladestrom [A/km]		
		95^2 Al	150^2 Al	240^2 Al	95^2 Al	150^2 Al	240^2 Al
VPE	10 kV	0,31	0,36	0,44	0,56	0,65	0,80
VPE	20 kV	0,22	0,26	0,31	0,80	0,94	1,12
VPE	30 kV	0,17	0,19	0,23	0,92	1,03	1,25
		500^2 Cu	800^2 Cu	1200^2 Cu	500^2 Cu	800^2 Cu	1200^2 Cu
VPE	110 kV	0,16	0,21	0,27	3,19	4,19	5,38

Da die Spannungsabfälle in Verteilnetzen klein gegenüber der Nennspannung sind, ist für den Spannungsunterschied zwischen Anfang und Ende der Leitung hauptsächlich der Längsspannungsabfall verantwortlich. Für Zwecke der Netzplanung wird daher oft nur der Längsspannungsabfall berechnet und der Querspannungsabfall ignoriert. Interessant ist besonders der relative Längsspannungsabfall nach Gl. 3.26.

$$u_L^{\text{längs}} = \frac{U_L^{\text{längs}}}{U_N} = (R_L \cdot P_E + X_L \cdot Q_E) \cdot \frac{1}{U_N^2} \tag{3.26}$$

Er steigt mit der Leitungslänge und mit dem Transport zusätzlicher induktiver Blindleistung und ist verkehrt proportional dem Quadrat der Nennspannung. Der von einem Wirkleistungsfluss verursachte Längsspannungsabfall kann durch einen entgegen gerichteten Blindleistungsfluss reduziert und sogar kompensiert werden, wie Gl. 3.27 zeigt.

$$u_L^{\text{längs}} = 0 \Leftrightarrow Q_E = -\frac{R_L}{X_L} \cdot P_E \tag{3.27}$$

Tab. 3.3 zeigt Richtwerte für elektrische Kenngrößen von Kunststoffkabeln.

3.3.1.2 Transformator
Für den symmetrischen Betrieb von Transformatoren in Verteilnetzen gilt die Ersatzschaltung gemäß Abb. 3.20.

Abb. 3.20 Ersatzschaltbild Transformator

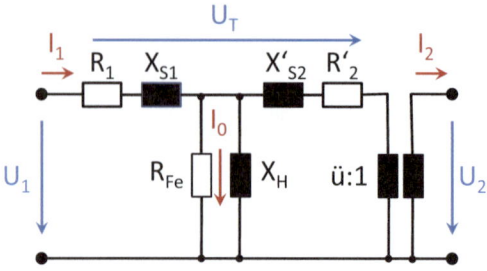

Das Übersetzungsverhältnis ü erfordert die Umrechnung elektrischer Größen der Sekundärseite auf die Primärseite gemäß Gl. 3.28 und umgekehrt.

$$U'_2 = U_2 \cdot ü \qquad I'_2 = I_2 \cdot \frac{1}{ü} \qquad Z'_2 = Z_2 \cdot ü^2 \qquad (3.28)$$

Für Planungszwecke kann man die Leerlaufverluste bzw. -ströme bei Lastflussrechnungen häufig vernachlässigen. Nach Umrechnen der Impedanzen wird ein Netztransformator wie eine Leitung durch eine Längsimpedanz repräsentiert. Es gelten daher obige Beziehungen für Leitungen ähnlich auch für Transformatoren. Allerdings sind folgende Größenordnungen in MS- und NS-Netzen zu beachten:

Kabel:	$R_K > X_K$	Freileitung: $R_F < X_F$	Transformator: $R_T \ll X_T$

3.3.1.3 Stationsketten

In der Verteilnetzplanung spielen Spannungsabfälle an Stationsketten gemäß Abb. 3.21 eine wichtige Rolle.

Als einfachstes Modell wird in Gl. 3.29–3.31 die homogene Stationskette mit gleichen Leitungsabschnitten und gleichen Stationslasten unter Vernachlässigung der Transportverluste betrachtet.

$$P_i = P \quad Q_i = Q \quad R_i = R \quad X_i = X \quad \forall i = 1(1)n \qquad (3.29)$$

$$u_{Li}^{\text{längs}} = (n - i + 1) \cdot (R \cdot P + X \cdot Q) \cdot \frac{1}{U_N^2} \qquad (3.30)$$

$$u_{Lgesamt}^{\text{längs}} = \sum_{i=1}^{n} u_{Li}^{\text{längs}} = \frac{n \cdot (n+1)}{2} \cdot u_{Ln}^{\text{längs}} \qquad (3.31)$$

Abb. 3.21 Spannungsabfälle einer Stationskette

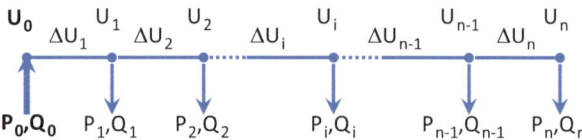

Der größte Teilspannungsabfall tritt im ersten Leitungsabschnitt nach dem Einspeise- bzw. Bezugsknoten auf, er ist n mal so groß wie im letzten Leitungsabschnitt. In Ring- oder Strangnetzen werden zwei Stationsketten am Ende durch Leitungen mit einer im Normalbetrieb offenen Trennstelle verbunden. Bei Einfachausfallzuständen wird diese Trennstelle geschlossen und die fehlerbehaftete Leitungsstrecke ausgeschaltet. Im ungünstigsten Fehlerfall werden zwei Stationsketten (Halbringe bzw. -stränge) einseitig gespeist, Länge und Stationszahl verdoppeln sich. Aus obigen Beziehungen erkennt man unschwer, dass sich der gesamte Spannungsabfall dann etwa vervierfacht.

3.3.2 Lastflussrechnung

Die Lastflussrechnung erlaubt die genaue Berechnung der Knotenspannungen eines Drehstromnetzes im symmetrischen Betrieb bei vorgegebenen Lasten bzw. Einspeisungen. Zusätzlich werden auch alle Leitungs- und Transformatorverluste ermittelt. Neben dem normalen Betriebszustand können oft auch alle Einfachausfallzustände automatisch analysiert werden. Üblicherweise werden in Verteilnetzen im zentralen Bezugsknoten die Spannung, in den übrigen Knoten die Leistungen vorgegeben. Dies gilt sowohl für Maschen- als auch für Strahlennetze. Lastflussgleichungen können durch Anwenden der Kirchhoffschen und des Ohmschen Gesetzes beispielsweise gemäß Gl. 3.32 formuliert werden.

$$\begin{aligned} S_i &= S_{0i} + \sum_{\substack{j=0 \\ j \neq i}}^{n} S_{ij} = U_i \cdot \{I_{0i}^* + \sum_{\substack{j=0 \\ j \neq i}}^{n} I_{ij}^*\} \\ &= U_i \cdot \{Y_{0i}^* \cdot U_i + \sum_{\substack{j=0 \\ j=i}}^{n} Y_{ij}^*(U_i^* - U_j^*)\}, \quad i = 1(1)n \end{aligned} \quad (3.32)$$

Zur Lastflussberechnung gibt es zahlreiche Netzberechnungsprogramme [40–42]. Für Planungszwecke können insbesondere bei Mittel- und Niederspannung Näherungsrechnungen praktisch brauchbare Ergebnisse liefern. Folgende physikalische Größen können in den Lastflussgleichungen vereinfacht berechnet oder ganz vernachlässigt werden:

- Kapazitive Ladeströme,
- Querspannungsabfälle,
- Leitungsverluste,
- Ohmsche Widerstände in Freileitungsnetzen,
- Induktive Widerstände in NS-Kabelnetzen mit kleinen Leiterquerschnitten.

In einigermaßen homogenen Netzgebieten kann auch ein einheitlicher Leistungsfaktor angenommen werden. In Mittel- und Niederspannungsnetzen kann man oft durch

Berücksichtigung nur der Längsspannungsabfälle an den Leitungsimpedanzen die Knotenspannungen ausreichend genau berechnen. Die durch Vereinfachungen entstehenden Ungenauigkeiten sind aber stets im Gesamtkontext der konkreten Planungsaufgabe zu bewerten.

3.3.3 Spannungsebenen

In IEC 60038 [43] sind die Nennspannungen von Wechselstromnetzen und deren Betriebsmittel genormt. Die Normung geht von den historisch gewachsenen Netzspannungen aus und strebt international nach Vereinheitlichung. Folgende Netzspannungen für Drehstromnetze (Verkettete Spannung bzw. Außenleiterspannung) waren bzw. sind in Mitteleuropa verbreitet:

Niederspannung	Mittelspannung	Hochspannung
0,4 0,69 1,0	3,0 5,0 6,0 **10** 15 **20** 25 **30** 45 55 60	**110** 220 **380** kV

Die hervorgehobenen Werte stellen die zukünftig zu bevorzugenden Netzspannungen dar. Aus Sicht der Verteilnetzplanung in Mitteleuropa können die einzelnen Netzspannungen wie folgt charakterisiert werden:

- **0,4 kV:** Europäischer Standard für öffentliche und private Niederspannungsnetze,
- **0,69 kV:** Industrienetze mit großen Motoren; Wert nach IEC 60038, auch abweichende Werte sind üblich, wie z. B. 0,5 oder 0,6 kV,
- **1 kV:** Anschluss weit entfernter Anlagen, einzelne Verstärkungsleitungen in Niederspannungsnetzen; auch als 950 V- oder 980 V-Anlagen bezeichnet,
- **3, 5, 6 kV:** Industrienetze, historisch gewachsene öffentliche Netze; Umstellung auf 10 kV wird häufig angestrebt,
- **10 kV:** Standard für Mittelspannung insbesondere in städtischen Verteilnetzen, daher häufig Kabelnetze,
- **15 kV:** Historisch, meist Umstellung auf 20 kV,
- **20 kV:** Weitest verbreiteter Standard bei Mittelspannung; meist ländliche aber auch städtische Netze; zunehmende Verkabelung auch auf dem Land,
- **25 kV:** Historisch entstanden, oft Umstellung auf 30 kV geplant,
- **30 kV:** Nicht so häufig anzutreffen, in alpennahen Gebieten historisch gewachsen,
- **45, 55, 60 kV:** Historische Übertragungsspannungen, Restnetze werden aufgelassen bzw. durch 110 kV Leitungen ersetzt,
- **110 kV:** Standard für städtische Hochspannungs-Kabelnetze und regionale Hochspannungs-Freileitungsnetze,
- **220 kV:** Ehemaliger Standard für Übertragungsnetze, schrittweise Umstellung auf 380 kV,
- **380 kV:** Mittel- und Westeuropäischer Standard für Übertragungsnetze, auch für urbane Kabelnetze in Großstädten.

3.3 Spannungsmanagement

In 400 V-Verteilnetzen können lokale Verstärkungen bzw. leistungsstarke Verbindungen über größere Distanzen mit 1000 V-Leitungen realisiert werden. Mittels Spartransformatoren kann die Nennbetriebsspannung einer Niederspannungsleitung um den Faktor 2,5 erhöht werden. Damit steigt die thermisch zulässige Leistung ebenfalls um den Faktor 2,5, der relative Spannungsabfall sinkt um den Faktor $2{,}5^2 = 6{,}25$! Dies stellt eine sehr kostengünstige Lösung dar, da sie nach Niederspannungsstandards realisiert und damit oft die Errichtung einer Transformatorstation samt notwendiger Verlegung eines neuen Mittelspannungskabels vermieden oder hinausgeschoben werden kann.

3.3.4 Spannungshaltung

3.3.4.1 Spannungsband

In IEC 60038 sind nicht nur die Nennspannungen der Drehstromnetze, sondern auch die zulässigen Spannungsabweichungen im Normalbetrieb geregelt. Die genormte Spannungstoleranz, auch zulässiges Spannungsband genannt, beträgt an jedem Netzanschlusspunkt bzw. jeder Übergabestelle zu einer Kundenanlage:

$$\pm 10\,\%$$

Wie in Abschn. 3.4.4 noch näher erläutert wird, gilt gemäß EN 50160 [44] in selten auftretenden außergewöhnlichen Zuständen (max. 5 % je Woche) ein erweiterter Toleranzbereich von +10 %/−15 % [45]. Die zusätzlichen Spannungstoleranzen in Kundenanlagen sind in anderen Vorschriften geregelt.

Dem Netzplaner stellt sich das Problem der zulässigen Spannungsabweichungen grundsätzlich gemäß Abb. 3.22 dar.

Im obigen Beispiel gibt es ein zulässiges Spannungsband für das Mittelspannungsnetz (95–106 %) und das Niederspannungsnetz (90–110 %), die Mittelspannung im Umspann-

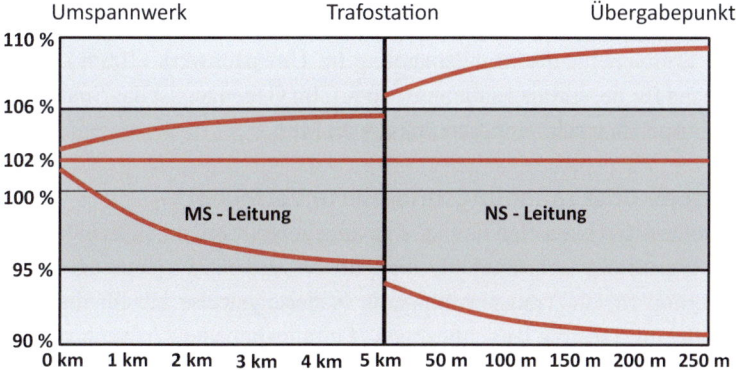

Abb. 3.22 Spannungsabfälle und Spannungsbänder

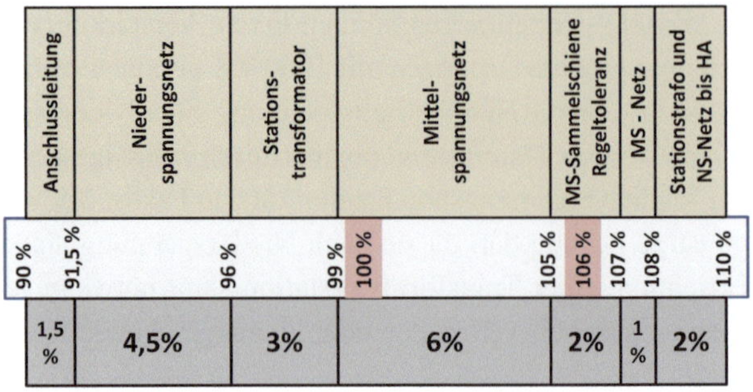

Abb. 3.23 Reales Spannungsbandmanagement

Anschlussleitung	Niederspannungsnetz	Stationstransformator	Mittelspannungsnetz	MS-Sammelschiene Regeltoleranz	MS - Netz	Stationstrafo und NS-Netz bis HA
90 % / 91,5 %		96 %	99 % / 100 %	105 % / 106 %	107 %	108 % / 110 %
1,5 %	4,5%	3%	6%	2%	1 %	2%

werk wird auf einen festgelegten Wert geregelt (102 %). Das Versorgungsgebiet und die Netzstrukturen werden als ausreichend homogen angesehen, sodass die geplanten maximalen Spannungsabfälle entlang von Stationsketten als Kurven dargestellt und über die Spannungsebenen addiert werden können. Bei hoher dezentraler Einspeisung in die Niederspannungsnetze werden die zulässigen Spannungsbänder (4 % MS, 4 % NS) nach oben fast ausgenützt. Ähnliches gilt für den Zeitpunkt der höchsten Entnahme (7 % MS, 5 % NS), die Spannungsbänder sind also unsymmetrisch. Beim Umspannwerkstransformator ist ein kleines Toleranzband für Sollwertabweichungen vorgesehen, beim Stationstrafo MS/NS mit festem Übersetzungsverhältnis ist der Trafospannungsabfall berücksichtigt.

Die Netzplanung sollte unternehmensinterne Richtlinien für die Einhaltung der Spannungsbänder formulieren und die Netzgestaltung entsprechend ausrichten. Dabei muss sie natürlich auf den bestehenden Spannungsverhältnissen in den einzelnen Teilnetzen aufbauen. Es ist oft sinnvoll, für unterschiedliche Kategorien von Teilnetzgebieten auch unterschiedliche Spannungsbänder langfristig vorzugeben. Dies kann von der derzeitigen und auch zukünftig erwarteten Einspeise- und Lastdichte aber auch von der Topografie abhängen. Herausforderungen können durch starke Förderung und daher rasche Zunahme dezentraler Einspeiser entstehen, wenn bisher für Spannungssteigerungen nicht ausreichend vorgesorgt worden ist. Zu starre a priori Festlegungen können sich aber nachträglich als unwirtschaftlich erweisen [46, 47].

Abb. 3.23 zeigt ein Beispiel für reales Spannungsbandmanagement. Bemerkenswert ist der hohe Sollwert für die Mittelspannung im Umspannwerk (106 %) und das breite Spannungsband für dezentrale Entnahme (16 %). Im Gegenzug ist das Spannungsband für dezentrale Einspeisung sehr eingeschränkt (4 %) [48].

3.3.4.2 Strom- oder spannungsorientierte Verteilnetze

Für jeden Leitungstyp kann eine Grenzlänge angegeben werden: Unterhalb dieser Grenzlänge ist die thermische Belastbarkeit, oberhalb der maximale Spannungsabfall entscheidendes Kriterium für die Transportfähigkeit. Näherungsweise gilt für diese Grenzlänge Gl. 3.33, wobei mit DZ_L die längenbezogene Leitungsimpedanz bezeichnet wird.

$$L_{grenz} = \frac{u_{L\,max}^{längs} \cdot U_N}{\sqrt{3} \cdot I_{therm} \cdot DZ_L \cdot \cos(\psi - \phi)} \quad (3.33)$$

3.3 Spannungsmanagement

Die Grenzlänge ist dem maximal zulässigen relativen Längsspannungsabfall und der Nennspannung direkt, sowie dem thermischen Grenzstrom und der längenbezogenen Leitungsimpedanz verkehrt proportional.

Für eine vorgegebene praxisgerechte Aufteilung des Spannungsbandes kann man die Grenzlänge in Kilometern von MS- und NS-Kabeln größenordnungsmäßig mit etwa der halben Netzspannung in Kilovolt abschätzen. Für homogene Stationsketten liegt die Grenzlänge dementsprechend beim doppelten Wert. Wählt man die räumlichen Entfernungen von Umspannwerken bzw. Transformatorstationen entsprechend den Grenzlängen der MS- bzw. NS-Stationsketten, so kann man bei Strang- bzw. Ringnetzen auch unter Beachtung des (N−1)-Prinzips die volle thermische Belastbarkeit der Leitungen ausnützen. Für die Spannungshaltung auch bei Einfachausfällen günstige Netzformen werden später erläutert.

Oberhalb der Grenzlänge muss die maximale Belastung reduziert werden, um das zulässige Spannungsband einzuhalten, wie Gl. 3.34 zeigt.

$$\frac{I_{max}}{I_{therm}} = \frac{L_{grenz}}{L} \quad \text{bzw.} \quad \frac{P_{max}}{P_{therm}} = \frac{L_{grenz}}{L} \tag{3.34}$$

Die relative Strombelastbarkeit ist verkehrt proportional der relativen Leitungslänge bezogen auf die Grenzlänge. Dies gilt auch für die relative Wirkleistungsbelastbarkeit, wenn man ein einheitliches Spannungsniveau und gleiche Leistungsfaktoren voraussetzt. Anzumerken ist, dass die relativ größte Reduktion der maximalen Belastbarkeit bei den relativ kleinsten Überschreitungen der Grenzlänge auftritt (vgl. Abb. 3.24).

Gl. 3.34 kann unter Beachtung der genannten Voraussetzungen umformuliert werden, wie Gl. 3.35 und 3.36 zeigen.

$$L_{grenz} \cdot I_{therm} = \frac{U_{L\,max}^{längs}}{\sqrt{3} \cdot DZ_L \cdot \cos(\psi - \phi)} \tag{3.35}$$

$$L_{grenz} \cdot P_{therm} = \frac{u_{L\,max}^{längs} \cdot U_N^2 \cdot \cos\phi}{DZ_L \cdot \cos(\psi - \phi)} \tag{3.36}$$

Dieses Wirkleistungs-Längen-Produkt P·L charakterisiert die Fähigkeit einer Leitung, Wirkleistung über eine gewisse Entfernung unter vorgegebenen Bedingungen zu transportieren. Es wird manchmal auch als maximales Transportmoment bezeichnet. Die Abhängigkeiten der maximalen Wirkleistung und des Transportmoments von der Leitungslänge können Abb. 3.24 entnommen werden.

Das maximale Transportmoment einer Leitung hängt neben den Leitungsparametern wesentlich vom zulässigen relativen Spannungsabfall und dem Quadrat der Netzspannung ab. Dies zeigt im Bereich der Niederspannung die Leistungsfähigkeit von 1 kV-Leitungen. Für städtische Mittelspannungsnetze sind 10 kV Nennspannung zwar kostengünstig, allerdings ist der Kostenunterschied zu 20 kV Nennspannung nicht mehr allzu groß. Bei der Verkabelung ländlicher Netze ist zu beachten, dass bei Nennspannungen 10-20-30 KV

Abb. 3.24 Wirkleistung und Transportmoment

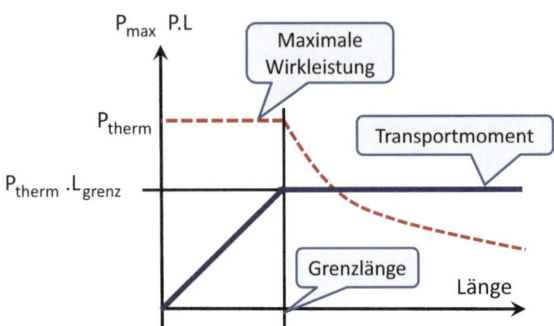

die thermischen Übertragungsfähigkeiten sich wie 1:2:3, die relativen Spannungsabfälle und die maximalen Transportmomente wie 1:4:9 verhalten. Umstellungen von 10 kV auf 20 kV können daher insbesondere in ländlichen Gebieten langfristig große Vorteile bringen. 30 kV Netze gibt es nur in wenigen Regionen Mitteleuropas, nur dort werden Umstellungen von niedrigeren Netzspannungen auf 30 kV in Betracht gezogen.

Stromorientierte Verteilnetze, bei denen die thermische Belastbarkeit Hauptkriterium für die Transportfähigkeit der Leitungen ist, werden auch als städtische Netze bezeichnet. Streckenlast, Last- oder Bebauungsdichte sind oberhalb des kritischen Grenzwerts. Spannungsorientierte Verteilnetze, bei denen der Spannungsabfall wesentliches Planungskriterium darstellt, nennt man demgegenüber auch ländliche Netze.

3.3.5 Spannungsregelung

3.3.5.1 Klassische Methoden

Die zentrale Spannungsregelung in Verteilnetzen erfolgt durch Verändern des Übersetzungsverhältnisses des HS/MS-Transformators im Umspannwerk. Dies geschieht während des Betriebes im Allgemeinen durch einen in den Ölkessel eingebauten Stufenlastschalter. Realisiert wird entweder eine Festwertregelung oder eine Führungsregelung mit strom- oder leistungsabhängigem Sollwert. Bei den MS/NS-Transformatoren in Netz- oder Kundenstationen wurde bisher keine Möglichkeit zur betrieblichen Spannungsregelung vorgesehen. Bei vielen dieser Transformatoren findet man aber einen Umsteller, mit dem man im spannungslosen Zustand oder im Leerlauf das Übersetzungsverhältnis in wenigen Stufen verändern kann (z. B. $\pm 2{,}5\,\%$, $\pm 5\,\%$) [49].

Ergänzt wird die zentrale Spannungsregelung durch dezentrale Maßnahmen in langen Leitungsstrecken bzw. Stationsketten und auch direkt in Kundenanlagen. In kritischen Netzausläufern findet man beispielsweise Spartransformatoren mit Anzapfungen und manchmal auch mit Lastregelschaltern zur Anpassung des Übersetzungsverhältnisses im Betrieb. In Industriebetrieben werden oft Kondensatorbatterien eingesetzt, die den Blindleistungsbedarf (teilweise) kompensieren. Das ist meist eine kundenseitige Maßnahme zur Reduktion bzw. Vermeidung von Kosten für den (übermäßigen) Bezug von Blindarbeit, sie trägt aber indirekt auch zur Spannungshaltung bei.

Die beschriebene zentrale Spannungsregelung mit allfälligen dezentralen Ergänzungen ist eine rasch wirkende direkte technische Maßnahme des Verteilnetzbetreibers. Der Einsatz der Kondensatorbatterie ist eine Maßnahme eines Netznutzers in seiner Anlage, die durch Anreize im Netztarif oder die Allgemeinen Netznutzungsbedingungen indirekt vom Netzbetreiber veranlasst wird [50].

3.3.5.2 Innovative Spannungsregelung

Die Themen Spannungsmanagement und -regelung sind durch die rasche Zunahme dezentraler Einspeiser wieder von großer wirtschaftlicher Bedeutung. In ländlichen Netzen sollte der Netzausbau bei laufendem Anschluss neuer Erzeugungsanlagen nach Möglichkeit hinausgeschoben werden, bis die Grenzen der thermischen Belastbarkeit der Leitungen erreicht sind. Windkraftwerksparks erfordern oft den Aufbau neuer Mittel- und Hochspannungsnetze als reine Entsorgungsnetze, für die auch unkonventionelle Maßnahmen des Spannungsmanagements in Frage kommen. Zunehmend wichtig werden in Zukunft die Konzepte zur Unterstützung der Spannungsregelung durch dezentrale Erzeugungsanlagen sein [51–53].

In Diskussion, Entwicklung sowie im Testbetrieb und beginnenden Realeinsatz sind eine Reihe neuer Methoden zur Spannungsregelung, wie beispielsweise der regelbare Ortsnetztransformator. Damit wird eine lastabhängige Führungsregelung der Niederspannung in Transformatorstationen durch Änderung des Übersetzungsverhältnisses realisiert. Der klassische mechanische Stufenlastschalter wird oft als zu teuer angesehen, daher wurden und werden innovative technische Realisierungen entwickelt. Neu sind beispielsweise der Einsatz von Vakuumschaltern oder Vakuumschützen in Verbindung mit innovativen Umschaltmethoden [54, 55].

Mit einem regelbaren Ortsnetztransformator kann das im Niederspannungsnetz zulässige Spannungsband unabhängig von der möglichen Höhe der Mittelspannung in der Trafostation festgelegt werden. Selbstverständlich kann auch im Niederspannungsnetz eine Führungsregelung durch Strom- bzw. Leistungskompoundierung realisiert werden. Abb. 3.25 zeigt beispielhaft entkoppelte Spannungsbänder und maximale Spannungsabweichungen im MS- und NS-Netz.

Zur dezentralen Spannungsregelung an einzelnen Leitungen bzw. Netzknoten in MS- und NS-Netz werden auch elektronische Spannungsregler im Verteilnetz vorgeschlagen (AVR Automatic Voltage Regulator). Dabei wird beispielsweise ein Längs- oder Injektionstransformator über einen steuerbaren elektronischen Umrichter erregt [56]. Solche Anlagen wurden bisher in der Industrie zur Erhöhung der Spannungsqualität eingesetzt. Ein anderer Ansatz verwendet einen Zusatztransformator in Verbindung mit einer variablen Induktivität. Die veränderbare Induktivität wird mit einem sogenannten elektronischen Luftspalt in einem Ringkern realisiert, der die magnetische Leitfähigkeit durch ein zusätzliches transversales Gleichfeld beeinflusst [57].

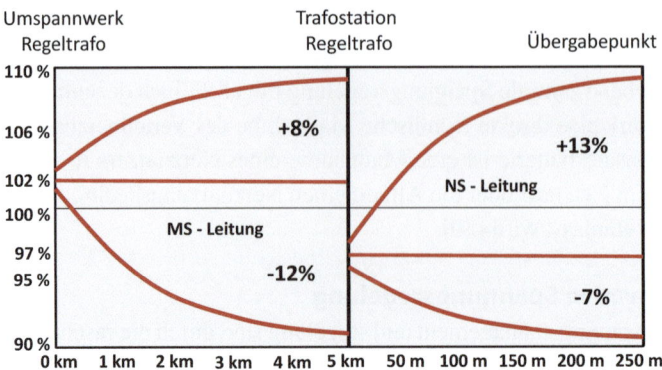

Abb. 3.25 Spannungsbänder bei regelbarem Stationstransformator

Dezentrale Erzeugungsanlagen sollen sich zukünftig an der Spannungshaltung durch Blindleistungserzeugung bzw. -verbrauch beteiligen. Netzbetreiber dürfen den Erzeugern entsprechende Steuerstrategien vorgeben: Q = f(P), Q = f(U), cosφ = f(U) [58]. Ein Koordinationskonzept für alle eingesetzten Methoden der Spannungsregelung ist unerlässlich, da eingeschlagene Strategien nach einer gewissen Zeit meist nur mehr mit großem Aufwand geändert werden können.

3.3.5.3 Überblick und Überlegungen

Tab. 3.4 gibt einen systematischen Überblick über Rahmenbedingungen und Realisierungsvarianten für die Spannungsregelung in Verteilnetzen.

Die Regelungskonzepte für die einzelnen Spannungsebenen müssen aufeinander abgestimmt werden. Maßnahmen in Kundenanlagen können wie bereits erwähnt, im Interesse

Tab. 3.4 Übersicht Spannungsregelung

Planungsfragen für Spannungsregelkonzepte		
Hochspannung	Mittelspannung	Niederspannung
Netz		Kundenanlagen
Netzinteresse		Kundeninteresse
Normalbetrieb		Ausnahmebetrieb
Spannungsregelung		Blindleistungsflussregelung
Zentrale Regelung		Dezentrale Regelung
Festwertregelung		Führungsregelung
Stark steigende Nachfrage		Kaum steigende Nachfrage
Homogene Nachfrage		Inhomogene Nachfrage
Stromgrenzen		Spannungsgrenzen
Klassische Methoden		Innovative Methoden
Klassische Technologie		Innovative Technologien

des Kunden oder/und im Interesse des Netzbetriebes ergriffen werden. Hierfür sind entsprechende technische Regeln oder kommerzielle Anreize erforderlich. Kundenseitige Maßnahmen im Interesse der Spannungshaltung sollten vom Netzbetreiber technisch geprüft und auch überwacht werden. Alle Maßnahmen zur Spannungsregelung müssen nicht nur für den Normalbetrieb, sondern auch für den Ausnahmebetrieb (Ausfallzustände, Großstörungen, Netzwiederaufbau) geplant und koordiniert werden.

Die direkte zentrale und dezentrale Spannungsregelung mittels Regeltransformatoren im Mittel- und bei Bedarf auch im Niederspannungsnetz ist die wirksamste Maßnahme zur Spannungshaltung. Die Steuerung der Blindleistungsflüsse zur Reduktion der Spannungsabfälle vergrößert im Allgemeinen die Leitungsströme und erfordert zusätzliche Blindleistungsbereitstellung. Wegen dieser Nachteile ist sie hauptsächlich in einzelnen langen Netzausläufern sinnvoll. Zentrale Spannungsregelkonzepte sind vorteilhaft bei eher homogenen Versorgungsaufgaben, dezentrale Maßnahmen können ergänzend bei eher inhomogenen Nachfrageszenarien sinnvoll sein. Die Umstellung einer Festwertregelung auf eine Führungsregelung ist meist eine sehr einfache, kostengünstige und effiziente Maßnahme zur Steigerung der Transportfähigkeit.

Wird eine rasch und nachhaltig steigende Nachfrage in einem Netzgebiet erwartet, so sind zuerst alle kostengünstigen Verbesserungsmaßnahmen bei der Spannungsregelung auszuschöpfen. Dann ist zu prüfen, wann Strom- und wann Spannungsgrenzen erreicht werden. Dies ist entscheidend, ob aufwendigere Investitionen zur Spannungshaltung oder Netzverstärkungen langfristig wirtschaftlicher sein werden. Bei langsam oder begrenzt steigender Nachfrage ist es meist ökonomisch sinnvoll, teure Netzverstärkungen durch Maßnahmen zur Spannungshaltung möglichst weit hinauszuschieben oder überhaupt zu vermeiden.

Homogen verteilte Einspeisungen und Entnahmen in einem Netzgebiet begünstigen die Wirksamkeit der zentralen Spannungsregelung. Inhomogenitäten erfordern oft (zusätzliche) dezentrale Maßnahmen. In städtischen Netzen ist die Spannungsregelung recht einfach und kostengünstig zu realisieren. Durch neue Einspeisepunkte können in Landnetzen Leitungslänge reduziert und Probleme mit der Spannungshaltung wirkungsvoll beseitigt werden. Ob klassische oder innovative Methoden oder Technologien zur Spannungsregelung eingesetzt werden, ist letztendlich eine Frage der langfristigen Wirtschaftlichkeit, Zuverlässigkeit und Robustheit.

3.3.6 Flussmodell mit Knotenpotenzialen

In Abschn. 3.2.4 wurde ein mathematisches Flussmodell mit Investitionsentscheidungen sowie Transport- bzw. Kantenkapazitäten zur kostenoptimalen Planung von Strahlennetzen vorgestellt. Dieses einfache Modell für Stadtnetze soll nun so erweitert werden, dass das Spannungsband eingehalten wird. Damit wird es auch für Landnetze anwendbar. Es werden näherungsweise Gleichungen für die Längsspannungsabfälle bzw. Knotenspannungsdifferenzen in Abhängigkeit von den Wirkleistungsflüssen formuliert (siehe

Gl. 3.37) und durch Knotenspannungsgrenzen ergänzt (vgl. Gl. 3.38).

$$\text{SA}: \forall j \in J, \ x_j = 1 : p_j \cdot \text{ZUL}_j = u_{A(j)} - u_{E(j)} \qquad (3.37)$$

$$\text{SR}: \forall i \in I1 : U_{min} \leq u_i \leq U_{max} \qquad (3.38)$$

Die Gleichungen SA für den Spannungsabfall dürfen nur für jene Kanten formuliert bzw. aktiviert werden, in denen eine Leitung verlegt ist ($x_j = 1$). Dies wird beispielsweise durch die Formulierung gemäß Gl. 3.39 erreicht.

$$\text{SA}: \forall j \in J : p_j \cdot \text{ZUL}_j = (u_{A(j)} - u_{E(j)}) \cdot x_j \qquad (3.39)$$

Die spannungsbezogene Längsimpedanz ZUL gestattet die näherungsweise Bestimmung des Längsspannungsabfalls aus dem Wirkleistungsfluss gemäß Gl. 3.40.

$$\text{ZUL}_j = \frac{R_j + X_j \cdot \tan \varphi_N}{U_N} \qquad (3.40)$$

Folgende Vereinfachungen sind dabei vorgenommen worden:

- Ströme werden in Leistungen nur über die Nennspannung umgerechnet.
- Alle Lasten und Einspeisungen weisen einen einheitlichen Leistungsfaktor auf.
- Querspannungsabfälle werden vernachlässigt.

Diese Vereinfachungen sind für Planungszwecke meist vertretbar. Selbstverständlich können auch genaue Lastflussgleichungen für das Optimierungsmodell formuliert werden.

3.4 Kurzschlussmanagement

3.4.1 Kurzschlussfestigkeit

3.4.1.1 Wirkungen des Kurzschlussstroms

Um Anlagen und Leitungen kurzschlussfest ausführen zu können, müssen die thermischen und mechanischen Auswirkungen von Kurzschlussströmen berechnet werden. In IEC 60865 [59] ist die Ermittlung von Kraftwirkungen sowie thermisch zulässiger Kurzzeitstromdichten für Stromschienen, Leiterseile und Kabel geregelt.

Der zeitliche Verlauf des Kurzschlussstromes lässt sich durch einen exponentiell abklingenden Gleich- und einen Wechselstromanteil beschreiben. Der Wechselstromanteil ist bei generatornahen Kurzschlussströmen ebenfalls abklingend, bei generatorfernen Kurzschlüssen verläuft er konstant. Für die Netz- und Anlagendimensionierung interessant sind der maximale Anfangskurzschlusswechselstrom, der Stoßkurzschlussstrom, der thermisch wirksame Kurzschlussstrom und der Ausschaltstrom [8, 39].

3.4 Kurzschlussmanagement

Bei der Erwärmung von Leitern durch Kurzschlussströme geht man davon aus, dass die gesamte Verlustwärme kurzzeitig im Leiter selbst gespeichert wird (vgl. Gl. 3.41 und 3.42).

$$I_K^2 \cdot R_K \cdot t_K = c \cdot m \cdot \Delta T \tag{3.41}$$

$$SD_K = \sqrt{\frac{\kappa \cdot c \cdot \rho \cdot \Delta T}{t_K}} \tag{3.42}$$

Die thermisch zulässige Kurzzeitstromdichte SD hängt somit von den Materialeigenschaften des Leiters, der zulässigen Differenz zwischen höchster Betriebstemperatur und höchster Leitertemperatur im Kurzschluss und der Kurzschlussdauer ab. Damit sind Umrechnungen thermisch zulässiger Kurzzeitströme auf andere Kurzschlussdauern möglich.

Die stärksten mechanischen Kräfte auf parallele Leiter gemäß Gl. 3.43 werden durch den Stosskurzschlussstrom bestimmt.

$$F_K = \frac{\mu_0}{2\pi} \cdot \frac{L}{a} \cdot i_p^2 \tag{3.43}$$

Diese Kräfte sind maßgebend für die mechanische Dimensionierung von Stromschienen oder Leiterseilen samt Stützpunkten sowie die Auslegung der Befestigungen von Energiekabeln. In Drehstromsystemen sind die auslegungsrelevanten Kraftwirkungen durch die Stoßströme bei zwei- und dreipoligen Kurzschlüssen gegeben. Bei nebeneinander angeordneten Leitern gilt für die maximale Kraftwirkung auf den mittleren Leiter bei dreipoligem Kurzschluss Gl. 3.44 [8].

$$F_{K3} = \frac{\mu_0}{2\pi} \cdot \frac{L}{a} \cdot i_{pL2} \cdot (i_{pL3} - i_{pL1}) = \frac{\mu_0}{2\pi} \cdot \frac{L}{a} \cdot \frac{\sqrt{3}}{2} \cdot i_{p3}^2 \tag{3.44}$$

Für die Dimensionierung elektrischer Anlagen und Leitungen hinsichtlich Kurzschlussfestigkeit in der Netzplanung gibt es eine Fülle von Lehr- und Fachbüchern [4, 8, 9] sowie Fachartikel [60].

3.4.1.2 Maßnahmen

Alle Anlagen und Leitungen in Verteilnetzen sind langfristig kurzschlussfest zu dimensionieren. Sie müssen also die mechanischen und thermischen Auswirkungen der zukünftig zu erwartenden Kurzschlussströme für eine festgelegte maximale Kurzschlussdauer unbeschadet überstehen. Leistungsschalter und Sicherungen müssen diese Ströme sicher abschalten können. Die Auswirkungen von Störlichtbögen müssen beherrscht bzw. begrenzt werden können, d. h. sie dürfen keine Personenschäden oder Folgeschäden an weiteren Betriebsmitteln verursachen [60].

Folgende Maßnahmen der Verteilnetzplanung sollen die Kurzschlussfestigkeit langfristig sicherstellen [61]:

- Berechnung der maximalen Kurzschlussströme im Netz,
- Prognose der zukünftigen Entwicklung,
- Maßnahmen zur Begrenzung von Kurzschlussströmen,
- Kurzschlussfeste Ausführung neuer Anlagen und Leitungen,
- Auswirkungen von Störlichtbögen begrenzen, Personenschutz gewährleisten,
- Anordnung und Dimensionierung von Leistungsschaltern oder Sicherungen (Ausschaltvermögen, Stromtragfähigkeit, Einschaltfestigkeit),
- Selektivschutzkonzepte und -geräte zur sicheren, schnellen und selektiven Abschaltung von Kurzschlüssen.

Als Maßnahmen zur Begrenzung der Kurzschlussströme kommen in Frage:

- Höhere induktive Widerstände in Generatoren und Transformatoren,
- Zusätzliche Drosselspulen (Längsinduktivitäten),
- Aufteilung in Teilnetze,
- Anbindung an höhere Spannungsebene nur über einen Transformator,
- Strahlennetze statt Maschennetze (Entmaschung),
- Einbau von Schmelzsicherungen,
- Einbau spezieller Kurzschlussstrombegrenzer.

3.4.2 Kenngrößen und Berechnung

Die Berechnung wichtiger Parameter von Kurzschlussströmen in Drehstromnetzen erfolgt gemäß IEC 60909 [61, 62]. Im Folgenden werden die wichtigsten Beziehungen für die Gewährleistung der Kurzschlussfestigkeit in der Netzplanung vorgestellt.

3.4.2.1 Anfangskurzschlusswechselstrom

Drei- und zweipoliger Anfangskurzschlusswechselstrom können nach Gl. 3.45 berechnet werden.

$$I''_{K3} = \frac{c \cdot U_N}{\sqrt{3} \cdot |Z_1|} \qquad I''_{K2} = \frac{c \cdot U_N}{2 \cdot |Z_1|} \qquad (3.45)$$

Der Spannungsfaktor c berücksichtigt die maximale Spannung an der Quelle des Kurzschlussstroms im ungünstigsten Fall und wird im Allgemeinen mit c = 1,1 festgesetzt. Z_1 ist die Mitimpedanz entlang der Bahn des Kurzschlussstroms von der Quelle bis zum Kurzschlussort. Maßgeblich für den Anfangskurzschlusswechselstrom sind dabei die subtransienten Reaktanzen von Synchron- und Asynchronmaschinen. Aus dem Anfangskurzschlusswechselstrom können weitere Parameter des Kurzschlussstromes wie Stoßkurzschlussstrom, thermisch wirksamer Kurzschlussstrom, Dauerkurzschlussstrom und Ausschaltstrom berechnet werden.

3.4.2.2 Stoßkurzschlussstrom

Der Spitzenwert des drei- oder zweipoligen Kurzschlussstromes nach Gl. 3.46 ist maßgebend für die höchste mechanische Beanspruchung von Anlagen und Leitungen.

$$i_{p3} = \kappa \cdot \sqrt{2} \cdot I''_{K3} \qquad i_{p2} = \kappa \cdot \sqrt{2} \cdot I''_{K2} \tag{3.46}$$

Der Stoßfaktor κ ergibt sich aus dem Einschwingvorgang des Kurzschlussstromes, sein Maximalwert liegt in Verteilnetzen meist bei 1,8 und erreicht nur selten den Wert 2.

3.4.2.3 Thermisch wirksamer Kurzzeitstrom

Der thermisch wirksame Kurzzeitstrom kann gemäß Gl. 3.47 ebenfalls aus dem Anfangskurzschlusswechselstrom berechnet werden.

$$I_{therm} = I''_K \cdot \sqrt{m+n} \tag{3.47}$$

Die Faktoren m und n berücksichtigen die thermischen Wirkungen des Gleich- und des Wechselstromanteils des Kurzschlussstroms. Sie hängen von der Kurzschlussdauer ab und können den einschlägigen Normen entnommen werden.

Die Berechnung von Ausschaltstrom und Dauerkurzschlussstrom kann ebenfalls gemäß IEC 60909 erfolgen. In Verteilnetzen hat man es oft mit generatorfernen Kurzschlüssen zu tun, dann ist diese Berechnung nicht erforderlich.

3.4.2.4 Kurzschlussstromberechnung in Maschennetzen

Meist wird in Verteilnetzen ein vereinfachtes Verfahren unter Vernachlässigung der Netzlasten auf Basis der reduzierten und invertierten Knotenadmittanzmatrix angewandt. Alle Generatoren bzw. Kurzschlussstromquellen werden mit einheitlicher maximaler Knotenspannung (Bezugsknoten 0) und ihren subtransienten Reaktanzen abgebildet. Dann gelten für den Kurzschlussstrom im Knoten m Gl. 3.48 und 3.49.

$$\underline{I} = \underline{\underline{Y}} \cdot \underline{\Delta U}, \quad I_i = 0, \quad I_m = I''_K$$
$$\Delta U_i = U_i - U_0, \quad U_m = 0, \quad i = 1 \ldots n, \quad i \neq m \tag{3.48}$$

$$\underline{\Delta U} = \underline{\underline{Y}}^{-1} \cdot \underline{I} = \underline{\underline{Z}} \cdot \underline{I}, \quad U_m - U_0 = Z_{mm} \cdot I_m, \quad I_m = I''_K = -\frac{U_0}{Z_{mm}} \tag{3.49}$$

Mit dem Anfangskurzschlusswechselstrom an der Kurzschlussstelle können alle Knotenspannungen und alle Zweigströme sowie alle Kurzschlussstromparameter berechnet werden [61–63].

3.4.3 Abschätzung

Im Folgenden werden praxisnahe, jedoch stark vereinfachte Schätzungen für die Kurzschlussströme in Verteilnetzen präsentiert. Neben den Strömen im Kurzschlussfall sind auch Kurzschlussleistungen von Interesse. Bei dreipoligem Kurzschluss gelten für Anfangskurzschlusswechselstrom und -leistung die Beziehungen gemäß Gl. 3.50.

$$I''_{K3} = \frac{c \cdot U_N}{\sqrt{3} \cdot Z''_{K3}}, \quad S''_{K3} = \sqrt{3} \cdot U_N \cdot I''_{K3}, \quad S''_{K3} = \frac{c \cdot U_N^2}{Z''_{K3}} \quad (3.50)$$

Die größten Beiträge zum Kurzschlussstrom werden in der Regel über die speisenden Transformatoren aus der jeweils übergeordneten Spannungsebene eingekoppelt. Anzahl, Nennscheinleistung und Nennkurzschlussspannung der speisenden Transformatoren bestimmen wesentlich die maximalen Kurzschlussströme in den einzelnen Netzebenen nach Gl. 3.51.

$$Z_{KT} = u_{KN} \cdot \frac{U_N^2}{S_N}, \quad S_{KT} = \frac{N_T \cdot S_{NT}}{u_{KT}} \quad (3.51)$$

Es wird vereinfachend eine beliebig große Kurzschlussleistung in der übergeordneten Spannungsebene angenommen und somit das Management der Kurzschlussleistung zwischen den Netzebenen entkoppelt. Der resultierende Schätzfehler ist umso kleiner, je größer das Verhältnis der Netznennspannungen ist, da Impedanzen der übergeordneten Spannungsebene durch das Quadrat dieses Verhältnisses zu dividieren sind. Nicht berücksichtigt wird auch der meist kleine Beitrag von Synchron- und Asynchronmaschinen in derselben Spannungsebene. Elektronische Umrichter dezentraler Einspeiser (z. B. PV-Anlagen) liefern im Allgemeinen keinen relevanten Beitrag zum Kurzschlussstrom [8, 60].

Aus Gl. 3.51 ergeben sich unmittelbar wirksame Maßnahmen zur Begrenzung der maximalen Kurzschlussleistung:

- Wenige, am besten nur ein einspeisender Transformator,
- Geringe Nennleistung der einspeisenden Transformatoren,
- Hohe Kurzschlussspannungen der speisenden Transformatoren.

Hochspannungsnetze (110 kV) werden in der Regel vermascht betrieben und durch eine begrenzte Zahl von 380(220)/110 kV-Transformatoren gespeist. Mittel- und Niederspannungsnetze werden im Allgemeinen als Strahlennetze betrieben und zur Begrenzung der Kurzschlussleistung nur über jeweils einen einzigen Transformator an die höhere Spannungsebene angebunden. Einzelne historisch gewachsene MS- und NS-Maschennetze können jedoch auch über mehrere Transformatoren gespeist werden, der Kurzschlussfestigkeit ist dann besonderes Augenmerk zu widmen [64]

Die Auslegung der Transformatoren beeinflusst nicht nur die Kurzschlussleistung, sondern auch die Ausbauleistung der unterspannungsseitigen Netze. Will man beispielsweise den Kurzschlussstrom auf 20/40 kA und die relative Kurzschlussspannung der Transformatoren auf 20 % begrenzen, so weisen städtische 110 kV-Kabelnetze eine maximale

3.4 Kurzschlussmanagement

Tab. 3.5 Kurzschlussparameter in Verteilnetzen

U_N [kV]	Trafoleistung [MVA]		u_K [%]		Nennkurzschlussstrom [kA]						
	Minimum	Maximum	Min	Max	10	12,5	16	20	25	31,5	40
					Nennstoßstrom [kA]						
					25	32	40	50	63	80	100
					Nennkurzschlussleistung [MVA]						
110	100 (max. 5)	300 (max. 5)	10	20			3000	4000	5000	6000	8000
30	10	40	10	20	500	630	800	1000	1250	1600	
20	10	40	10	20	350	500	600	750	900		
10	10	40	10	20	200	250	300	350	500		
0,4	0,25	1,6	4	10	7	9	11	14	18		

Ausbauleistung von etwa 750/1500 MVA auf. In ländlichen Freileitungsnetzen wirken die Leitungsimpedanzen zusätzlich dämpfend auf die Kurzschlussströme, entscheidend sind die räumlichen Entfernungen der einspeisenden Umspannwerke.

Tab. 3.5 zeigt in der Praxis häufig anzutreffende Kurzschlussparameter von Verteilnetzen samt Nennleistungen der speisenden Netztransformatoren.

Auch das massive Anwachsen dezentraler Erzeugung wird aus derzeitiger Sicht die maximalen Kurzschlussströme in öffentlichen Verteilnetzen nur graduell aber nicht fundamental verändern, da Wind- und Solarkraftwerke über Umrichter bzw. Wechselrichter angebunden werden [60].

3.4.4 Spannungsqualität

3.4.4.1 Anforderungen an die Spannungsqualität

Für alle an Verteilnetze angeschlossenen Betriebsmittel, Geräte und Anlagen gilt:

- Sie sind für eine bestimmte Nennspannung und Nennfrequenz gebaut, für Ihren Betrieb sollten die Wechselspannungen möglichst rein sinusförmig sein.
- Ihr ungestörter Betrieb erfordert die Einhaltung von Grenzwerten für alle Abweichungen von Nennwerten und Sinusform der Netzspannung.
- Durch Ihre Funktions- und Betriebsweise beeinflussen sie selbst die Netzspannung am Anschlusspunkt, dies nennt man Netzrückwirkungen.
- Die von Ihnen verursachten Netzrückwirkungen dürfen festgelegte Grenzwerte nicht überschreiten.

Die Anforderungen an die Qualität der Netzspannung sind in EN 50160 [44], die Anforderungen an Betriebsmittel, Geräte und Anlagen hinsichtlich Elektromagnetischer Verträglichkeit in EN 61000 [65] genormt. Die Netzbetreiber in Mitteleuropa geben „Technische Regeln zur Beurteilung von Netzrückwirkungen" [45] heraus, die von allen Netzkunden mit netzrückwirkungsrelevanten Betriebsmitteln entsprechend zu beachten sind.

Die EN 50160 stellt Anforderungen an folgende Parameter bzw. Qualitätsmerkmale der Netzspannung in Mittel- und Niederspannungsnetzen: Frequenz, langsame und schnelle Spannungsänderungen, Flicker, Spannungseinbrüche, kurze und zufällige lange Versorgungsunterbrechungen, netzfrequente und transiente Überspannungen, Spannungsunsymmetrie, Oberschwingungsspannungen, Zwischenharmonische und Signalspannungen. Die Norm betrachtet diese Merkmale als zufällige Messgrößen und gibt Integrationsintervalle, Beobachtungsperioden sowie Wahrscheinlichkeiten für das Einhalten der Grenzwerte vor. Daraus entsteht ein gewisses Spannungsfeld mit den deterministischen Bestimmungen für die EMV (Verträglichkeitspegel) von Geräten gemäß EN 61000 [66]. Folgende Tab. 3.6 gibt eine sehr gestraffte Übersicht zu den Qualitätsanforderungen der EN 50160. Zu beachten ist, dass nicht nur die generelle Spannungsqualität, sondern auch Netzrückwirkungen einzelner Anlagen und Geräte beurteilt werden müssen, wie später noch gezeigt wird [67].

Tab. 3.6 Merkmale und Grenzwerte der Spannungsqualität

Merkmale der Spannungsqualität	Grenzwerte Niederspannung	Grenzwerte Mittelspannung	Ursachen
Frequenz im Verbundbetrieb	49,5–50,5 Hz		Frequenzregelung Regelzonen
Frequenz im Inselbetrieb	47–52 Hz		Frequenzregelung Inselbetrieb
Langsame Spannungsänderungen	+10 % −10 %		Laständerungen
Schnelle Spannungsänderungen	5–10 %	4–6 %	Schaltvorgänge
Flicker (Langzeit)	PR = 1		Rasche repetitive Laständerungen
Spannungseinbrüche < 1 min	< 1000 1/a		Kurzschlüsse
Kurze Unterbrechungen < 3 min	< einige 100 1/a		Umschaltungen
Zufällige lange Unterbrechungen	< 50 1/a		Netzstörungen
Netzfrequente Überspannungen	Meist < 1,5 kV	Sternpunkterdung	Lastabwurf, Erdschluss
Transiente Überspannungen	Meist < 6 kV	Isolationskoordination	Blitzschlag
Spannungsunsymmetrie	Meist 2 %, max. 3 %		Einphasige Geräte
Oberschwingungen	Laut Tabelle in EN 50160		Nichtlineare Lasten
Zwischenharmonische Signalspannungen	Laut Tabelle in EN 50160		Leistungselektronik Rundsteuerung

3.4.4.2 Spannungsqualität und Kurzschlussleistung

Die Qualität der Netzspannung wird stark von zeitlich wechselnden Last- bzw. Einspeiseströmen der angeschlossenen Anlagen bzw. Geräte beeinflusst. Das verursacht ebenso wechselnde Spannungsabfälle bzw. Spannungsschwankungen, die umso geringer sind, je höher die Kurzschlussleistung am Anschlusspunkt ist. Dabei ist im Unterschied zum vorigen Kapitel von der minimalen Kurzschlussleistung auszugehen, da dies den ungünstigsten Fall für die Spannungsqualität darstellt. Aus Gl. 3.24 für den relativen Längsspannungsabfall können die Beziehungen gemäß Gl. 3.52 abgeleitet werden.

$$u_L^{längs} = \frac{Z_L \cdot S_A}{U_N^2} \cdot \cos(\psi - \phi) = \frac{S_A}{S_{k3}''} \cdot \cos(\psi - \phi) \tag{3.52}$$

Ersichtlich ist daraus, dass relative Spannungsschwankungen unter anderem vom Verhältnis der Schwankungen der Scheinleistung der angeschlossenen Anlagen bzw. Geräte zur minimalen Kurzschlussleistung am Anschlusspunkt abhängen. Zusätzlichen Einfluss auf die Spannungsqualität haben Impedanz- und Lastwinkel (vgl. Gl. 3.53).

$$\Delta u_L^{längs} = \frac{\Delta S_A}{S_{k3}''} \cdot \cos(\psi - \phi) \tag{3.53}$$

Beachtenswert ist, dass die Transformatorimpedanzen einen relativ großen Einfluss auf die Spannungsqualität vor allem in Stationsnähe haben. Ihr Einfluss auf stationäre Spannungsabfälle ist bei vorwiegendem Wirkleistungstransport gering, bei unterspannungsseitiger Spannungsregelung mittels Transformatorstufenlastschalters ist er null.

3.4.4.3 Netzrückwirkungen

Die von Verteilnetzbetreibern oder Regulierungsbehörden herausgegebenen Empfehlungen oder Technischen Regeln zur Beurteilung von Netzrückwirkungen enthalten Berechnungsmethoden für die minimale Kurzschlussleistung, für Spannungsänderungen und Flickeremissionen. Sie definieren Grenzwerte zur Beurteilung der Qualitätsmerkmale wie Spannungsänderungen, Flicker, Unsymmetrien, Oberschwingungen, Kommutierungseinbrüche und Zwischenharmonische am Verknüpfungspunkt mit dem Verteilnetz.

Der Betrieb von Tonfrequenz-Rundsteueranlagen wird von Bestimmungen für deren Elektromagnetische Verträglichkeit erfasst. Beim Anschluss von Erzeugungsanlagen wird häufig die Einhaltung strengerer Grenzwerte als für Verbraucher gefordert [68]. Beachtenswert ist, dass sogar strenge Grenzwerte für die stationäre Spannungsanhebung durch alle Erzeugungsanlagen gefordert werden.

Im Folgenden werden einige wichtige in [68] enthaltene Bestimmungen zur Beurteilung von Netzrückwirkungen vorgestellt:

3.4.4.3.1 Spannungsänderungen

Die Grenzwerte gelten beispielsweise für Spannungsänderungen durch Zu- und Abschalten von Lasten und Einspeisern oder durch Lastwechsel von Motorantrieben. Rasche

Tab. 3.7 Grenzwerte für Spannungsänderungen

Häufigkeit der Spannungsänderung	Niederspannung %	Mittelspannung %
h > 0,1 je min	3	2
0,01 < h < 0,1 je min	3	2
h < 0,01 je min	6	3

repetitive Laständerungen können Flicker verursachen, die gesondert nach der genormten Flickerkurve zu beurteilen sind. Die Grenzwerte unterscheiden sich je nach Spannungsebene und Häufigkeit der raschen Spannungsänderungen, wie Tab. 3.7 zeigt.

Gegenmaßnahmen gegen (rasche) Spannungsänderungen sind beispielsweise:

- Sanftanlauf für Motoren, Schwungmassen,
- Kompensationsanlagen statisch oder dynamisch,
- Netzverstärkungen zur Erhöhung der Kurzschlussleistung am Verknüpfungspunkt,
- Eigene Leitungen, ev. auch Transformatoren,
- Anschluss an höhere Spannungsebene.

3.4.4.3.2 Oberschwingungen:

Es werden Grenzwerte für einzelne Oberschwingungen und den Gesamtoberschwingungsgehalt (THD, Total Harmonic Distortion) des Stromes einer Verbrauchsanlage definiert. Zusätzlich gibt es ein Beurteilungsverfahren für projektierte Anlagen. Beispiele für Abhilfemaßnahmen gegen Oberschwingungen sind:

- Selbstgeführte statt netzgeführte Umrichter,
- Geräte mit niedrigem THD,
- Saugkreisanlage,
- Erhöhung der Kurzschlussleistung am Verknüpfungspunkt.

Besondere Beachtung verdienen Kompensationsanlagen (Kondensatoren) mit ihrer niedrigen Oberschwingungsimpedanz. Es können Resonanzerscheinungen mit Induktivitäten für einzelne Oberschwingungen auftreten. Um dies zu vermeiden, wird die Kompensationsanlage verdrosselt (Induktivität in Serie) oder mit Sperrkreisen versehen.

3.5 Netzbetrieb

3.5.1 Betriebstopologie

3.5.1.1 Stationsgebiete

Häufig werden Mittel- und Niederspannungsnetze nur an einen einzigen Transformator in einem Umspannwerk bzw. in einer Transformatorstation angebunden. Die Stationsgebiete werden also voneinander getrennt als separate Netze betrieben, man spricht von einfach gespeisten Netzen. Damit werden Wechselwirkungen vermieden, Störungsauswirkungen sind ebenso wie die maximale Kurzschlussleistung begrenzt. Die Versorgungszuverlässigkeit hängt allerdings direkt von Verfügbarkeit und Ersatzstrategie des zentralen Elements, des Transformators, ab. Aus Sicht der Versorgungszuverlässigkeit kann es daher vorteilhaft sein, bei Stationen mit Reservetransformatoren die Last soweit möglich gleichmäßig auf alle Transformatoren zu verteilen.

Sofern es sich nicht um ein von vornherein isoliertes Netzgebiet handelt, wird das im Allgemeinen verbunden und vermascht gebaute Gesamtnetz entlang der gewählten Gebietsgrenzen aufgetrennt. In Mittelspannungsnetzen werden dazu normalerweise geöffnete Lasttrennschalter in Trafostationen verwendet. In Niederspannungsnetzen dienen normal offene Sicherungslasttrenner in Verteilerkästen als Netzgrenzen. Die Bildung von Teilnetzen führt zu höheren Spitzenlasten der speisenden Transformatoren, da die Gleichzeitigkeit der Lasten abnimmt. Die Gebietszuordnung ist natürlich so vorzunehmen, dass alle technischen Randbedingungen des Netzbetriebes eingehalten werden. In der Praxis werden oft natürliche Gebietsgrenzen wie Gewässer, Eisen- oder Autobahnen, markante Straßenzüge, Parks, Wälder oder Ähnliches bevorzugt. Eine Rolle spielen auch die Zugänglichkeit der Trennstelle oder Umschaltmöglichkeiten im jeweiligen Teilnetzgebiet bei Störungen.

Durch die Verschiebung von Grenzen zwischen diesen Teilnetzgebieten können Nachfragesteigerungen bis zu einer bestimmten Größenordnung oft sehr wirtschaftlich bewältigt werden. So wird beispielsweise in Städten mit langfristig steigender Nachfrage ein Umspannwerk revitalisiert und dabei die Ausbauleistung erhöht. Damit können das zugehörige Teilnetzgebiet vergrößert und Nachbarumspannwerke entlastet werden [69].

3.5.1.2 Strahlennetzbetrieb

Vermascht gebaute Netze können durch Öffnen aller Maschen als Strahlennetze betrieben werden. Auch Ring- und Strangnetze werden im Allgemeinen mit normal offenen Trennstellen als Strahlennetze betrieben. Diese Betriebsweise ist sehr einfach und wird standardmäßig in Mittel- und Niederspannungsnetzen angewandt.

3.5.1.2.1 Vorteile des Strahlennetzbetriebes

- Übersichtliche und einfach berechenbare Betriebsweise,
- Eindeutiger Weg des zentralen Kurzschlussstroms vom einspeisenden Transformator zur Fehlerstelle,
- Fehlerortung durch eine zentrale Messfunktion für die Kurzschlussimpedanz,
- Preiswerte Fehlerlokalisierung durch örtliche Kurzschlussstromanzeiger,
- Preiswerter, staffelbarer Überstromzeitschutz im Leitungsabzweig des Umspannwerks bei Mittelspannungsnetzen,
- Preiswerter, staffelbarer Überstromzeitschutz durch NH-Sicherungen im Niederspannungsnetz.

Die meisten Vorteile kommen nur in Netzen zur Geltung, in denen die Kurzschlussströme dezentraler Einspeiser wesentlich kleiner sind als der zentrale Kurzschlussstrom. Mittels Entkupplungsschutzeinrichtungen für dezentrale Einspeiser können bei Bedarf deren Kurzschlussströme sehr rasch abgeschaltet werden.

3.5.1.2.2 Nachteile des Strahlennetzbetriebes

- Höhere Netzverluste, sie sind aber optimierbar,
- Geringfügig höhere Spitzenbelastungen der Einspeisungen als bei mehrfach gespeisten Maschennetzen,
- Versorgungsunterbrechung bei Ausfall *eines* Netzelements.

Die geringere Versorgungszuverlässigkeit ist der Hauptnachteil des Strahlennetzbetriebes, sie ist aber auch in Mitteleuropa völlig ausreichend und kann durch eine Reihe von Maßnahmen verbessert werden:

- Strukturelle Redundanz zur raschen Wiederversorgung durch Umschaltungen,
- Rasche Fehlerortung und Umschaltungen zur Wiederversorgung,
- Kabelnetze statt Freileitungsnetze reduzieren die Ausfallhäufigkeit,
- Rasche Reparaturen, besonders wenn strukturelle Redundanz fehlt,
- Begrenzte Länge eines Leitungsstrahls limitiert Ausfallhäufigkeit eines Strahls,
- Begrenzte Gesamtlast eines Leitungsstrahls limitiert die Ausfallleistung.

Strukturelle Redundanz ist die Basis für ausreichende Versorgungszuverlässigkeit. In städtischen Mittelspannungsnetzen wird sie im Allgemeinen umfassend, in kommunalen Niederspannungsnetzen meist weitgehend realisiert. In ländlichen Netzen ist sie oft nur teilweise gegeben. Sie erfordert als betriebliche Maßnahme eine Begrenzung der Leitungsauslastungen, um Lastumschaltungen nach Störungen bewältigen zu können.

In Umspannwerksabzweigen können folgende Einrichtungen zur Erhöhung der Versorgungszuverlässigkeit vorgesehen werden:

- Eine automatische Wiedereinschaltung (AWE) des Leistungsschalters im Umspannwerksabzweig bei Freileitungsnetzen ermöglicht das selbsttätige Erlöschen von Störlichtbögen in der spannungslosen Pause, die Ausfalldauer wird drastisch reduziert.
- Eine Messfunktion für die Kurzschlussimpedanz zur Fehlerortung ermöglicht das rasche Freischalten der fehlerbehafteten Teilstrecke und verkürzt somit die Ausfalldauer.

Durch zusätzliche Einrichtungen in Transformator- und Schaltstationen bzw. NS-Verteilerkästen kann die Versorgungszuverlässigkeit weiter verbessert werden. Das Unterteilen der Netzstrahlen in Sektionen mittels Leistungsschaltern in Mittelspannungsnetzen oder NH-Sicherungen in Niederspannungsnetzen führt zu höherer Selektivität und damit zur Reduktion des Erwartungswertes der Ausfallleistung. Die Selektivschutzfunktion

Tab. 3.8 Störungsmanagement in Mittelspannungsnetzen

(Teil)automatisiertes Störungsmanagement in Mittelspannungsnetzen
Leistungsschalterabzweig Umspannwerk Messfunktion Kurzschlussimpedanz (Fehlerentfernung)
Leistungsschalter Umspannwerk Auslösung durch Überstromzeitschutz
Spannungslose Pause Erlöschen Störlichtbogen Freileitung
Leistungsschalter Umspannwerk Automatische Wiedereinschaltung
Leistungsschalter Umspannwerk Endgültiges Abschalten des Kurzschlussstromes
Kurzschlussanzeiger Transformatorstationen Koordinierte Auswertung
Lasttrennschalter Transformatorstationen Freischaltung der fehlerbehafteten Leitung
Lasttrennschalter Transformatorstationen Wiederversorgung spannungsloser Abschnitte
Leistungsschalter Umspannwerk Wiederversorgung spannungsloser Abschnitte

muss gegebenenfalls auch bei nennenswerten dezentralen Kurzschlussstromanteilen korrekt funktionieren.

Eine Funktion zum automatischen Öffnen eines Lastschalters (Sectionalizer) in einer oder auch mehreren ausgewählten Stationen unterteilt einen Netzstrahl ebenfalls in Sektionen. Das Öffnen erfolgt nach Durchgang des Kurzschlussstromes in der spannungslosen Pause nach dem Auslösen des Leistungsschalters im Umspannwerk. Komplexe Konzepte zur Fehlereingrenzung und Wiederherstellung der Vollversorgung erfordern im Allgemeinen Kommunikationsverbindungen zu den Transformatorstationen [70–72].

In Mittelspannungsnetzen mit Lastschaltern in den Transformatorstationen verläuft die Beseitigung eines Leitungsfehlers grundsätzlich wie in Tab. 3.8 dargestellt ab.

Die (Teil-)Automatisierung der dezentralen Funktionen kann insbesondere in ländlichen Netzen Vorteile bringen. Zu bedenken ist, dass Kabelfehler in Netzstrahlen städtischer Netze sehr selten auftreten. Es existiert eine Vielzahl entsprechender Konzepte [71–74].

3.5.1.3 Maschennetzbetrieb

Hochspannungsnetze werden in Mitteleuropa grundsätzlich vermascht betrieben. Aus den höheren Spannungsebenen speisen alle Transformatoren im Normalbetrieb parallel ein. Alle Leitungsabzweige sind im Normalbetrieb eingeschaltet und mit Leistungsschaltern sowie Impedanz- und/oder Differentialschutzfunktionen, bei Freileitungen auch mit automatischer Wiedereinschaltung ausgerüstet. Das gesamte Netz samt Einspeisungen wird in der Regel (N−1)-sicher betrieben, kein Einfachausfall soll zu Versorgungsunterbrechungen führen.

Mittelspannungsnetze werden meist als Strahlennetze, manchmal als Maschennetze betrieben. Die Leitungsabzweige in Maschennetzen sind ähnlich ausgestattet wie bei Hochspannungsnetzen. Der Maschennetzbetrieb ist vielfach historisch entstanden, als Mittelspannungsnetze noch die Aufgaben von Hochspannungsnetzen erfüllten. Oft verbinden solche Netze mehrere Einspeise- und Lastpunkte relativ hoher Leistung oder die Versorgungszuverlässigkeit spielt eine ungewöhnlich wichtige Rolle.

Niederspannungsmaschennetze sind ebenfalls historisch gewachsen, je nach Anbindung an das Mittelspannungsnetz unterscheidet man:

- Stationsgespeiste NS-Maschennetze,
- Einstranggespeiste NS-Maschennetze,
- Mehrstranggespeiste NS-Maschennetze.

Die hohe Versorgungszuverlässigkeit ist vorteilhaft, nachteilig sind vor allem bei großen mehrstranggespeisten Netzen die betrieblichen Probleme beim Hochfahren nach einem Blackout. Die vermaschte Betriebsweise sorgt für minimale Verluste im Leitungsnetz. Die selektive Abschaltung einer fehlerbehafteten Leitung beruht auf der beidseitigen Absicherung aller Leitungen, Sicherungen mit gleichen Auslösekennlinien und möglichst gleichmäßiger Verteilung der Kurzschlussströme im Maschennetz. Diese kommen von den einspeisenden Transformatoren, die möglichst gleichmäßig räumlich verteilt sein sollen und fallweise auch aus dezentralen Kraftwerken. Sie konzentrieren sich dann auf die fehlerbehaftete Leitung und deren Sicherungen lösen als erstes aus. Zur Illustration dient Abb. 3.26, die Zahlen bezeichnen den MS-Leitungsstrang. Bei Fehlern im MS-Netz darf keine Rückspeisung aus dem NS-Netz erfolgen. Nähere Details zum Maschennetzbetrieb findet man in [75].

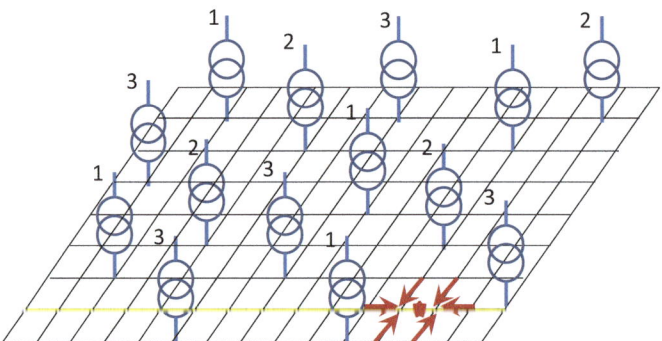

Abb. 3.26 Mehrstranggespeistes NS-Maschennetz mit Kurzschluss

3.5.2 Prozessleittechnik

3.5.2.1 Datenübertragung

In Hochspannungsnetzen sind alle Stationen von der Netzleitstelle aus beobachtbar und steuerbar, die entsprechenden Fernwirk- und Datenübertragungssysteme sind oft redundant aufgebaut. Das betriebliche Störungsmanagement ist zentral organisiert und kann im Allgemeinen im Minutenbereich durchgeführt werden. Ein typisches Beispiel ist die Inbetriebnahme eines Reservetransformators nach einer Störung.

In Mittelspannungsnetzen sind oft nur Schwerpunktstationen an Datenübertragungsnetze angeschlossen. Moderne Kommunikationstechniken wie Datenübertragung über Stromleitungen (Power Line Carrier, PLC), Paketdatenübertragung über Mobilfunknetze (GSM/GPRS) oder Real Time Ethernet auf Glasfaser- oder Zweidrahtleitungen ermöglichen zunehmend kostengünstige Prozessdatenverbindungen zwischen Umspannwerken und Transformatorstationen. Daher können aus immer mehr Stationen Meldungen und Messwerte und in Gegenrichtung Steuerbefehle übertragen werden. Im Störungsfall sind Meldungen über den Durchgang eines Kurzschlussstromes wichtig zur Identifizierung der fehlerbehafteten Leitung. Weitere Störungsmeldungen betreffen Spannungsausfall, Übertemperatur, Brandschutz oder Intrusion. Wichtige Steuerbefehle sind vor allem Schaltbefehle zur raschen Störungsbeseitigung bei vorhandenen Motorantrieben für Schalter.

In Niederspannungsnetzen bestehen Informationsverbindungen vor allem zu Kundenanlagen. Klassische Techniken wie Tonfrequenz-Rundsteuerungen oder Funkrundsteuerungen wirken unidirektional und dienen im Allgemeinen dem Lastmanagement. Mit zunehmender Verbreitung von Lastprofilzählern werden neue Datenübertragungswege errichtet (z. B. PLC) oder bestehende (z. B. Telekomnetze) für Netzdienstleistungen genutzt. Sie dienen nicht nur einer zeitnahen Lastprofilerfassung, sondern können auch Steuerbefehle für ein dynamisches Lastmanagement übertragen. Von einer gesicherten Datenübertragung ist dabei meist nicht auszugehen [76–79].

3.5.2.2 Leit- und Schutztechnik

Leit- und Schutztechnik haben einen wesentlichen Einfluss auf Anlagen- und Betriebskosten sowie Zuverlässigkeit und Sicherheit der Netzdienstleistung. Negative Auswirkungen auf den Netzbetrieb haben sowohl Unterfunktion als auch Überfunktion dieser Einrichtungen. Daher haben die sorgfältige Planung der notwendigen und sinnvollen Funktionalität sowie die qualitativ hochwertige Realisierung einen großen Einfluss auf die Versorgungsqualität. Für kritische Funktionen ist ausreichende funktionelle Redundanz vorzusehen [80, 81].

Die Schaltfelder von Hochspannungsanlagen sind standardmäßig mit Leistungsschaltern ausgerüstet und verfügen meist über folgende Leit- und Schutzfunktionen:

- Messung, Steuerung, Verriegelung (algebraisch oder topologisch),
- Automatische Wiedereinschaltung (AWE) bei Freileitungsabzweigen (dreipolig),

- Hauptschutz: Impedanzschutz oder Differentialschutz, Überlastschutz, Über- und Unterspannungsschutz,
- Reserveschutz: Überstromzeitschutz oder Impedanzschutz,
- Feldmodul Sammelschienenschutz,
- Synchrocheck, bei Bedarf Synchronisierung,
- Fehlerortung: Impedanzmessung,
- Erdschlusserfassung, Erdschlussrichtungsmeldung, Erdschlussortung,
- Anlagen- und Schalterüberwachung (z. B. Gasdruck, Endstellung).

Mittelspannungsschaltanlagen in Umspannwerken werden meist etwas einfacher ausgestattet, beispielsweise ohne Sammelschienenschutz. Die Selektivschutzfunktionen werden dem Strahlennetzbetrieb angepasst, meist reicht ein gestaffelter Überstromzeitschutz für die Leitungen. HS/MS-Transformatoren werden unterspannungsseitig oft mit einer Funktion für den frequenz- und spannungsabhängigen Lastabwurf ausgestattet. Leitungsabzweige können durch eine Wiederversorgungsautomatik nach einem Leitungsfehler und dessen Eingrenzung wieder zugeschaltet werden.

Die leit- und schutztechnische Ausstattung von Transformatorstationen ist sehr unterschiedlich. Kleine Maststationen in ländlichen Netzen haben oft nur einen MS-Sicherungslasttrenner und einen NS-Verteiler mit NH-Sicherungen. Größere Transformatorstationen mit MS-Lastschaltanlagen und NS-Leistungsschalter können beispielhaft einige der folgenden Leit- und Schutzeinrichtungen aufweisen:

- Gefahrmeldeeinrichtung (z. B. Trafogrenztemperatur, Schalterfall, Spannungsausfall, Brandmeldung, Intrusion),
- Messwerterfassung (z. B. Trafotemperatur, Trafostrom, Spannung, Wirkleistung),
- Zählwerterfassung (Smart Meter),
- Fernsteuerung motorisierter Lastschalter,
- MS-Kurzschlussstromanzeiger,
- Wiederversorgungsautomatik zur Steuerung motorisierter Lastschalter,
- Maschennetzschutz: Schutz vor Leistungsflüssen aus dem NS-Netz in das MS-Netz im Fehlerfall.

3.5.3 Sternpunkterdung

3.5.3.1 Isolierter Sternpunkt

Kleine Mittelspannungsnetze mit kapazitiven Erdschlussströmen bis etwa 35 A können im Allgemeinen mit isoliertem Sternpunkt betrieben werden. Störlichtbögen in Freileitungsnetzen sollten bis zu dieser Grenze im Allgemeinen von selbst erlöschen. Die fehlerbehaftete Leitung muss daher nicht sofort abgeschaltet werden, ein Weiterbetrieb ist bei gleichzeitiger Erdschlusssuche und Eingrenzung der Fehlerstelle zulässig. Nachteil sind die hohen stationären und transienten Spannungen der „gesunden" Phasen gegen

Erde. Wegen der Phasenverschiebung zwischen Erdschlussstrom und wiederkehrender Spannung an der Erdschlussstelle besteht eine große Gefahr von Wiederzündungen, man spricht von intermittierenden Erdschlüssen [82].

3.5.3.2 Erdschlusskompensation

Um das selbsttätige Erlöschen von Störlichtbögen gegen Erde zu ermöglichen, müssen zu große kapazitive Erdschlussströme durch induktive Nullströme von Erdschlusslöschspulen kompensiert werden. Dazu werden Spulen mit veränderbarer Induktivität (Tauchkernspulen, Löschspulen mit Anzapfungen) an Sternpunkte von HS/MS-Transformatoren oder eigene Sternpunktbildner angeschlossen. Sie gestatten die Anpassung des induktiven Löschstroms an variable Netzschalt- und -ausbauzustände. Es verbleibt ein kleiner Wirkstrom (Wattreststrom) an der Fehlerstelle sowie bei der in der Praxis angewandten Über- oder Unterkompensation ein kleiner Blindstrom. Die Löschgrenze liegt je nach Spannungsebene bei einem Reststrom von etwa 60–130 A, bei Erreichen dieser Grenze kann eine Reststromkompensation vorgenommen werden [82].

In Kabelnetzen mit einadrigen Kabeln ausreichender Spannungsfestigkeit bietet die Erdschlusskompensation den Vorteil, dass der Erdschluss meist zwischen Ader und Schirm auftritt und die geringe Stromstärke meist nur ein kleines Gefahrenpotenzial darstellt. Ein zeitlich begrenzter Weiterbetrieb im Erdschlusszustand bis zur Abschaltung der betroffenen Leitung ermöglicht die unterbrechungsfreie Weiterversorgung aller Kundenanlagen. In Mitteleuropa ist die Erdschlusskompensation am häufigsten, auch in anderen Ländern findet sie weitere Verbreitung. Die Grenzen für diese Methode wirken sich vor allem bei 110 kV-Netzen mit wachsendem Kabelanteil aus, es müssen dann galvanische Netztrennungen vorgenommen werden [82–84].

3.5.3.3 Kurzzeitige Impedanzerdung

Bei nicht selbst löschenden Erdschlüssen in erdschlusskompensierten Netzen wird der Sternpunkt kurzzeitig über einen ohmschen oder induktiven Widerstand geerdet. Es fließt dann ein gewollt kleiner Kurzschlussstrom von maximal 1 bis 2 kA, um unzulässige Beeinflussungen anderer Leitungen zu vermeiden. Dieser kann zur Fehlerortung und auch zur Abschaltung durch den Kurzschlussschutz dienen. Vorteile bringt diese Methode insbesondere in gemischten Freileitungs- und Kabelnetzen, sie vermeidet lange Erdschlussdauern bei Kabelfehlern und erleichtert das Auffinden der Fehlerstelle vor Ort durch Einbrennen [82, 85].

3.5.3.4 Impedanzerdung

Sie wird vor allem in Kabelnetzen angewandt, wenn man die Nachteile der Erdschlusskompensation vermeiden will. Nachteil in Mittelspannungsnetzen ist das sofortige Abschalten des gesamten betroffenen Netzzweiges bei einem Erdschluss [82, 85].

3.5.4 Überspannungsschutz

Folgenden Arten transienter Überspannungen sind bei der Verteilnetzplanung besondere Aufmerksamkeit zu schenken:

- Atmosphärische Überspannungen,
- Schaltüberspannungen,
- Erdschlussüberspannungen.

Entsprechend dem Stand der Technik sind die Grundsätze der Isolationskoordination zu beachten, qualitativ hochwertige Erdungsanlagen für alle Anlagen vorzusehen und transiente Überspannungen in der Nähe sensitiver Betriebsmittel durch Überspannungsableiter zu begrenzen. Im Allgemeinen werden nichtlineare Widerstände in Form von Metalloxydableitern eingesetzt. Schutzkonzepte gegen Überspannungen für dezentrale Elektrizitätssysteme erfordern realistische Abschätzungen der Überspannungsquellen, Analysen der Ausbreitung und die Berechnung der Wirksamkeit der Schutzmaßnahmen. Grundlegende Bestimmungen findet man in IEC 60071 [83, 86].

Literatur

1. GI Geoinformatik GmbH (Herausgeber, 2012) ArcGIS. 10.1 und 10.0: Das deutschsprachige Handbuch für ArcGIS for Desktop Basic & Standard. Verlag Wichmann, nunmehr VDE Verlag GmbH, Berlin
2. Tittmann W (2011) Graphentheorie. 2. Aufl. Fachbuchverlag Leipzig
3. Sillaber A (2013) Gestaltung von Mittelspannungsnetzen. Seminar Verteilnetzplanung veranstaltet von Österreichs Energie, Fuschl (Salzburg)
4. Gremmel H (2007) ABB Schaltanlagen-Handbuch. 11. Aufl, Cornelsen Verlag, Düsseldorf
5. Sillaber A, Tiwald R, Knauf B (2004) Neue Konzepte für Mittelspannungsschaltanlagen in städtischen Umspannstationen. ew 103, 5, 32–37
6. Prömel H, Steger A (2002) The Steiner Tree Problem: A Tour through Graphs, Algorithms, and Complexity. Verlag Springer Vieweg, Heidelberg
7. Rotering R (2013) Zielnetzplanung von Mittelspannungsnetzen unter Berücksichtigung von dezentralen Einspeisungen und steuerbaren Lasten. Dissertation RWTH Aachen, Aachener Beiträge zur Energieversorgung, Bd. 148
8. Schlabbach J (2009) Elektroenergieversorgung. 3. Aufl, VDE Verlag GmbH, Berlin
9. Brandauer W (2009) Verluste im Niederspannungsverteilnetz. Diplomarbeit am Institut für Elektrische Anlagen der TU Graz
10. Jakubowski J, Kibler M, Pasniewski M (2011) Cross-bonding in Middle Voltage Distribution Grids as a Method of Energy Efficiency Improvement. CIRED Budapest 2011, Paper 0438
11. Kiesch M, Merschel F, Cichowski R R (2010) Starkstromkabelanlagen. 2. Aufl, VDE Verlag GmbH, Berlin
12. Abts H J (2006) Verteil-Transformatoren. Verlag Hüthig GmbH & Co. KG, Heidelberg
13. International Electrotechnical Commission (Editor) (2009) IEC 60059 Standard Current Ratings. IEC Central Office, Geneva, Switzerland
14. Speck D et al (1994) Energiekabel in EVU. Expert Verlag, Renningen

15. Kegel R, Berger W (2008) Seiltemperatur und Durchhang von Freileitungen berechnen. Bulletin SEV/AES 2008, 13, 27–31
16. Stöcker H (Herausgeber) (2004) Taschenbuch der Physik. 5. Aufl, Verlag Harri Deutsch, Frankfurt
17. Universität Duisburg-Essen, Fakultät für Ingenieurwissenschaften (Herausgeberin, 2006) Publikationsliste Prof. Dr.-Ing. H. Brakelmann. https://www.vs.ch/Press/DS_3/CP-2010-11-15-17868/de/AnnexeIII_publicationsHB.pdf (Abfrage 26.7.2015)
18. Leyland B (2002) Auckland Central Business District Supply Failure: The ministerial inquiry. IEEE Power Engineering Journal 12, 6, 269–273
19. Primus I F, Schenk M (2003) Einfluss des Strömungswiderstandsbeiwertes von Lüfterelementen auf die Kühlung von Transformatoren in Kompaktstationen ew 102, 24, 48–55
20. Firma Rauscher Stoecklin (2014) Belüftung von Trafozellen. http://www.raustoc.ch/Media/KD-00039_Belueftung-Trafozellen_de.aspx (Abfrage am 2.6.2015)
21. Nexans Deutschland GmbH (Herausgeberin, 2015) Website. www.nexans.de (Abfrage 26.7.2015)
22. Brugg Kabel AG (Herausgeberin, 2015) Website. www.bruggcables.com (Abfrage 27.7.2015)
23. International Electrotechnical Commission (Editor) (1993–2015) IEC 60287 Series: Electric Cables – Calculation of the current rating. IEC Central Office, Geneva, Switzerland
24. International Electrotechnical Commission (Editor) (1985–2003) IEC 60853 Series: Calculation of the Cyclic and Emergency Current Rating of Cables. IEC Central Office, Geneva, Switzerland
25. Verband Deutscher Elektrotechniker (Herausgeber) (2013) DIN VDE 0298-4:2013 Verwendung von Kabeln und isolierten Leitungen für Starkstromanlagen Teil 4: Empfohlene Werte für die Strombelastbarkeit von Kabeln und Leitungen für feste Verlegung in und an Gebäuden und von flexiblen Leitungen. VDE Verlag GmbH, Berlin
26. Verband Deutscher Elektrotechniker (Herausgeber) (1995) DIN VDE 0276-1000 Starkstromkabel Strombelastbarkeit, Allgemeines; Umrechnungsfaktoren. VDE Verlag GmbH, Berlin
27. Österreichischer Verband für Elektrotechnik (Hausgeber) (1999–2011) ÖVE/ÖNORM E 8200 Serie: Energieverteilungskabel. ÖVE Wien, www.ove.at
28. Europäisches Komitee für elektrotechnische Normung CENELEC (Herausgeber, 2001) EN 50182 Leiter für Freileitungen – Leiter aus konzentrisch verseilten runden Drähten. Beuth Verlag, Berlin
29. Schmale M (2012) Witterungsabhängiger Freileitungsbetrieb bei der TenneT TSO GmbH. FGE Kolloquium, Aachen
30. Verband Deutscher Elektrotechniker (Herausgeber) (2011) VDE AR N4210-5 Witterungsabhängiger Freileitungsbetrieb. VDE Verlag GmbH, Berlin
31. Österreichischer Verband für Elektrotechnik (Hausgeber) (1999) ÖVE/ÖNORM E 8200 – 626: Isolierte Freileitungsseile für oberirdische Verteilungsnetze mit Nennspannungen Uo/U(Um): 0,6/1 (1,2) kV. ÖVE Wien, www.ove.at
32. Europäisches Komitee für elektrotechnische Normung CENELEC (Herausgeber) (2007–2011) DIN EN 50397 Serie: Kunststoffumhüllte Leiter und zugehörige Armaturen für Freileitungen mit Nennspannungen über 1 kV und nicht mehr als 36 kV Wechselspannung – Leiter für Freileitungen – Leiter aus konzentrisch verseilten runden Drähten. Beuth Verlag, Berlin
33. WDI – Westfälische Drahtindustrie GmbH (Herausgeberin, 2003) Website: Freileitungsseile. WDI, Hamm www.wdi.de (Abfrage 7.8.2015)
34. HAASE GmbH (Herausgeberin, 2012) Website: Freileitungsseile. Firma Haase, Graz www.haase.at (Abfrage 7.8.2015)
35. International Electrotechnical Commission (Editor) (1997–2015) IEC 60076 Series: Power Transformers. IEC Central Office, Geneva, Switzerland

36. SGB-SMIT Management GmbH (Herausgeberin, 2015) Website. Starkstrom-Gerätebau GmbH, Regensburg www.sgb-smit.com (Abfrage 7.8.2015)
37. Schäfer M, Tenbohlen S, Matthes H (2000) Beurteilung der Überlastbarkeit von Transformatoren mit on-line Monitoringsystemen ew 99, 1–2, 26–32
38. Sillaber A (1988) Lineare Optimierungsmodelle zur Synthese und zuverlässigkeitstheoretischen Analyse von Ausbauvarianten elektrischer Energieverteilsysteme in städtischen Versorgungsgebieten. Dissertation, erschienen im dbv Verlag TU Graz
39. Crastan V (2012) Elektrische Energieversorgung Bd. 1. 3. Aufl. Springer Verlag, Berlin
40. NEPLAN AG (Herausgeberin, 2015) Website. Firma NEPLAN AG, Küsnacht (Schweiz) www.neplan.ch (Abfrage 7.8.2015)
41. FGH GmbH (Herausgeberin, 2012) Integral 7 – Kurzbeschreibung. FGH Mannheim www.fgh.rwth-aachen.de (Abfrage 7.8.2015)
42. SIEMENS AG (Herausgeber) Website – PSS®SINCAL. Siemens AG, München www.siemens.com (Abfrage 7.8.2015)
43. International Electrotechnical Commission (Editor) (2009) IEC 60038 Standard Voltages. IEC Central Office, Geneva, Switzerland
44. Europäisches Komitee für elektrotechnische Normung CENELEC (2011) EN 50160 Merkmale der Spannung in öffentlichen Elektrizitätsversorgungsnetzen. Beuth Verlag, Berlin
45. VDE FNN, OE, VSE, CSRES (Herausgeber) (2007) Technische Regeln zur Beurteilung von Netzrückwirkungen; Kompendium. Gemeinsam herausgegeben von Österreichs Energie OE, Verband Schweizerischer Elektrizitätsunternehmen VSE, Ceske sdruzeni regulovanych elektroenergetickych spolecnosti CSRES, Forum Netztechnik/Netzbetrieb im VDE FNN.
46. Deutsche Energie-Agentur GmbH (Herausgeberin, 2012) Ausbau- und Innovationsbedarf der Stromverteilnetze in Deutschland bis 2030. Endbericht zur dena-Verteilnetzstudie, Berlin http://www.dena.de/fileadmin/user_upload/Projekte/Energiesysteme/Dokumente/denaVNS_Abschlussbericht.pdf (Abfrage 18.8.2015)
47. Meuser M (2012) Verbesserte Ausnutzung bestehender Netzstrukturen zur Integration elektrischer Erzeugungsanlagen. Dissertation RWTH Aachen, Aachener Beiträge zur Energieversorgung, Bd. 143
48. Friesenecker W, Nenning R (2006) Planungsrichtlinien für Mittel- und Niederspannungsnetze bei VKW Netz AG. VEÖ Praxis Seminar Verteilnetzplanung 2006
49. Spring E (2003) Elektrische Energienetze. VDE Verlag GmbH, Berlin
50. Brückl O, Dalisson N, Strohmayer B, Haslbeck M (2014) Spannungshaltungsmaßnahmen im Verteilungsnetz. ew 2014, 6, 66–69
51. Buchholz B M, Styczynski Z (2014) Smart Grids. VDE Verlag GmbH, Berlin
52. Haslbeck M, Sojer M, Smolka T, Brückl O (2012) Mehr Netzanschlusskapazität durch regelbare Ortsnetztransformatoren. etz 2012, 9, 2–7
53. Dugan R C, Price S K (2004) Including Distributed Resources in Distribution Planning. IEEE PSCE New York 2004
54. SIEMENS AG (Herausgeber) (2014) FITformer® REG – Der regelbare Ortsnetztransformator. http://www.energy.siemens.com/hq/pool/hq/powertransmission/Transformers/Distribution%20Transformers/fitformer-reg/fit-former-reg-ortsnetz-transformator.pdf (Abfrage 6.3.2014)
55. Maschinenfabrik Reinhausen GmbH (2015) Laststufenschalter für Verteilungsnetze. http://www.reinhausen.com/de/desktopdefault.aspx/tabid-1515/1834_read-4692/ (Abfrage 8.3.2015)
56. N. N. (2012) Fallstudie: ABB PCS 100 AVR Intelligente Spannungsregelung für Netze mit dezentraler Stromerzeugung. www.vde.com/de/regionalorganisation/bezirksvereine/suedbayern/facharbeit%20regional/akenergietechnik/documents/vortrag%20120621%20fallstudie%20pcs100%20avr.pdf (Abfrage 7.8.2015)

Literatur

57. Storzer H D, Schnarr J (2013) Effizienzsteigerung in Niederspannungsnetzen. ew 112, 13, 86–89
58. Energie Control GmbH (Herausgeberin, 2013) Technische und organisatorische Regeln für Betreiber und Benutzer von Netzen, Teil D: Besondere technische Regeln, Hauptabschnitt D4: Parallelbetrieb von Erzeugungsanlagen mit Verteilernetzen, Version 2.1. http://www.e-control.at/portal/page/portal/medienbibliothek/strom/dokumente/pdfs (Abfrage 10.11.2014)
59. International Electrotechnical Commission (Editor) (2009) IEC 60865 Short-circuit currents – Calculation of effects. IEC Central Office, Geneva, Switzerland
60. Valov B (2013) Änderung der Kurzschlussleistung. ew 14, 50–55
61. Schlabbach J, Cichowski R R (2014) Kurzschlussstromberechnung. 2. Aufl, VDE Verlag GmbH, Berlin
62. International Electrotechnical Commission (Editor) (2001–2015) IEC 60909 Series: Short-circuit currents in three-phase a.c. systems. IEC Central Office, Geneva, Switzerland
63. Schultheiß F, Weßnigk K (1971) Übertragungsberechnung. VEB Deutscher Verlag für Grundstoffindustrie, Leipzig
64. Kaufmann W (1995) Planung öffentlicher Elektrizitätsverteilungs-Systeme. VDE Verlag GmbH, Berlin
65. Europäisches Komitee für elektrotechnische Normung CENELEC (2011) EN 61000 Serie: Elektromagnetische Verträglichkeit. Beuth Verlag, Berlin
66. Linke W (2005) Netzspannungsqualität und Geräteeigenschaften – ein Normenproblem? ETG Fachtagung. Berlin
67. Mombauer W, Schlabbach J (2008) Power Quality. VDE Verlag GmbH, Berlin
68. Energie Control GmbH N. N. (Herausgeberin, 2006) Technische und organisatorische Regeln für Betreiber und Benutzer von Netzen, Teil D: Besondere technische Regeln, Hauptabschnitt D2: Richtlinie zur Beurteilung von Netzrückwirkungen, Version 2.2. http://www.e-control.at/portal/page/portal/medienbibliothek/strom/dokumente/pdfs (Abfrage 10.11.2014)
69. N. N. (1991) Planung und Betrieb von städtischen Mittelspannungsnetzen. 2. Aufl, VWEW Verlag, Frankfurt a.M.
70. Willis H Lee (2004) Power Distribution Planning Reference Book. 2. Aufl, CRC Press Taylor & Francis Group, Boca Raton FL
71. Coster E, Kerstens W, Berry T (2013) Self Healing Distribution Networks using Smart Controllers. CIRED Stockholm, Paper 0196
72. Monti A (2013) EU Forschungsprojekt Finesce: Kommunikation in Echtzeit macht Netze intelligenter. ew 2013, 15, 84–85
73. Buchholz B M, Styczynski Z (2014) Smart Grids. VDE Verlag GmbH, Berlin
74. Saint B (2009) Rural Distribution System Planning using Smart Grid Technologies. IEEE Rural Electric Power Conference REPC, Fort Collins, CO, Pages B3-8
75. N. N. (1984) Planung und Betrieb städtischer Niederspannungsnetze. VWEW Verlag, Frankfurt a.M.
76. Tietze E G, Cichowski R (2006) Netzleittechnik Teil1: Grundlagen. 2. Aufl, VDE Verlag GmbH, Berlin
77. Tietze E G, Cichowski R (2006) Netzleittechnik Teil2: Systemtechnik. 2. Aufl, VDE Verlag GmbH, Berlin
78. Paessler E (1994) Rundsteuertechnik. VWEW Verlag, Frankfurt a.M.
79. Europäische Funk-Rundsteuerung GmbH (Herausgeber) (2013) Website. EFR GmbH, München www.efr.de (Abfrage 16.6.2015)
80. Sillaber A (2014) Prozessleittechnik in Elektrizitätssystemen. Skriptum zur Vorlesung an der TU Graz

81. Schossig W, Schossig T, Cichowski R (2013) Netzschutztechnik. 4. Aufl, VDE Verlag GmbH, Berlin
82. Schlabbach J, Cichowski R R (2002) Sternpunktbehandlung. VDE Verlag GmbH, Berlin
83. Fickert L, Muhr M et al (2004) 110-kV-Kabel/-Freileitung: Eine technische Gegenüberstellung. Verlag der TU Graz
84. ETG Fachbericht 116 (2009) Sternpunktbehandlung in Verteilnetzen – Stand, Herausforderungen, Perspektiven. VDE Verlag Berlin
85. Fickert L (2013) Sternpunktbehandlung und Schutztechnik. Seminar Verteilnetzplanung veranstaltet von Österreichs Energie, Fuschl (Salzburg)
86. International Electrotechnical Commission (Editor) (2006) IEC 60071-1 Insulation coordination – Part 1: Definitions, principles and rules. IEC Central Office, Geneva, Switzerland

Grundlagen der Systemgestaltung 4

Inhaltsverzeichnis

4.1 Planungstechniken 133
    4.1.1 Planungsprozess 133
    4.1.2 Problemzerlegung 137
    4.1.3 Modellnetze 143
    4.1.4 Rechnergestützte Netzplanung 156
    4.1.5 Planungsorganisation 162
4.2 Planungssystematik 163
    4.2.1 Übersicht 163
    4.2.2 Grundsatzplanung 165
    4.2.3 Strukturplanung 167
    4.2.4 Ausführungsplanung 169
Literatur 170

4.1 Planungstechniken

4.1.1 Planungsprozess

4.1.1.1 Synthese

Die klassische Netzausbauplanung beruht auf der Erstellung von Entwicklungsstrategien oder Ausbauvarianten durch den planenden Ingenieur, auch Synthese oder Entwurf genannt. Dieser Entwurfsprozess setzt entsprechendes Wissen und Erfahrung voraus und beruht in der Praxis meist auf subjektiven Auswahlentscheidungen. Unterstützt wird er durch Informationssysteme mit möglichst umfassenden Spezifikationen zu den verfügbaren Elementen und Alternativen [1].

Diese Synthese realisierbarer Varianten beruht je nach Problemstellung auf zwei Arbeitsweisen, der Komposition und Variation. Komposition bedeutet eine grundsätzlich neue Zusammenstellung verfügbarer Elemente oder Komponenten zu einem den Erwartungen entsprechendem System. Variation beruht auf der Erweiterung, Änderung oder Umstrukturierung eines bekannten Systems zu einem neuen. In der Praxis werden beide Arbeitsweisen oft kombiniert, Bewährtes wird variiert und neue Kombinationen entworfen.

Die erfolgreiche Synthese neuer Planungsvarianten erfordert eine breite Palette von Wahlmöglichkeiten, die Kenntnis der Systemzusammenhänge, die solide Einschätzung der Auswirkungen sowie die Berücksichtigung bewährter Konzepte und auch innovativer Ansätze. Es ist vorteilhaft, einen möglichst großen Raum möglicher Lösungen zu schaffen. Ein innovativer Systemgestalter wird eine möglichst umfangreiche Informationsbasis für seine Gestaltungsmöglichkeiten aktuell halten. Er sollte bei jeder Aufgabenstellung sowohl konventionelle als auch innovative Lösungsansätze generieren.

4.1.1.2 Analyse

Qualität und Folgen vorgeschlagener Entwicklungsstrategien und Ausbauvarianten müssen analysiert und bewertet werden, erst dann ist eine sinnvolle Auswahlentscheidung möglich. Die Analyse umfasst kommerzielle und technische Eigenschaften sowie die Auswirkungen auf Umwelt, Kunden und Unternehmen. Zu bewerten sind grundsätzlich Kosten, Nutzen, technische und betriebliche Eigenschaften, Instandhaltungserfordernisse, Versorgungssicherheit und -zuverlässigkeit, Reserven, Langlebigkeit, Kundenfreundlichkeit, Auswirkungen auf die Öffentlichkeit und die Umwelt, Robustheit und Flexibilität. Diese Kriterien sind jeweils über einen angemessenen Zeitraum zu beurteilen.

Die Analyse ist mit einem der Planungsaufgabe angemessenen Aufwand durchzuführen und soll eine eindeutige Auswahlentscheidung unter allen generierten Varianten ermöglichen. Bei ungewisser langfristiger Entwicklung ist zwar die absolute Aussagekraft der Analyseergebnisse eingeschränkt, die vergleichende Bewertung der Varianten sollte jedoch gewährleistet sein. Neben den quantitativen Aussagen sind auch qualitative Merkmale wie beispielsweise die Zufriedenheit der Stakeholder gegenüber zu stellen. Für jeden Variantenvergleich sollte ein geeignetes und möglichst umfassendes Bewertungsschema erstellt und im Sinne der Unternehmensziele abgestimmt werden.

Ein wichtiges Hilfsmittel insbesondere zur Bewertung der Robustheit sind Sensitivitätsanalysen. Dabei wird untersucht, wie sich Bewertungsgrößen bei Veränderung wichtiger Parameter verhalten. Die Qualität der Analyse hängt wesentlich von den Variationsbreiten und der Auswahl der Parameter ab. Der Bewertungsaufwand steigt exponentiell, wenn Kombinationen von Parametern variiert werden sollen. Es ist daher Aufgabe des Planers, keine oder nur die wichtigsten Kombinationen von Parametern zu variieren [1].

4.1.1.3 Iterativer Planungsprozess

Die beschriebenen Schritte der Variantenerstellung (Synthese) und der anschließenden Bewertung (Analyse) stellen die Basis für eine Vorgangsweise der iterativen Verbesserung und auch Verfeinerung dar. Wie folgende Abb. 4.1 zeigt, können diese Planungsschritte wiederholt werden, wenn zu erwarten ist, dass neue Erkenntnisse zu verbesserten Realisierungsvarianten führen.

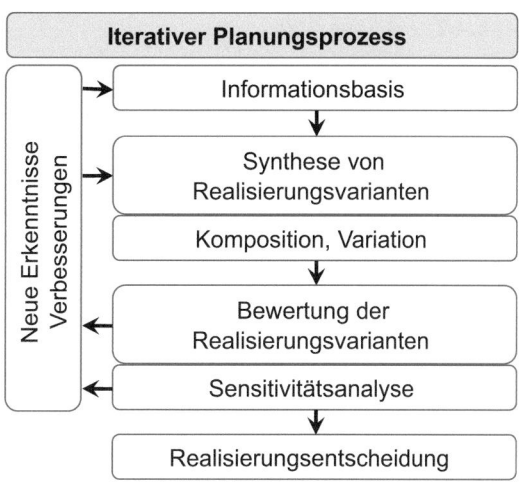

Abb. 4.1 Synthese, Analyse und Verbesserung

Der Bewertungsprozess kann neue Informationen zur besseren Steuerung der Variantenerstellung liefern. Oft liefert er Hinweise, wie bereits gefundene Realisierungsvorschläge modifiziert und dadurch verbessert werden können. Neben der Konzentration auf Verbesserung bekannter Vorschläge ist auch zu prüfen, ob nicht noch grundlegend andere Realisierungsvorschläge erstellt und analysiert werden können. Mit Fortschreiten des Planungsprozesses wird die Planung auch immer weiter verfeinert, damit steigt der Erkenntnisstand aber auch der Planungsaufwand je Realisierungsvariante. Daher ist auch die Anzahl möglicher Varianten immer weiter einzuschränken, wenn die Planungssicherheit zunimmt.

4.1.1.4 Modellierung

Die Objektivierung von Entscheidungsprozessen erfordert den Einsatz formaler Planungsmodelle zur Abbildung ökonomischer, technischer, betrieblicher und geografischer Zusammenhänge. Solche Modelle bilden die wesentlichen Gesetzmäßigkeiten für die zu lösende Planungsaufgabe mit hinreichender Genauigkeit ab. Es ist Ziel der Modellierung oder Modellbildung, den Unterschied zwischen Realität und Modell gering zu halten und gleichzeitig das Modell effizient zu formulieren und nicht unnötig aufzublähen. Die Wissenschaft der objektiven Entscheidungsfindung wird auch als Operations Research bezeichnet, sie stammt ursprünglich aus der militärischen Logistik [2].

In der Netzplanung wird eine Vielzahl unterschiedlicher Modelle eingesetzt: Ökonometrische Modelle für Investitionsprobleme beschreiben Kosten- und Nutzenbarwerte in Abhängigkeit von Investitionsentscheidungen, Transportkapazitäten oder Leistungsflüssen. Technische Netzmodelle beschreiben Flüsse mittels Knotenbilanzen, Knotenpotenzialen, Knoten- und Leitungsgleichungen sowie Kapazitätsrestriktionen. Technische Zuverlässigkeitsmodelle beschreiben die Systemzuverlässigkeit, Ausfall-, Ersatz- und Reparaturverhalten von Betriebselementen, Netzumschaltungen bei Ausfällen oder die

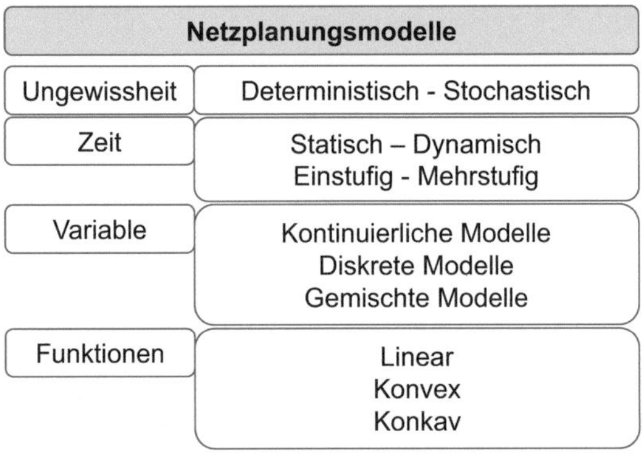

Abb. 4.2 Arten von Netzplanungsmodellen

Netzplanungsmodelle	
Ungewissheit	Deterministisch - Stochastisch
Zeit	Statisch – Dynamisch Einstufig - Mehrstufig
Variable	Kontinuierliche Modelle Diskrete Modelle Gemischte Modelle
Funktionen	Linear Konvex Konkav

Wirksamkeit von Reserveelementen. Elektrotechnische Modelle werden beispielsweise für Spannungsabfälle, Kurzschlussströme und Spannungsqualität verwendet [3].

Unterschieden werden in der Netzplanung statische oder einstufige sowie dynamische oder mehrstufige Modelle. Dynamische Jahresmodelle, die jedes Jahr der Systementwicklung einzeln nachbilden, sind in der Netzplanung wegen der langen Planungszeiträume meist zu aufwendig. Die Ungewissheit der zukünftigen Entwicklung kann durch stochastische Modelle erfasst werden. In der Praxis der Netzplanung verwendet man jedoch meist deterministische Modelle und trägt der Ungewissheit durch Parametervariationen oder Variantenuntersuchungen Rechnung. Diskrete Modelle enthalten ganzzahlige Entscheidungsvariable zur Nachbildung der Investitionstätigkeit. Kontinuierliche Modelle verwenden ausschließlich kontinuierliche Variable zur Beschreibung physikalischer Größen wie Wirkleistungsflüsse oder Knotenspannungen. Netzplanungsmodelle sind oft gemischt diskret-kontinuierliche Modelle, um den Zusammenhang zwischen Entscheidungen und physikalischen Größen herzustellen [1].

Wie im folgenden Kapitel noch gezeigt wird, ist es vor allem bei Optimierungsmodellen wichtig, welche Klassen von mathematischen Funktionen im Modell vorkommen. Die einfachsten Modelle sind linear, auch nichtlineare Modelle mit konvexen Funktionen sind relativ einfach lösbar. Schwieriger ist die Lösung von Optimierungsaufgaben mit konkaven Funktionen. Eine Übersicht zeigt Abb. 4.2.

4.1.1.5 Optimierung

Die modellgestützte Optimierung vereint die Synthese und Analyse von Netzausbauvarianten in einem Optimierungsmodell. Erforderlich ist die Nachbildung einer Planungsaufgabe in einem Modell mit Zielfunktion und Nebenbedingungen. Die Zielfunktion enthält meist folgende Komponenten in Form von Barwerten:

- Investitionskosten in Abhängigkeit von Investitionsentscheidungen,
- Instandhaltungskosten ebenfalls als Funktion von Investitionsentscheidungen,
- Betriebskosten (Netzverlustkosten) in Abhängigkeit von Wirkleistungsflüssen oder Leitungsströmen,

- Ausfallkosten in Abhängigkeit der nicht bedarfsgerecht gelieferten Energie als Pönale in Abhängigkeit von den Investitionsentscheidungen,
- Entgangene Erträge durch limitierte Erzeugung als Pönale ebenfalls abhängig von den Investitionsentscheidungen.

Zu den Nebenbedingungen gehören je nach Aufgabenstellung:

- Lastflussgleichungen,
- Nebenbedingungen für Zuverlässigkeit oder Reserven,
- Nebenbedingungen für Kurzschlussleistung und Spannungsqualität,
- Thermische Restriktionen, Grenzen des Spannungsbandes,
- Restriktionen für Kurzschlussströme.

Optimierung erfordert nicht immer große Modelle, auch kleine Fragestellungen eignen sich für eine analytische Lösung wie z. B. die Optimierung des Leitungsquerschnitts oder der Transformatorverluste. Optimierungsmodelle erfordern oft Vereinfachungen bei der Modellbildung, die Ergebnisse sind dann entsprechend zu interpretieren. Zur Lösung von Optimierungsaufgaben steht eine Fülle von mathematischen und heuristischen Algorithmen zur Verfügung. Mathematische Methoden wie die Lineare oder Konvexe Optimierung für kontinuierliche Probleme sind sehr leistungsfähig. Für diskrete Probleme größeren Umfangs werden oft heuristische Methoden wie beispielsweise die Genetische Optimierung bevorzugt [4–6].

4.1.2 Problemzerlegung

4.1.2.1 Übersicht

Eine der wichtigsten Planungstechniken ist die Zerlegung (Dekomposition) eines komplexen Gesamtproblems in Teilprobleme. Wichtig sind schwache Kopplungen bzw. geringe Wechselwirkungen zwischen den Teilproblemen, um die Planungsqualität nicht zu beeinträchtigen. Die Zerlegung von Planungsaufgaben in Teilaufgaben kann nach unterschiedlichen Gesichtspunkten vorgenommen werden, wie Abb. 4.3 zeigt.

Eines der wesentlichen Merkmale zur Zerlegung jeder Planungsaufgabe ist der Detaillierungsgrad (Grob-, Mittel- und Feinplanung). Auf Basis der zuerst festgelegten fundamentalen Rahmenbedingungen werden die Systemstrukturen und schließlich in der Ausführungsplanung die Realisierungsdetails festgelegt. Weiters können räumliche, zeitliche oder sachliche Kriterien zur Dekomposition herangezogen werden. Mit der Problemzerlegung entstehen Teillösungen eingeschränkter Qualität für das ursprüngliche Gesamtproblem, zur Verbesserung in Richtung Gesamtoptimum gibt es unterschiedliche Möglichkeiten: lokale Verbesserungen an der Schnittstelle, lokale Kopplung von Teilproblemen oder koordinierende Problemstellungen.

Abb. 4.3 Kriterien zur Problemzerlegung

4.1.2.2 Fortschreitende Detaillierung

Die Grundsatzplanung umfasst die Festlegung der Rahmenbedingungen sowie der grundlegenden Regeln und Parameter für alle weiteren Planungsarbeiten. Die zu erarbeitenden Standards sollen die Variantenvielfalt sinnvoll einschränken und eine qualitativ hochwertige Planung sicherstellen. Die strategische Planung orientiert sich an den regulatorischen und technologischen Rahmenbedingungen, dem vorhandenen Elektrizitätsnetz, den Randbedingungen im Unternehmen und im Netzgebiet, den Anforderungen der Kunden und der Umwelt sowie natürlich an den Unternehmenszielen. Als strategische Planung ist sie auf Langfristigkeit und Nachhaltigkeit ausgerichtet.

Auf Basis der Rahmenbedingungen aus der Grundsatzplanung können konkrete Systemstrukturen geplant und die wesentlichen Parameter der Betriebsmittel festgelegt werden. Diese Strukturplanung kann ein ganzes Verteilungssystem über einen langen Zeitraum oder auch die statische Strukturierung eines kleinen Netzteils oder einer Station betreffen. Erkenntnisse aus der Strukturplanung können dazu beitragen, Standards aus der Grundsatzplanung zu überarbeiten.

Nach Festlegen der Systemstrukturen stehen die zu realisierenden Projekte fest. Die Detail- oder Ausführungsplanung legt in zunehmender Detaillierung alle Projektdetails einschließlich Projektkosten fest. Diese Kostenermittlung und technische Ausführungsplanung liefern wiederum wichtige Informationen für die Grundlagen- und Strukturplanung.

Es bietet sich an, die beschriebene Problemzerlegung in

- Grundsatzplanung,
- Strukturplanung,
- Projektplanung,

als Basis für Organisation und Strukturierung aller Aktivitäten zur Gestaltung dezentraler Elektroenergiesysteme zu verwenden, wie in Abschn. 4.2 noch erläutert wird [7].

4.1.2.3 Teilnetzgebiete

Die räumliche Zerlegung des Planungsgebiets in Teilgebiete orientiert sich in der Praxis oft an natürlichen geografischen Grenzen, Infrastrukturen oder baulichen Gegebenheiten. Es bieten sich als Grenzlinien Flüsse, Gebirge, Eisenbahnen, Autobahnen, Wald- oder Parkränder sowie Bebauungs- oder Raumordnungsgrenzen an. Die Querung solcher Grenzlinien ist entweder nicht erforderlich wie beispielsweise an einer Baulandgrenze am Waldrand oder sehr aufwendig wie bei Flüssen (z. B. Kabeltrasse in einem Düker) [7].

Die Alternative zur Gebietseinteilung entlang natürlicher Grenzen ist die geometrische Grenzziehung. Zwischen zwei zentralen Speisepunkten (z. B. Umspannwerken) ordnet die Streckensymmetrale der Verbindungslinie jeden Punkt der Ebene dem nächstgelegenen Speisepunkt zu. Bei mehreren Speisepunkten entstehen daraus polygonale Teilnetzgebiete, sogenannte Voronoi-Regionen [8, 9], wie Abb. 4.4 zeigt.

Jeder Station ist auf Grund der örtlichen Anordnung der Nachbarstationen ein natürliches Teilnetzgebiet zugeordnet. Diese geometrische Einteilung liefert dem Netzplaner im Vergleich zur tatsächlichen Einteilung oft interessante Einblicke. Bei gegebener Flächenlastdichte kann jeder Station eine geometrisch determinierte natürliche Last (Nachfrage) zugeordnet werden.

Sind Teilnetzgebiete definiert, können Teilnetze unabhängig voneinander geplant werden. Um die Qualität der entkoppelten Teilnetzplanung zu beurteilen oder auch zu verbessern, gibt es eine Reihe von Koordinationsmethoden:

- Lokale Grenzänderungen ermöglichen lokale Verbesserungen an den Netzen und Lastverschiebungen zwischen den Einspeisepunkten.
- Lokale Netzplanung im Grenzgebiet beiderseits der Grenze führt ebenfalls zu lokalen Netzverbesserungen und eventuell auch zu Lastverschiebungen.

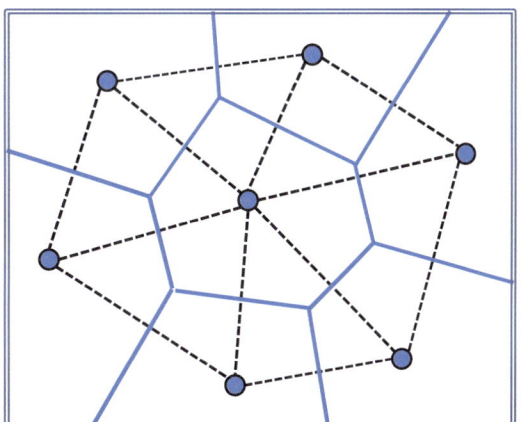

Abb. 4.4 Voronoi Regionen

- Gemeinsame Netzplanung auf zwei aneinander grenzenden Teilnetzgebieten kann dieses vergrößerte Teilnetz optimieren, damit kann sich auch eine verbesserte Abgrenzung ergeben.
- Variationen der Gebietseinteilung mehr nach natürlichen oder nach geometrischen Kriterien können die Gesamtlösung weiter verbessern.

Varianten und Kombinationen der genannten Methoden können ebenfalls zu verbesserten Planungen beitragen. Wie später gezeigt wird, können diese Gebietseinteilungen nach geometrischen oder geografischen Kriterien auch auf Basis weiterer Gesichtspunkte wie beispielsweise Ausbauleistungen von Stationen ergänzt werden.

4.1.2.4 Zeitliche Dekomposition

Dynamische oder mehrstufige Planungsaufgaben können zur Vereinfachung in statische oder einstufige Probleme zerlegt werden. Analog lassen sich langfristige Planungen in kurzfristige zerlegen. Allerdings geht mit dieser Zerlegung die Möglichkeit zur Bewertung kostengünstiger Vorleistungen für zukünftige Nachfragesteigerungen verloren. Zu solchen Vorleistungen zählen typischerweise Betriebsmittel mit höherer Kapazität, Leerrohre oder die vorausschauende Wahl von Leitungstrassen.

Dies lässt sich verbessern, indem Teilprobleme mit jeweils zwei aufeinander folgenden Zeitstufen gemeinsam gelöst werden. Eine andere Möglichkeit besteht darin, nur mögliche Vorleistungen dynamisch zu optimieren. Dabei genügt es oft, diese Vorleistungen in kleinen Teilgebieten getrennt zu planen. Das Gesamtproblem wird sowohl zeitlich, als auch räumlich zerlegt. Die angeführten Koordinierungsstrategien sind in Abb. 4.5 symbolisch dargestellt.

Die Neuerschließung von Wohn-, Gewerbe- oder Industriegebieten sowie die Errichtung neuer Dienstleistungszentren oder Kleinkraftwerksparks sind typische Beispiele für einen massiven Erstausbau des Netzes unter Berücksichtigung meist relativ geringfügiger Folgeentwicklungen. Hier bietet sich eine effiziente Zerlegung in zwei zeitlich entkoppelte Teilprobleme an, wobei der dominierende Erstausbau vorrangig als statische Planungsauf-

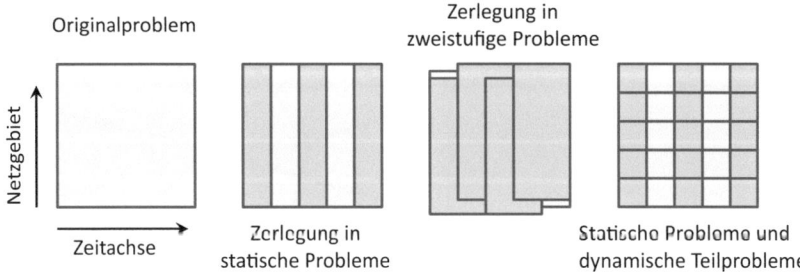

Abb. 4.5 Zeitliche Zerlegung und Koordinierung

gabe optimiert wird. In einem zweiten Schritt wird der Erstausbau durch kostengünstige Vorsorgemaßnahmen für absehbare weitere Entwicklungen ergänzt.

Die Planung eines Zielnetzes ist eine sehr effiziente Methode, langfristige Planungsaufgaben zu vereinfachen. Auf Basis einer langfristig prognostizierten Versorgungsaufgabe wird das optimale Zielnetz mittels einer statischen Planungsaufgabe ermittelt. Der schrittweise Übergang vom bestehenden Netz auf dieses anzustrebende Zielnetz wird als Restrukturierung bezeichnet und separat als dynamisches Planungsproblem gelöst. Die Zusammenhänge zeigt Abb. 4.6 [8, 10].

Solche Zielnetzplanungen sind sehr nützlich zur Effizienzsteigerung in bestehenden Netzgebieten. Meist liegt ein historisch gewachsenes Verteilungssystem vor, das möglichst kostengünstig für zukünftige Aufgaben restrukturiert werden soll. Die Planung des Zielnetzes kann grundsätzlich auf zwei unterschiedlichen Ausgangsszenarien aufsetzen:

- Der aktuelle Netzbestand wird ignoriert, das Zielnetz wird als vollkommen neues Netz im bestehenden Gebiet für die zukünftige Versorgungsaufgabe als Neuplanung erstellt. Dies hat den Vorteil, ein ideales System ohne Rücksicht auf Altlasten planen zu können, das Zielnetz ist optimal in Bezug auf seinen Bewertungszeitraum.
- Das effiziente Zielnetz wird ausgehend vom aktuellen Netzbestand geplant, der Restrukturierungsaufwand wird also in der Planung mit berücksichtigt. Damit wird das Zielnetz dem Netzbestand grundsätzlich ähnlicher sein, es ist optimal in Bezug auf den gesamten Betrachtungszeitraum.

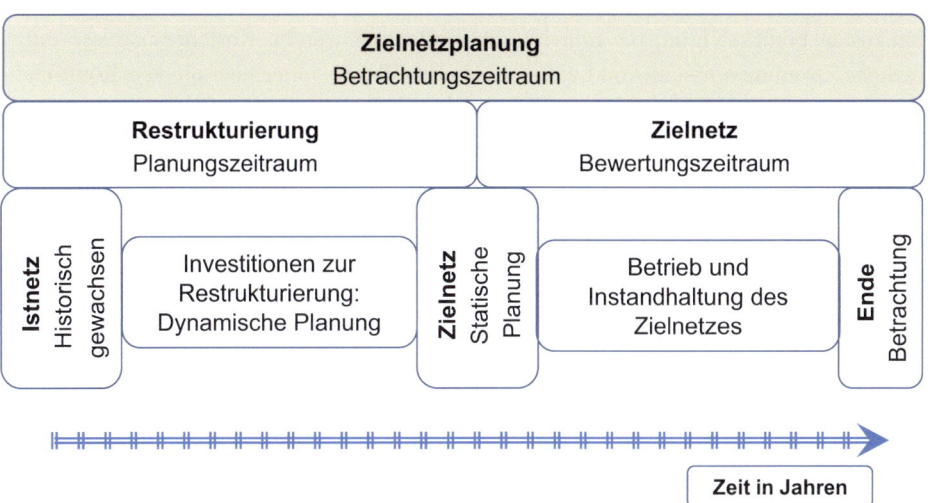

Abb. 4.6 Systematik der Zielnetzplanung

Der Betrachtungszeitraum der gesamten Zielnetzplanung muss sowohl den Planungszeitraum für die Restrukturierung als auch den Bewertungszeitraum für das Zielnetz umfassen (vgl. auch Abschn. 1.3).

4.1.2.5 Zerlegung nach sachlichen Kriterien

Stadt- und Landnetze unterscheiden sich in Nachfragedichte, Stationsgrößen, Netzlängen und Netzstrukturen, Leitungstechnologien sowie oft auch in der Versorgungszuverlässigkeit. In gemischten Versorgungsgebieten bietet sich daher im ersten Schritt eine entsprechend separierte Planung an. Anschließend können Verbesserungen gesucht werden, beispielsweise bei der(n) Einspeisung(en) oder lokal im Grenzgebiet.

Ebenso unterschiedlich sind die einzelnen Spannungsebenen auch im selben Netzgebiet zu gestalten. Dies ist in der Praxis eine wichtige und wirksame Möglichkeit zur Problemzerlegung, Schnittstellen bilden dann Umspannwerke und Transformatorstationen. Auch die Stationen und die Netze können separat geplant werden, damit ergibt sich die in Abb. 4.7 dargestellte Zerlegung.

Die Koordination der einzelnen Planungsebenen erfolgt durch Variantenrechnungen. So können MS- und NS-Netze für unterschiedliche Konfigurationen (Lage, Größe) von Transformatorstationen geplant werden. Umspannwerksstandorte sind in der Praxis nicht so leicht zu verschieben, variiert werden daher meist nur die Ausbauleistungen. Zweckmäßig sind oft Überlegungen zur Reduktion der Standortzahl oder die Prüfung einzelner zusätzlicher Standortkandidaten.

Das Problem der Netzplanung kann auch in Trassenplanung und Leitungsplanung zerlegt werden (vgl. Abschn. 3.1). Bei der Trassenplanung in Kabelnetzen werden nur Tiefbaukosten berücksichtigt, bei reiner Leitungsplanung werden Kostenersparnisse durch örtliche Zusammenfassung von Leitungen in einer Trasse vernachlässigt. Zur Koordination von Trassen- und Leitungsplanung können beispielsweise lokale Verbesserungen durch kombinierte Planungsaufgaben gesucht werden.

Abb. 4.7 Zerlegung nach Spannungs- bzw. Anlagenebenen

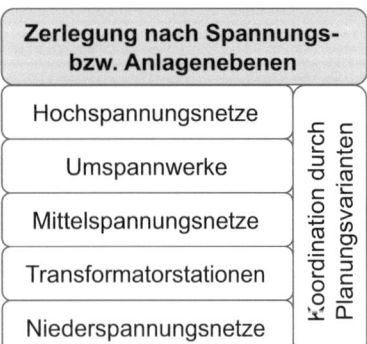

4.1.3 Modellnetze

4.1.3.1 Modell einer Stationskette

Anhand einfacher Modelle von Stationsketten können viele Zusammenhänge dezentraler Energiesysteme dargestellt, analysiert und optimiert werden. Sie können für die Planung von Netzen aller Spannungsebenen mit kettenförmiger Topologie nutzbringend eingesetzt werden, insbesondere für Mittelspannungsnetze mit Strahlennetzbetrieb. Hierfür ist eine Reihe von Modellannahmen zu treffen, auf deren Basis vergleichende Kenngrößen ermittelt werden:

- Nachfragemodell,
- Infrastrukturmodell,
- Kostenmodell,
- Zuverlässigkeitsmodell.

4.1.3.1.1 Nachfragemodell

In Modellen geht man oft von einer zeitlich und räumlich homogenen Nachfrage in einem statischen Modell aus. Die Jahreshöchstwerte der Wirkleistungen und deren Jahresganglinien sowie die Leistungsfaktoren werden in allen Stationen als gleich vorausgesetzt, das gilt jeweils für Einspeisung und Entnahme. Statt der Ganglinien verwendet man im Modell oft vereinfachend Höchstwerte, Benutzungs- und Verlustfaktoren. Die Modellierung zeitlich inhomogener Nachfrage erfolgt mittels mehrerer charakteristischer Nachfragezustände, die jeweils annähernd homogene Verhältnisse berücksichtigen.

Zu unterscheiden sind einerseits Verbrauch, Erzeugung und gegebenenfalls auch Speicherung in den einzelnen Stationsgebieten und andererseits die daraus resultierende Ent-

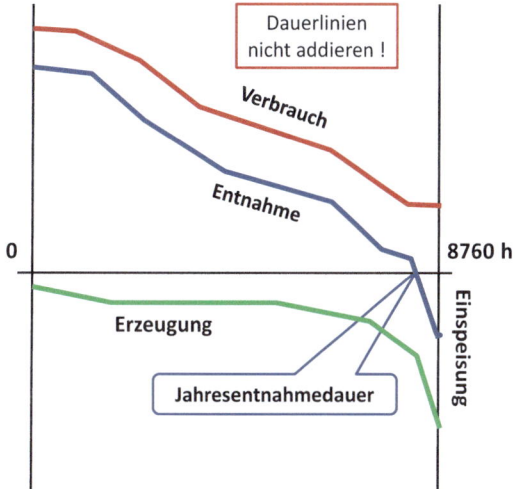

Abb. 4.8 Modelle der Jahresdauerlinien

nahme oder Einspeisung in den Netzknoten. Dies ist etwas vereinfachend in Abb. 4.8 dargestellt.

Durch Differenzenbildung zwischen Verbrauchs- und Erzeugungsganglinie unter Berücksichtigung allfälliger Elektrizitäts- und Nutzenergiespeicherung entsteht die Entnahme-/Einspeiseganglinie. Daraus kann durch Sortieren der Größe nach die Entnahme- bzw. Einspeisedauerlinie gebildet werden. Sie zeigt die Jahresentnahme- bzw. Jahreseinspeisedauer und kann durch ihre jeweiligen Jahresspitzenwerte sowie Benutzungsdauern für Entnahme und Einspeisung charakterisiert werden. Sie kann auch mittels Polygonzügen modelliert werden. Für den Leistungsfaktor auf den Leitungen wird oft ein Schätzwert herangezogen, er kann für Entnahme und Einspeisung auch unterschiedlich angesetzt werden.

Definiert man für jede Station einen durch den Stationsabstand gegebenen quadratischen Versorgungsbereich, ergibt sich eine mittlere Flächendichte für Einspeisung und Entnahme auf Basis des jeweiligen Jahreshöchstwertes der Wirkleistung. Komplexere Modelle umfassen unterschiedliche Nachfrageganglinien in den Netzknoten und daraus resultierend auch auf den einzelnen Leitungsstrecken.

4.1.3.1.2 Infrastrukturmodell

Meist werden Modelle unverzweigter Stationsketten erstellt, wie Abb. 4.9 beispielhaft zeigt. Selbstverständlich sind auch verzweigte Stationsketten (z. B. Y-förmige) modellierbar. Räumlich homogene Modelle weisen einheitliche Abstände zwischen den Netzknoten auf. Unterschiedliche Abstände beispielsweise zwischen Transport- und Vernetzungsbereich können selbstverständlich bei Bedarf abgebildet werden.

Ein einfaches Infrastrukturmodell beruht auf einheitlichen Stationsabständen bzw. Leitungslängen der Teilstrecken. Die Anzahl der zu modellierenden Stationen wird von der Versorgungsaufgabe, der Geografie des Netzgebiets und der Leitungstype begrenzt und kann entsprechend der Planungsaufgabe festgelegt und bei Bedarf variiert werden. Unterschiedliche Leitungstypen werden durch ihre Impedanzen, thermischen Grenzströme und bei Bedarf auch durch ihre Ladeströme beschrieben. Wesentliche Merkmale sind auch die Nennspannungen der Betriebsmittel und allenfalls auch eine davon abweichende Netzbetriebsspannung. Je nach Aufgabenstellung können bei Mittelspannungsleitungen auch Umspannwerksabzweige und Transformatorstationen in das Modell aufgenommen werden, beispielsweise für Zuverlässigkeitsanalysen. In Niederspannungsnetzen entspricht

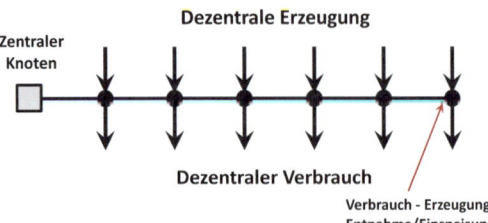

Abb. 4.9 Modell einer Stationskette

das den NS-Verteilerfeldern in den Trafostationen und den Verteiler- bzw. Hausanschlusskästen.

Nachfrage- und Infrastrukturmodell ermöglichen die Berechnung technischer und energiewirtschaftlicher Kenngrößen sowie damit die Bewertung von Netzausbauvarianten für eine spezifizierte Versorgungsaufgabe. Neben allgemeinen Kenngrößen wie Flächenlastdichte, Leistungsflüsse, Leitungsströme, Spannungsabfälle und Transportmomente können auch die relative Ausnutzung und die technischen Grenzen jeder Netzvariante dargestellt werden. Meistens werden vereinfachte (linearisierte) Näherungsrechnungen jeweils für Entnahme und Einspeisung durchgeführt. Auch die Netzverluste können mit angemessener Genauigkeit, z. B. mittels Verlustfaktoren, ermittelt werden.

4.1.3.1.3 Kostenmodell

Es soll eine ausreichende Analyse ökonomischer Zusammenhänge im Zuge der Netzplanung und die Auswahl der wirtschaftlichsten Variante erlauben. Es enthält meist Informationen zu den Errichtungskosten in Frage kommender Leitungs- und gegebenenfalls auch Stationsvarianten. Zur Beurteilung der Wirtschaftlichkeit gehören neben Kapitalwert- oder Annuitätsfaktoren auch die spezifischen Netzverlustkosten, bei Bedarf auch die spezifischen Ausfall- und Engpasskosten.

Die Berechnung von Ausfallkosten auf der Verbraucherseite beruht auf einem Zuverlässigkeitsmodell, wie es im folgenden Abschnitt dargestellt wird. Engpasskosten auf Seite der dezentralen Erzeuger können ebenfalls durch Ausfälle von Betriebsmitteln, aber auch durch temporäre Unterdimensionierung verursacht werden, falls dies in einem regulatorischen Einspeisemanagement gestattet wird [12].

4.1.3.1.4 Zuverlässigkeitsmodell

Es wird am Beispiel einer Stationskette in einem Mittelspannungsnetz erläutert. Die MS-Schaltanlagen der Transformatorstationen seien mit Lasttrennern ohne Fernsteuerung ausgerüstet, bei einem Kurzschluss schaltet der Leistungsschalter im Schaltfeld des Umspannwerks ab. Zur Störungsbehebung seien Inspektionen und Umschaltungen in den Transformatorstationen vor Ort erforderlich. Im Störungsfall sei auch der Anschluss des Endes der Stationskette an ein anderes Umspannwerk möglich (Strangnetz). Für diese anlagentechnischen und betrieblichen Gegebenheiten können die mittleren Ausfallhäufigkeiten und -dauern für Kundenanlagen an den Trafostationen und in den NS-Netzen geschätzt werden.

Ausfälle des Umspannwerksabzweiges, einer Leitungsstrecke oder einer MS-Schaltanlage in den Transformatorstationen führen zu kurzfristigen Ausfällen der gesamten Stationskette. Ausfälle der Transformatoren oder der NS-Verteiler in den Stationen führen jedoch nur zu lokalen Versorgungsunterbrechungen. Damit können jedem Ausfallszenario auch mittlere Ausfallleistungen zugeordnet und zusammen mit den Ausfalldauern auch mittlere Ausfallenergien berechnet werden.

Zusammen mit den Ausfallhäufigkeiten der Netzelemente können dann Zuverlässigkeitskenngrößen wie mittlere Jahresausfalldauern oder Jahresausfallenergien für die Kundenanlagen berechnet werden. Dies erfolgt meist für die Verbrauchsseite, bei Bedarf aber auch für die dezentrale Einspeisung. Dabei werden in der Praxis meist nur Einfachausfälle in Betracht gezogen. Das beschriebene einfache Zuverlässigkeitsmodell kann für spezielle Untersuchungen durch komplexere Ausfall- oder Wiederversorgungsszenarien noch weiter ausgestaltet werden.

4.1.3.1.5 Praktisches Beispiel

Tab. 4.1 zeigt als praktisches Anwendungsbeispiel die Gegenüberstellung zweier MS-Stationsketten mit unterschiedlichen Nennspannungen in einem städtischen Netzgebiet und von MS-Stationsketten mit Kabel und Freileitung in ländlichem Gebiet. Damit soll ein kleiner Einblick in praktisch vorkommende Größenordnungen von Netzplanungsparametern ermöglicht werden.

4.1.3.1.6 Auswertung

Das obige Beispiel zeigt anschaulich praktische Gegebenheiten der Nachfrage und der technischen Infrastruktur, die Auswertungen vermitteln einen Eindruck von Kosten, Zuverlässigkeit und energiewirtschaftlichen Kenngrößen. Wichtig sind nicht nur absolute Größenordnungen, sondern der Quervergleich und die Sensitivität einzelner Parameter zueinander. Für Schlussfolgerungen sollten natürlich reale und aktuelle Kenngrößen für alle Spannungsebenen, Technologien und energiewirtschaftlichen Gegebenheiten aus dem eigenen Netzgebiet herangezogen werden.

Für die Systemgestaltung von Interesse sind einerseits die repräsentative Abbildung des realen Systems sowie die Analyse der Auswirkungen von Parametervariationen. Systematische Veränderungen der Nachfrage, der Infrastruktur oder energiewirtschaftlicher Kenngrößen erlauben das Studium der Auswirkungen auf Kosten, Zuverlässigkeit und auch Robustheit auf. Von Interesse sind beispielsweise Quervergleiche von Kosten und Zuverlässigkeit zwischen Stadt- und Landnetzen, Kabel und Freileitung, Anlagen und Leitungen sowie unterschiedlichen Nennspannungen. Jeder Netzplaner sollte auch die Größenordnungen der unterschiedlichen Jahreskosten und deren Komponenten kennen.

4.1.3.2 Modell eines Netzes

Modellnetze können entweder zwischen geometrisch regelmäßig angeordneten Netzknoten in der Ebene oder auf regelmäßigen und meist rechtwinkeligen Straßennetzen erstellt werden. Wegen der dabei auftretenden Symmetrien genügt meist die Modellierung eines relevanten Netzbereichs, wie Abb. 4.10 zeigt.

Gebräuchlich sind statische Modelle, es können aber auch mehrstufige Modelle erstellt werden. Das Nachfragemodell enthält die Jahresverläufe von Einspeisung und Entnahme in jedem Nachfrageknoten. Oft werden einheitliche Flächendichten für die Nachfrage angenommen, es können aber auch veränderliche (z. B. radial nach außen sinkende) Flächenlastdichten berücksichtigt werden. Mittlere Umwegfaktoren bilden den Zusammenhang zwischen Leitungslängen und geometrischen Knotenentfernungen ab. Im Infrastrukturmodell können interessierende Netzformen mit unterschiedlichen Leitungstypen vorgegeben

Tab. 4.1 Analyse und Gegenüberstellung von MS-Stationsketten

Modelle von Stationsketten im Mittelspannungsnetz					
Versorgungsgebiet	Stadt	Stadt	Land	Land	Einheit
Nennspannung	10	20	20	20	kV
Leitungstechnologie	Kabel	Kabel	Kabel	Freileitung	
Nachfragemodell					
Anzahl der Transformatorstationen	6	12	20	20	
Stationsabstand (Streckenlänge)	250	250	800	800	m
Verbrauchsleistung je Station (Spitze)	500	500	250	250	kW
Benutzungsfaktor Verbrauch	0,6	0,6	0,6	0,6	
Entnahmeleistung je Station (Spitze)	500	500	200	200	kW
Leistungsfaktor Verbrauch, Entnahme	0,95	0,95	0,95	0,95	
Benutzungsfaktor Entnahme	0,6	0,6	0,6	0,6	
Verlustfaktor Entnahme	0,3	0,3	0,3	0,35	
Jahresdauer Entnahme	8760	8760	8000	8000	h/a
Erzeugungsleistung je Station (Spitze)	0	0	500	500	kW
Benutzungsfaktor Erzeugung	0	0	0,2	0,2	
Einspeiseleistung je Station (Spitze)	0	0	400	400	kW
Leistungsfaktor Erzeugung, Einspeisung	1	1	1	1	
Benutzungsfaktor Einspeisung	0	0	0,2	0,2	
Verlustfaktor Einspeisung	0	0	0,2	0,2	
Jahresdauer Einspeisung	0	0	760	760	h/a
Infrastrukturmodell					
Kabeltechnologie und Verlegung	1 L VPE Dreieck	1 L VPE Dreieck	1 L VPE Dreieck	Stalu	
Querschnitt und Leitermaterial	240 Al	150 Al	150 Al	95 Al	mm^2
Längenbezogener Wirkwiderstand	0,15	0,24	0,24	0,34	Ohm/km
Längenbezogener Blindwiderstand	0,1	0,11	0,11	0,35	Ohm/km
Längenbezogener Ladestrom	0,8	0,94	0,94	0,04	A/km
Thermischer Grenzstrom	400	320	320	350	A
Zulässiger Längsspannungsabfall	5	5	5	5	%
Impedanzbetrag	0,18	0,27	0,27	0,49	Ohm/km
Impedanzwinkel	33,0	24,4	24,4	46,1	Grad

Tab. 4.1 (Fortsetzung)

Modelle von Stationsketten im Mittelspannungsnetz					
Versorgungsgebiet	Stadt	Stadt	Land	Land	Einheit
Nennspannung	10	20	20	20	kV
Leitungstechnologie	Kabel	Kabel	Kabel	Freileitung	
Kostenmodell					
Leitung: Längenbezogene Errichtungskosten	320	300	120	90	€/m
Leitung: Längenbezogene Instandhaltungskosten	0	0	0	1	€/(m.a)
Station: Errichtungskosten	140	140	70	70	T€
Station: Instandhaltungskosten	3	3	1	1	T€/a
Annuitätsfaktor			10		%
Spezifische Verlustkosten			6		ct/kWh
Spezifische Ausfallkosten			20		€/kWh
Spezifische Engpasskosten			30		ct/kWh
Zuverlässigkeitsmodell					
Ausfallhäufigkeit Leitungen	3,0	3,0	3,0	12,0	1/100 km · a
Ausfallhäufigkeit Stationen MS-Seite	3,0	3,0	4,0	5,0	1/1000 · a
Ausfallhäufigkeit Stationen lokal	6,0	6,0	8,0	15,0	1/1000 · a
Ausfallhäufigkeit Umspannwerksabzweige	3,0	3,0	5,0	5,0	1/1000 · a
Ausfalldauer Leitungsfehler	0,5	0,5	1,0	1,0	h
Ausfalldauer MS-seitige Stationsfehler	0,5	0,5	2,0	2,0	h
Ausfalldauer lokale Stationsfehler	1,0	1,0	3,0	3,0	h
Ausfalldauer Abzweigfehler UW	0,5	0,5	1,0	1,0	h
Kenngrößen Energiewirtschaft					
Gesamtlänge	1,5	3	16	16	km
Gesamtentnahme	3000	6000	4000	4000	kW
Gesamteinspeisung	0	0	8000	8000	kW
Netzfläche je Trafostation	0,0625	0,0625	0,64	0,64	km^2
Flächenlastdichte Verbrauch (Spitze)	8,00	8,00	0,39	0,39	MW/km^2
Flächenlastdichte Erzeugung (Spitze)	0,00	0,00	1,28	1,28	MW/km^2
Stationsstrom Entnahme	30,4	15,2	6,1	6,1	A
Stationsstrom Einspeisung	0,0	0,0	12,2	12,2	A
Strom Umspannwerksabzweig Entnahme	182,3	182,3	121,5	121,5	A
Strom Umspannwerksabzweig Einspeisung	0,0	0,0	243,1	243,1	A

4.1 Planungstechniken

Tab. 4.1 (Fortsetzung)

Modelle von Stationsketten im Mittelspannungsnetz					
Versorgungsgebiet	Stadt	Stadt	Land	Land	Einheit
Nennspannung	10	20	20	20	kV
Leitungstechnologie	Kabel	Kabel	Kabel	Freileitung	
Leitungsverluste je Strecke und Stationslast Entnahme	106,6	41,9	21,5	29,9	W
Leitungsverluste je Strecke und Stationslast Einspeisung	0,0	0,0	85,8	119,5	W
Summe i von 1 bis n	21	78	210	210	
Summe i^2 von 1 bis n	91	650	2870	2870	
Gesamtverlustleistung Entnahme	9,7	27,2	61,6	85,7	kW
Gesamtverlustleistung Einspeisung	0,0	0,0	246,3	342,9	kW
Jahresverlustarbeit	25,5	71,6	185,2	292,2	MWh/a
Transportmoment Entnahme	2,6	9,8	33,6	33,6	MW·km
Transportmoment Einspeisung	0,0	0,0	67,2	67,2	MW·km
Kenngrößen Versorgungszuverlässigkeit					
Ausfallenergie je Leitungsfehler	900	1800	3000	3000	kWh
Ausfallenergie je Stationsfehler MS	900	1800	6000	6000	kWh
Ausfallenergie je Stationsfehler lokal	300	300	450	450	kWh
Ausfallenergie je Abzweigfehler UW	900	1800	3000	3000	kWh
Jahresausfallhäufigkeit Leitungsfehler	0,045	0,09	0,48	1,92	1/a
Jahresausfallhäufigkeit Station MS	0,018	0,036	0,08	0,1	1/a
Jahresausfallhäufigkeit Station lokal	0,036	0,072	0,16	0,3	1/a
Jahresausfallhäufigkeit Abzweig UW	0,003	0,003	0,005	0,005	1/a
Jahresausfallhäufigkeit	0,102	0,201	0,725	2,325	1/a
Jahresausfalldauer Leitungsfehler	1,35	2,7	28,8	115,2	min/a
Jahresausfalldauer Stationsfehler MS	0,54	1,08	9,6	12	min/a
Jahresausfalldauer Stationsfehler lokal	2,16	4,32	28,8	54	min/a
Jahresausfalldauer Abzweigfehler UW	0,09	0,09	0,3	0,3	min/a
Jahresausfalldauer	4,14	8,19	67,5	181,5	min/a
Jahresausfallenergie Leitungsfehler	40,5	162,0	1440,0	5760,0	kWh/a
Jahresausfallenergie Stationsfehler MS	16,2	64,8	480,0	600,0	kWh/a
Jahresausfallenergie Station lokal	10,8	21,6	72,0	135,0	kWh/a
Jahresausfallenergie Abzweig UW	2,7	5,4	15,0	15,0	kWh/a
Jahresausfallenergie	70,2	253,8	2007,0	6510,0	kWh/a

Tab. 4.1 (Fortsetzung)

Modelle von Stationsketten im Mittelspannungsnetz					
Versorgungsgebiet	Stadt	Stadt	Land	Land	Einheit
Nennspannung	10	20	20	20	kV
Leitungstechnologie	Kabel	Kabel	Kabel	Freileitung	
Technische Grenzen Verbrauch					
Längsspannungsabfall Netzelement	2,3	1,7	2,8	4,5	V
Gesamter Längsspannungsabfall	49,1	135,6	584,1	949,3	V
Relativer Längsspannungsabfall	0,49	0,68	2,92	4,75	%
Relative Spannungsauslastung	9,81	13,56	58,41	94,93	%
Strom im UW Abzweig	182,3	182,3	121,5	121,5	A
Relative Stromauslastung	45,6	57,0	38,0	34,7	%
Lastwinkel	18,2	18,2	18,2	18,2	Grad
Grenzlänge für Stationskette	8,1	13,7	13,7	7,7	km
Technische Grenzen Einspeisung					
Längsspannungsabfall Netzelement	0,0	0,0	3,9	5,4	V
Gesamter Längsspannungsabfall	0,0	0,0	813,1	1132,3	V
Relativer Längsspannungsabfall	0,00	0,00	4,07	5,66	%
Relative Spannungsauslastung	0,00	0,00	81,31	113,23	%
Strom im UW Abzweig	0,0	0,0	231,0	231,0	A
Relative Stromauslastung	0,0	0,0	72,2	66,0	%
Lastwinkel	180,0	180,0	180,0	180,0	Grad
Grenzlänge für Stationskette	9,4	14,9	14,9	9,8	km
Kommerzielle Kenngrößen					
Errichtungskosten Leitung	480,0	900,0	1920,0	1440,0	T€
Annuität Errichtung Leitung	48,0	90,0	192,0	144,0	T€/a
Jährliche Instandhaltung Leitung	0,0	0,0	0,0	16,0	T€/a
Errichtungskosten Stationen	840,0	1680,0	1400,0	1400,0	T€
Summe Errichtungskosten	1320,0	2580,0	3320,0	2840,0	T€
Annuität Errichtung Stationen	84,0	168,0	140,0	140,0	T€/a
Annuität Errichtungskosten	132,0	258,0	332,0	284,0	T€/a
Jährliche Instandhaltung Stationen	18,0	36,0	20,0	20,0	T€/a
Jahresverlustkosten	1,5	4,3	11,1	17,5	T€/a
Jahresengpasskosten Überlastung	0,0	0,0	0,0	20,0	T€/a
Summe Jahreskosten	152,9	303,4	403,3	451,7	T€/a

4.1 Planungstechniken 151

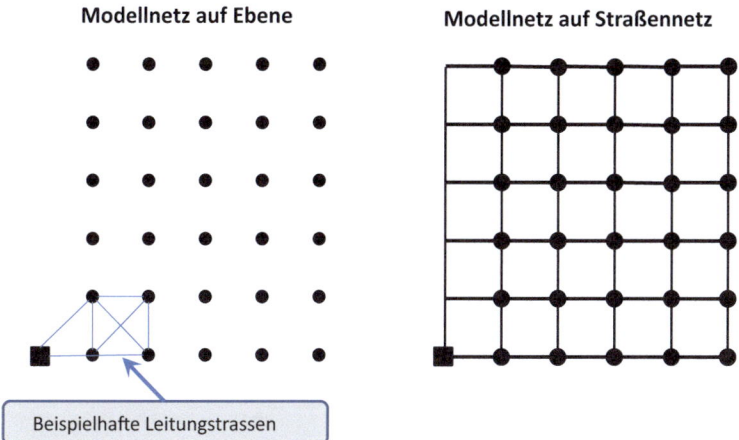

Abb. 4.10 Modellnetzquadranten auf Ebene oder Straßennetz

und analysiert werden. Die zugehörigen Kosten- und Zuverlässigkeitsmodelle werden analog zum vorigen Abschnitt aufgebaut.

Beispielhaft werden nun einstufige Modelle von städtischen Mittelspannungs-Kabelringnetzen mit zentralem oder peripherem Umspannwerk gegenüber gestellt, wie Abb. 4.11 zeigt.

Diese Modellnetze sollen einem Vergleich von Netzkenngrößen dienen, um den Zusatzaufwand im Mittelspannungsnetz abzuschätzen, der durch eine periphere Anbindung an das HS-Netz auftritt. Die Kenngrößen werden für ein Netz konkreter Größe (9·9) ermittelt, ein Vergleich von Netzen allgemeiner Größe (n·n) ist ebenso möglich. Dabei werden die funktionalen Abhängigkeiten der Kenngrößen von der Knotenzahl ermittelt. Im Folgenden werden einige Kenngrößen als Vielfaches des Basiswertes für ein Netz-

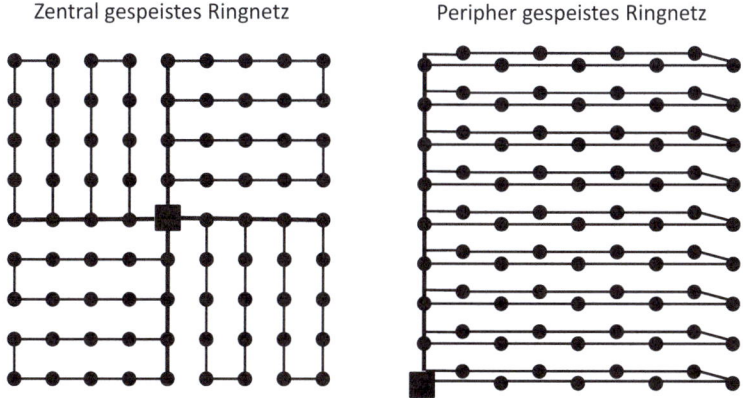

Abb. 4.11 Modelle zentral oder peripher gespeister Ringnetze

Tab. 4.2 Vergleich zentral und peripher gespeister Ringnetze

Merkmal	Detail	Zentral	Peripher	Peripher/Zentral · 100	
Stationszahl		80	80	100	%
Ringzahl		8	9	113	%
Vielfaches einer Leitungslänge	Transportbereich	40	72	180	%
	Vernetzungsbereich	72	144	200	%
	Gesamt	112	216	193	%
Vielfaches einer Leitungstrasse	Transportbereich	16	8	50	%
	Vernetzungsbereich	72	72	100	%
	Gesamt	88	80	91	%
Max. Spannungsabfall	Vielfaches	30	60	200	%
Netzverluste	Vielfaches	1120	2414	216	%
Transportmoment	Vielfaches	360	648	180	%

element angegeben. So ein Netzelement ist ein Netzknoten samt einer kürzest möglichen Leitung zu einem Nachbarknoten. Tab. 4.2 zeigt diesen Vergleich der Kenngrößen.

Geometrisch regelmäßige Modellnetze dienen zum Vergleich und zur Bewertung unterschiedlicher Infrastrukturmerkmale oder Netzkonzepte. Die Mittelwertbildung erleichtert die Analyse und erhöht die Vergleichbarkeit. Modelluntersuchungen sind daher bei homogenen Versorgungsaufgaben besonders aussagekräftig, für jede Versorgungsaufgabe können jedoch vielfältige Modellnetze erstellt werden.

In der Praxis ist es vorteilhaft, von existierenden und möglichst homogenen Teilnetzgebieten auszugehen und hierfür Netzmodelle möglichst realitätsnahe zu formulieren. Bei gegebenen Nachfragemodellen können dann Infrastrukturmodelle und deren Parameter variiert und vorteilhafte Netzentwicklungskonzepte gefunden werden. Ein Teilschritt ist die Optimierung von Stationsketten auf Basis der vorgestellten einfachen Modelle. Daraus ergeben sich Hinweise für Verbesserungen an zukünftigen Netzkonzepten.

Für die Regulierung der Verteilnetzbetreiber werden Modellnetze genützt, um unterschiedliche Versorgungsaufgaben und Infrastrukturen nach möglichst objektiven Gesichtspunkten wirtschaftlich zu bewerten und zu vergleichen. Ausgangsbasis sind oft geografische Informationen zum Baubestand und zur Flächenwidmung sowie Informationen zu Erzeugung und Verbrauch in den Netzgebieten, bzw. zu Einspeisung und Entnahme in den Netzknoten. Die große Vielfalt an Infrastrukturmodellen und deren mögliche Parametrierung führen zu beachtlichen Spielräumen in der Bewertung.

4.1.3.3 Analytische Planungsmodelle

4.1.3.3.1 Kontinuierliches Modell einer Stationskette

Anstelle diskreter Nachfrage in Stationsknoten wird die Nachfrage (Entnahme und Einspeisung) kontinuierlich über die Leitungslänge verteilt. Man spricht von längenspezifischer Nachfrage oder (linienförmiger) Nachfragedichte DP in W/m. Den einfachsten

4.1 Planungstechniken

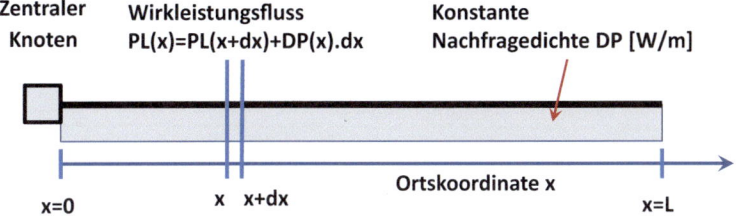

Abb. 4.12 Kontinuierlich verteilte Nachfrage

Fall einer als verlustlos angenommenen Leitung mit konstanter Nachfragedichte zeigt Abb. 4.12.

Mit diesen Annahmen gilt Gl. 4.1 für den Wirkleistungsfluss auf der Leitung.

$$PL(x) = \int_x^L DP(x) \cdot dx = DP \cdot L \cdot \left(1 - \frac{x}{L}\right) = PL_0 \cdot \left(1 - \frac{x}{L}\right) \quad (4.1)$$

Berücksichtigt man die Wirkverluste auf der Leitung, so gilt Gl. 4.2 für den Wirkleistungsfluss.

$$PL(x) = PL(x + dx) + \{DP(x) + DPV(x)\} \cdot dx = \int_x^L [DP(x) + DPV(x)] \cdot dx \quad (4.2)$$

Die längenbezogenen Wirkverluste berechnet man näherungsweise gemäß Gl. 4.3.

$$DPV(x) = \frac{PL_0^2 \cdot R}{U_N^2 \cdot \cos^2\varphi \cdot L} \cdot \left(1 - \frac{x}{L}\right)^2 \quad (4.3)$$

Damit erhält man Gl. 4.4 für die gesamte Wirkverlustleistung.

$$PV_0 = \int_0^L DPV(x) \cdot dx = \frac{1}{3} \cdot \frac{PL_0^2 \cdot R}{U_N^2 \cdot \cos^2\varphi} = \frac{1}{3} \cdot \frac{DP^2 \cdot DR \cdot L^3}{U_N^2 \cdot \cos^2\varphi} \quad (4.4)$$

Die Wirkverlustleistung ist also proportional

- zum Quadrat der Nachfragedichte,
- zum längenbezogenen Wirkwiderstand der Leitung,
- zur dritten Potenz der Leitungslänge

und verkehrt proportional

- zum Quadrat der Nennspannung,
- zum Quadrat des mittleren Leistungsfaktors.

Für den Längsspannungsabfall gelten näherungsweise Gl. 4.5 und 4.6.

$$\mathrm{DUL}(x) = \frac{\mathrm{PL}_0 \cdot Z \cdot \cos(\psi - \varphi)}{U_N \cdot L \cdot \cos \varphi} \cdot \int_x^L \left(1 - \frac{x}{L}\right) \cdot dx \quad (4.5)$$

$$\mathrm{DUL}_0 = \frac{1}{2} \cdot \frac{\mathrm{PL}_0 \cdot Z \cdot \cos(\psi - \varphi)}{U_N \cdot \cos \varphi} = \frac{1}{2} \cdot \frac{\mathrm{DP} \cdot \mathrm{DZ} \cdot \cos(\psi - \varphi) \cdot L^2}{U_N \cdot \cos \varphi} \quad (4.6)$$

Der Längsspannungsabfall ist somit proportional

- zur Nachfragedichte,
- zur längenspezifischen Impedanz,
- zum Cosinus der Differenz von Impedanz- und Lastwinkel,
- zum Quadrat der Leitungslänge

sowie verkehrt proportional

- zur Nennspannung,
- zum Leistungsfaktor.

Bemerkenswert ist, dass bei konstanter Nachfragedichte und vorgegebenen Leitungsparametern die Transportverluste mit der dritten Potenz und der Längsspannungsabfall quadratisch mit der Leitungslänge zunehmen. Fundamentale Verbesserungen sind durch parallele Leitungen und höhere Nennspannungen möglich.

Mit den gezeigten kontinuierlichen Modellen sind grundsätzliche Überlegungen zur Optimierung von Infrastrukturparametern möglich, es können Stationszahlen bzw. -abstände, Leitungsquerschnitte oder Leitungslängen optimiert werden. Beispielhaft wird im Folgenden ein sehr einfaches Modell skizziert: Es werden dazu Anzahl und Kosten der Anlagen und der Leitungen als Funktionen der Leitungslänge dargestellt, die konstante längenbezogene Nachfragedichte sei vorgegeben. Für die Anlagenkosten wird beispielhaft ein lineares Fixkostenmodell formuliert, bei dem die Anlagenkosten linear mit der Stationslast und damit proportional zur Leitungslänge je Station zunehmen. Die Leitungskosten seien nur von der Leitungslänge abhängig, die Leitungstype wird nicht variiert.

Für die Anlagen- und Leitungskosten gelten somit Gl. 4.7 und Gl. 4.8.

$$K_A = KI_A + BKV_A = C1 + C2 \cdot L \quad (4.7)$$

$$K_L = KI_L + BKV_L = C3 \cdot L + C4 \cdot L^3 \quad (4.8)$$

4.1 Planungstechniken

Abb. 4.13 Stationszahl in einem langgestreckten Netzgebiet

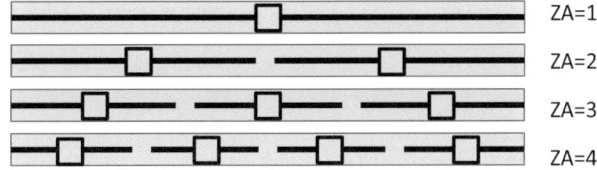

Die Anzahl der zentralen Knoten und der Leitungen ist unter den getroffenen Annahmen verkehrt proportional zur Leitungslänge, wie Abb. 4.13 zeigt.

Somit erhält man für die zu minimierenden Gesamtkosten und die optimale Leitungslänge Gl. 4.9 und Gl. 4.10.

$$K = Z_A \cdot K_A + Z_L \cdot K_L = \frac{L_{ges}}{L} \cdot \left(\frac{1}{2} \cdot C1 + \frac{1}{2} \cdot C2 \cdot L + C3 \cdot L + C4 \cdot L^3\right) \to \text{Min} \tag{4.9}$$

$$\frac{dK}{dL} = \frac{1}{2} \cdot L_{ges} \cdot C1 \cdot \left\{-\frac{1}{L^2}\right\} + 2 \cdot L_{ges} \cdot C4 \cdot L = 0, \quad L_{opt} = \sqrt[3]{\frac{C1}{4 \cdot C4}} \tag{4.10}$$

Die optimale Leitungslänge ist eine nichtlineare Funktion aus dem Verhältnis von Basiskosten der Anlagen zu den längenbezogenen Verlustkosten der Leitungen. Dies ist nur einer von vielen denkbaren Optimierungsansätzen, unter geänderten Voraussetzungen ergeben sich auch völlig unterschiedliche Lösungen.

4.1.3.3.2 Analytisches Netzmodell

Es gibt eine große Vielfalt analytischer Darstellungen von Netzmodellen. Am Beispiel eines zentral gespeisten MS-Ringnetzes für quadratische Netzgebiete gemäß Abb. 4.11 werden allgemein gültige analytische Zusammenhänge gezeigt. Das Modell besteht aus $K \cdot K = N$ Netzknoten, quadratischen Basisflächen und Netzelementen sowie dem quadratischen Netzgebiet A mit zentralem Speiseknoten.

Für ein elementares Netzelement gelten die Beziehungen gemäß Gl. 4.11.

$$L_1 = \sqrt{\frac{A}{N}}, \quad A_1 = \frac{A}{N}, \quad PV_1 \approx \frac{S_1^2}{U_N^2} \cdot DR \cdot L_1,$$

$$du1_1 \approx \frac{DZ \cdot L_1 \cdot S_1}{U_N^2} \cdot \cos(\psi - \varphi) \tag{4.11}$$

Mit diesen Basiskenngrößen können analytische Beziehungen im genannten Modellnetz beispielsweise für K = 5, 9, 13... angegeben werden.

Anzahl der Trafostationen je Ring gemäß Gl. 4.12.

$$SR = K + 1 \tag{4.12}$$

Anzahl der Ringe gemäß Gl. 4.13.

$$KR = K - 1 \tag{4.13}$$

Anzahl der Leitungsstrecken gemäß Gl. 4.14.

$$KL = K^2 + K - 2 \qquad (4.14)$$

Trassenlänge gemäß Gl. 4.15.

$$LT = \left(K + 1 - \frac{2}{K}\right) \cdot \sqrt{A} \qquad (4.15)$$

Leitungslänge gemäß Gl. 4.16.

$$LL = \frac{1}{2} \cdot (3K - 2 - 1/K) \cdot \sqrt{A} \qquad (4.16)$$

Maximaler relativer Längsspannungsabfall im ungünstigsten Ausfallzustand gemäß Gl. 4.17.

$$du l_{max} = \frac{1}{2} \cdot (2K^2 + K - 1) \cdot du l_1 \qquad (4.17)$$

Leitungsverluste gemäß Gl. 4.18.

$$PV_{ges} = \frac{1}{24} \cdot (K^2 - 1) \cdot (5K^2 + 4K + 3) \cdot PV_1 \qquad (4.18)$$

Transportmoment gemäß Gl. 4.19.

$$TM = \frac{1}{2} \cdot K \cdot (K^2 - 1) \cdot P_1 \cdot L_1 \qquad (4.19)$$

Vereinfachend gilt für die Länge der Leitungstrassen Gl. 4.20. Die Leitungslänge ist um etwa 50 % höher.

$$LT \approx \sqrt{N \cdot A} \qquad (4.20)$$

Diese analytischen Beziehungen erlauben ganz allgemein die grobe Abschätzung von Infrastrukturkenngrößen in annähernd homogenen quadratischen Netzgebieten mit zentralem Speiseknoten.

4.1.4 Rechnergestützte Netzplanung

4.1.4.1 Istbestand

Infrastrukturbetreiber verfügen heute in der Regel über Geografische Informationssysteme zur lagerichtigen Erfassung, Verwaltung und Darstellung von Objekten im gesamten Netzgebiet. Spezielle Ausprägungen solcher Systeme sind Land-, Verkehrswege-, Kommunal- oder Netzinformationssysteme. Für die Netzplanung sind vor allem lagerichtige Darstellungen folgender Objekte von Bedeutung [13, 14]:

4.1 Planungstechniken

- Leitungstrassen des Stromnetzes samt ober- und unterirdischen Bauwerken,
- Leitungstrassen anderer Infrastrukturen samt ober- und unterirdischen Bauwerken wie Kanalisation, Gas, Wasser, Fernwärme, Telekom,
- Flächen und Gebäude für Umspannwerke und Transformatorstationen,
- Private und öffentliche Grundstücke, Flächen mit Leitungsrechten,
- Verkehrswege wie Straßen, Wege, Plätze, Brücken, Tunnels, Autobahnen, Eisenbahnen, Straßenbahnen. U-Bahnen, Tunnels,
- Oberflächen wie Asphalt, Beton, Pflaster, Schotter, Grünfläche, Garten, Ackerland, Wald, Weide. See, Moor, Fluss,
- Gebäude, Bauwerke,
- Flächenwidmungspläne, Bebauungspläne.

Solche Geoinfosysteme werden zweckmäßigerweise von mehreren Nutzern wie Gebietskörperschaften, Infrastruktur- und Verkehrsunternehmen gemeinsam betrieben. Bestimmte Inhalte werden auch der Öffentlichkeit zur Verfügung gestellt. Bei Verteilnetzbetreibern werden diese Systeme für Planung, Projektierung, Instandhaltung und Betrieb genutzt.

Zu den Objekten werden neben den Geodaten auch Sachdaten gespeichert. Damit sind für alle Betriebsmittel des Netzes die für Planung, Instandhaltung und Betrieb wesentlichen Informationen verfügbar. Zur Gestaltung dezentraler Elektrizitätssysteme sind folgende internen Informationen nützlich:

- Technische Daten: Nenndaten elektrischer Betriebsmittel, Gebäudepläne, Pläne unterirdischer Bauwerke, Bauwerkskenngrößen, Schaltpläne, Gerätebeschreibungen, Materiallisten, Trassenquerschnitte, thermische Belastbarkeiten, Einstellparameter, Qualitätsprüfungen,
- Instandhaltung: Wartungspläne, Ersatzteillisten, Aufzeichnungen zu Inspektionen und Arbeiten, Störungs- und Prüfprotokolle,
- Kommerzielle Daten: Hersteller, Baujahre, Beschaffungs- bzw. Baukosten.

Neben den üblichen Unterstützungsfunktionen zur möglichst automatisierten Datenerfassung und Datenübernahme aus Vermessungssystemen und Fremddatenbanken sowie zur Informationsdarstellung, -auswertung und -weitergabe sind folgende Statistikfunktionen für den Netzplaner nützlich:

- Führung des Anlagenbestandes einschließlich des Alters und der Lebenszykluskosten der Betriebsmittel,
- Führung einer Störungsstatistik zur langfristigen Ermittlung von Zuverlässigkeitskenngrößen,
- Gebiets- und technologiebezogene Auswertungen von Betriebsmittelparametern und Netzkenngrößen.

4.1.4.2 Nachfrage und Netzauslastung

Aktuelle und historische Informationen zur örtlichen Nachfrage stellen Kundeninformations- und Abrechnungssysteme bereit. Dazu müssen die Zählpunkte eindeutig den Netzanschlusspunkten zugeordnet sein. An den Tarifstrukturen der Netzentgelte orientierte Abrechnungsinformationen müssen für Zwecke der Netzplanung aufbereitet werden. Je Netzanschlusspunkt müssen gemessenen Energiemengen synthetische Lastprofile zugeordnet sowie synthetische und gemessene Nachfrageprofile summiert werden.

Lastflüsse oder Ströme werden beispielsweise an Transformatoren und Umspannwerksabzweigen permanent erfasst und im Prozessleitsystem archiviert und ausgewertet. Hinzu kommen je nach Bedarf zeitlich befristete Belastungsmessungen vor allem in den Niederspannungsnetzen. Die permanenten Betriebsmessungen liefern im Allgemeinen die besten Schätzwerte für die in der Netzplanung benötigten Größen: Jahreshöchstwerte (Minutenmittelwerte), Jahresganglinien, Ganglinien für charakteristische Tage. Sie können zur Kalibrierung der aus den Abrechnungssystemen gewonnenen Lastprofile herangezogen werden. Die befristeten punktuellen Belastungsmessungen können zu Ganzjahresprofilen ergänzt werden und bei Bedarf ebenfalls zur Kalibrierung dienen [15].

Diese Auswertungen, Anpassungen und Ergänzungen können in einem eigenen Lastinformations- oder Nachfrageplanungssystem erfolgen. Neben der skizzierten Aufbereitung der Informationen aus unterschiedlichen Quellen und deren Archivierung können auch die Nachfrageprognosen in diesem System implementiert werden. Damit sollten kurz- und langfristige Prognosen für beliebig wählbare Teilnetzgebiete sowie Entwicklungsszenarien für die durchzuführenden Systemplanungsaufgaben automationsunterstützt erstellt werden können.

4.1.4.3 Planungsprojekte

Zur Planung und Projektierung von Umspannwerken und Transformatorstationen stehen fachspezifische CAE-Systeme zur Verfügung: Hochbau, Tiefbau, Anlagenbau, Elektrotechnik, Automatisierung und Schutz. Wichtig ist eine gewisse Kompatibilität der Systeme, um die allgemeine Verwend- und Nutzbarkeit von Daten und Grafiken zwischen Projektanten, Lieferanten und Betreibern zu gewährleisten. CAE-Systeme unterstützen nicht nur das geometrische Design der jeweiligen Objekte sondern auch das Erstellen, Verwalten und Auswerten von Materialmengen und -listen, Gerätedokumentationen, Verdrahtungsplänen, Wartungsanleitungen und Parameterlisten. Häufig gestatten Sie auch Kühlungs- und Lüftungsberechnungen und stellen Bau- oder Anlagenstandards bereit.

Die Feintrassierung von Leitungsprojekten erfolgt im Allgemeinen im Geografischen Informationssystem, das entsprechende Unterstützung für Erstellung, Verwaltung und Bewertung von Projektvarianten bereitstellt. Programme zur mechanischen Freileitungsberechnung und zur Erwärmungsberechnung von Kabeltrassen erleichtern die Auslegung. Zweckmäßigerweise werden alle notwendigen Projektierungsinformationen wie z. B. Kabeldaten im System hinterlegt.

Moderne Projektierungssysteme ermöglichen das koordinierte Arbeiten an vielen Arbeitsplätzen. Sie unterstützen die gegenseitige Abgrenzung und die abgestimmte Ausführung der Teilprojekte beispielsweise durch Festlegen von Projektgebieten und durch strukturierte Kommunikation zwischen den Projektanten.

4.1.4.4 Optimierungsprobleme

Rechnergestützte Netzplanung beruht fundamental auf Optimierungsmodellen und Optimierungsalgorithmen. Die Optimierungsmodelle können als deterministisch oder stochastisch, statisch oder dynamisch, diskret oder kontinuierlich sowie linear, konvex oder konkav klassifiziert werden. Unterschiedliche Planungsaufgaben erfordern entsprechend formulierte Modelle, um mit Hilfe von Algorithmen günstige Lösungen finden zu können [1, 16].

Von besonderem Interesse für die Netzplanung sind Optimierungsalgorithmen für Netzwerkprobleme (Graphentheoretische Fragestellungen). Sie ermöglichen die Lösung einfacher Gestaltungsfragen bei allen Arten von Netzen [17].

4.1.4.4.1 Kürzester oder kostenoptimaler Weg

Damit lässt sich beispielsweise die günstigste Kabeltrasse auf dem städtischen Straßennetz zwischen zwei Stationen festlegen. Es existieren viele sehr leistungsfähige Algorithmen für die exakte Lösung, der bekannteste stammt wohl von Dijkstra.

4.1.4.4.2 Minimaler Spannbaum

Diese Aufgabenstellung umfasst z. B. die Ermittlung der günstigsten baumförmig verlaufenden Kabeltrassen von einem Umspannwerk zu allen Transformatorstationen. Abzweigungen sind dabei nur in den Transformatorstationen vorgesehen, die Optimierung erfolgt also auf dem Leitungsgraphen. Auch für diese Aufgabenstellung gibt es zahlreiche leistungsfähige Algorithmen, die bekanntesten stammen von Kruskal und Prim.

4.1.4.4.3 Steiner-Baum-Problem

Dabei geht es ebenfalls um die günstigsten (kürzesten) baumförmig verlaufenden Kabeltrassen von einem zentralen zu allen anderen Stationsknoten. Im Unterschied zum minimalen Spannbaum soll dieser Baum auf dem Straßen- bzw. Projektnetz liegen und jede Kreuzung kommt auch als möglicher Abzweigpunkt in Frage. Der Steiner-Baum umfasst zwar alle Stationsknoten, jedoch nur einen Teil aller Straßenkreuzungen bzw. Knoten des Projektnetzes.

Diese Aufgabe gehört in eine Klasse von Problemen, deren exakte Lösung äußerst schwierig ist. Daher werden neben exakten auch heuristische Methoden angewandt, die häufig von einem minimalen Spannbaum als Startlösung ausgehen, wie z. B. beim Algorithmus von Mehlhorn [18].

4.1.4.4.4 Maximaler Fluss

Diese Aufgabe erlaubt die schnelle Beurteilung der maximalen Transportkapazität eines Netzwerks beispielsweise auch in Ausfallzuständen. Dabei werden Kantenkapazitäten und

Knotenbilanzen modelliert, d. h. das 1. Kirchhoffsche Gesetz elektrischer Netze wird berücksichtigt. Mehrere Quellen und Senken von Flüssen können jeweils durch zusätzliche Kanten zusammengefasst werden, sodass ohne Beschränkung der Allgemeinheit immer Flüsse von einer Quelle zu einer Senke betrachtet werden. Wiederum existiert eine Vielzahl sehr leistungsfähiger Algorithmen, der bekannteste stammt von Ford und Fulkerson.

4.1.4.4.5 Kostenoptimaler Fluss

Bei dieser Aufgabe werden den Kanten nicht nur Kapazitäten, sondern auch spezifische Kosten für einen Kantenfluss zugeordnet. Es werden also Transportkosten optimiert, man spricht kurz von einem Transportproblem. Entsprechend der Zielfunktion gibt es lineare, konvexe oder auch konkave Modelle. Ein Flussmodell mit Investitionsentscheidungen besitzt eine konkave Zielfunktion und erfordert ganzzahlige Variable, wie in Abschn. 3.2.4 gezeigt worden ist. Lineare und linearisierte konvexe Aufgabenstellungen werden beispielsweise mit netzwerkorientierten Simplexmethoden gelöst.

4.1.4.4.6 Rundreiseproblem

Gesucht wird dabei der kürzeste bzw. kostengünstigste Leitungsring für die vorgegebenen Stationsknoten auf dem Leitungsgraphen. Das Rundreiseproblem gehört zur Klasse der Reihenfolgeprobleme, also zu den kombinatorischen Problemen. Exakte Lösungen der Optimierungsaufgabe sind sehr schwer zu finden, daher werden häufig heuristische Lösungsverfahren eingesetzt. Solche Verfahren gehen beispielsweise von einem minimalen Spannbaum aus, der eine Rundreise doppelter Länge repräsentiert, anschließend werden lokale Verbesserungen gesucht. Bekannt ist die sogenannte Nächster-Nachbar-Heuristik [18].

4.1.4.4.7 Vehicle Routing Problem

Dabei betrachtet man gleichzeitig mehrere Rundreisen auf einem Graphen, die von einem Bezugsknoten, dem Verteilzentrum, ausgehen. Ordnet man den anderen Knoten jeweils eine Nachfrage zu und begrenzt die Nachfragemenge je Rundreise, erhält man das VRP mit Kapazitäten. Damit beschreibt man auch das Problem der kürzesten Kabelringnetze in einem städtischen Versorgungsgebiet, d. h. ohne Berücksichtigung der Spannungshaltung. Meist werden heuristische Lösungsverfahren verwendet, eine gute Übersicht enthält [19].

4.1.4.5 Optimierungsmethoden

Bei der Gestaltung dezentraler Elektrizitätssysteme treten in der Praxis wesentlich komplexere Optimierungsaufgaben auf. Investitionsentscheidungen erfordern ganzzahlige Variable, Leistungsflüsse oder Knotenpotenziale werden mittels kontinuierlicher Variabler modelliert. Nichtlineare Funktionen treten bei der Nachbildung von Netzverlusten oder den exakten Lastflussgleichungen auf. Dies führt zu gemischt-ganzzahligen nichtlinearen Optimierungsmodellen, für die es eine Reihe von Optimierungsalgorithmen wie beispielsweise Branch-and-Bound Verfahren auf Basis der Simplexmethode gibt [1].

Exakte Optimierungsverfahren für umfangreiche Probleme aus der Netzplanungspraxis mit ganzzahligen Variablen sind meist sehr aufwendig, daher empfiehlt sich oft der Einsatz heuristischer oder metaheuristischer Verfahren [4, 21].

4.1.4.5.1 Evolutionäre Algorithmen

Dieser Sammelbegriff umfasst zahlreiche Ausprägungen metaheuristischer Algorithmen, eine wichtige Gruppe sind genetische Algorithmen. Der Suchprozess nach immer besseren Lösungen beruht auf Analogien zur evolutionären Entwicklung von Lebewesen wie Mutation, Selektion und Rekombination. Wichtig ist die Balance zwischen lokalen Verbesserungen und der effizienten Gestaltung des globalen Suchprozesses zur Identifikation neuer Suchgebiete.

4.1.4.5.2 Tabu Suche

Die heuristische Suche im Lösungsraum wird durch ‚Intensivierung' und ‚Diversifikation' gesteuert. Bei der ‚Intensivierung' wird ein lokales Optimum gesucht, anschließend wird das Suchgebiet als ‚attraktiv' oder ‚unattraktiv' klassifiziert. Abgesuchte Gebiete werden nach festgelegten Kriterien vorübergehend tabuisiert, um durch ‚Diversifikation' neue Suchgebiete zu erschließen.

4.1.4.5.3 Partikelschwarm

Das natürliche Verhalten von Schwärmen im Tierreich wird bei der Suche nach optimalen Lösungen nachgebildet. Der Lösungsraum wird durch einen Schwarm abgesucht, seine Richtung wird durch Informationen aus der bisherigen Suche gesteuert.

4.1.4.5.4 Simulierte Abkühlung

Basis ist ein Algorithmus, der lokale Verbesserungen sucht, aber auch mit einer gewissen Wahrscheinlichkeit in eine neue Suchumgebung wechseln kann. Diese Wahrscheinlichkeit nimmt mit fortschreitender Suche ab.

4.1.4.5.5 Ameisenalgorithmus

Ausgehend von einer Startlösung (Ameisennest) wird in verschiedenen Richtungen nach Verbesserungen der Zielfunktion gesucht, d. h. Ameisen schwärmen aus. Die erzielten Verbesserungen werden bewertet, d. h. die Erfolgswahrscheinlichkeiten abgeschätzt. Dies entspricht der Pheromonintensität auf einer Ameisenstraße. Erfolg versprechende Suchwege werden mit hoher Wahrscheinlichkeit weiter verfolgt, von guten Lösungen schwärmen dementsprechend viele neue Ameisen aus. Diese stochastische Metaheuristik liefert gute Ergebnisse für kombinatorische Optimierungsprobleme und wurde bereits erfolgreich in der Verteilnetzplanung angewendet [8, 22].

4.1.4.5.6 Praktische Anwendung

Es existiert eine unglaubliche Fülle von Optimierungsmodellen und -methoden, die bereits für Planungsaufgaben in Elektrizitätssystemen eingesetzt wurden. Der Planer sollte sich im Klaren darüber sein, für welche Teilaufgaben rechnergestützte Verfahren erfolgreich eingesetzt werden können. Beispiele hierfür werden in den weiteren Kapiteln noch vorgestellt. Großes Potenzial hat in Zukunft wohl die routinemäßige automatische Generierung, Analyse und Beschreibung von Planungsvorschlägen, die bei Bedarf vom Netzplaner begutachtet, modifiziert und freigegeben werden können [16].

4.1.5 Planungsorganisation

4.1.5.1 Anforderungen

Die erfolgreiche Gestaltung von Elektrizitätssystemen erfordert Wissen, Erfahrung und Informationen aus Sachgebieten wie Physik, Elektrotechnik, Anlagen- und Netzbau, Netzgebiet, Netzkunden und Nachfrage, Planungsmethoden, Instandhaltung, Netzbetrieb, weitere Infrastrukturen, Standards und Vorschriften sowie regulatorische und gesetzliche Rahmenbedingungen. Daraus ergeben sich Anforderungen an die Netzplaner, an berufliche Weiterbildungs- und Kommunikationserfordernisse sowie an die Informationsbereitstellung.

Der Informations- und Erfahrungsaustausch sollte dementsprechend firmenintern beim Netzbetreiber, branchenspezifisch über die Verbandsorganisationen, regional mit Gebietskörperschaften, Behörden und der Wirtschaft organisiert werden. Der Bereitstellung von Planungsinformationen und -methoden sowie von rechnergestützten Werkzeugen ist entsprechende Aufmerksamkeit zu widmen. Ebenso sind die Erwartungen an Arbeitsabläufe, Planungsergebnisse und Planungsqualität zu spezifizieren [11, 23, 24].

Die Effizienz aller Planungsarbeiten hängt von leistungsfähigen und anforderungsgerechten EDV-Systemen ab. Standard sind geografische Informationssysteme, CAE-Systeme, Kundeninformations- und Netzanalysesysteme, optional sind Systeme zur örtlich differenzierten Nachfrageprognose und Optimierungssysteme. Wichtig ist der komfortable Datenaustausch mit Geoinfosystemen von Gebietskörperschaften, Behörden und anderen Infrastrukturbetreibern, mit Prozessleitsystemen und den CAE-Systemen von Anlagenprojektanten und -lieferanten sowie Gebäudeplanern.

4.1.5.2 Personalorganisation

Unternehmensgröße und Anzahl dezentraler Unternehmensstandorte beeinflussen naturgemäß Anzahl und Zuordnung der mit Planungsaufgaben befassten Mitarbeiter. Bei vielen Netzbetreibern findet man eine mehr oder weniger dezentrale Aufbauorganisation für die Systemplanung. Zentrale Aufgaben sind meist die Grundsatzplanung, Erarbeitung von Planungsrichtlinien, Planungen für das Hochspannungsnetz, große Restrukturierungen in Mittelspannungsnetzen und die Planung von Großprojekten, z. B. Umspannwerken. Dezentral erfolgen im Allgemeinen Planungsarbeiten entsprechend den Richtlinien für kleinere Restrukturierungen im Mittelspannungsnetz, für Transformatorstationen und das Niederspannungsnetz. Damit werden Ortskenntnisse und lokale Kontakte von Systemplanern vor Ort bestmöglich genutzt.

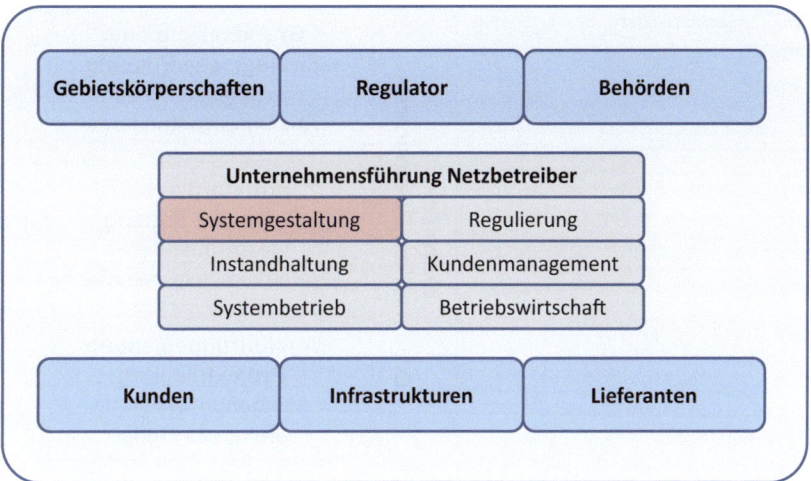

Abb. 4.14 Systemplanung und Stakeholder

Das Asset Management umfasst üblicherweise Netzplanung, -instandhaltung und -betrieb. Damit sollte eine enge Zusammenarbeit aller mit dem dezentralen Elektrizitätssystem befassten Fachleute gewährleistet sein. Wichtig ist eine enge Abstimmung insbesondere der Grundsatzplanung mit der Unternehmensführung, den Spezialisten für Regulierung sowie mit Kundenmanagement, Betriebswirtschaft bzw. Controlling. Wegen der zahlreichen neuen Herausforderungen an dezentrale Elektrizitätssysteme ist ein kreativer Umgang mit Innovationen ein wesentlicher Erfolgsfaktor.

Abb. 4.14 zeigt die organisatorische Stellung der Systemgestaltung bzw. Netzplanung im Unternehmen und die externen Stakeholder.

4.2 Planungssystematik

4.2.1 Übersicht

Planungsaufgaben können gemäß Abschn. 4.1.2 der Grundsatz-, Struktur- oder Ausführungsplanung zugeordnet werden. In der Grundsatzplanung werden langfristige Strategien beispielsweise für Spannungsebenen oder Betriebsmittelstandards festgelegt. Die Strukturplanung befasst sich mit konkreten Investitionsentscheidungen für den Systemausbau, legt also Anlagen- und Netzstrukturen fest und gibt die Hauptdaten der Betriebsmittel vor. Die Ausführungsplanung bestimmt die Realisierungsdetails zu errichtender Anlagen und Leitungen. Diese Planungssystematik ist in Abb. 4.15 dargestellt.

Zwischen diesen hierarchischen Teilgebieten der Netzplanung bestehen intensive Wechselwirkungen, sie erfordern Koordination und Informationsaustausch. Die Strategien

Abb. 4.15 Systematik der Netzplanung

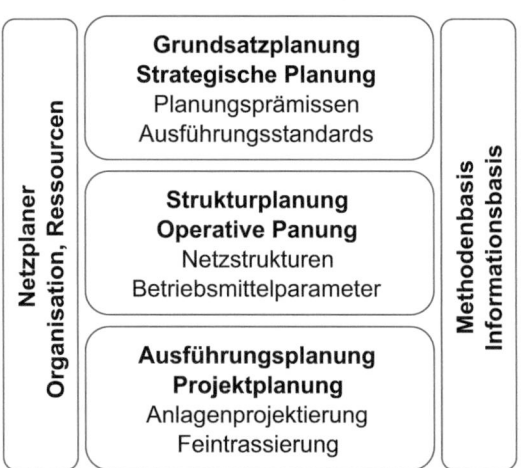

der Grundsatzplanung bilden den Rahmen für die Strukturplanung, deren Investitionsentscheidungen bestimmen die im Detail zu planenden Projekte. Alle aktuellen Informationen aus der Projektplanung fließen wiederum in die operative und strategische Planung.

Die Aufgaben der Grundsatzplanung haben sich mit der massiv wachsenden dezentralen Erzeugung stark ausgeweitet. Die Regulierung des Systembetriebes, die Gestaltung von Entsorgungsstandards unter Einsatz von Speichern oder auch die volkswirtschaftlich zweckmäßige Erneuerung der gealterten Infrastruktur erfordern eine große Vielfalt an Grundsatzuntersuchungen. Für diese Zwecke werden auch Modellnetzuntersuchungen, innovative Methoden der Strukturplanung sowie neue Verfahren der Datenanalyse und der Generierung von Szenarien eingesetzt [25].

Je nach Planungsgebiet spricht man von lokalen, regionalen und globalen Planungsaufgaben. Der Neuanschluss kleinerer Kundenanlagen oder die Anbindung neuer Transformatorstationen an das vorhandene Netz erfordert typischerweise lokale Planungen. Ein Beispiel für regionale Planung ist die Restrukturierung eines Teilnetzes in Zusammenhang mit der zusätzlichen Erschließung von Neubaugebieten. Grundsatzüberlegungen sind meist globale Planungen ebenso wie die Neuaufteilung eines Versorgungsgebiets in Teilnetzareale.

Alle Planungstätigkeiten erfordern ausreichend qualifiziertes Personal, eine effiziente Organisation und die erforderlichen Ressourcen. Jeder Netzbetreiber muss eine adäquate Methoden- und Informationsbasis bereitstellen. Neben den eigentlichen Planungsaufgaben gibt es eine Reihe von unterstützenden Tätigkeiten: Anforderungsmanagement, Organisation der Netzplanung, Prognosen und Szenarien, Wahl der Planungsmethoden, Modellbildung in der Netzplanung, Bereitstellung der Planungsdaten und -ergebnisse sowie Unterstützung bei der Umsetzung der Planungsergebnisse. Das Anforderungsmanagement überträgt die Erwartungen aller Stakeholder in konkrete Planungsvorgaben. Die

Unterstützung der Umsetzung der Planungsergebnisse im Unternehmen ist eine wichtige Kommunikationsaufgabe für die Planungsingenieure [26].

4.2.2 Grundsatzplanung

4.2.2.1 Themenfelder

Massiv wachsende dezentrale Erzeugung erfordert die Adaptierung der Rahmenbedingungen für Systemnutzung, Netzgestaltung und -betrieb. Regulierungsbehörden, wissenschaftliche Institutionen, Unternehmensberater und Netzbetreiber erstellen umfangreiche Analysen zu den Auswirkungen möglicher neuer Vorgaben. Diese umfassen unter anderem Grundsatzplanungen zum notwendigen Netzausbau und ausführliche Analysen zur Wirtschaftlichkeit und zur Entwicklung der Versorgungs- und Entsorgungsqualität. Im Zuge der Entwicklung des Regulierungsrahmens kann jeder Netzbetreiber mögliche Auswirkungen auf sein Unternehmen analysieren und schließlich unternehmensinterne Grundsätze für die künftige Systemgestaltung ableiten. Daraus folgen Planungsstandards für die Beurteilung von Investitionsvorhaben und die Qualität der Systemdienstleistungen [25].

Auf Basis der externen Vorgaben und der Unternehmensstrategien werden schließlich die Grundsätze für Systemgestaltung, -erneuerung, -instandhaltung und -betrieb formuliert. Prinzipielle technische Festlegungen umfassen beispielsweise die Entscheidung zwischen Kabel- oder Freileitungsnetz, die Wahl der Spannungsebenen, grundsätzliche Netzformen ebenso wie die Betriebsweise als Strahlen- oder Maschennetz, die Ausstattung mit Leistungs- oder Lastschaltern sowie Grundsätze des Spannungsmanagements, der Anlagenautomatisierung und der Sternpunktbehandlung. Strategische Vorgaben betreffen Qualitätsstandards für Ver- und Entsorgung und damit auch für die Qualitätssicherung in Planung, Bau, Instandhaltung und Betrieb.

Für Wirtschaftlichkeitsvergleiche in der Ausbauplanung sind unternehmensspezifische Standards beispielsweise für den Kalkulationszinssatz oder die Verlustbewertung festzulegen. Regeln zur Sicherstellung der Versorgungsqualität betreffen Art und Größe der Kapazitätsreserven oder auch die Bewertung der nicht bedarfsgerecht gelieferten Energie. Dabei sind die Langfristigkeit der Investitionstätigkeit sowie regulatorische Vorgaben angemessen zu berücksichtigen.

Die Wahl der Anlagentechnologie betrifft vor allem Entscheidungsgrundsätze für Innenraum- oder Freiluftanlagen, luft- oder gasisolierte Schaltanlagen, öl- oder kunststoffisolierte Transformatoren sowie Grundsätze für Kühlung und Emissionen. Regelungen zur Leitungstechnologie betreffen nicht nur Kabel und Kabelgarnituren, sondern auch deren Verlegung. Standards für Anlagen umfassen wichtige Nenndaten, die Anlagentopologie aber auch die Gebäudegestaltung beispielsweise hinsichtlich Grundbedarf, Reserveflächen, Brandschutz und Belüftung. Festlegungen für Betriebsmittel betreffen hauptsächlich die in Frage kommenden Transformatornenngrößen, Bauartdetails sowie Kabeltypen und -querschnitte. Eine Zusammenstellung von Themenfeldern der Grundsatzplanung zeigt Abb. 4.16.

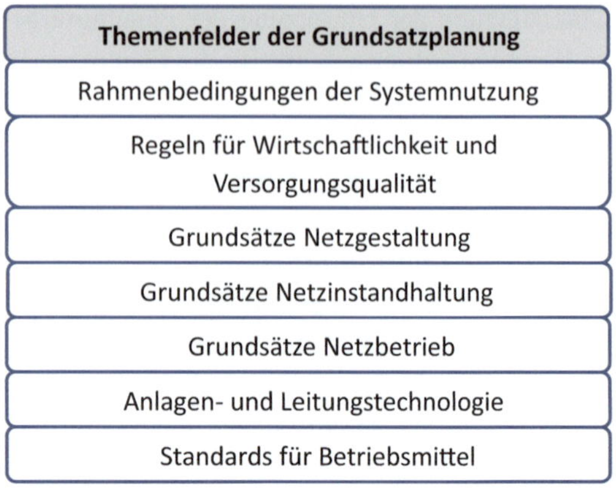

Abb. 4.16 Themenfelder der Grundsatzplanung

Themenfelder der Grundsatzplanung
- Rahmenbedingungen der Systemnutzung
- Regeln für Wirtschaftlichkeit und Versorgungsqualität
- Grundsätze Netzgestaltung
- Grundsätze Netzinstandhaltung
- Grundsätze Netzbetrieb
- Anlagen- und Leitungstechnologie
- Standards für Betriebsmittel

4.2.2.2 Spannungsfelder

Grundsätze und Regeln für die Netzplanung sollen langfristig die Planungsziele der Wirtschaftlichkeit, Ver- und Entsorgungsqualität sowie Robustheit unterstützen. Sie sind daher grundsätzlich auf langfristige Stabilität auszurichten, bei Änderung der externen Rahmenbedingungen ist allerdings auf entsprechende Flexibilität und Anpassungsfähigkeit Bedacht zu nehmen. Praktische Beispiele sind die unternehmensinterne Festlegung des Kalkulationszinssatzes für Investitionsrechnungen oder die regionale Fixierung zulässiger Spannungsbänder je Netzebene.

Das Festlegen von Standards erfolgt bei Anlagen und Betriebsmitteln im Spannungsfeld von Einheitlichkeit und Innovation sowie planerischen Freiheitsgraden und Effizienz der Logistik, wie Abb. 4.17 zeigt. Das Beibehalten bewährter Strategien bietet Sicherheit, die Vorteile einer Strategieänderung müssen die Umstellungskosten klar überwiegen. Neue Technologien sollten erst nach entsprechender Erprobung und Bewährung ausgerollt werden, um die sehr hohe Versorgungsqualität nicht zu beeinträchtigen. Ein Beispiel aus der Vergangenheit zu den Risiken einer Technologieänderung ist die Verlegung von PE-Hochspannungskabeln, deren Isolierung damals keine ausreichende Langzeitstabilität aufwies.

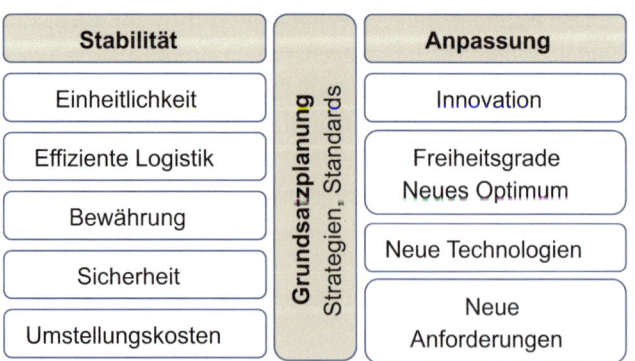

Abb. 4.17 Spannungsfelder der Grundsatzplanung

Langfriststrategien sollten daher regelmäßig überprüft werden, bei dauerhaft geänderten Anforderungen ist entsprechend rasch zu reagieren. Netzplaner sollten sich auch dafür einsetzen, allgemeine technische Normen, Standards oder Regeln sowie allenfalls regulatorische Rahmenbedingungen zeitgerecht an neue Herausforderungen anzupassen. Eine solide Grundsatzplanung ist die Basis einer kontinuierlichen Investitionstätigkeit, die erfahrungsgemäß langfristig wirtschaftlich vorteilhaft ist. Erforderlich ist die Abstimmung mit einer vorausschauenden Instandhaltungstätigkeit, nur so kann eine wirtschaftliche und nachhaltige Erneuerungsstrategie festgelegt werden.

4.2.2.3 Anwendungsfelder

Typische Anwendungen der Grundsatzplanung findet man in der Systementwicklung wie der Planung neuer Entsorgungsnetze oder von anzustrebenden Zielnetzen und auch in der Systemerneuerung, also bei Restrukturierung und Ersatzinvestitionen. Neue Herausforderungen und Rahmenbedingungen für dezentrale Elektrizitätssysteme erfordern in der Regel die Ausarbeitung neuer Gestaltungsgrundsätze und Systemstandards. Gestaltungsgrundsätze umfassen hauptsächlich Planungsmethoden, Qualitätskriterien, Bewertungsregeln und Gestaltungsparameter, somit alle internen Vorgaben für die Systemgestaltung und den Planungsprozess. Systemstandards umfassen alle Vorgaben für die Systemstruktur wie Nennspannungen und Netzformen sowie für Systemkomponenten, also z. B. Nennleistungen und Standardquerschnitte.

Folgende Anwendungsfelder werden daher in Abschn. 5.1 näher erläutert:

- Systementwicklung,
- Systemerneuerung,
- Gestaltungsgrundsätze,
- Systemstandards.

4.2.3 Strukturplanung

Im Rahmen der Vorgaben aus Grundsatzüberlegungen sind in der Strukturplanung konkrete Investitionsentscheidungen festzulegen. Diese betreffen Anlagen oder Leitungen und legen Ort, Zeitpunkt sowie Typen der Betriebsmittel fest. Unterschieden werden auch hier statische (einstufige) oder dynamische (mehrstufige) Planungsaufgaben. Die Neuerschließung eines Wohngebietes oder die Planung eines langfristig anzustrebenden Zielnetzes sind typische statische Strukturplanungsprobleme. Langfristige Restrukturierungen historisch gewachsener Stadtnetze erfordern im Allgemeinen mehrstufige Strukturplanungen [7, 8].

Eine Gruppe von Fragestellungen umfasst Standortentscheidungen für Umspannwerke und Transformatorstationen sowie die individuelle Festlegung der Anlagenstrukturen und Anlagenparameter, soweit sie nicht aus Grundsatzüberlegungen vorgegeben sind.

Abb. 4.18 zeigt die wesentlichen Strukturmerkmale und Hauptparameter von Schaltanlagen, die in der Strukturplanung festzulegen sind.

In der Strukturplanung von Verteilnetzen gibt es Aufgabenstellungen unterschiedlicher Größenordnung, typische Beispiele werden im Folgenden diskutiert. Die Zielnetzplanung erfordert die Ermittlung eines optimalen Verteilungssystems im gesamten Netzgebiet zu einem Zeitpunkt in ferner Zukunft. Durch zweckmäßige Unterteilung des Netzgebiets in Teilgebiete kann eine Folge einfacherer Strukturplanungsprobleme generiert werden. Die genannten Aufgaben betreffen Restrukturierungsziele, falls man vom Istbestand ausgeht, andernfalls sind es Neuplanungen (Greenfield Planning).

Weitere Aufgaben umfassen Umstrukturierungen in einem begrenzten Gebiet, wie sie beispielsweise bei neuen Umspannwerken im Mittelspannungsnetz oder neuen Transformatorstationen im Niederspannungsnetz erforderlich sind. Häufig ist eine zusätzliche Kabelstrecke oder ein Kabelstrang zu projektieren, beispielsweise um die Transportkapazität aus einem Einspeisepunkt in eine bestimmte Richtung zu erhöhen oder neue Großkundenanlagen anzuschließen. Strukturell einfachere Aufgaben sind meist die Einbindung eines Umspannwerks in das Hochspannungsnetz oder einer Transformatorstation in das Mittelspannungsnetz. Nur eine lokale Planung erfordert die Einbindung einer neuen kleinen Kundenanlage in das Niederspannungsnetz.

Planungsaktivitäten können durch Steigerung oder Rückgang von Netzlasten, zunehmende Einspeisungen oder auch erforderlichen Erneuerungsbedarf verursacht werden. Dabei sind möglichst alle Freiheitsgrade zu nützen, um durch Vereinfachungen historisch gewachsener Netzstrukturen Einsparungen zu erzielen. Auch die regelmäßige Bewirtschaftung, nachhaltige Erneuerung und zeitgerechte Adaptierung des Transformatorenparks eines Verteilnetzbetreibers zählt zur Strukturplanung und trägt zur Kostensenkung bei. Typische Strukturplanungsaufgaben zeigt Abb. 4.19.

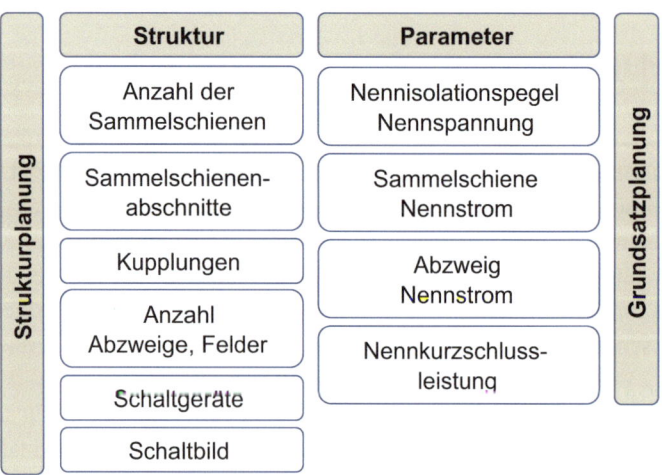

Abb. 4.18 Konfiguration von Schaltanlagen

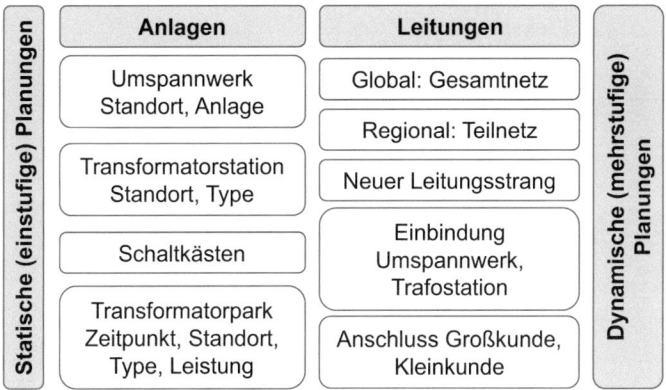

Abb. 4.19 Typische Aufgaben der Strukturplanung

4.2.4 Ausführungsplanung

Detailplanungen für Anlagen- und Leitungsprojekte beeinflussen wesentlich Wirtschaftlichkeit und Qualität des dezentralen Elektrizitätssystems. Sie betreffen die Bereiche Elektro- und Leitungsanlagen sowie Hoch- und Tiefbauten für Umspannwerke, Trafostationen und Kabelverlegung. Die Ausführungsplanung bildet die Schnittstelle zum Netzbau, sie sollte vor allem Belange der Wirtschaftlichkeit, Versorgungsqualität und Standardisierung vertreten.

Für Umspannwerke sind neben den Spezifikationen für Schaltanlagen und Transformatoren samt Leit- und Schutztechnik das Raumkonzept einschließlich Raumreserven, der Schutz gegen Naturgewalten, Kühlung und Lüftung, Emissionsschutz und die Kabelführung im Detail festzulegen. Auch Transformatorstationen erfordern häufig individuelle Detailkonzepte zur Anpassung an die örtlichen Gegebenheiten und zur Anbindung an das Verteilnetz.

Die Projektplanung zur Errichtung einer konkreten Leitungsstrecke nennt man Feintrassierung, dabei sind bei geplanten Kabeltrassen eventuelle Synergien durch die gleichzeitige Mitlegung anderer Leitungen zu prüfen. Koordinationsbedarf besteht daher mit anderen Infrastrukturbetreibern sowie natürlich mit der Straßenverwaltung, sonstigen Grundeigentümern und den zuständigen Verkehrsbehörden. Die Planung der Tiefbauarbeiten kann insbesondere in Großstädten sehr komplex sein, wenn zahlreiche Infrastruktureinbauten vorhanden und viele Kreuzungen und Näherungen zu erwarten sind. Gegebenenfalls müssen aufwändige Kabelkollektoren errichtet werden. Insbesondere Hochspannungskabeltrassen und Kabelhäufungen erfordern detaillierte Betrachtungen zur thermischen Belastbarkeit. Eine Übersicht zur Ausführungsplanung zeigt Abb. 4.20.

Im Allgemeinen wird zuerst das Vorprojekt erstellt, damit die geschätzten Kosten budgetiert und die wesentlichen rechtlichen und technischen Erfordernisse dargestellt werden können. Es dient auch als endgültige Entscheidungsgrundlage für die Geschäftsführung.

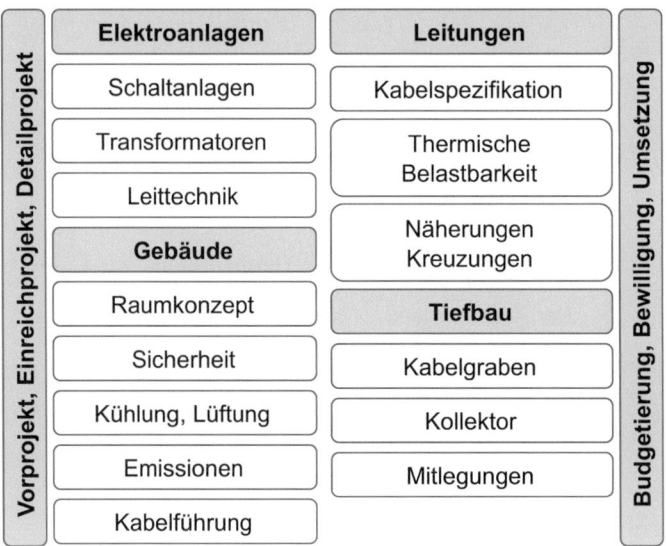

Abb. 4.20 Übersicht zur Ausführungsplanung

Es folgt das Einreichprojekt als Basis für die erforderlichen behördlichen Genehmigungsverfahren. Meist geht es um bau-, elektrizitäts-, straßenbau-, eisenbahn-, umweltschutz- oder verkehrsrechtliche Bewilligungen. In der Detailplanung werden Leistungsbeschreibungen und Ausführungspläne erstellt, sie dienen der Ausschreibung und Vergabe der einzelnen Gewerke und Anlagen. Für kleinere Projekte empfehlen sich standardisierte, möglichst vereinfachte Vorgangsweisen und einheitliche Auslegungen [7].

Literatur

1. Sillaber A (1988) Lineare Optimierungsmodelle zur Synthese und zuverlässigkeitstheoretischen Analyse von Ausbauvarianten elektrischer Energieverteilsysteme in städtischen Versorgungsgebieten. Dissertation, erschienen im dbv Verlag TU Graz
2. Domschke W, Drexl A (2011) Einführung in Operations Research. Springer Verlag, Heidelberg
3. Pabla A S (2005) Electric Power Distribution. McGraw-Hill, New York
4. Lee K Y, El-Sharkawi M A (2008) Modern Heuristic Optimization Techniques. John Wiley & Sons, Hoboken NJ
5. Pöppl G (2004) Planung und Optimierung von Niederspannungsnetzen bei dezentraler Stromerzeugung. Dissertation TU Wien
6. Berg A, Hinüber G, Moser A (2009) Planung von optimalen Strom- und Gasverteilungsnetzen. Energiewirtschaftliche Tagesfragen 59. 2009, 12, 8–12
7. Sillaber A (2013) Gestaltung von Mittelspannungsnetzen. Seminar Verteilnetzplanung veranstaltet von Österreichs Energie, Fuschl (Salzburg)

Literatur

8. Rotering R (2013) Zielnetzplanung von Mittelspannungsnetzen unter Berücksichtigung von dezentralen Einspeisungen und steuerbaren Lasten. Dissertation RWTH Aachen, Aachener Beiträge zur Energieversorgung, Bd. 148
9. Egger H (2008) Strukturmerkmale für die vergleichende Bewertung von Niederspannungsnetzen. Dissertation RWTH Aachen, Aachener Beiträge zur Energieversorgung, Bd. 119
10. Meisa K (2011) Bewertung von Umbaumaßnahmen in elektrischen Verteilungsnetzen zur Erreichung eines langfristigen Ausbauziels. Dissertation RWTH Aachen, Aachener Beiträge zur Energieversorgung, Bd. 141
11. Willis H Lee (2004) Power Distribution Planning Reference Book. 2. Aufl, CRC Press Taylor & Francis Group, Boca Raton FL
12. Schermeyer H, Klapdor K, Steinhausen B, Bergmann P, Bertsch V (2014) Lösungsvorschläge für ein marktnahes Einspeisemanagement. Energiewirtschaftliche Tagesfragen 64 (2014), 8, 52–56
13. GI Geoinformatik GmbH (2012) ArcGIS. 10.1 und 10.0: Das deutschsprachige Handbuch für ArcGIS for Desktop Basic & Standard. Verlag Wichmann, nunmehr VDE Verlag GmbH, Berlin
14. Yeh E C, Tram H (1997) Information Integration in Computerized Distribution System Planning. IEEE Transactions on Power Systems 12, 1997, 2, 1008 1013
15. Kimmel M, Fischer M, Staub G (2009) Integratives Netzdatenmanagement. Energiewirtschaftliche Tagesfragen 59, 2009, 12, 54–57
16. Song Y (1999) Modern Optimization Techniques in Power Systems. Kluwer Academic Publishers, Dordrecht
17. Schwarze J (2011) Mathematik für Wirtschaftswissenschaftler 3: Lineare Algebra, Lineare Optimierung und Graphentheorie. 13. Aufl., NWB Verlag, Herne
18. Zenker B (2013) Approximation minimaler Steinerbäume in Straßennetzwerken usw. Dissertation Universität Erlangen Nürnberg d-nb.info/1065378041/34 (Abfrage 18.8.2015)
19. Grötschel M (2005) Schnelle Rundreisen: Das Travelling Salesman Problem. Report Nr. 5, Konrad-Zuse-Zentrum für Informationstechnik, Berlin www.zib.de/groetschel/pubnew/paper/groetschel2007a_pp.pdf (Abfrage 18.8.2015)
20. Kämpf M (2006) Probleme der Tourenbildung. Chemnitzer Informatik Berichte, TU Chemnitz www.tu-chemnitz.de/informatik/service/ib/2006.php (Abfrage 18.8.2015)
21. Prousch S (2010) Optimierung und Bewertung kommunaler Energieversorgungssysteme. Dissertation RWTH Aachen, Aachener Beiträge zur Energieversorgung, Bd. 135
22. Gomez J F, De Oliveira P M et al (2004) Ant Colony System Algorithm for the Planning of Primary Distribution Circuits. IEEE Transactions on Power Systems, 19, 996–1004
23. Nagel H, Cichowski R R (2008) Systematische Netzplanung. 2. Aufl, VDE Verlag GmbH, Berlin
24. Luo F, Wang C, Xiao J et al (2009) A Practical GIS-based Decision-making Support System for Urban Distribution Network Expansion Planning. International Conference on Sustainable Power Generation and Supply, Nanjing. Conference Proceedings 1–6
25. Deutsche Energie-Agentur GmbH (Herausgeber, 2012) Ausbau- und Innovationsbedarf der Stromverteilnetze in Deutschland bis 2030. Endbericht zur dena-Verteilnetzstudie, Berlin http://www.dena.de/fileadmin/user_upload/Projekte/Energiesysteme/Dokumente/denaVNS_Abschlussbericht.pdf (Abfrage 18.8.2015)
26. Spitzl W (2008) Der Weg zum neuen Verteilernetz. 10. Symposium Energieinnovation, Graz

Methoden der Systemgestaltung 5

Inhaltsverzeichnis

5.1 Grundsatzplanung 173
    5.1.1 Systementwicklung 173
    5.1.2 Systemerneuerung 183
    5.1.3 Gestaltungsgrundsätze 192
    5.1.4 Systemstandards 204
5.2 Strukturplanung 213
    5.2.1 Standortplanung 213
    5.2.2 Anlagenstruktur 216
    5.2.3 Netzstruktur 227
    5.2.4 Restrukturierung 237
    5.2.5 Strukturoptimierung 244
5.3 Ausführungsplanung 251
    5.3.1 Umspannwerksgebäude 251
    5.3.2 Schaltanlagen 254
    5.3.3 Transformatoren 257
    5.3.4 Transformatorstationen 259
    5.3.5 Kabelstrecken 261
    5.3.6 Leittechnik 264
    5.3.7 Ersatzstromversorgung 269
Literatur 270

5.1 Grundsatzplanung

5.1.1 Systementwicklung

5.1.1.1 Energiepolitik und Systemoptimierung

Die europäische Energiepolitik forciert die Stromerzeugung aus erneuerbaren Energieträgern, in den Nationalstaaten wurde die Förderung in höchst unterschiedlichen Ausprägungen umgesetzt. In manchen Ländern Europas hat massive Förderung zu einem erhöhten

Ausbaubedarf der Übertragungs- und Verteilnetze geführt. Dezentrale Stromerzeugung insbesondere aus Wind und Sonne übersteigt in manchen ländlichen Gebieten die Aufnahmekapazität der vorhandenen dezentralen Elektrizitätssysteme [1, 2].

Dies legt ein Engpassmanagement auf Basis regulatorischer Vorgaben seitens der Verteilnetzbetreiber nahe, bis das Netz bedarfsgerecht ausgebaut worden ist. Die einseitige Förderung dezentraler Einspeisung ohne Beachtung vorhandener Transportinfrastruktur und der zeitlichen und örtlichen Verteilung der Stromnachfrage führt zu volkswirtschaftlichen Ineffizienzen. Die Entflechtung der Elektrizitätswirtschaft trägt ebenfalls dazu bei, dass die Unternehmen individuell günstige, jedoch volkswirtschaftlich vielleicht suboptimale Lösungen anstreben [3, 4].

Nur die koordinierte und ausgewogene Entwicklung des gesamten Elektrizitätssystems ist volkswirtschaftlich sinnvoll. Im Folgenden werden einige Vorschläge zur besseren Abstimmung der Entwicklung dezentraler Einspeisung mit dem Verteilungssystem präsentiert und kommentiert:

- **Nutzung freier Aufnahmekapazitäten:** Bevorzugte Errichtung dezentraler Kraftwerke in der Nähe möglicher Anschlusspunkte an Verteilnetze mit freien Kapazitäten und Anpassung der Erzeugungsleistung an freie Netzkapazitäten.
- **Nutzung kostengünstiger Ausbaumöglichkeiten des Verteilnetzes:** Obiges gilt nicht nur für vorhandene, sondern auch für kostengünstig herstellbare Netzkapazitäten. Ein Beispiel ist der Trafotausch in einer vorhandenen Station.
- **Abregeln der Erzeugung:** Der Netzbetreiber darf während Ausfallzuständen im Netz betroffene Erzeugungsanlagen ohne Entschädigung abregeln. Die Entsorgung elektrischer Energie folgt dem (N−0)-Prinzip.
- **Anpassung des Zeitverlaufs der Einspeisung an die Nachfrage:** Durch Zwischenspeicherung der Roh- oder Nutzenergie beim Erzeuger können Einspeisespitzen abgeflacht werden. Bei Biogasanlagen wird das meist realisiert, bei Photovoltaikanlagen zunehmend diskutiert.
- **Anpassung des Zeitverlaufs der lokalen Nachfrage an die Erzeugung:** Steuerbare Verbraucher wie z. B. Wärme- oder Kältesysteme mit Speicher, bivalente Speicherheizungen, Warmwasserspeicher oder Haushaltsgeräte wie Waschmaschinen oder Geschirrspüler könnten einen Teil des lokalen Erzeugungsüberschusses aufnehmen.
- **Chemische Zwischenspeicherung elektrischer Energie:** Elektrochemische Speicher (Akkumulatoren) oder chemische Speichertechnologien auf Basis von Wasserstoff oder Kohlenwasserstoffen sind derzeit im Allgemeinen noch zu teuer, könnten zukünftig aber zur Problemlösung beitragen.

Zwei fundamentale Voraussetzungen sind für den Erfolg der genannten Maßnahmen unabdingbar: Effiziente und abgestimmte regulatorische Anreize für alle Marktteilnehmer und Systempartner sowie die verlässliche systemorientierte zeitliche Steuerung bzw. Beeinflussung von Erzeugung, Speicherung und Nachfrage. Mit obigen systemorientierten Maßnahmen der Investitions- und Betriebssteuerung (Einspeise- und Entnahmemanage-

5.1 Grundsatzplanung

ment) können teure Netzausbaumaßnahmen hinausgeschoben oder dauerhaft vermieden werden.

Die lange Nutzungsdauer von Investitionen in die Infrastruktur legt die Annahme nahe, dass sich energiepolitische Rahmenbedingungen und Regulierungsvorgaben wesentlich häufiger verändern werden. Systemplaner sollten sich daher über mögliche Konsequenzen absehbarer Trends frühzeitig Gedanken machen. Im Weiteren werden beispielhaft und stark vereinfacht entsprechende Grundsatzüberlegungen vorgestellt. Einfache Szenarien sollen die Auswirkungen eines mehr am Gesamtsystem (Infrastruktur und Markt) orientierten Ordnungsrahmens aufzeigen [5].

5.1.1.2 Szenarienentwicklung

Am praxisnahen Beispiel eines ländlichen Netzgebiets sollen unterschiedliche Entwicklungsszenarien für die Einspeisung elektrischer Energie aus Photovoltaikanlagen samt den erforderlichen Ausbaumaßnahmen vorgestellt werden. Ziel ist es, mit möglichst einfachen Modellen einigermaßen realistische Abschätzungen für notwendige Netzinvestitionen in Abhängigkeit von der Einspeiseleistung vornehmen zu können. Die zu treffenden Annahmen und Modellvereinfachungen sollen Potenziale und Grenzen solcher analytischen Modelle für Grundsatzüberlegungen zeigen.

5.1.1.2.1 Netz- und Lastmodell

Stark unterschiedliche Siedlungsstrukturen wie Haufen- oder Straßendörfer sowie historisch gewachsene ländliche Verteilnetze erfordern individuell angepasste Netz- und Lastmodelle. Ein praxisnahes Modell wird vorgestellt:

- **Niederspannungskabel:** Leiter 95^2 Al, Länge 500 m, thermisch zulässiger Strom 220 A; gesamte Wirklast zum Höchstlastzeitpunkt 50 kW, zum Niedriglastzeitpunkt 15 kW; Leistungsfaktor 0,95; Lastangriffsfaktor 0,5.
- **Trafostation:** 20/0,4 kV; 1 Trafo 630 kVA; 4 NS-Kabel, Gleichzeitigkeitsfaktor 1.
- **Mittelspannungsfreileitung:** Leiter Stalu 95/12, einsystemig, Länge 20 km; thermisch zulässiger Strom 350 A; 12 Transformatorstationen; Lastangriffsfaktor 0,5; Gleichzeitigkeitsfaktor 0,9 für Last und 0,95 für Einspeisung.
- **Umspannwerk:** 110/20 kV; Transformatoren $3 \cdot 20$ MVA; 6 Mittelspannungsfreileitungen; Gleichzeitigkeitsfaktor 0,9 für Last und 0,95 für Einspeisung.

Die Auswirkungen doppelter Leitungslängen (1000 m) in den Niederspannungsnetzen sollen ebenfalls untersucht werden.

5.1.1.2.2 Kostenmodell

Vereinfachend werden vorerst nur Investitionskosten betrachtet, weiterführende Analysen müssen auch Netzverlustkosten und eventuell Engpasskosten betrachten:

- **Niederspannungskabel:** Kabel 240^2 Al, 120 T€/km inklusive Tiefbauarbeiten.
- **Trafostationen:** Kompaktstation für $1 \cdot 630$ kVA Trafo, komplett samt Kabeleinbindung, jedoch ohne Trafo 40 T€; Trafo 630 kVA nur Transport, Montage 4 T€; neuer Ortsnetztrafo 1250 kVA 33 T€; neuer NS-Verteiler 16 T€.
- **Mittelspannungskabel:** 20 kV, 500^2 Al, 120 T€/km inklusive Tiefbauarbeiten.
- **Umspannwerk:** 110/20 kV, Umbau von $3 \cdot 20$ MVA auf $3 \cdot 40$ MVA samt Transformatoren und Erweiterung der MS-Schaltanlage 3,0 M€.

5.1.1.2.3 Einspeiseszenarien

Die Einspeisung aus PV-Anlagen erfolgt grundsätzlich so, dass bei höchster Einspeiseleistung nur Wirkleistung transportiert wird. Es werden zur Illustration sehr massive Steigerungen der dezentralen Einspeisung angenommen:

1. Dezentrale Einspeisung in die bestehenden Niederspannungsnetze ist gleich (1a), doppelt (1b) oder dreimal (1c) so hoch wie die Lastspitze.
2. Dezentrale Einspeisung in die verstärkten Netze ist dreimal (2a), viermal (2b) oder fünfmal (2c) so hoch wie die Lastspitze.
3. Dezentrale Einspeisung in die bestehenden Niederspannungsnetze ist doppelt so hoch wie die Lastspitze, zusätzlich erfolgen Einspeisungen von großen PV-Anlagen mit 250 kW (3a), 500 kW (3b), 750 kW (3c) oder 1000 kW (3d) in der Nähe der bestehenden Transformatorstationen direkt in das Mittelspannungsnetz.

5.1.1.2.4 Lastmanagementszenario

Die dezentrale Warmwasserbereitung mittels Elektroboilern in Haushalten wird soweit möglich mit lokal eingespeister Energie aus PV-Anlagen durchgeführt. Je Haushalt werden hierfür im Mittel täglich etwa 4 kWh verbraucht. Es wird angenommen, dass je Haushalt eine Verbrauchsleistung von 0,5 kW während der Spitzenzeiten der PV-Einspeisung gesichert ist. Je Niederspannungskabel seien 20 Haushalte angeschlossen.

5.1.1.2.5 Annahmen und deren Auswirkungen

Netz- und Nachfragemodell werden als räumlich homogen angenommen, damit sind Auswirkungen realer Inhomogenitäten gesondert zu analysieren. Dies kann durch entsprechende Variation der Parameter des Netz- und Nachfragemodells erfolgen. Vereinfachte Schlussfolgerungen sind auch aus homogenen Modellen ableitbar, wobei Mittel- und Extremwerte zu beachten sind.

Der zeitlichen Inhomogenität der Last- und Erzeugungsganglinien wird durch unterschiedliche Gleichzeitigkeitsfaktoren Rechnung getragen. Auf den Niederspannungskabeln werden gleich die Spitzenlastanteile zum Höchst- und Niedrigstlastzeitpunkt herangezogen. Zusätzlich wird noch zwischen der Nennleistung der Photovoltaikanlagen P_{PV} und deren höchster Einspeiseleistung unterschieden ($P_{EH} = 0,9 \cdot P_{PV}$ bei kleinen, $P_{EH} = 0,95 \cdot P_{PV}$ bei großen).

Das Lastmodell beruht auf langfristig gleichbleibenden Lasten und einer gesicherten Mindestlast. Die Netzlast ist so niedrig, dass die Versorgungssicherheit nach dem strukturellen (N−1)-Prinzip grundsätzlich im üblichen Ausmaß gegeben ist. Dies gilt auch für die Spannungshaltung bei notwendigen Netzumschaltungen. Bei einem Ausfall einer Trafostation seien mobile Reserveanlagen verfügbar.

Das Einspeisemodell geht von homogen zunehmenden PV-Einspeisungen im erschlossenen NS-Netzgebiet aus. Im erschlossenen MS-Netzgebiet sind nur homogen verteilte Großanlagen vorgesehen. Blindleistungsmanagement ist in diesen Szenarien nicht erforderlich, dessen Auswirkungen müssen daher separat analysiert werden.

Bei der Spannungshaltung wird die volle Ausnützung des Spannungsbandes von $\pm 10\,\%$ unterstellt, weitere Beschränkungen werden nicht berücksichtigt [6]. Dabei wird auch unterstellt, dass die (N−1)-Sicherheit für die Entsorgung nicht gewährleistet sein muss, d. h. bei Ausfallzuständen müssen PV-Anlagen lokal abgeschaltet bleiben. Transformatorspannungsabfälle werden pauschal mit 1 % angesetzt. Diese theoretischen Annahmen können natürlich für reale Anwendungsfälle entsprechend adaptiert werden. Im Umspannwerk wird eine lastflussabhängige Sollwertführung der Spannungsregelung am HS/MS-Transformator vorausgesetzt.

Das Investitionskostenmodell berücksichtigt in jeder Netzebene nur die einfachsten Verstärkungsmaßnahmen, in der Praxis sollten jedenfalls mehrere Varianten verglichen werden. Die Netze werden durch neue Leitungen verstärkt, regelbare Ortsnetztransformatoren können bei Bedarf eingesetzt werden.

5.1.1.3 Auswertungen

5.1.1.3.1 Grenzen der PV-Einspeisung

Die Auswertung der Szenarien 1a, 1b und 1c soll die Grenzen wachsender PV-Einspeisung unter den getroffenen Voraussetzungen verdeutlichen. Spannungsabfälle und thermische Auslastungen der Betriebsmittel können Tab. 5.1 entnommen werden.

Die Auslastung des Umspannwerks berücksichtigt für die Einspeisung auch den Reservetransformator nach dem (N−0)-Prinzip. Unter den genannten Voraussetzungen dürfte die Grenze der dezentralen Einspeisung ohne Ausbaumaßnahmen in der Praxis zwischen den Szenarien 1b und 1c anzusetzen sein. Theoretisch wäre das Szenario 1c gerade noch machbar, jedoch sollten die Verstärkungsmaßnahmen für weiteres Wachstum vor allem in den Niederspannungsnetzen umgesetzt sein. Auffallend ist im Szenario 1c, dass sowohl die Grenzen der Spannungsabfälle als auch die thermischen Grenzen der Betriebsmittel erreicht sind. Dies zeigt, dass auch in ländlichen Netzen die thermische Belastbarkeit der Betriebsmittel nicht unbedingt als zweitrangig zu sehen ist. Dies gilt insbesondere dann, wenn das (N−1)-Prinzip für Verbraucher und das (N−0)-Prinzip für Einspeiser angewendet wird.

Tab. 5.1 Grenzen dezentraler Einspeisung

Netzebene	S_{th}	Netzlast					
		Höchstlast			Niedriglast		
		P_{DH}	u_{LH}	$a_{th,H}$	P_{DN}	u_{LN}	$a_{th,N}$
NS-Kabel	150 kVA	50 kW	2,73 %	35 %	15 kW	0,82 %	11 %
Trafostation	630 kVA	200 kW	1,00 %	33 %	60 kW	1,00 %	10 %
MS-Freileitung	12,1 MVA	2,16 MW	2,31 %	18 %	0,65 MW	0,61 %	5 %
Umspannwerk	3·20 MVA	11,6 MW	1,00 %	31 %	3,48 MW	1,00 %	9 %
			7,04 %			3,43 %	
Szenario 1a: P_{PV} = 20,8 MW		Szenario 1b: P_{PV} = 36,8 MW			Szenario 1c: P_{PV} = 52,8 MW		
P_{ErzH} = 130 % Höchstlast		P_{ErzH} = 230 % Höchstlast			P_{ErzH} = 330 % Höchstlast		
P_{EH}	u_{EH}	$a_{th,E}$	P_{EH}	u_{EH}	$a_{th,E}$	P_{EH}	u_{EH}	$a_{th,E}$
50 kW	2,50 %	35 %	100 kW	5,00 %	70 %	150 kW	7,50 %	105 %
200 kW	1,00 %	33 %	400 kW	1,00 %	64 %	600 kW	1,00 %	95 %
2,28 MW	1,82 %	19 %	4,56 MW	3,65 %	38 %	6,84 MW	5,47 %	57 %
13,0 MW	1,00 %	22 %	26,0 MW	1,00 %	43 %	39,0 MW	1,00 %	65 %
	6,32 %			10,65 %			14,97 %	

5.1.1.3.2 Netzverstärkung

Die Netzverstärkungen werden nach folgender Methode vorgenommen: Eine neue starke Leitung wird vom zentralen Knoten bis zu einem Netzknoten in der Mitte der bestehenden Leitung geführt, wie Abb. 5.1 schematisch für das NS- und das MS-Netz zeigt.

Mit dieser Methode wird die thermische Auslastung der Leitung halbiert und der maximale Längsspannungsabfall bei reinem Wirkleistungstransport gemäß Gl. 5.1 reduziert.

$$u_L^{neu} = \frac{1+2r}{4} \cdot u_L^{alt}, \quad r = \frac{DR_{neu}}{DR_{alt}}, \quad \cos\varphi = 1, \quad LA = 0{,}5 \tag{5.1}$$

Konkret wird somit der maximale Spannungsabfall um etwa 55 % im NS-Netz (r = 95/240) und um etwa 65 % im MS-Netz (r = 95/500) reduziert. Es reicht daher,

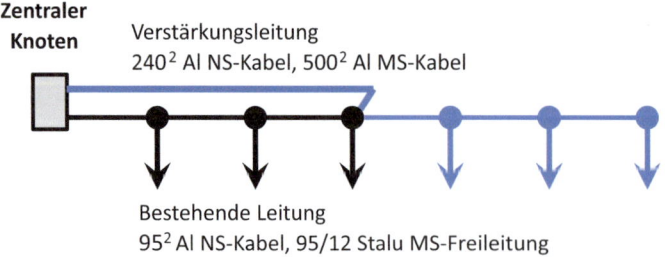

Abb. 5.1 Verstärkungsleitung

5.1 Grundsatzplanung

die thermischen Transportkapazitäten auch in den anderen Netzebenen zu erhöhen. Die weiter entfernte Hälfte der Stationen, die über die Verstärkungsleitung angeschlossen ist, wird mit 1250 kVA Transformatoren ausgerüstet, die Niederspannungsverteiler werden ebenfalls getauscht. Die frei werdenden Transformatoren 630 kVA werden in neuen Kompaktstationen neben den bestehenden umspannwerksnahen Stationen eingesetzt. Damit sollen die Stromtragfähigkeit erhöht und die Spannungsabfälle so reduziert werden, dass die Transportfähigkeit für PV-Einspeisung nahezu verdoppelt wird, wie Tab. 5.2 zeigt.

Die Auswertung der Szenarien zeigt, dass eine PV-Erzeugungsleistung von etwa 85 MW mit den beschriebenen Ausbaumaßnahmen zu Investitionskosten von etwa 22 M€ beherrschbar ist. Bis etwa 40 MW war keine Netzverstärkung erforderlich, darüber hinaus fielen spezifische Investitionskosten von grob gesprochen etwa 500 €/kW PV-Anlagenleistung an. Teuer sind Kabellegungen auch in ländlichen Netzen, weniger Kosten verursachen Stationsverstärkungen.

Auffallend ist, dass alle Ausbaumaßnahmen mit konventionellen Mitteln erfolgen. Der Einsatz regelbarer Ortsnetztransformatoren oder anderer zusätzlicher Maßnahmen des Spannungsmanagements ist nicht erforderlich, da Strom- und Spannungsgrenzen unter den getroffenen beispielhaften Annahmen in vielen Netzebenen etwa gleichzeitig erreicht werden. Dies ist in diesem Beispiel auf folgende Faktoren zurückzuführen:

- Alle Schwerpunkte der Einspeisung liegen im Niederspannungsnetz 250 m entfernt von der Trafostation und im Mittelspannungsnetz in 10 km Entfernung vom Umspannwerk.

Tab. 5.2 Netzverstärkung bei wachsender dezentraler Einspeisung

Netzebene	Anzahl	Material	Menge	Spez. Kosten	Gesamtkosten
NS-Kabel	72	240^2 Al	1 km	120 T€/km	8,64 M€
Trafostation	36	1,25 MVA Tr	1	33 T€	1,19 M€
	36	NS-Vert	1	16 T€	0,58 M€
	36	Kompakt	1	40 T€	1,44 M€
	36	Trafo Mont	1	4 T€	0,14 M€
MS-Kabel	6	500^2 Al	10 km	120 T€	7,20 M€
Umspannwerk	1	Verstärken	1	3,0 M€	3,00 M€
Investitionssumme					22,19 M€
Szenario 2a: P_{PV} = 52,8 MW			**Szenario 2b: P_{PV} = 68,8 MW**			**Szenario 2c: P_{PV} = 84,8 MW**		
P_{ErzH} = 330 % Höchstlast			**P_{ErzH} = 430 % Höchstlast**			**P_{ErzH} = 530 % Höchstlast**		
P_{EH}	u_{EH}	$a_{th,E}$	P_{EH}	u_{EH}	$a_{th,E}$	P_{EH}	u_{EH}	$a_{th,E}$
150 kW	3,40 %	50 %	200 kW	4,53 %	67 %	250 kW	5,67 %	83 %
600 kW	1,00 %	60 %	800 kW	1,00 %	80 %	1,0 MW	1,00 %	80 %
6,84 MW	2,05 %	28 %	9,12 MW	2,73 %	38 %	11,40 MW	3,42 %	47 %
39,0 MW	1,00 %	33 %	52,0 MW	1,00 %	43 %	65,0 MW	1,00 %	54 %
	7,45 %			9,26 %			11,09 %	

Die kritischen Leitungslängen (vgl. Abschn. 3.3.4) liegen bei voller Ausnützung des gesamten Spannungsbandes auch in dieser Größenordnung.

- Das weitgehende Ausnützen des gesamten Spannungsbandes mittels leistungsflussabhängiger Führung des Spannungssollwertes im Umspannwerk ohne Einschränkungen für stationäre Spannungserhöhungen z. B. nach [6] ermöglicht in räumlich homogenen Netzen die bestmögliche Nutzung der Stromtragfähigkeit der Betriebsmittel.
- Der Verzicht auf die strukturelle (N−1)-Sicherheit für die Einspeisung ist eine wichtige Voraussetzung für das Ausnützen des Spannungsbandes im Normalbetrieb. Er erfordert aber eine Möglichkeit zur verlässlichen Fernabschaltung der von einem Ausfallzustand im Netz betroffenen dezentralen Erzeugungsanlagen durch den Verteilnetzbetreiber.
- Die gewählten Ausbaumaßnahmen im Netz lenken den Fokus auf möglichst effiziente Kapazitätssteigerungen: Verdoppelung der Umspannerkapazitäten, massive Querschnittserhöhungen in der Nähe der zentralen Stationen, leistungsfähige Verkabelung sowie Aufteilung der Transportleistungen auf die Leitungsstränge.

Zu bedenken ist, dass Netz- und Nachfragemodell nur ein spezielles Szenario nachbilden und das Investitionsmodell auch nur eine von vielen Möglichkeiten darstellt. In der praktischen Systemplanung sollten für jedes Modell eines Netzgebietes natürlich mehrere Investitionsstrategien analysiert werden. Schlussfolgerungen aus solchen Grundsatzuntersuchungen dürfen den engen Rahmen der getroffenen Annahmen nicht überschreiten.

5.1.1.3.3 Einspeisung direkt in das Mittelspannungsnetz

Tab. 5.3 zeigt die Auswirkungen zusätzlicher Einspeisung von gleichmäßig verteilten PV-Großanlagen direkt in die Mittelspannungsleitungen.

Die Auswertung zeigt, dass ohne Ausbaumaßnahmen maximal etwa 70 MW PV-Leistung entsorgt werden können. Werden das MS-Netz und das Umspannwerk wie vorher zu Kosten von 10,2 M€ ausgebaut, so können PV-Anlagen von insgesamt etwa 120 MW, d. h. etwa 35 MW an die NS-Netze und 85 MW an das MS-Netz angeschlossen werden. Die spezifischen Kosten für diese Erhöhung um 50 MW betragen also etwa 200 €/kW PV-Anlagenleistung.

Die Entsorgungskapazität der vorhandenen Niederspannungsnetze wird bestmöglich genutzt, weitere PV-Anlagen werden als Großanlagen realisiert und homogen verteilt an das MS-Netz angeschlossen. Die ohne Netzverstärkungen anschließbaren PV-Leistungen haben sich um 25 %, die mittels Netzverstärkungen entsorgbaren um 40 % erhöht. Die spezifischen Kosten für Netzverstärkungen haben sich um 60 % reduziert.

5.1.1.3.4 Lastmanagement

Die Warmwasserbereitung in Haushalten ermöglicht eine gesicherte Leistungsreduktion von etwa 0,5 kW je Haushalt, somit unter den getroffenen Annahmen 10 kW je NS-Kabel. Das bedeutet eine zusätzlich anschließbare PV-Anlagenleistung von insgesamt 3,2 MW. Damit hat dieses Lastmanagementszenario nur geringen Einfluss auf den Ausbau von Verteilungssystemen bei steigender PV-Einspeisung. Dies liegt auch daran, dass die Anzahl

5.1 Grundsatzplanung

Tab. 5.3 Einspeisung großer PV-Anlagen

Einspeisung großer PV Anlagen in das ursprüngliche MS-Netz								
SZ 3a: P_{PV} = 36,8 MW(NS) + 18,9 MW(MS)			SZ 3b: P_{PV} = 36,8 MW(NS) + 37,8 MW(MS)			SZ 3c: P_{PV} = 36,8 MW(NS) + 56,7 MW(MS)		
P_{Erz}(MS) = 250 kW			P_{erz}(MS) = 500 kW			P_{Erz}(MS) = 750 kW		
P_{EH}	u_{EH}	$a_{th,E}$	P_{EH}	u_{EH}	$a_{th,E}$	P_{EH}	u_{EH}	$a_{th,E}$
100 kW	5,00 %	66 %	100 kW	5,00 %	66 %	100 kW	5,00 %	66 %
400 kW	1,00 %	63 %	400 kW	1,00 %	63 %	400 kW	1,00 %	63 %
7,41 MW	5,93 %	61 %	10,3 MW	8,24 %	85 %	13,1 MW	10,48 %	108 %
42,4 MW	1,00 %	71 %	58,7 MW	1,00 %	98 %	74,7 MW	1,00 %	125 %
	12,93 %			15,24 %			17,48 %	
Einspeisung großer PV Anlagen in das verstärkte MS-Netz								
SZ 3b: P_{PV} = 36,8 MW(NS) + 37,8 MW(MS)			SZ 3c: P_{PV} = 36,8 MW(NS) + 56,7 MW(MS)			SZ 3d: P_{PV} = 36,8 MW(NS) + 75,8 MW(MS)		
P_{erz}(MS) = 500 kW			P_{Erz}(MS) = 750 kW			P_{Erz}(MS) = 1000 kW		
P_{EH}	u_{EH}	$a_{th,E}$	P_{EH}	u_{EH}	$a_{th,E}$	P_{EH}	u_{EH}	$a_{th,E}$
100 kW	5,00 %	66 %	100 kW	5,00 %	66 %	100 kW	5,00 %	66 %
400 kW	1,00 %	63 %	400 kW	1,00 %	63 %	400 kW	1,00 %	63 %
10,3 MW	3,09 %	43 %	13,1 MW	3,92 %	54 %	16,0 MW	4,80 %	66 %
58,7 MW	1,00 %	49 %	74,7 MW	1,00 %	62 %	91,2 MW	1,00 %	76 %
	10,09 %			10,92 %			11,80 %	

der Haushalte in ländlichen Netzgebieten relativ gering ist, größere Bedeutung hat diese Möglichkeit in Städten mit bis zu 100 Haushalten je NS-Kabel.

Der Einsatz dezentraler chemischer Speicher (Akkumulatoren) direkt bei den PV-Anlagen ist derzeit meist noch zu teuer. Die Auswirkungen auf den Ausbau von Verteilnetzen ist aber theoretisch sehr leicht zu analysieren, wenn eine höchste Einspeiseleistung je Anschlusspunkt durch netzorientierten Speichereinsatz gewährleistet werden kann.

5.1.1.3.5 Weitläufige Niederspannungsnetze

Die Leitungslänge von 1000 m verdoppelt auch die Spannungsabfälle im NS-Netz, wenn die Nachfrage insgesamt gleich bleibt, die längenorientierte Nachfragedichte also halbiert wird (vgl. Tab. 5.1). Der maximale Spannungsabfall im NS-Netz beträgt bei Höchstlast 5,5 %, im (N−1)-Ausfallzustand liegt er unter günstigen Voraussetzungen etwa doppelt so hoch bei 11 %. Damit ist die maximale Netzauslastung unter den geltenden Voraussetzungen mit einem Gesamtspannungsabfall von etwa 15,3 % erreicht. Stark inhomogene Last- und Einspeiseszenarien sind nicht mehr beherrschbar. Die Entsorgung hat mit Szenario 1b bei einer PV-Anlagenleistung von etwa 35 MW auch eine Grenze erreicht, der gesamte Spannungsabfall beträgt bereits um die 15 %.

Eine weitere Steigerung der PV-Einspeisung bis zu maximal etwa 50 MW wäre durch Einsatz regelbarer Ortsnetztransformatoren möglich, da thermische Grenzen noch nicht erreicht sind. Erst darüber hinaus müssen NS-Netze und Transformatorstationen wie bereits beschrieben verstärkt werden, etwa 75 MW PV-Anlagenleistung wären dann möglich.

5.1.1.3.6 Inhomogenitäten

Das vorgestellte homogene Netz- und Nachfragemodell gestattet auch Aussagen bei inhomogenen Entwicklungen. Bei inhomogenem Nachfragewachstum löst das punktuelle Erreichen einer Kapazitätsgrenze dann eben nur punktuelle Maßnahmen aus. Alle simulierten Entwicklungen treten in einem bestimmten Zeitraum ein, der auch variiert werden kann. Man arbeitet dann mit differenzierten Bereichsprognosen und Jahresinvestitionsbudgets.

5.1.1.4 Schlussfolgerungen

Die Auswertung der dargelegten Entwicklungsszenarien eines ländlichen Netzgebiets führt zu Überlegungen hinsichtlich einer volkswirtschaftlich günstigen Gestaltung dezentraler Elektrizitätssysteme [5, 7–10]:

- Die mit dem Netz abgestimmte Entwicklung dezentraler Einspeisung kann beachtliche volkswirtschaftliche Vorteile bringen. Eine ortsabhängige Förderung von PV-Anlagen unter Beachtung freier Netzkapazitäten könnte Anreize für ein kostenoptimales Gesamtsystem bieten.
- Praktisch keine Investitionen erfordert die Nutzung der freien Entsorgungskapazitäten der vorhandenen Verteilnetze.
- Sind die Entsorgungskapazitäten der NS-Netze erschöpft, so können größere dezentrale Erzeugungsanlagen an netztechnisch günstigen Orten im MS-Netz die Netzausbaukosten reduzieren.
- Nur die weitgehende Nutzung des verfügbaren Spannungsbandes z. B. durch die (N−0)-Entsorgungssicherheit hält Netzinvestitionen in Grenzen.
- Alle Methoden des Spannungsmanagements sind insbesondere in weitläufigen und inhomogenen ländlichen Netzen in Betracht zu ziehen und wirtschaftlich zu nutzen.
- Teuer ist meist der Ausbau weitläufiger Kabelnetze, weniger Kosten verursacht oft die Verstärkung, aber auch der zweckmäßige Neubau von Umspannwerken und Transformatorstationen. Das bedeutet Vorrang für eine sinnvolle Reduktion der Stationsabstände.
- Steuerbare ganzjährig nutzbare Energiespeicher wie beispielsweise zur Warmwasserbereitung in Haushalten liefern derzeit nur einen untergeordneten Beitrag zur Vergleichmäßigung der Netzeinspeisung. Dieser Beitrag könnte unter Einbeziehung städtischer Versorgungsgebiete und vermehrtem Speichereinsatz in der Klimatisierung noch vergrößert werden. Die Entwicklung moderner dezentraler Speichertechnologien lässt in Zukunft einen größeren Beitrag erwarten.

- Eine verlässliche Prognose zukünftiger Einspeiseleistungen ist eine unerlässliche Basis für einen kostengünstigen Systemausbau, z. B. für die Entscheidung zwischen Leitungsverstärkung oder dem Einsatz regelbarer Ortsnetztransformatoren.

Für die Grundsatzplanung ist Folgendes empfehlenswert [11, 12]:

- Die Nutzungsdauer von Netzinvestitionen ist oft ein Vielfaches der Bestandsdauer des Regulierungsrahmens oder von Förderungsmaßnahmen. Dieser Ungewissheit ist bei Investitionsentscheidungen stets Rechnung zu tragen, Vorleistungen sollten nur bei hoher Nutzenerwartung und geringen Mehrkosten erfolgen, wie z. B. bei der Mitlegung von Leerrohren in der Nähe zentraler Netzknoten.
- Es ist ein ausreichendes Spektrum an Szenarien zu untersuchen, um auf plötzlich geänderte Rahmenbedingungen vorbereitet zu sein und Folgekosten frühzeitig aufzeigen zu können. Systemplaner sollten ihren Standpunkt zu aktuellen Rahmenbedingungen formulieren und eine koordinierte Entwicklung dezentraler Elektrizitätssysteme unterstützen.
- Die zukünftige Netzlast hängt von der Entwicklung der Bebauung, der Wirtschaft und der Lebensgewohnheiten ab, die mehr oder weniger kontinuierlich erfolgt. Das Wachstum dezentraler Einspeisung hängt maßgeblich von Förderungen und regulatorischen Rahmenbedingungen ab, die sich schnell ändern können. Sobald die Einspeisung auslegungsrelevant für Verteilungssysteme geworden ist, werden Nachfrageprognosen entsprechend schwieriger. Bei steigender Ungewissheit sind naturgemäß größere Kapazitätsreserven vorzuhalten, dies erhöht wiederum die Kosten. Dem kann durch Nutzung der nichtlinearen Kapazitätskosten begegnet werden.
- Die Vielfalt möglicher Szenarien erfordert möglichst einfache Modelle, um die wesentlichen Zusammenhänge abzubilden. Es ist Aufgabe des Netzplaners, alle relevanten Szenarien zu identifizieren und zu analysieren. Ist der Raum möglicher Varianten ausreichend eingeschränkt, können genauere Planungsmodelle für aufwendigere Untersuchungen verwendet werden. Die erforderlichen Methoden und Informationen für die beschriebenen Grundsatzplanungen müssen vorbereitet werden und im Bedarfsfall bereit stehen.

5.1.2 Systemerneuerung

5.1.2.1 Instandhaltung

Unter Instandhaltung versteht man alle Maßnahmen des Asset Managements und der Asset Services zur dauerhaften Gewährleistung der Funktionsfähigkeit des Systems, ohne das System zu verändern. Betriebsmittel müssen inspiziert, defekte Komponenten repariert, ausgewechselt oder erneuert werden. Reparaturbedürftige Komponenten mit zu hoher Störungsrate oder hohem Reparaturaufwand werden genauso erneuert wie Komponenten am Ende ihrer wirtschaftlich-technischen Nutzungsdauer [13–15].

Es gibt viele Instandhaltungsstrategien, vier wichtige werden im Folgenden beschrieben:

- **Zeitorientierte Instandhaltung:** Die Betriebsmittel werden periodisch inspiziert und gewartet, häufig entsprechend den Empfehlungen des Herstellers. Ein praktisches Beispiel sind auch gesetzlich vorgeschriebene Inspektionsintervalle für Hochspannungsanlagen.
- **Nutzungsorientierte Instandhaltung:** Die betrieblichen Beanspruchungen des Betriebsmittels werden aufgezeichnet. Wartungsarbeiten werden ausgeführt, wenn die Abnutzung vorgegebene Grenzwerte erreicht hat. Ein praktisches Beispiel sind Hochspannungs-Leistungsschalter, deren Abschaltstromsumme erfasst und Wartungsarbeiten entsprechend disponiert werden.
- **Zustandsorientierte Instandhaltung:** Der Zustand der Betriebsmittel wird laufend erfasst, entsprechend angepasste vorbeugende Wartungsarbeiten werden durchgeführt. Praktische Beispiele sind regelmäßige Ölanalysen bei Verteiltransformatoren oder Teilentladungsmessungen an Kabelstrecken im Netz.
- **Ereignisorientierte Instandhaltung:** Es werden keine vorbeugenden Wartungsarbeiten durchgeführt, bei Störungen und Ausfällen wird repariert oder ausgetauscht. Diese Strategie ist in der Praxis verbreitet bei Kabeln, bei einem Kabelfehler wird eine Reparaturmuffe montiert.

Hier sollen nicht Vor- und Nachteile dieser Strategien diskutiert werden, sondern deren Auswirkungen auf die Systemgestaltung. Je bessere Informationen über den Zustand der Betriebsmittel vorliegen, desto solidere Prognosen sind über Restlebensdauern und den zukünftigen Erneuerungsbedarf möglich. Restlebensdauern sind Zufallsgrößen, entsprechende Aussagen zeigen oft eine große Streuung. Bei nutzungs- oder zustandsorientierter Instandhaltung liegen Nutzungs- oder Zustandsinformationen vor, die zumindest Hinweise auf kommenden Erneuerungsbedarf geben. Folgende Statistiken sind dabei hilfreich:

- **Zustandsstatistik:** Sie enthält Informationen über durchgeführte Zustandsmessungen und den zeitlichen Verlauf der Messwerte.
- **Wartungsstatistik:** Sie gibt Auskunft über vorbeugend durchgeführte Arbeiten und den Arbeitsaufwand.
- **Störungs- und Schadensstatistik:** Sie dokumentiert aufgetretene Störungen und Schadensereignisse sowie deren Ursachen und Auswirkungen.
- **Reparaturstatistik:** Sie beschreibt durchgeführte Reparaturarbeiten und Ersatzmaßnahmen sowie deren Aufwand.

Diese Statistiken sind möglichst differenziert nach Typen, Alter und Hersteller der Betriebsmittel zu führen. Alle Informationen und Schlussfolgerungen sollten gemeinsam von den Instandhaltungs- und Netzplanungsteams aufgearbeitet werden. Erneuerungsbedarf tritt bei größeren oder häufigen Störungen bzw. Schäden, bei Ersatzteilmangel oder zu hohem Reparaturaufwand sowie bei absehbarem Ende der Nutzungsdauer auf. Er ist bei der Planung der Systementwicklung vorausschauend zu berücksichtigen.

5.1.2.2 Erneuerungsbedarf

Die Instandhaltung kann eine Reihe von Informationen zur notwendigen Systemerneuerung bereitstellen, aber auch aus der Systemplanung können entsprechende Anlässe abgeleitet werden:

- **Kostensenkung:** Zur Senkung der Betriebskosten kann es vorteilhaft sein, Erneuerungsinvestitionen vorzuziehen. Ein typisches Beispiel sind alte aber zuverlässige Transformatoren mit hohen Eisen- und Kupferverlusten.
- **Einheitlichkeit:** Einheitliche Betriebsmittel können zu niedrigeren Logistik-, Instandhaltungs- und Administrationskosten beitragen. Sind nur mehr wenige alte Betriebsmittel einer bestimmten Bauart vorhanden wie z. B. in der Leit- und Schutztechnik, so kann ein frühzeitiger Ersatz vorteilhaft sein.
- **Synergien:** Durch zeitgleiche Erneuerung aller Kabel in einem Graben lassen sich Tiefbaukosten bedeutend senken. Auch die abgestimmte Erneuerung des Kabelnetzes bei Sanierung einer Straße und/oder Arbeiten an anderen Infrastrukturen ermöglicht beachtliche Synergien.
- **Budgetgrenzen:** Ist eine große Zahl von Betriebsmitteln bis zu einem bestimmten Zeitpunkt zu erneuern, muss die Investitionstätigkeit auf einen ausreichenden Zeitraum verteilt, also vorgezogen werden. Nur so ist es möglich, vorgegebene finanzielle Schranken einzuhalten.
- **Kapazitätssteigerung:** Absehbare Erhöhungen der Nachfrage können eine Erneuerungsinvestition nach einem Schaden sinnvoll machen.
- **Zuverlässigkeit:** Unzuverlässige Betriebsmittel können die Versorgungsqualität auf unzumutbare Weise beeinträchtigen. Ein praktisches Beispiel ist ein Überstromzeitrelais in einem Kundenabzweig, das zu Fehlauslösungen neigt.
- **Umweltauswirkungen:** Betriebsmittel wie Freileitungen oder Transformatoren zeigen Umweltauswirkungen wie z. B. Optik, Felder oder Geräusche, die durch geänderte Rahmenbedingungen oder zunehmende Verbauung nicht mehr vertretbar sind. Vorgezogene Investitionen in neue umweltschonende Technologien können aus unternehmensstrategischer Sicht sinnvoll und zweckmäßig erscheinen.

Alle genannten Ursachen sind vom Systemplaner zu berücksichtigen und Grundsätze für Entscheidungen zur Erneuerung von Betriebsmitteln zu entwickeln. Erneuerungsstrategien ermöglichen die Erstellung kurz- bis mittelfristiger Erneuerungspläne. Einen Überblick zu Instandhaltungsstrategien und Gründen für Erneuerungsinvestitionen gibt Abb. 5.2.

Abb. 5.2 Instandhaltung und Erneuerung

5.1.2.3 Erneuerungsstrategien

5.1.2.3.1 Regulierung

Die Erneuerungsstrategien der Verteilnetzbetreiber werden durch Investitionsanreize in Regulierungsmodellen beeinflusst. Stehen höhere Investitionsbudgets zur Verfügung, so können wirtschaftlich vorteilhafte Erneuerungsinvestitionen durchgeführt bzw. vorgezogen werden, um Instandhaltungs- und Betriebskosten zu senken. Volkswirtschaftlich sinnvoll ist die möglichst regelmäßige Erneuerung der Infrastruktur ohne Investitionsstau und ohne Ressourcenverschwendung. Es ist Aufgabe des Regulierungssystems, den Unternehmen und deren Netzplanern die betriebswirtschaftlich zweckmäßige Umsetzung dieses Weges zu ermöglichen [16–18].

In der Investitionsrechnung wirken sich regulatorische Investitionsanreize beim Kalkulationszinssatz zur Gewichtung zukünftiger Kosten aus. Ein niedriger Kalkulationszinssatz macht sofortige Investitionen zur Reduktion langjähriger Instandhaltungs- und Betriebskostenreihen interessant und das Aufschieben von Investitionen weniger lukrativ. Unabhängig vom Regulierungsmodell kann der Netzplaner auch eine aus seiner Sicht optimale Erneuerungsstrategie formulieren, um anhand mehrerer Szenarien die Auswirkungen geänderter Rahmenbedingungen analysieren zu können.

5.1.2.3.2 Investitionsentscheidungen

Ersatzinvestitionen in einem bestehenden System unterscheiden sich in manchem von Investitionen in ein vollständig neues System. Sie werden anlassbezogen nach einem Schaden oder planmäßig entsprechend einem Erneuerungsplan vorgenommen. Daher sind sie zeitlich und örtlich meist festgelegt, Entscheidungsfreiheit besteht dann höchstens bei Technologie, Type und Dimensionierung. Möglich ist auch die Entscheidung, einen bestehenden Standort oder eine Trasse in naher Zukunft aufzulassen und unvermeidliche Ersatzinvestitionen so kostengünstig wie möglich zu gestalten. Ein Beispiel ist das befristete Aufstellen einer mobilen Transformatorstation, die später an einem anderen Standort weiter genutzt werden kann. Auch Leitungstrassen können aufgelassen werden, wenn Ersatzinvestitionen auf anderen Trassen vorgenommen werden. Dies kann zu zweckmäßigen Restrukturierungen im Netz führen [19].

Die Erneuerung des Elektrizitätssystems wird oft von der Erneuerung anderer Infrastrukturen stark beeinflusst. Die Generalsanierung von Straßenzügen durch die Straßenverwaltung, von Infrastrukturen wie Straßenbahngleise, Abwasserkanäle, Gas- und Wasserleitungen, Telekomleitungen, Verkehrssignale oder Straßenbeleuchtungen bietet Anlässe, auch Energiekabel und Hausanschlusskästen zu erneuern [20–22].

In praktisch allen Fällen werden nur neue Betriebsmittel eingesetzt und Neuanlagen errichtet, die den aktuellen Investitionsstandards entsprechen. Wie das praktische Beispiel in Abschn. 5.1.1 jedoch zeigt, können auch geeignete ältere Betriebsmittel für Restrukturierungen Verwendung finden. Die Erneuerungsinvestitionen sollen nicht den anzustrebenden Zielstrukturen entgegenstehen, geplante Restrukturierungen müssen daher in die Erneuerungspläne eingearbeitet werden. Werden historisch gewachsene komplexe Netzstrukturen aufrechterhalten, können Effizienzpotenziale durch Vereinfachungen und Anpassungen an eine sich ändernde Nachfrage nicht gehoben werden.

Die Art der Ausführung von Erneuerungsinvestitionen beeinflusst entscheidend die Errichtungskosten. Häufig ist es unerlässlich, die alte Anlage weiter zu betreiben, bis die neue in Betrieb gegangen ist, um die Versorgung nicht zu unterbrechen oder die Versorgungssicherheit nicht zu beeinträchtigen. Die Neuerrichtung einer Anlage am Ort einer alten ist meist aufwendig und erfordert den Einsatz von Provisorien. Viel einfacher ist die Errichtung einer neuen Anlage neben einer alten, es fallen auch viele technische Einschränkungen weg. Das gleiche gilt für Kabeltrassen, maschinelle und damit kostengünstige Grabarbeiten erfordern einen Mindestabstand zu bestehenden Trassen.

5.1.2.3.3 Zielnetzplanung

Die Erneuerungsstrategie soll eine mittel- bis langfristig optimale Systementwicklung ermöglichen. Dieses komplexe dynamische Optimierungsproblem kann in der Praxis mit Hilfe einer Zielnetzplanung gelöst werden (vgl. Abschn. 4.1.2.4). Damit wird eine langfristig anzustrebende Systemstruktur definiert, die durch eine optimale Restrukturierungsstrategie erreicht werden soll. Daraus ergibt sich die bestmögliche Erneuerungsstrategie, die dann in Erneuerungsplänen umgesetzt werden kann.

Die der Zielnetzplanung zu Grunde liegenden Zeiträume sind mit der erwarteten Restlebensdauer der Betriebsmittel entsprechend abzustimmen. Empfehlenswert ist es meist, sowohl das globale Optimum aus Restrukturierungs- und Zielnetzkosten über den gesamten Betrachtungszeitraum zu suchen, als auch das über den Bewertungszeitraum optimale Zielnetz alleine. Der Prognoseungewissheit sollte durch ausreichende Variation der wichtigsten Parameter Rechnung getragen werden. Es ist zweckmäßig, mit vereinfachten Betrachtungen zu Modellnetzen zunächst die wichtigsten Netzkenngrößen zu optimieren. Aufbauend auf diesen Erkenntnissen können aufwendigere Planungen anschließen [12, 23].

5.1.2.3.4 Investitionsrückstau

Es gibt unterschiedliche Ursachen für ein relativ rasches Ansteigen der Störungsrate in einem bestimmten Netzgebiet:

- Zahlreiche Betriebsmittel erweisen sich weit vor dem Ende der vorgesehenen technischen Nutzungsdauer als unerwartet störungsanfällig.
- Erneuerungsinvestitionen sind über einen längeren Zeitraum nur unzureichend erfolgt. Zahlreiche Betriebsmittel erreichen das Ende ihrer üblichen technischen Nutzungsdauer und werden zunehmend unzuverlässiger.

Diese Situationen bedeuten einen Investitionsrückstau, d. h. in einem ungewöhnlich kurzen Zeitraum müssen massive Ersatz- bzw. Erneuerungsinvestitionen vorgenommen werden. Erfolgen diese nicht, nehmen Versorgungsausfälle und Instandhaltungskosten in unzumutbarem Ausmaß zu. Diese starke Investitionstätigkeit in einem kurzen Zeitraum führt zu einem kurzzeitig erhöhten finanziellen Aufwand, der durch fehlende Gelegenheiten zur Nutzung von Synergien noch verstärkt wird. Durch kontinuierliche Zustandsbeobachtung und permanent ausreichende Erneuerungsinvestitionen sollten solche für Netzkunden und Netzbetreiber ungünstigen Situationen vermieden werden.

5.1.2.4 Erneuerungspläne

Es werden im Folgenden Überlegungen aus der Praxis zum Thema Erneuerung dezentraler Elektrizitätssysteme vorgestellt. Damit bekommt der Systemplaner Anregungen zur sinnvollen Gestaltung des Erneuerungsprozesses.

5.1.2.4.1 Hochspannungsnetze

Masten mitteleuropäischer Hochspannungs-Freileitungen weisen in der Regel eine sehr lange technisch-wirtschaftliche Nutzungsdauer auf, wenn sie regelmäßig gewartet werden. Isolatoren, Armaturen, Seile und auch einzelne Masten können bei Bedarf getauscht werden. Wegen Trassenmangels und schwieriger Genehmigungsverfahren werden daher HS-Freileitungen im Allgemeinen so lange wie möglich in betriebsfähigem Zustand erhalten. Erneuerungsinvestitionen sind oft nur unter günstigen Umständen möglich:

- Mitführen von 110 kV-Systemen auf neuen 380 kV-Leitungen: Wegen oft unbestimmbar langer Genehmigungsdauern solcher Großprojekte sind Errichtungszeitpunkte kaum abschätzbar.
- Neutrassieren einer alten 110 kV-Leitung gelingt nur dann, wenn die neue Trasse große Vorteile für alle Beteiligten im Vergleich zur alten Trasse bringt [24].

Gewichtige Argumente sprechen für das langfristige Beibehalten von 110 kV-Freileitungen [25, 26]:

- Die Errichtung von Kabelstrecken ist meist wesentlich teurer als der Bau von Freileitungen.

- Freileitungen sind zahlreichen atmosphärischen Einwirkungen ausgesetzt, Störungen sind häufiger als bei Kabeln. Wegen der selbst heilenden Luftisolierung können diese jedoch meist sehr rasch beseitigt werden, die Störungsdauern sind also gering. Auch Reparaturen können meist recht rasch erfolgen. Hochspannungskabel haben zwar eine geringere Ausfallhäufigkeit, Ausfalldauer und Reparaturaufwand sind jedoch wesentlich größer.
- Der Bedarf an Erdschlusslöschstrom ist bei Kabeln wesentlich größer. Die Gesamtlänge von Kabeln in 110 kV-Netzen mit Erdschlusslöschung ist daher wegen der Löschgrenze sehr eingeschränkt. Abhilfe kann nur durch Trennung von 110 kV-Netzen oder durch Übergang auf andere Methoden der Sternpunkterdung geschaffen werden.

In Gebieten zunehmender Verbauung bzw. Verstädterung wird die Verkabelung langfristig unvermeidlich sein, dies sollte zeitgerecht in Erneuerungsplänen und Flächenwidmungsplänen der Gebietskörperschaften berücksichtigt werden. Die frühzeitige Sicherung der Kabeltrassen ist kostengünstig und ermöglicht auch neue, der Nachfrageentwicklung angepasste Trassenführungen.

In urbanen Gebieten Mitteleuropas existieren Hochspannungs-Kabelnetze seit der ersten Hälfte des vorigen Jahrhunderts, sodass mit einem wachsenden Erneuerungsbedarf zu rechnen ist. Die seinerzeit verwendeten Kabeltechnologien mit ölgetränkter Papierisolierung und Bleimantel zeigen eine außerordentlich lange Nutzungsdauer, deren Ende oft schwer vorherzusagen ist. Die ersten Hochspannungskabel mit Polyäthylenisolierung hatten demgegenüber wegen des Einwachsens von „Wasserbäumchen" in die Isolierung häufig nur eine sehr begrenzte Lebensdauer. Seit längerem sind Kabel mit VPE-Isolierung Stand der Technik und auch auf Dauer sehr zuverlässig, daher werden sie auch für Erneuerungsinvestitionen in 110 kV-Netzen allgemein verwendet.

Der kostengünstige Ersatz einer bestehenden Hochspannungs-Kabelstrecke erfordert zeitgerechte Vorbereitungsmaßnahmen:

- Mitlegung von Leerrohren auf einer Ersatztrasse: Langfristig vorausschauend sind kostengünstige Gelegenheiten zur Mitlegung zu nutzen, sodass bei Bedarf eine möglichst vollständige Trasse zur Verfügung steht.
- Sicherung einer Trasse mit niedrigen Tiefbaukosten: Radwege oder ein Grünstreifen ermöglichen kostengünstige Grabarbeiten.
- Sicherung schwieriger Querungen wie z. B. von Flüssen, Eisen- oder Autobahnen mittels Brücken, Dükern, Unterführungen oder Tunnels.

Neue Hochspannungs-Kabelstrecken sollten so geplant werden, dass eine vollständige Erneuerung während des Betriebes der alten Strecke möglich ist, soweit dies wirtschaftlich noch vertretbar ist.

5.1.2.4.2 Umspannwerke

Für den kostengünstigen Neubau von Umspannwerken sind geeignete Grundstücksflächen sowohl an neuen Standorten als auch neben bestehenden Anlagen samt den notwendigen

Leitungstrassen rechtzeitig zu sichern. Ist dies nicht möglich, so müssen in Betrieb befindliche Umspannwerke stufenweise erneuert werden. Dazu sind sie durch Nachbarumspannwerke soweit möglich zu entlasten, dies gelingt besonders gut mittels Strangnetzen auf der Mittelspannungsseite. Ein Teil der Anlagen kann dann außer Betrieb genommen werden, unter Umständen müssen provisorische Anlagen errichtet werden.

Vorteilhaft zu erneuern sind alte Umspannwerke mit großzügigem Flächen- oder Raumangebot, das beispielsweise wegen Hochspannungs-Freiluft- oder luftisolierter Innenraumschaltanlagen gegeben ist. Ein Teil der alten Anlagen kann abgebaut und dort komplette Neuanlagen in neuer Technologie (z. B. SF_6-Schaltanlagen) errichtet werden. Ein Erneuerungsplan für Umspannwerke sollte auch Richtlinien enthalten, welche Vorsorgemaßnahmen bei neuen Umspannwerken für weit in der Zukunft liegende Erneuerungsinvestitionen getroffen werden. Zweckmäßig sind insbesondere kostengünstige Maßnahmen zur Schaffung von freien Reserveräumlichkeiten.

5.1.2.4.3 Transformatoren

Alle in Betrieb und auf Lager befindlichen, bei Partnern kurzfristig verfügbaren und bei der Lieferindustrie aus Rahmenverträgen abrufbaren Transformatoren sind bei der strategischen und operativen Planung von Betrieb, Reserve- und Lagerhaltung, Instandhaltung, Erneuerungs- und Erstinvestition zu berücksichtigen. Die technischen und ökonomischen Statistiken des Istbestandes samt Einsatz- und Betriebsdaten liefern die Informationsbasis für die sinnvolle operative und strategische Erneuerung des Trafobestandes [27, 28].

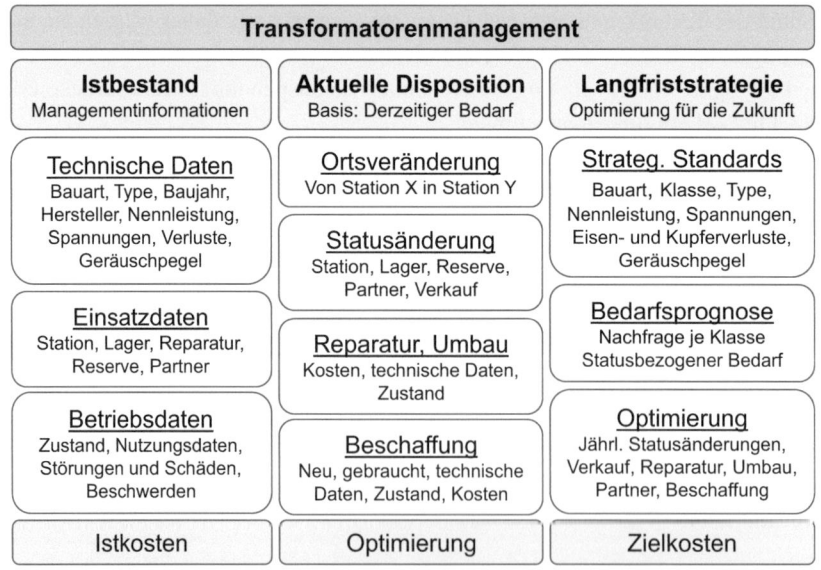

Abb. 5.3 Bewirtschaftung eines Transformatorenparks

Die aktuelle Disposition oder Kurzfristplanung entscheidet über Änderungen des Einsatzortes oder -status, über Reparatur, Umbau, Verkauf oder Beschaffung. Dabei sollten auch die Bestände von Partnerunternehmen berücksichtigt werden, mit denen eine gemeinsame Disposition und Optimierung vereinbart worden ist. Die aktuelle Disposition berücksichtigt momentane Erfordernisse und die strategische Weiterwicklung des Bestandes. Sie wird üblicherweise der Strukturplanung zugeordnet.

Die strategische Optimierung erfordert auch langfristige Prognosen der Bestandsentwicklung und des Bedarfs an festgelegten Standardtypen. Vorteilhaft ist dabei eine Klassifizierung (Clustering) des Altbestandes, um dessen zeitliche Entwicklung besser disponieren zu können. Eine schematische Übersicht zum Transformatorenmanagement, das bei HS/MS- und MS/NS-Transformatoren im Prinzip gleich abläuft, zeigt Abb. 5.3. Das strategische Transformatorenmanagement wird üblicherweise als Teil der Grundsatzplanung gesehen.

5.1.2.4.4 Transformatorstationen

Transformatorstationen in städtischen Gebieten sind oft in fremden Gebäuden eingebaut und an die unterschiedlichsten baulichen Gegebenheiten angepasst. Die Platzverhältnisse sind häufig sehr beengt, ein Neubau an Ort und Stelle unter Einsatz von Provisorien mangels Alternativstandorten oft unerlässlich. Werden neue Stationen in neu erbaute Gebäude integriert, so können manchmal nahe gelegene und bereits sanierungsbedürftige Stationen aufgelassen werden. Ist ein Auflassen nicht möglich, kann auch eine sparsame Sanierung mit einem im Stich angeschlossenen Transformator ohne MS-Schaltanlage erfolgen. Solche indirekten Erneuerungsinvestitionen sollten in Erneuerungsplänen jedenfalls berücksichtigt werden.

Frei aufgestellte Fertigteil- oder Kompaktstationen bieten häufig die Möglichkeit, direkt daneben eine neue Station aufzustellen und die alte aufzulassen. Vorteilhaft ist dabei, dass MS- und NS-Netz nicht restrukturiert, sondern nur neu angebunden werden müssen. Auch die Erneuerung von Maststationen an Ort und Stelle oder gleich daneben ist meist machbar. Sie werden aber heutzutage oft durch Kompaktstationen ersetzt, die über kurze Kabelstrecken angebunden werden.

5.1.2.4.5 Mittel- und Niederspannungsnetze

Freileitungen werden im Allgemeinen nicht mehr neu gebaut, in Mittelspannungsnetzen werden aber manchmal Masten, Isolatoren, Armaturen oder Seile getauscht und die Leitungen erhalten. Meist werden Freileitungen am Ende der technisch-wirtschaftlichen Nutzungsdauer verkabelt. Bei vielen Verteilnetzbetreibern gibt es Erneuerungsstrategien, die hauptsächlich wegen Nachfragewachstum, Versorgungsqualität oder aus Umweltgründen eine forcierte Verkabelung vorsehen.

Eine effiziente Erneuerungsstrategie nützt günstige Gelegenheiten oder Synergien, um die Gesamtkosten zu minimieren. Bevorzugt bieten sich folgende Gelegenheiten für Erneuerungen an:

- Störungsanfällige Leitungsabschnitte (Blitzschlag, umstürzende Bäume in Wäldern),
- Abschnitte mit hohem Erhaltungsaufwand (Buschwerk, steiles Gelände),
- Abschnitte in oder nahe von Neubaugebieten,
- Strecken mit Synergien bei der Kabellegung (Straßenbau, andere Infrastrukturen),
- Leitungen mit steigender Belastung, wenn die Notwendigkeit zur Verstärkung absehbar ist,
- NS-Leitungen mit Schwierigkeiten bei Schutzmaßnahmen gegen indirektes Berühren in Kundenanlagen oder bei Problemen mit der Versorgungsqualität,
- Restnetze zur Vereinheitlichung und damit verbundener Kostensenkung.

5.1.2.5 Netzrückbau

In Mitteleuropa gibt es meist ländliche Gebiete mit langfristig sinkender Nachfrage nach Netzdienstleistungen bedingt durch Abwanderung der Bevölkerung, der Wirtschaftsbetriebe und der Industrie. Eine Erneuerungsstrategie sollte zumindest mittelfristig Einsparungspotenziale heben und meist auch Vorgaben hinsichtlich der Verkabelung von Freileitungsnetzen berücksichtigen.

Die Leitungslänge von NS-Netzen wird meist im Wesentlichen gleich bleiben, eine Reduktion ist nur bei Wegfall peripherer Kundenanlagen möglich. Transformatorstationen lassen sich manchmal einsparen, wenn das Niederspannungsnetz ausreichend verstärkt wird. Vorteilhaft sind dabei unter Umständen 1000 V-Kabelverbindungen mit Spartransformatoren, die von einer starken zentralen Trafostation ausgehen. Neben der Anzahl der Trafostationen kann auch die Länge des Mittelspannungsnetzes reduziert werden. Die Höhe möglicher Einsparungen hängen stark von den örtlichen Verhältnissen ab, nähere Details findet man beispielsweise in [29].

5.1.3 Gestaltungsgrundsätze

5.1.3.1 Wirtschaftlichkeit und Robustheit

5.1.3.1.1 Planungsparameter

Allgemeine Wirtschaftlichkeitsparameter, Investitionskosten für Betriebsmittel und Anlagen sowie spezifische Netzverlust-, Ausfall- und Engpasskosten müssen realitätsnah ermittelt und stets aktuell gehalten werden. Für die Einheitlichkeit und Vergleichbarkeit von Planungsergebnissen sollten die Bewertungsmethoden und die Planungsparameter selbst unternehmensweit abgestimmt sein. Zu bedenken ist auch, dass Planungsparameter auch langfristig prognostiziert werden müssen. Daher sollten auch Prognoseannahmen und -methoden ebenso wie Planungs-, Bewertungs- und Betrachtungszeiträume im Unternehmen einheitlich gehandhabt werden [30].

Realitätsnahe Investitionskosten können projektbezogen ermittelt werden, sobald die gesamte Abrechnung vorliegt. Für Grundsatz- und Strukturplanung sowie Budgetierung und Kalkulation in der Projektplanung müssen daraus repräsentative Schätzwerte für geeignete Projektklassen abgeleitet werden. Dies gilt beispielsweise für kalkulatorische Tiefbaukosten zur Neuverlegung von Mittelspannungskabeln in städtischen Wohngebieten.

Spezifische Netzverlustkosten werden durch Regulierungsvorgaben bestimmt oder beeinflusst, betriebswirtschaftlich stellen sie spezifische Beschaffungskosten für die Netzverlustenergie dar. Grundsätzlich sollen durch Optimierung des Schaltzustandes im Betrieb möglichst geringe Netzverluste angestrebt werden. Ausfallkosten entstehen bei den Netzkunden und sind nicht einfach zu beziffern. Volks- und energiewirtschaftliche Studien geben grobe Richtwerte für bestimmte Kundengruppen an [31]. Spezifische Engpasskosten für dezentrale Erzeuger sind ebenfalls durch Regulierungsvorgaben determiniert, ihre Entwicklungen sind ebenso wie die der anderen Wirtschaftlichkeitsparameter langfristig zu prognostizieren und als Planungswerte festzulegen.

5.1.3.1.2 Planungsmethoden

Nicht nur Wirtschaftlichkeitskenngrößen, sondern auch die einzusetzenden Methoden des Wirtschaftlichkeitsvergleichs bzw. der Kostenoptimierung sind für die praktischen Anwendungsfälle zu definieren. Der vertretbare Planungsaufwand für eine bestimmte Aufgabenstellung richtet sich naturgemäß nach den zu erwartenden Gesamtkosten und den möglicherweise erzielbaren Einsparungen. Alle plausiblen Planungsvarianten sollten jedenfalls ausreichend analysiert und in den Wirtschaftlichkeitsvergleich einbezogen werden.

Neben dem Wirtschaftlichkeitsvergleich von Realisierungsvarianten ist es oft auch erforderlich, die Prioritäten in einer Liste von meist kleineren Erneuerungsprojekten festzulegen. Projekte mit dem besten Nutzen/Kosten-Verhältnis sollen bei begrenzten Budgets bevorzugt realisiert werden. In der Praxis gibt es unterschiedliche Strategien, den Nutzen solcher Projekte zu bewerten:

- Anschlussleistung aller Kundenanlagen, die vom Erneuerungsprojekt betroffen sind,
- Transportmoment des Erneuerungsprojekts,
- Erwartete Verbesserung der Versorgungsqualität,
- Erhöhung der Kurzschlussleistung in Netzanschlusspunkten, gewichtet mit der jeweiligen Anschlussleistung.

In Unternehmen werden oft Systeme von Projektkennzahlen entwickelt, um möglichst objektiv Prioritäten für die Realisierung setzen zu können [32].

5.1.3.1.3 Robustheit

Grundsätzlich sollte auch die Robustheit einer vorzuschlagenden Ausbauvariante nachgewiesen werden. Das erfordert Variationen der wichtigsten auf Schätzungen und Prognosen beruhenden Parameter. Der erhöhte Planungsaufwand wird im Allgemeinen durch Stabilität und Langlebigkeit einer robusten Planungsvariante mehr als aufgewogen. Der Nachweis ist allerdings schwierig und wird kaum jemals geführt, da die historischen

Planungsvoraussetzungen immer wieder mit der realen Entwicklung verglichen werden müssten.

Sehr oft ist zwischen einer teuren und robusten und einer kostengünstigeren, aber weniger robusten Realisierungsvariante zu entscheiden, dabei ist eine sorgfältige Vorgangsweise zu empfehlen. Ein anzustrebender objektiver Vergleich erfordert die Berücksichtigung der zusätzlichen Kosten, die mit einer gewissen Wahrscheinlichkeit zu einem späteren Zeitpunkt anfallen werden, um die weniger robuste Variante nachträglich zu verstärken. Das Abwägen und Bewerten von Höhe, Wahrscheinlichkeit und Zeitpunkt dieser Zusatzkosten kann auch für erfahrene Systemplaner eine Herausforderung sein. Sinnvolle Kompromisse findet man oft durch zusätzliche kostengünstige Vorleistungen zur Verbesserung der weniger robusten Variante.

In den Planungsgrundsätzen ist deshalb zweckmäßigerweise festzulegen, welche Mindestnachweise bezüglich der Robustheit von Planungsvarianten zu erbringen sind. Dazu zählen z. B. die Durchführung von Bereichsprognosen, die Angabe von Kapazitätsreserven und von allfällig erforderlichen Zusatzinvestitionen bei unvorhergesehenen Entwicklungen. Im Gegenzug sollte auch gezeigt werden, wie systematische Überdimensionierung durch unnötig hohe Reserven vermieden werden kann.

5.1.3.2 Qualität

Die anzustrebende Ver- und Entsorgungsqualität wird zweckmäßigerweise durch eine Reihe von Grundsatzentscheidungen festgelegt. Dazu gehören Festlegungen zu Netzbetriebsmitteln und Netzstrukturen sowie zu Standards der Netzinstandhaltung und des Netzbetriebes.

Basis für eine hohe Versorgungsqualität ist die Qualität der Netzbetriebsmittel einschließlich der Montagearbeiten sowie die vorgesehene Qualitätssicherung. Bereits im Beschaffungsprozess ist die hohe Qualität sicherzustellen, geeignete Mittel sind Qualitätstests in Form von Typen- und Stückprüfungen, Referenzen von anderen Netzbetreibern und Eingangsprüfungen. Auch in der Instandhaltung ist besonderes Augenmerk auf die dauerhafte Gewährleistung der hohen Zuverlässigkeit der Betriebsmittel zu legen.

Die Zuverlässigkeit der Ver- und Entsorgung der Kundenanlagen wird wesentlich von Netzstrukturen und Reservekapazitäten sowie den betrieblichen Reaktionen auf zufällige Schäden oder Ausfälle von Netzelementen bestimmt. Planungsrichtlinien sollen daher eine insgesamt wirtschaftlich optimale Systemzuverlässigkeit gewährleisten. Praktisch übliche Grundsätze sind daher je Netzebene unterschiedlich und werden im Folgenden beispielhaft vorgestellt [33, 34].

5.1.3.2.1 Hochspannungsnetz

Kein durch Kurzschluss, Erdschluss oder Unterbrechung verursachter Einfachausfall eines Netzelements darf zu einer Ver-/Entsorgungsunterbrechung führen. Dies wird als strukturelles und betriebliches (N−1)-Prinzip bezeichnet. Alle Netzelemente sind mit selektivem Hauptschutz und weitgehend selektivem Reserveschutz sowie Leistungsschaltern in den Umspannwerksabzweigen auszurüsten. Bei mehrsystemigen Freileitungen und bei mehr als einem Kabelsystem je Trasse werden nur die Ausfälle jeweils eines Systems als Einfachausfälle betrachtet. Als Sternpunktbehandlung wird Erdschlusskompensation vorgesehen, Erd- und Kurzschlüsse auf Freileitungen werden durch Abschaltung und automatische Wiedereinschaltung (AWE) beseitigt. Die Bereitstellung der Löschströme muss dem (N−1)-Prinzip entsprechen. Mögliche Mehrfachausfälle paralleler Systeme sind zu analysieren und bestmögliche Abhilfemaßnahmen vorausschauend zu planen. Länger dauernde umfangreiche Abschaltungen einzelner Netzelemente für Instandhaltungsarbeiten sind mittelfristig mit Planung und Betrieb abzustimmen.

5.1.3.2.2 Umspannwerke

Alle Umspannwerke sind grundsätzlich (N−1)-sicher bzw. eigensicher auszuführen, Ausnahmen sind zu begründen (z. B. Erstausstattung mit 1 Trafo, Reserve über MS-Strangnetz). Dabei ist die räumliche Trennung der Anlagen und Kabeltrassen in geeigneten Brandabschnitten vorzusehen. Auf Störlichtbogensicherheit, Brandschutz, Erdbebensicherheit, Hochwasser- und Intrusionsschutz ist besonders zu achten. Im Normalbetrieb sind im Allgemeinen alle Transformatoren einzuschalten und möglichst gleichmäßig zu belasten, um die Ausfallleistungen niedrig zu halten.

Ein Einfachfehler eines Anlagenelements mit Ausnahme eines MS-Abzweigs darf in der Regel nur zu einer Versorgungsunterbrechung von maximal wenigen Minuten führen und muss durch ferngesteuerte Umschaltungen betrieblich behoben werden können. Dies bezeichnet man als strukturelle (N−1)-Versorgungssicherheit. In Entsorgungsrichtung wird auch das (N−0)-Prinzip angewandt; das setzt voraus, dass in Ausfallzuständen oder bei Instandhaltungsarbeiten die Einspeiseleistungen betroffener Erzeugungsanlagen vom Netzbetreiber im notwendigen Ausmaß reduziert werden können.

5.1.3.2.3 Mittelspannungsnetze

Ziel sind strukturell (N−1)-sichere Kabelnetze für Verbraucher in städtischen und ländlichen Gebieten. Ausnahmen vom (N−1)-Prinzip kann es für Stichanspeisungen einzelner Stationen bis zu einer festgelegten Transformatornennleistung geben. Hierfür und für Stationsausfälle sind mindestens X mobile Notstromaggregate mit ausreichender Nennleistung ständig einsatzbereit zu halten. Für Einspeiser gilt grundsätzlich das (N−0)-Prinzip, bei Störungen im Netz können Anlagen vom Netzbetreiber per Fernsteuerung abgeschaltet oder deren Einspeiseleistung reduziert werden. Alle Netze werden als Strahlennetze betrieben.

Alte, hoch ausgelastete Freileitungsnetzteile und solche mit stark wachsender Nachfrage sind bevorzugt auf Kabelnetze umzustellen. Alte und besonders störungsanfällige Freileitungen sind zusätzlich rasch zu verkabeln, hierfür steht ein jährliches Sonderbudget zur Verfügung. Damit soll die Störungshäufigkeit in ländlichen Netzen möglichst rasch und nachhaltig reduziert werden.

Mittelspannungsnetze mit einem Erdschlussstrom über 30 A werden grundsätzlich mit Erdschlusskompensation betrieben, Erdschlüsse werden nicht sofort automatisch abgeschaltet. Die Fehlersuche beginnt unverzüglich, ein fehlerbehafteter Leitungsabschnitt sollte in der Stadt spätestens nach 30 min, am Land spätestens nach 90 min abgeschaltet und geerdet sowie die volle Versorgung wieder hergestellt sein. Leitungsabzweige in Umspannwerken sind mit Überstromzeitschutz (ÜSZ), Reserveschutz, Fehlerorter und Erdschlussrichtungserfassung auszustatten, bei Freileitungen kommt eine AWE-Funktion hinzu.

5.1.3.2.4 Transformatorstationen

MS-Schaltanlagen werden mit Einfachsammelschiene und Lasttrennern ausgeführt, bei mehr als 2 Transformatoren ist eine Längstrennung vorzusehen. Transformatoren werden mit HH-Sicherungen geschützt. Kurzschlussstromanzeiger sind in allen Leitungsabzweigen einzubauen. Einzelne Schwerpunktstationen in entlegenen Gebieten werden mit motorbetriebenen Lastschaltern, Fernmeldung und Fernsteuerung ausgestattet, wenn andernfalls zu große Ausfallzeiten für Kundenanlagen zu erwarten sind. Für MS/NS-Transformatoren ist vor Ort keine direkte Ausfallreserve vorgesehen. Zentral sind mindestens XX mobile, komplett ausgestattete Transformatorstationen mit standardisierten Anschlusskabeln als kalte Reserve vorzuhalten.

5.1.3.2.5 Niederspannungsnetz

Städtische Niederspannungsnetze werden grundsätzlich strukturell (N−1)-sicher für Entnehmer und (N−0)-sicher für Einspeiser ausgeführt, Hausanschlusskästen werden in die Straßenlängskabel eingeschleift. Leitungsstiche sind für je maximal etwa 4 Einfamilienhäuser zulässig. Alte Anschlüsse größerer Objekte über T-Muffen werden bevorzugt durch Kabeleinschleifungen ersetzt.

NS-Netze in ländlichen Gebieten sind grundsätzlich Strahlennetze nach dem (N−0)-Prinzip, Netze zwischen Transformatorstationen können z. B. zu Strangnetzen zusammengeschlossen werden. Flexible Kabeltrossen mit vorbereiteten Anschlüssen in zweckmäßigen Querschnitten und Längen sind für die rasche Wiederherstellung der Versorgung nach Störungen bereit zu halten. NS-Freileitungen in bebauten Gebieten sind bevorzugt zu verkabeln, um die Störungshäufigkeiten zu reduzieren. Es ist generell nur Strahlennetzbetrieb vorgesehen, Schutzmaßnahme ist Nullung.

5.1.3.2.6 Überblick

Einen Überblick zu häufig angewandten Gestaltungsgrundsätzen für die Qualität der Netzdienstleistung gibt Abb. 5.4.

5.1 Grundsatzplanung

Abb. 5.4 Beispiel für Gestaltungsgrundsätze Qualität

5.1.3.3 Umwelt

Gestaltungsgrundsätze können Richtlinien zur Erfüllung der Umweltstandards definieren und darüber hinaus freiwillige Maßnahmen, die über die aktuellen Standards hinausgehen. Sie können auch Strategien in Zusammenhang mit erwarteten zukünftigen Verschärfungen von Grenzwerten formulieren.

Bei der vorgezogenen Verkabelung von Freileitungen spielt neben der Umwelt meist eine Reihe von anderen Gründen eine Rolle. Höhere Umweltstandards werden von manchen Unternehmen beispielsweise freiwillig beim Einsatz von flüssigen oder gasförmigen Isolierstoffen oder bei der Emission magnetischer Felder angewandt. Für die Geräuschemission neu zu beschaffender Transformatoren werden oft in Hinblick auf den langfristig freizügigen Einsatz grundsätzlich sehr niedrige Grenzwerte vorgeschrieben.

5.1.3.4 Betriebsgrenzen

5.1.3.4.1 Thermische Belastbarkeit

Wichtig für die Netzgestaltung ist die Bestimmung der thermischen Belastbarkeit der elektrischen Betriebsmittel in relativ selten auftretenden Engpasssituationen. Normen und Standards geben die thermische Kurzzeit- oder Dauerbelastbarkeit unter definierten Umgebungsbedingungen unter der Annahme an, dass auch bei ständigem Erreichen dieser

Grenzwerte kein Lebensdauerverlust auftritt. Diesen Belastbarkeitswerten liegen maximale Grenztemperaturen an kritischen Stellen zu Grunde, die mit Sicherheit zu keinen dauerhaften Beeinträchtigungen der Materialkennwerte führen [35].

In der Praxis der Netzplanung gehen Netzbetreiber oft davon aus, dass in seltenen Fällen diese Grenzwerte kurzzeitig überschritten werden dürfen, ohne Lebensdauer und Zuverlässigkeit der Betriebsmittel merklich zu reduzieren. Es werden Grenzwerte bis zu etwa 120 % der genormten Strombelastbarkeit zu Grunde gelegt. Dabei wird angenommen, dass im praktischen Netzbetrieb auch in schwerwiegenden Störungsfällen kaum jemals diese theoretischen Werte tatsächlich erreicht werden [36].

Einige kritische Punkte bei elektrischen Betriebsmitteln und Anlagen sollten allerdings sorgfältig bedacht werden: 120 % Strom bedeuten 144 % ohmsche Verluste und zumindest kurzzeitig auch 144 % Übertemperatur. Bei Öltransformatoren sind Stufenlastschalter und Durchführungen kritische Bauelemente, Gießharztransformatoren sind thermisch empfindlicher als Öltransformatoren. Sammelschienen mit hohen Nennströmen und allgemein Schienen- und Anschlussverbindungen sowie Kontakte erfordern besondere Aufmerksamkeit. Kabelverlegungen, -häufungen und -näherungen sind sorgfältig zu planen und auszuführen (z. B. mit Sandbettung), wichtig ist die definierte thermische Leitfähigkeit des Materials in der Umgebung des Kabels.

5.1.3.4.2 Spannungsmanagement

Unternehmensinterne Grundsätze für die Berücksichtigung des zulässigen Spannungsbandes und der empfohlenen Grenzen für die maximale Spannungsanhebung durch dezentrale Erzeugungsanlagen sind für die praktische Systemgestaltung festzulegen. So können in der Planung Sicherheitsabstände zu den Grenzwerten sinnvoll sein, wie z. B. $+8\%$, -8% im Normalbetrieb, -12% bei seltenen Ausfallzuständen. Sie können als Triggerpunkte für Abhilfemaßnahmen angesehen werden oder Reservebänder für unerwartete Entwicklungen festlegen. Empfohlene Grenzwerte wie z. B. $+2\%$ in MS-Netzen oder $+3\%$ in NS-Netzen für die stationäre Spannungsanhebung sind einzuhalten, es sei denn, im Einzelfall sprechen gewichtige Gründe dagegen und dies ist innerhalb des Unternehmens abgestimmt [37].

Die Zuverlässigkeitsniveaus für Ver- und Entsorgung legen fest, ob die Spannungsgrenzen auch für (N−1)-Ausfallzustände einzuhalten sind. Häufiger Standard für Entnehmer ist, dass auch bei Einfachausfallzuständen die Spannungsgrenzwerte von $\pm 10\%$ bzw. $+10\%/-15\%$ eingehalten werden. Für Einspeiser ist es oft ausreichend, die üblichen Spannungsgrenzen planerisch nur für den normalen Betriebszustand sicherzustellen ((N−0)-Prinzip). Dies setzt aber voraus, dass bei Ausfallzuständen im Netz betroffene Erzeugungsanlagen vom Netzbetreiber verlässlich abgeschaltet oder ihre Erzeugungsleistungen angemessen reduziert werden können.

Vor der Festlegung von Standards empfiehlt sich eine Analyse und Prognose der maximalen Spannungsdifferenzen in den einzelnen Leitungsabzweigen ohne Berücksichtigung zukünftiger Abhilfemaßnahmen. Damit werden künftige Entwicklungen von Entnahme und Einspeisung und ihre Auswirkungen auf die Spannungshaltung abgebildet. Beispiel-

5.1 Grundsatzplanung

haft wird das für ein geografisch relativ inhomogenes Mittelspannungsnetz mit Freileitungen und Kabeln in Abb. 5.5 gezeigt.

Dargestellt werden zwei extreme, für das Spannungsmanagement repräsentative Nachfragezustände, nämlich Höchstlast ohne Einspeisung sowie Niedrigstlast mit maximaler Einspeisung. Dies ist typisch für Netzgebiete mit vielen dezentralen PV-Anlagen, die zeitlich weitgehend homogen einspeisen. Die aktuellen Werte sind hell, zukünftige Werte dunkel dargestellt. Komplexer und schwieriger wird die Situation mit einzelnen zusätzlichen größeren Windkraftwerken, dann sind im Allgemeinen noch weitere relevante Nachfragesituationen zu analysieren und zu prognostizieren.

Wichtig ist die zweckmäßige Aufteilung des Spannungsbandes zwischen Mittel- und Niederspannungsnetzen. Eine wirtschaftlich günstige Lösung hängt von einer Vielzahl von Faktoren wie Ist- und Prognosewerten der Spannungsabweichungen, Nachfrageinhomogenitäten, Kosten der Reduktionsmöglichkeiten, Verkabelungsstrategien, Erneuerungsbedarf etc. ab. Simulationen mit möglichst einfachen aber repräsentativen Netzmodellen müssen auch alle relevanten Ausfallzustände berücksichtigen.

Einfache Faustregeln sind oft suboptimal, können aber Ausgangspunkt für tiefergehende Analysen sein: Steht für den Höchstlastzustand ein Spannungsband von beispielsweise insgesamt X% zur Verfügung, so wird jeweils ein Drittel für die Mittelspannung, die Niederspannung und als Reserve für Einfachausfallzustände reserviert. Entschärft wird dieses Problem durch den Einsatz von regelbaren MS/NS-Transformatoren (RONT Regelbare Ortsnetztransformatoren), sobald Grenzwertüberschreitungen drohen [38–41].

Solche Aufteilungen sollten flexibel und dynamisch gehandhabt werden. Durch kostengünstige Maßnahmen oder geänderte Nachfrageentwicklungen auf einer Netzebene

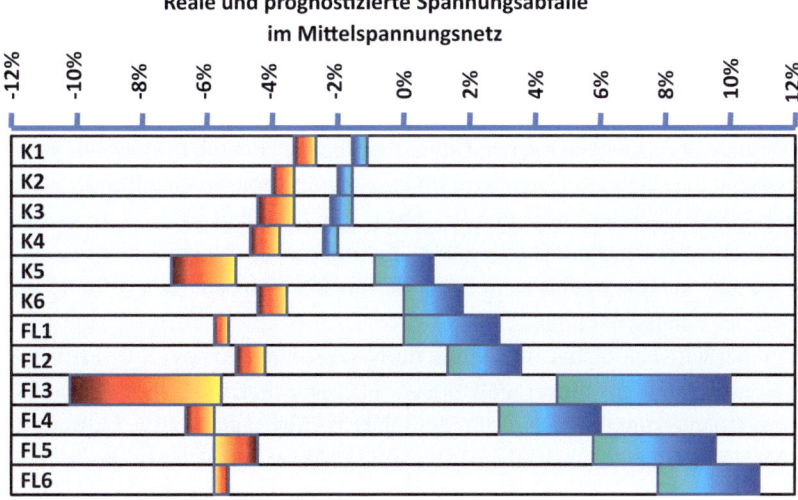

Abb. 5.5 Beispielhafte Prognose von Spannungsabfällen

können die Grenzen in gewissem Rahmen durchaus verschoben werden. Solche Entwicklungen sollten aber genau beobachtet und gegebenenfalls Abhilfemaßnahmen geplant werden.

Zusammenfassend sind also folgende Grundsatzfestlegungen zu treffen:

- Spannungsgrenzwerte im Normalbetrieb,
- Zuverlässigkeitsniveaus und Grenzwerte im Ausnahmebetrieb,
- Einzuhaltende Reserven in der Systemplanung,
- Auslegungsrelevante Nachfragezustände,
- Koordination von Mittel- und Niederspannungsnetzen.

Dann sind die zu prüfenden Maßnahmen des Spannungsbandmanagements und ihre Anwendung in der Praxis festzulegen:

Betriebliche Maßnahmen
Sie sind meist (relativ) kostengünstig und ihre Potenziale sollten umfassend genutzt werden. Durch Anpassen des Schaltzustandes können Leitungsabzweige mit hohen Spannungsabfällen entlastet werden (Spannungsoptimaler Schaltzustand). Die Spannungsregelung mit lastflussabhängigem Sollwert in Umspannwerken und bei vorhandenen Regeltransformatoren in Umspannstellen ist als jeweils zentrale Regelmethode in MS- bzw. NS-Netzen bei zeitlich und örtlich relativ homogener Nachfrage sehr effizient.

Maßnahmen in Kundenanlagen
Sie sind sehr zielgerichtet für das Spannungsmanagement anwendbar, können aber nur innerhalb des regulatorischen Rahmens vereinbart werden. Nachträgliche Änderungen sind schwierig, deshalb sollten sie langfristig geplant werden. Auch die Qualitätskontrolle sollte nicht vernachlässigt werden, nur die verlässliche Einhaltung der Vereinbarungen gewährleistet eine hohe Versorgungsqualität für alle Kunden.

Eine traditionelle Maßnahme ist die Festlegung bzw. Vereinbarung eines zulässigen Bereichs für den Leistungsfaktor, den Blindarbeitsbezug oder die Blindleistungsübergabe. Für dezentrale Erzeugungsanlagen wird oft eine parameterabhängige Blindleistungsübergabe (z. B. $Q = f(U)$) oder ein parameterabhängiger Leistungsfaktor (z. B. $\cos \varphi = f(U)$) vereinbart. Blindleistungsflüsse blockieren thermische Übertragungskapazitäten, daher bringen sie nur in wenig belasteten, meist peripheren Netzbereichen Vorteile durch die Reduktion des Längsspannungsabfalls.

Von großer wirtschaftlicher Bedeutung für Netzbetreiber ist das (N-0)-Prinzip für Einspeiser, seine Anwendung muss regulatorisch zulässig sein. Damit gibt es größere Freiräume für das Blindleistungsmanagement, die selektive Abschaltung bzw. Leistungsreduktion der betroffenen Erzeugungsanlagen durch den Netzbetreiber muss aber sichergestellt sein. Ein Vorteil sind eindeutige Flussrichtungen der zu entsorgenden Wirkleistung in allen Betriebszuständen und damit auch allfällig entgegen gerichteter Blindleistungsflüsse

5.1 Grundsatzplanung

Abb. 5.6 Spannungsmanagement mittels Blindleistung

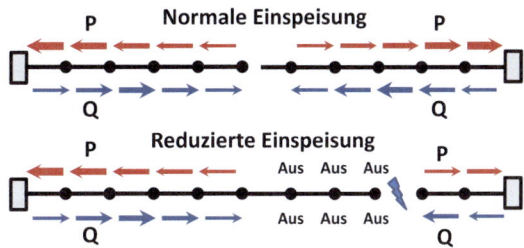

zur Reduktion der Spannungsanhebung, wie Abb. 5.6 zeigt. Stationsferne Einspeiser beziehen in diesem Beispiel Blindleistung, stationsnahe erzeugen Blindleistung. Damit wird gewährleistet, dass die Blindleistungsbilanz jedes Abzweiges in etwa ausgeglichen ist und stationsnahe Leitungen nicht unnötig mit Blindleistungstransporten belastet werden. Dies ist nur sinnvoll, wenn bei Ausfallzuständen keine Umkehr der Flussrichtung eintritt.

Investitionen in Regeltransformatoren
Die zentrale Spannungsregelung in Niederspannungsnetzen mittels regelbarer Stationstransformatoren (RONT) findet zunehmend Beachtung vor allem bei stark wachsender Photovoltaikeinspeisung in ländlichen Netzgebieten. Der nutzbare Regelbereich wird eingeschränkt durch zeitlich und geografisch inhomogene Nachfrage (vgl. Abb. 5.5), entsprechend dem (N-1)-Prinzip sind dabei auch Schaltzustände bei Einfachausfällen zu berücksichtigen. Vorteile entstehen durch die Entkopplung der Spannungsbänder für Mittel- und Niederspannung: Bei vollständiger Ausstattung aller Stationen in den Ausläufern des Mittelspannungsnetzes kann das gesamte Spannungsband allein für das MS-Netz ausgenützt werden. Zu beachten sind die Investitionskosten für die regelbaren Ortsnetztransformatoren, deren Bewährung im langjährigen praktischen Einsatz, die erwartbare Nutzungsdauer sowie die (gegenseitige) Reservehaltung im Störungsfall.

In räumlich stark inhomogenen Netzen können regelbare Spartransformatoren die lokale Spannungshaltung in langen Ausläufern und die Spannungshomogenität insgesamt verbessern. Sie werden in Mittel- und Niederspannungsnetzen eingesetzt, ihr Vorteil ist die geringe Kurzschlussspannung. Die Baugröße solcher Transformatoren wird vor allem durch Nennstrom und Zusatzspannung bestimmt, beides ist langfristig auf das geplante Einsatzgebiet abzustimmen. Wiederum ist dabei auf Einfachausfallzustände Rücksicht zu nehmen und ein Reservehaltungskonzept auszuarbeiten. Größte Flexibilität wird mit einer lastflussabhängigen Sollwertführung erreicht.

Alle unterschiedlichen Einsatzmöglichkeiten von Regeltransformatoren in Mittel- und Niederspannungsnetzen zeigt Abb. 5.7. Zur Einhaltung des (N-1)-Prinzips zumindest für Verbraucher im Mittelspannungsnetz sind erforderliche Querverbindungen zwischen den Leitungssträngen dargestellt. Dimensionierung und Reservehaltung für alle Transformatoren müssen diesem Ausnahmebetrieb Rechnung tragen. In ländlichen Niederspannungsnetzen wird häufig auf strukturelle Redundanz verzichtet. Betrieblich problematisch kann das Zusammenwirken von mehreren autarken Regeleinrichtungen sein, deshalb ist die-

Abb. 5.7 Einsatz von Regeltransformatoren

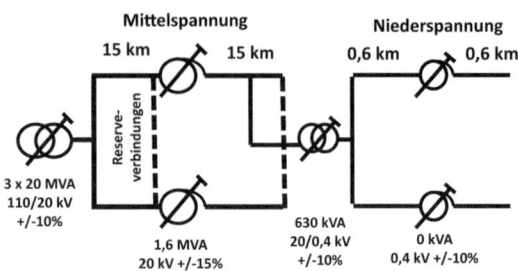

sem Problem besondere Aufmerksamkeit zu schenken. Zwei Spannungsregler kann man durch stark unterschiedliche Zeitkonstanten gut entkoppeln, der Einsatz von mehr als zwei Spannungsregelungen kommt in der Praxis wohl kaum vor.

Investitionen zur Erhöhung der Netzbetriebsspannung
Historisch gewachsene Betriebsspannungen in Mittelspannungsnetzen (z. B. 25 kV) können langfristig auf die nächsthöhere Normspannung umgestellt werden (z. B. 30 kV). Die Transportfähigkeit weitläufiger (spannungsorientierter) Netze steigt quadratisch mit der relativen Spannungserhöhung, im obigen Fall immerhin um 44 %. Wirtschaftliche Umstellungskonzepte müssen die Spannungsfestigkeit der bestehenden Leitungen und Anlagen berücksichtigen und langfristige Investitionsstrategien insbesondere für umschaltbare bzw. umstellbare Transformatoren enthalten. Die meisten Kabel und Anlagen werden für die höhere Betriebsspannung nach entsprechender Prüfung geeignet sein. Der abschließenden stufenweisen Umstellung im laufenden Betrieb und allfällig notwendigen Provisorien ist besondere Aufmerksamkeit zu widmen. Benachbarte Netzbetreiber sollten ihre Strategien aufeinander abstimmen.

Aufwendiger ist der Übergang auf eine neue Nennspannung, da meist der Großteil der Betriebsmittel vorher ersetzt werden muss. Einzelne Netzbetreiber haben Erfahrungen mit der Umstellung von 10 kV-Kabelnetzen auf 20 kV gesammelt [42]. Sinnvoll ist oft die Umstellung älterer Netzteile in ländlichen Gebieten auf eine neue Normspannung, beispielsweise von 5, 6, 10 kV auf 20 kV. Derzeit sind Kostenunterschiede für Betriebsmittel mit 10 oder 20 kV relativ gering, wie bei gasisolierten Schaltanlagen, Transformatoren oder Kabeln. Das Ausnützen von Mitlegungsmöglichkeiten für Kabel und ohnehin notwendige Erneuerungen und geplante Übergänge von Freileitung auf Kabel können die eigentlichen Umstellungskosten bedeutend reduzieren.

Das Nützen einer neuen Nennspannung (1000 V) kann vor allem in ländlichen Niederspannungsnetzen die Reichweite und die Spannungsqualität zu relativ geringen Kosten drastisch erhöhen. Mit einem Verkabelungskonzept gemäß Abb. 5.8 und einer 1000 V-Strecke mit regelbarem Spartransformator kann die zulässige Stranglast nahezu vervierfacht und die minimale Kurzschlussleistung nahezu verdoppelt werden [43].

5.1 Grundsatzplanung

Abb. 5.8 Konzept mit 1000-V-Leitung

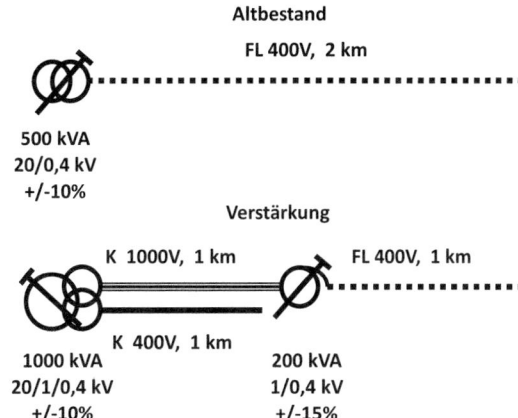

Netzverstärkungen

Netzverstärkungen sind unvermeidlich, wenn die thermischen Belastungsgrenzen gegebenenfalls unter Berücksichtigung von Einfachausfallzuständen erreicht sind. Für Umspannwerke und Transformatorstationen kommen grundsätzlich folgende Möglichkeiten in Frage:

- **Neue Stationen:** Zusätzliche Standorte verringern die Stationsabstände und entschärfen damit mögliche Spannungsprobleme. Problem ist meistens die Verfügbarkeit neuer Standorte. Die neuen Stationen müssen in die bestehenden Netze ausreichend eingebunden werden.
- **Aufstellen zusätzlicher Transformatoren:** Dies erfordert meist Platz, zusätzliche Bauarbeiten und die Adaptierung der Schaltanlagen. Zusammen mit den Stationen müssen auch die stationsnahen Leitungen angemessen verstärkt und die Netze ausgebaut werden.
- **Einsatz größerer Transformatoren:** Ist kostengünstig durchführbar, wenn die Transformatorboxen und die Schaltanlagen von Anfang an dafür ausgelegt waren. Angemessene Verstärkungen der stationsnahen Leitungen sind unabdingbar.

Nur die erste Maßnahme ist äußerst wirksam für das Spannungsmanagement, leider aber oft teuer. Die letzte Maßnahme kann hauptsächlich zu höheren Kurzschlussleistungen und damit zur besseren Spannungsqualität beitragen. Ein Netzkonzept mit vielen kleinen Stationen in zweckmäßigen Abständen ist in ländlichen Gebieten für das Spannungsmanagement meist günstiger als eines mit wenigen großen Stationen mit zu großen Abständen (vgl. Grenzlänge gemäß Abschn. 3.3.4). Dieser Zusammenhang ist in der Grundsatzplanung in Abhängigkeit von der zu erwartenden Lastdichte ausreichend zu analysieren.

Bei Leitungsverstärkungen zur Verbesserung der Spannungshaltung sollten folgende Punkte beachtet werden:

- Leitungsverstärkungen mit hohen Tiefbaukosten sollten erst dann verfolgt werden, wenn alle kostengünstigeren Maßnahmen ausgeschöpft sind.
- Leitungsverstärkungen unter Nutzung von Synergien wie bei forcierter Verkabelung von Freileitungen oder bei Generalsanierung von Straßen oder Straßenbeleuchtungen oder anderen gemeinsamen Leitungsverlegungen können kostengünstig zur Spannungshaltung beitragen.
- Der Ersatz einer Leitung durch ein Kabel mit größerem Querschnitt in der Nähe einer Station (partielle Leitungsverstärkung) reduziert den Gesamtspannungsabfall effektiv, da bei einer gleichmäßig belasteten Leitung etwa 75 % (44 %, 23 %) des Gesamtspannungsabfalls auf 50 % (25 %, 12,5 %) der Leitungslänge von der Station aus gesehen auftreten.
- Die Verlegung von zwei Kabeln statt eines Kabels mit größerem Querschnitt in der Nähe von Stationen ermöglicht nicht nur die Reduktion, sondern die Aufteilung der Stranglast und des Gesamtspannungsabfalls. In Niederspannungsnetzen wird auch ein Parallelbetrieb mit 1000 V ermöglicht (vgl. Abb. 5.8). Aus einem Leitungsring bzw. -strang wird durch eine dritte eingebundene Leitung ein sogenanntes Dreibein, eine häufige Konfiguration bei lokalen Netzverstärkungen.

5.1.4 Systemstandards

5.1.4.1 Planungsstrategien

Aus der gemeinsamen Betrachtung des künftigen Gestaltungsrahmens, der Nachfrageentwicklung, der Optimierungspotenziale und der Notwendigkeiten der Systemerneuerung können auf Basis ausformulierter Planungsgrundsätze zweckmäßige Konzepte, Strategien und Standards zur künftigen Systemgestaltung formuliert werden. Eine Übersicht dazu gibt Abb. 5.9.

Im Folgenden werden einige Standards für Betriebsmittel und Systemstrukturen diskutiert, die als Basis und Rahmen für die Strukturplanung dienen. Die sehr große Vielfalt möglicher Investitionsentscheidungen soll so weit eingeschränkt werden, dass konkrete

Grundsatzplanung			
Strategien und Konzepte		**Standards**	
Entwicklung	Wirtschaftlichkeit	Technologie	Struktur
Erneuerung	Zuverlässigkeit	Strom/Leistung	Reserven
Optimierung	Robustheit	Spannung	Betrieb

Abb. 5.9 Strategien, Konzepte und Standards

Planungsaufgaben in der Praxis auf Basis der getroffenen Vorauswahl zu wirtschaftlichen und robusten Lösungen bei hoher Versorgungsqualität führen.

5.1.4.2 Spannungsebenen

Ausgehend von der Istsituation können die Auswirkungen geänderter Betriebs- oder Nennspannungen beispielsweise anhand von Modellsystemen simuliert und analysiert werden. In der Praxis ist die Frage der zukünftigen Spannungsebenen in Mittelspannungsnetzen besonders interessant für

- ländliche Netze, die mit Spannungen unter 20 kV betrieben werden,
- Betriebs- oder Nennspannungen, die nicht den Vorzugswerten 10, 20 oder regional auch 30 kV entsprechen,
- unterschiedliche Mittelspannungen überdeckend oder nebeneinander in einem Netzgebiet,
- Freileitungsnetze, die verkabelt werden sollen,
- alte oder störanfällige Netze, die generalsaniert werden müssen,
- Netze, die weitgehend an der Kapazitätsgrenze angelangt sind.

Eine Zielnetzplanung mit verschiedenen Varianten von Spannungsebenen ermöglicht eine erste Abschätzung, welche Strategie zukünftig die geringsten Gesamtkosten aufweisen wird. Die Robustheit der gefundenen Varianten gegenüber Parametervariationen ist zu prüfen. Im zweiten Schritt sind die Restrukturierungskosten zu ermitteln, die natürlich stark vom Restrukturierungszeitraum abhängen. Deshalb ist eine realistische Restrukturierungs- bzw. Umstellungsstrategie festzulegen, wobei Folgendes zu berücksichtigen ist:

- Spannungsfestigkeit der verwendeten Betriebsmittel,
- Abstimmung mit ohnehin notwendigen Erneuerungen und Verstärkungen,
- Mögliche Synergien bei Kabellegungen,
- Koordination umfangreicher Arbeiten mit Gebietskörperschaften, Straßenerhaltern oder anderen Infrastrukturbetreibern,
- Abschnittsweise betriebliche Umstellungen, rasches Lukrieren des Nutzens.

Auch nach dem Ausnützen aller sich bietenden Synergien wird ein bestimmter Rest an notwendigen Investitionen bleiben, der relativ hohe Kosten verursachen wird. Diese sind meist unvermeidlich, um einen vertretbaren Umstellungszeitraum zu erreichen.

Eine Strategie für Spannungsebenen eines regionalen Netzbetreibers könnte folgendermaßen aussehen:

- Kleine alte 5 kV Kabel- und Freileitungsnetze werden in spätestens 10 Jahren auf 20 kV Nennspannung umgestellt sein und die geplante schlanke Zielnetzstruktur aufweisen. Bei gegebenen Anlässen werden 20 kV Anlagen und Kabelstrecken errichtet, jedes

Jahr in mindestens 8 % des ursprünglichen 5 kV-Gebietes. Für betriebliche Umstellungen einzelner Kabelstränge oder zweckmäßiger Teilnetze werden X Transformatoren 20/5/0,4 kV beschafft.
- Alte 35 kV Freileitungsnetze werden in den nächsten 15–20 Jahren durch 20 kV Kabelnetze mit Y zusätzlichen 110/20 kV Stützpunkten ersetzt. Die neuen 20 kV Netze werden optimal konfiguriert, allenfalls Spartransformatoren in mehr als 15 km langen Leitungszügen eingesetzt und neue 20/1/0,4 kV Transformatorstationen an günstigen Standorten errichtet. Die Niederspannungsnetze werden verkabelt, für dezentrale Erzeuger verstärkt (falls notwendig mittels 1000 V-Strecken) und vor allem an den neuen Speisepunkten restrukturiert. Synergien sind bei Tiefbauarbeiten (Straßenbau, Gas- und Wasser- und Telekomnetze) optimal zu nutzen. Vorhandene und Z neu zu beschaffende Kuppeltransformatoren 35/20 kV können genutzt werden. Alle 3 Jahre ist der Umstellungsfortschritt zu prüfen und die Strategie gegebenenfalls anzupassen.

5.1.4.3 Betriebsmittel

Es werden die grundsätzlichen Spezifikationen der für Netzinvestitionen in Frage kommenden Betriebsmittel sowie alle Maßnahmen zur Qualitätssicherung determiniert. Grundsatzfestlegungen betreffen die einzusetzenden Technologien, Rahmenwerte für die Investitionskosten, Ausführungsqualität und zu erwartende Lebensdauer, zulässige Emissionen, Instandhaltungs- und Betriebsaufwand, Ersatzteilhaltung sowie Austauschbarkeit, Reservehaltung, Reparierbarkeit, nachweisbare praktische Bewährung und langfristige Verfügbarkeit. Wichtig ist die Sicherstellung der gewünschten Qualität der Betriebsmittel durch Präqualifikation möglicher Lieferanten, Erfahrungsaustausch unter Netzbetreibern, Abnahmeprüfungen beim Hersteller, Eingangsprüfungen, Sicherung der Montagequalität und Inbetriebnahmeprüfungen.

In der Grundsatzplanung werden zweckmäßige Standardgrößen und Standardspezifikationen für zu beschaffende Betriebsmittel festgelegt. Die Zahl möglicher Standardgrößen ist ein Kompromiss zwischen Einheitlichkeit und einfacher Logistik einerseits und der kostengünstigen Abdeckung eines breiten Anforderungsbereichs andererseits. Üblicherweise reichen ein bis vier Standardgrößen in der Praxis aus, dennoch findet man in den historisch gewachsenen Netzen eine sehr viel größere Zahl unterschiedlicher Betriebsmittel. Bei der Festlegung von Standardgrößen und -ausführungen spielen auch das Angebot der Produzenten und die gängige Praxis anderer Netzbetreiber eine Rolle. Große Stückzahlen senken die Preise, dies steigert wiederum das Interesse weiterer Kunden.

Optimale Standardgrößen hängen von der derzeitigen und der zukünftigen Entwicklung der Nachfrage und den Netzstrukturen ab. Sie können am zweckmäßigsten durch eine Zielnetzplanung auf Basis von Modellnetzanalysen gefunden werden. Die Robustheit der Standardwerte ist zu prüfen und sicherzustellen. Auch das Beibehalten und Abändern von Standardwerten auf Grund sich ändernder Anforderungen oder Technologien ist ein Kompromiss zwischen langfristiger Einheitlichkeit und kurzfristiger Zweckmäßigkeit.

Planungsstandards für Transformatoren und Kabel können beispielsweise folgendermaßen formuliert werden [35, 44]:

- **Umspannwerkstransformatoren:**
  Technologie: Drehstrom-Öltransformator im verzinkten Stahlkessel für Aufstellung im Freien, Kühlungsart ONAN mit angebauten Kühlern, eingebauter Stufenlastschalter, Ölausdehnungsgefäß, Festlegungen für Kabel- und Seilanschlüsse sowie für Armaturen und Fahrgestell.
  Hauptdaten: Nennleistungen 10, 20 oder 31,5 MVA; Nennspannungen: 115.000 ± 19 · 750 / 20.000 V; Schaltgruppe YNd5; Nennkurzschlussspannungen 5, 10 oder 16 %. Die Schaltgruppe richtet sich grundsätzlich nach den vorhandenen Transformatoren, um den Parallelbetrieb zu ermöglichen. Obige Schaltgruppe wird in der Praxis häufig verwendet und erlaubt den Anschluss einer 110 kV-Erdschlusslöschspule. Standard- bzw. Maximalabmessungen sowie Transportgewichte werden zweckmäßigerweise ebenfalls definiert.
- **Stationstransformatoren:**
  Für Transformatorstationen müssen sowohl Öl- als auch Trockentransformatoren vorgesehen werden, Standardleistungen können beispielsweise 250 und 630 kVA für ländliche Netze und 630 kVA und 1000 kVA für städtische Netze sein. Trockentransformatoren müssen verwendet werden, wenn Umwelt- oder Sicherheitsvorschriften Öltransformatoren ausschließen. Standards für Kurzschlussspannungen (häufig 4 % oder 6 %), für Verlustleistungen, Geräuschemissionen, Kesselausführung, Kabelanschluss und Maximalabmessungen sichern unter anderem die freizügige Verwendbarkeit der Transformatoren.
- **Kabel:**
  Als Standardkabel werden für Hoch- und Mittelspannung VPE-isolierte einadrige Kabel mit beidseitig geerdeten Kupferdrahtschirmen verwendet. Sie werden häufig im Dreieck verlegt, über Cross Bonding wird bei 110 kV projektbezogen entschieden. Niederspannungskabel sind vieradrige PVC-Kabel, Standard sind Al-Leiter, bei niedrigem Kupferpreis wird der Standard geprüft [44].
  Standardquerschnitte: 110 kV: 800^2 Al; 20 kV: 400^2 Al oder 150^2 Al; 1 bzw. 0,4 kV: 150^2 Al.

5.1.4.4 Stationen und Schaltanlagen

Grundlegende Standards für Schaltanlagen betreffen Technologie, Anlagenstrukturen sowie die Nennströme für Sammelschienen und Leitungsabzweige. Zusätzlich können auch Festlegungen bezüglich Erdung, Spannungsfestigkeit, Überspannungsschutz, Selektivschutz, Automatisierung und Fernsteuerung getroffen werden. Die Schaltanlagenstrukturen werden wesentlich von der Versorgungszuverlässigkeit bestimmt, sie können nur gemeinsam mit den Netzstrukturen festgelegt werden. Die Nenndaten sind auf die (maximale) Transformatorgröße und die Leitungsdimensionierung abzustimmen [35].

Grundsätzliche Überlegungen zur Zuverlässigkeit von eigensicheren Umspannwerken tragen wesentlich zur Versorgungsqualität bei. Die (N−1)-Sicherheit betrifft die Kabelführung außer- und innerhalb von Gebäuden, die Raumaufteilung im Gebäude samt Brandabschnitten und Brandschutz, die Schaltanlage selbst und deren Störlichtbogensicherheit sowie Leittechnik und Notstromversorgung. Kein einzelnes internes Störereignis darf zum Gesamtausfall des Netzknotens führen, für externe Ereignisse kann das nur im Einzelfall analysiert werden. Abb. 5.10 zeigt beispielhaft und schematisiert die Raum-, Anlagen- und Kabeltrassendisposition eines eigensicheren 110/10 kV-Umspannwerks.

Die 110 kV-SF_6-Schaltanlage verfügt über eine Einfachsammelschiene mit Längstrennung, die beiden Anlagenhälften befinden sich in unterschiedlichen Räumen und Brandabschnitten. Auch die luftisolierte 10 kV-Doppelsammelschienenanlage verfügt über Längstrennungen und ist in zwei getrennten Anlagenräumen und Brandabschnitten angeordnet. Die externen Kabeltrassen sind ebenfalls lagemäßig getrennt. Für Erneuerungen oder Erweiterungen kann an die Nebenräume angebaut werden.

Insbesonders in großen städtischen Umspannwerken 110/10 kV ist oft eine sehr große Anzahl von Kabelfeldern bei der Mittelspannungsschaltanlage erforderlich. Für luftisolierte metallgekapselte Anlagen gibt es die Möglichkeit, zwei Netzkabel je Feld beispielsweise über separate Lasttrenner und einen gemeinsamen Leistungsschalter anzuschließen [45]. Damit sind beträchtliche Raum- und Kosteneinsparungen bei nahezu gleich bleibender Versorgungsqualität zu erzielen, wenn zusätzlich eine Schaltautomatik eine fehlerbehaftete Kabelstrecke nach dem Öffnen des Leistungsschalters abtrennt, bevor der Leistungsschalter wieder schließt.

Doppelsammelschienenanlagen machen nur dann Sinn, wenn der gleichzeitige Ausfall beider Sammelschienen extrem unwahrscheinlich ist. Fehleranalysen müssen die ungünstigsten Fehlerorte und maximale Auswirkungen beispielsweise durch Störlichtbögen berücksichtigen. Damit soll ein Weiterbetrieb der ungestörten Sammelschiene und aller vom Fehler nicht betroffenen Schaltfelder gewährleistet werden können. Fehleranalysen sollten auch Trafo- und Kabelbrände mit einbeziehen.

Stations- und Anlagenkonzepte sollten auch die Auswirkungen schwerwiegender Störereignisse und Mehrfachfehler so weit als möglich berücksichtigen. Erdbeben, Hochwasser und Feuer können den Betrieb schwerwiegend beeinträchtigen. Solide Planung berücksichtigt solche Szenarien und analysiert Möglichkeiten des eingeschränkten Teilbetriebes. Es können Vorsorgen in Form von mobilen Reserveanlagen und flexiblen Kabeltrossen

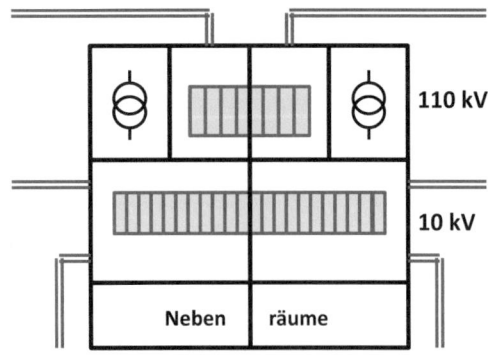

Abb. 5.10 Disposition eines eigensicheren Umspannwerks

sowie mittels Notfallplänen und Notfalltraining vorgesehen werden. Reservelängen bei Kabelanschlüssen an Schaltanlagen ermöglichen notfalls das rasche Abmontieren und Anschließen an andere Schaltfelder.

Praxisnahe Konzepte für Transformatorstationen sollten Kompakt-, Fertigteil- und Einbaustationen umfassen. Stationen mit einem oder zwei Transformatoren sind allgemein üblich, Mehrfachstationen werden oft nur in Sonderfällen realisiert. Üblich sind luft- oder gasisolierte Mittelspannungsschaltanlagen mit Einfachsammelschiene, der Einsatz von Längstrennungen sollte grundsätzlich geregelt werden. Für Transformatorabzweige werden in der Regel Sicherungslasttrenner vorgesehen, für große Transformatoren auch Leistungsschalter. Da meist nur Einfachstationen realisiert werden, ist die Ausfallreserve in den Nachbarstationen und im Niederspannungsnetz vorzusehen.

Schwerpunktstationen bilden Netzknoten im Mittelspannungsnetz und werden oft mit Leistungsschaltern, manchmal auch mit Doppelsammelschiene ausgestattet. Sie können als reine Schaltstation oder auch als Umspannstelle konzipiert sein. Ob Schwerpunktstationen technisch zweckmäßig und wirtschaftlich vorteilhaft sind, sollte grundsätzlich im MS-Netzkonzept festgelegt werden.

Die Ausrüstung von MS-Stationen mit Fernüberwachung und Fernsteuerung, lokaler Leittechnik und Motorantrieben für Schalter beeinflusst stark die Ausfalldauern bei MS-Störungen. Sie wird in Zukunft intensiviert werden, da immer bessere, kostengünstigere und verlässlichere Möglichkeiten der Telekommunikation zur Verfügung stehen. Die für den Betrieb der Elektrizitätssysteme derzeit üblichen hohen Sicherheits- und Zuverlässigkeitsstandards sollten jedenfalls auch für künftige Prozessleit- und Telekommunikationssysteme in der Elektrizitätsversorgung gelten [46, 47]. Die Risiken der gegenseitigen Abhängigkeit verletzlicher Energie- und Informationsinfrastrukturen dürfen keinesfalls unterschätzt werden.

5.1.4.5 Netzformen

5.1.4.5.1 Hochspannungsnetze

Historisch gewachsene regionale 110 kV-Freileitungsnetze verbinden Regionen, kleine und mittlere Städte sowie große Industriebetriebe mit den Einspeiseknoten aus dem 220 kV- und 380 kV-Übertragungsnetz. Oft wegen steigender dezentraler Einspeisung, manchmal auch wegen lokalem Wachstum der Nachfrage müssen diese 110 kV-Freileitungsnetze verstärkt und erweitert werden. Hinzu kommt der Erneuerungsbedarf der oft über 50 Jahre alten Leitungen. Der Neubau von Freileitungen wird nur sehr eingeschränkt möglich sein, daher wird die Netzstruktur grundsätzlich gleich bleiben.

Standards werden sich daher beispielsweise auf die Einbindung neuer Stationen beschränken. Gängige Strukturvarianten von Hochspannungs-Anbindungen und -schaltanlagen zeigt Abb. 5.11 [48]:

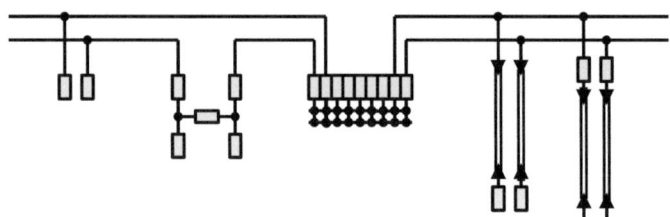

Abb. 5.11 Varianten von Freileitungsanbindungen

- Doppelstich mit Transformator-Leistungsschalterfeldern,
- Einsystemige Einschleifung und H-Schaltung,
- Zweisystemige Einschleifung mit Doppelsammelschienenanlage,
- Doppelkabelstich mit Leistungsschaltern am Kabelende,
- Doppelkabelstich mit Leistungsschaltern am Kabelanfang.

Diese Anbindungsvarianten weisen unterschiedliche Vor- und Nachteile hinsichtlich Investitionskosten, Betriebsführung und Versorgungszuverlässigkeit auf. Einfache Analysen der Systemzuverlässigkeit unter Beachtung der Verfügbarkeiten der Netzelemente und der Reservehaltungsstrategien zeigen beachtliche Unterschiede auf [49].

Standards für zukünftige Netzformen von 110 kV-Kabelnetzen in städtischen Netzgebieten auf Basis eingehender Zielnetzplanungen führen langfristig meist zu wirtschaftlichen Vorteilen. Hauptverbindungspunkte zum regionalen 110 kV-Freileitungsnetz sowie Hauptumspannwerke 380/110 kV bzw. 220/110 kV bilden die zentralen Netzknoten und liegen meist am Stadtrand. Millionenstädte werden oft zusätzlich über 380 kV-Kabelnetze zu zentral gelegenen Hauptumspannwerken 380/110 kV angebunden und verfügen aus Gründen der Kurzschlussfestigkeit und Erdschlusslöschung über mehrere unabhängige 110 kV-Netze. Wirtschaftlich sind oft Ring- und Strangnetze für 110 kV, wie Abb. 5.12 beispielhaft zeigt.

Abb. 5.12 Konzept für städtisches Hochspannungs-Kabelnetz

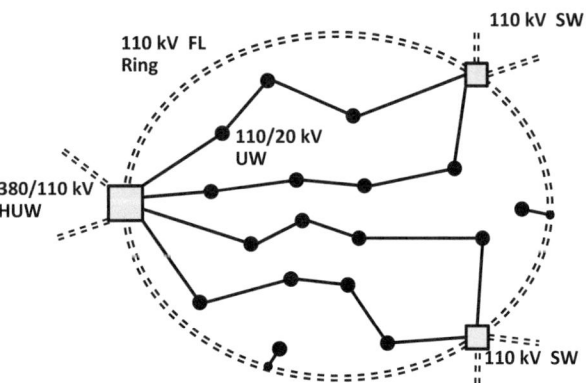

5.1.4.5.2 Mittelspannungsnetze

Für Mittelspannungsnetze gibt es eine Reihe von wirtschaftlichen Netzformen, die auf Kettenstrukturen von Transformatorstationen beruhen. Diese unverzweigten Ring- oder Strangnetze können mit oder ohne Schwerpunktstationen oder Reservekabel realisiert werden, wie Abb. 5.13 beispielhaft zeigt.

Standards für Mittelspannungsnetzformen müssen auch die technischen und betrieblichen Eigenschaften in Ausfallzuständen berücksichtigen. Dafür geht man zweckmäßigerweise von einfachen Netzmodellen mit kontinuierlich belasteten Halbringen bzw. Halbsträngen in offen betriebenen Ring- bzw. Strangnetzen aus. Im ungünstigsten Fehlerfall nahe dem Speisepunkt und nach Umschaltung steigen der maximale Strom auf das Doppelte und der maximale Spannungsabfall auf das Vierfache. Ein Reservekabel versorgt beim ungünstigsten Einfachausfall den betroffenen Halbring bzw. Halbstrang von der anderen Seite, damit steigen im Reservekabelnetz der maximale Strom nicht und der maximale Spannungsabfall theoretisch etwa auf das Dreifache. Eine grundsätzliche Verbesserung der Spannungshaltung im Fehlerfall bringt eine zusätzliche Querverbindung zwischen Ringen bzw. Strängen, am besten auf 2/3 der Länge des Halbringes bzw. Halbstranges. Im ungünstigsten Einfachausfallzustand steigt dann der maximale Strom theoretisch um $1/3 = 33\,\%$, der maximale Spannungsabfall um $7/9 = 78\,\%$, vergleiche dazu Abb. 5.14.

Das Ringnetz mit Querverbindungen bringt vor allem Vorteile bei der Spannungshaltung im Fehlerfall. Ein Standard für Mittelspannungsnetzformen könnte also grundsätzlich Strangnetze zwischen Umspannwerken und Ringnetze in den Außenbereichen vorsehen. Stützpunkte sind aus Wirtschaftlichkeitsgründen zu vermeiden, Reservekabel bei wachsender Nachfrage vorzusehen. Bei Bedarf sind Querverbindungen nach dem genannten System zu errichten.

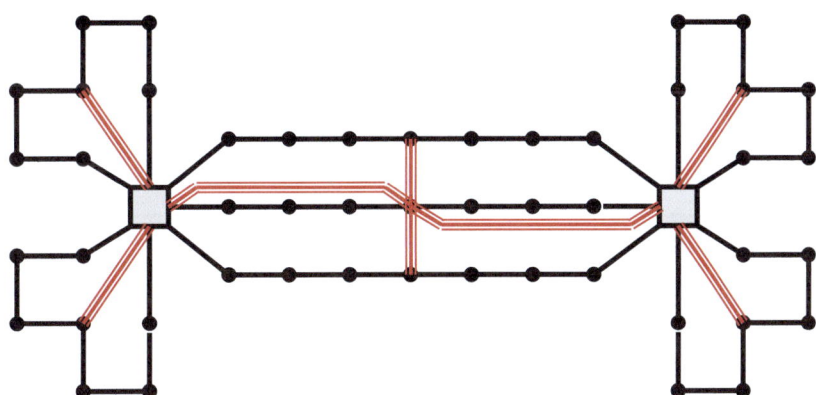

Abb. 5.13 Netzformen für Mittelspannungsnetze

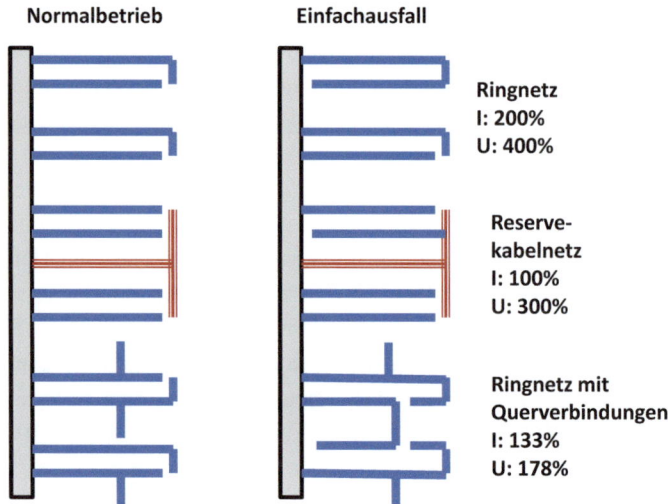

Abb. 5.14 Ausfallzustände in Mittelspannungsnetzen

5.1.4.5.3 Niederspannungsnetze

Niederspannungsnetze verbinden Transformatorstationen mit allen elektrifizierten Gebäuden hauptsächlich entlang öffentlicher Straßen und Wege. In der Stadt werden Niederspannungskabel üblicherweise in den Gehsteigen beiderseits der Straße verlegt und in die Hausanschlusskästen eingeschliffen, damit sind Topologie und Netzform (Maschennetz) weitgehend vorgegeben. Ein einfaches Netzmodell zeigt Abb. 5.15, bei dem Transformatorstationen nahe an den Straßenkreuzungen angeordnet sind und ihr mittlerer Abstand in Abhängigkeit von der Nachfragedichte variiert wird.

Die Stationsgebiete sind eingetragen, ihre Flächen verhalten sich wie 1:2:4, umgekehrt wie die Lastdichten. Von jeder Trafostation führen 8 in den Gehsteigen verlegte Niederspannungskabel entlang der Häuserblocks. Praxisnahe Netzdaten könnten folgendermaßen lauten: Transformatoren 800 kVA Nennleistung, Höchstlast 500 kW; Kabel 150^2 Al,

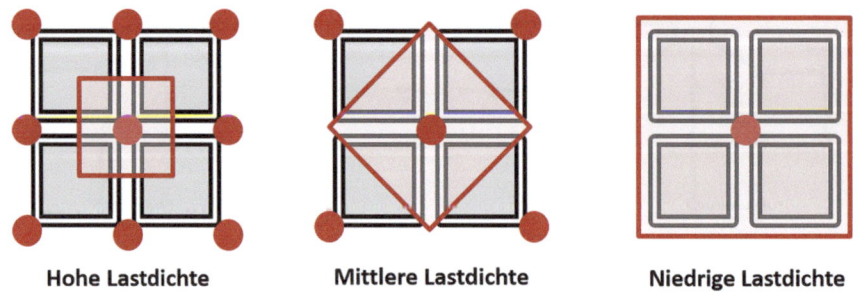

Abb. 5.15 Städtische Niederspannungsnetze mit variabler Nachfragedichte

Höchstlast im Normalbetrieb 80 kW (Robustheit, strukturelle (N−1)-Sicherheit), Länge eines Quadranten (Häuserblock plus Straßenbreite) 200 m. Damit ergeben sich Lastdichten von 12,5/6,25/3,13 MW/km². Das Beispiel zeigt, dass ein breites Spektrum an Versorgungsaufgaben von den gleichen Leitungen bewältigt werden kann, wenn die Zahl der Einspeisepunkte entsprechend angepasst wird. Außer für die Stationsanbindungen mit je 8 Kabeln muss also im Gehsteig meist nur ein Längskabel verlegt werden.

Das Gezeigte kann grundsätzlich als Standard für städtische Niederspannungsnetze definiert werden, in der Praxis sind aber neue Standorte für Transformatorstationen schwierig zu finden. Abweichungen vom Standard werden daher unvermeidlich sein, auch die Lastdichten variieren insbesondere in Gewerbe- oder Geschäftsgebieten stark. Dann sind häufig parallele NS-Kabel und zusätzliche Stationen in Lastschwerpunkten erforderlich. Es sollten daher auch Standards für die Verlegung von Leerrohren, den Bau zusätzlicher Stationen für größere Kunden, den Bau von Mehrfachstationen, die gegenseitige Reservehaltung sowie die Einbindung der Stationen in das NS-Netz vorgesehen werden [50].

5.2 Strukturplanung

5.2.1 Standortplanung

5.2.1.1 Allgemeines

Im Folgenden wird die Standortplanung für Umspannwerke vorgestellt, grundsätzlich können die Methoden analog für Transformatorstationen eingesetzt werden. Standortplanung umfasst im Prinzip drei eng zusammenhängende Teilaufgaben:

- Abgrenzen der Teilnetzgebiete,
- Ermitteln der optimalen Standorte,
- Festlegen der Ausbauleistung.

In der Praxis werden mögliche Standorte bereits vorgegeben sein, aus denen die optimalen auszuwählen sind. Die Nachfrage im Netzgebiet wird für die vorliegende Planungsaufgabe im Allgemeinen durch die Lage der Transformatorstationen (Nachfragepunkte im MS-Netz) und die Entnahme- bzw. Einspeiseleistungen zu den repräsentativen Höchstlastzeitpunkten vorgegeben. Natürliche Grenzlinien wie die Außengrenze des Netz(Konzessions-)Gebiets, Flüsse, Eisenbahnen, Autobahnen etc. samt den realisierbaren Querungen sind ebenfalls zu berücksichtigen.

5.2.1.2 Abgrenzen der Teilnetzgebiete

Es werden einfache transporttheoretische Überlegungen vorgestellt, wie aus einer vorgegebenen Menge möglicher Standorte für Umspannwerke die günstigsten ausgewählt und die zugehörigen Teilnetzgebiete abgegrenzt werden können. Diese Planungsaufgabe ist in der Praxis noch viel komplexer, da zahlreiche Einflussfaktoren zusätzlich zu beachten sind.

Ausgangspunkte sind das abzudeckende Netzgebiet mit den Transformatorstationen, den möglichen Umspannwerksstandorten und den zu beachtenden natürlichen Grenzlinien (Netzgebietsgrenzen, Flüsse, Eisenbahnen, Autobahnen etc) samt den möglichen Querungen dieser Hindernisse. Der Einfachheit halber wird im Folgenden nur ein auslegungsrelevanter Nachfragezustand vorgegeben, nämlich der Höchstlastfall mit den entsprechenden Spitzenlastanteilen der Transformatorstationen.

Für die Umspannwerke seien eigensichere Standardtypen aus der Grundsatzplanung vorgegeben, daraus können Planungswerte für Minimal- und Maximallasten je Standort abgeleitet werden. Damit ergeben sich für jeden Umspannwerksstandort bei rein flächenhafter Betrachtung ein minimaler und ein maximaler Versorgungsradius, deren Beachtung die gewünschte Auslastung der Umspannwerke bei den vorgegebenen Stationslasten sicherstellt. Aus Modellnetzdaten für Mittelspannungsnetze kann auch ein Planungswert für einen geografischen Spannungsgrenzradius abgeleitet werden, innerhalb dessen die Spannungshaltung unter den vorausgesetzten Bedingungen kein Problem sein wird. Weiters können die Voronoi-Regionen (vgl. Abschn. 4.1.2.3) als geometrische Teilgebietsabgrenzungen zwischen den Umspannwerksstandorten gebildet und bei Bedarf den natürlichen Grenzlinien angepasst werden.

Nach einfachen heuristischen Regeln können nun günstige Standorte ausgewählt und ungünstige verworfen werden, wobei immer die Gesamtheit der Standorte zu beachten ist:

- **Günstige Standorte:** Voronoi-Region passt gut zu natürlichen Grenzlinien sowie zu minimalem und maximalem Versorgungsradius, in ländlichen Gebieten auch gut zum Spannungsgrenzradius. Damit liegt der Standort meist nahe einem passenden Lastschwerpunkt und die Abstände zu den Nachbarstandorten sind günstig.
- **Ungünstige Standorte:** Von mehreren zu nahe beieinander liegenden Standorten ist der jeweils ungünstigste zu streichen. Ungünstig heißt, die Voronoi-Region passt kaum zu natürlichen Grenzlinien und auch nicht zu den Versorgungs- und Spannungsgrenzradien, letztere überschneiden sich stark mit den von Nachbarstandorten. Grundsätzlich deuten kleine Versorgungsradien auf ein Gebiet hoher Lastdichte oder Lastschwerpunkte hin, es kann sich also auch um einen günstigen Standort handeln. Es sind aber zusätzlich die Gebietsabdeckung und insbesondere die Spannungsgrenzradien in ländlichen Gebieten zu prüfen.

Ein zusätzliches Auswahlkriterium für Standorte können auch die Anbindekosten an das Hochspannungsnetz sein. Liegen in ländlichen Gebieten nicht alle Flächen innerhalb der Spannungsgrenzradien, so sind Zusatzmaßnahmen zur Spannungshaltung erforderlich. Liegen Umspannwerksstandorte direkt an natürlichen Grenzlinien (z. B. Fluss), so ist eine nahe Querungsmöglichkeit (z. B. Brücke, Düker) wirtschaftlich vorteilhaft.

Mit den genannten Regeln kann beispielsweise für ein städtisches Gebiet mit einem großen Fluss eine günstige Standortkonfiguration ermittelt werden, wie Abb. 5.16 zeigt.

5.2 Strukturplanung

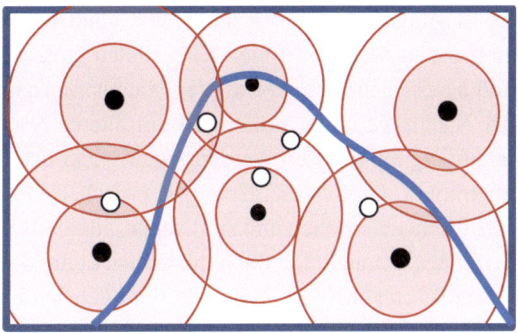

Abb. 5.16 Standortplanung für städtische Umspannwerke

Rund um die ausgewählten Standorte sind minimale und maximale Versorgungsradien eingetragen, auf Spannungsgrenzradien konnte verzichtet werden.

5.2.1.3 Ermitteln eines optimalen Standortes

Ist ein Teilnetzgebiet beispielsweise für ein Umspannwerk vorgegeben, so findet man einen theoretisch günstigen Standort durch Minimieren der Summe aller Transportmomente zu den Transformatorstationen. Wiederum sei nur ein auslegungsrelevanter Lastzustand durch seine Spitzenlastanteile definiert. Eine einfachere Methode der Standortermittlung beruht auf den Gleichgewichten der Transportmomente, die in zwei aufeinander senkrechten Richtungen ermittelt werden. Für den Lastschwerpunkt mit den Koordinaten x_{UW}, y_{UW} gilt Gl. 5.2.

$$P_{UW} \cdot x_{UW} = \sum_{i \in I(USt)} P_i \cdot x_i \quad P_{UW} \cdot y_{UW} = \sum_{i \in I(USt)} P_i \cdot y_i \tag{5.2}$$

In der Praxis ist die Bewertung eines Standorts für ein Umspannwerk wesentlich aufwendiger. Zu prüfen sind beispielsweise:

- Grundstücksgröße und -form, Flächenwidmung, Bebauungsplan, Nachbarschaft,
- Grundstückserschließung, Zufahrt, Untergrund, Platz für unabhängige Kabeltrassen,
- Naturgefahren wie Hochwasser, Erdbeben, Blitzschlag, Erdrutsch,
- Anschluss an Hochspannungsnetz,
- Einbindung in das Mittelspannungsnetz,
- Langfristige Nachfrageentwicklung für diesen Standort.

Die Nähe zum Lastschwerpunkt ist ein erster Anhaltspunkt für eine günstige Lösung, genauere Aussagen erfordern eine konkrete Netzplanung.

5.2.1.4 Festlegen der Ausbauleistung

Die Ausbauleistung eines Umspannwerks muss die aktuelle und die langfristig zu erwartende Nachfrageentwicklung im zugehörigen Teilnetzgebiet abdecken. Zusätzlich sollten auch mögliche Lasttransfers mit benachbarten Teilnetzgebieten untersucht werden.

Es ist gängige Praxis vor allem in Gebieten mit wachsender Nachfrage, dass ein neues Umspannwerk mit freien Kapazitäten (sukzessive) Zusatzlasten von vielleicht älteren und bereits nahezu ausgelasteten Nachbarumspannwerken übernimmt. Auch bei sinkender Nachfrage ist zu prüfen, ob ein älteres Nachbarumspannwerk vielleicht mittel- bis langfristig aufgelassen werden kann, wenn das neue Umspannwerk einen Teil der Last übernimmt. Grenzverschiebungen zwischen Umspannwerksbereichen können die Wirtschaftlichkeit erhöhen und sind daher jedenfalls in Betracht zu ziehen.

Früher war ausschließlich die Entwicklung der Jahreshöchstlast auslegungsrelevant, in Zukunft kann auch der Zeitpunkt der höchsten Rückspeisung maßgeblich für die Dimensionierung werden. Zusätzlich ist der Einfluss schaltbarer Einspeisungen (z. B. reduzierbare PV-Anlagen) oder Entnahmen (z. B. spitzengesperrte [bivalente] Heizsysteme mit Speichern), später vielleicht auch von dezentralen Elektrizitätsspeichern zu berücksichtigen.

Auch der Begriff der Ausbauleistung (Erstausbau, Maximalausbau) ist zu differenzieren:

- Am Standort maximal realisierbare Ausbauleistung (z.B, $4 \cdot 40$ MVA),
- Ausbauleistung, für die das Gebäude ausgelegt wird (z. B. $3 \cdot 40$ MVA),
- Ausbauleistung der 110 kV-Schaltanlage im Erstausbau (z. B. $2 \cdot 55$ MVA, $2 \cdot 300$ A),
- Ausbauleistung der Transformatoren im Erstausbau (z. B. $2 \cdot 20$ MVA),
- Ausbauleistung der 10 kV-Schaltanlage im Erstausbau (z. B. $10 \cdot 7$ MVA, $10 \cdot 400$ A) und im Maximalausbau (z. B. $30 \cdot 7$ MVA, $30 \cdot 400$ A).

Bei der maximalen Ausbauleistung sollte noch berücksichtigt werden, dass in ferner Zukunft auch ein vollständiger (abschnittsweiser) Neubau am selben Standort während des laufenden Betriebes machbar sein sollte.

5.2.2 Anlagenstruktur

5.2.2.1 Umspannwerkskonzept

Anzahl und Größe der Transformatoren sowie die Technologie der Schaltanlagen bestimmen fundamental den Platzbedarf eines Umspannwerks. Zweckmäßigerweise beginnt die Strukturplanung eines Umspannwerks mit der Festlegung von Größe und Anzahl der Transformatoren im Erst- und Endausbau. Der Erstausbau von Umspannwerken (HS/MS) umfasst im Allgemeinen 1 bis 2 Transformatoren, der Endausbau 2 bis 4, die Standardgrößen der Transformatoren liegen meist zwischen 10 und 40 MVA.

Hochspannungs-Freiluftanlagen werden wegen ihrer Größe und optischen Erscheinung nur mehr in ländlichen Gebieten und häufig nur zur Erneuerung oder Erweiterung bestehender Anlagen realisiert. Für den Neubau kommen oft nur gasisolierte 110 kV-Schaltanlagen in Frage, die in Mitteleuropa üblicherweise in Gebäuden untergebracht werden. Es ist zwischen einphasig und dreiphasig isolierten Anlagen mit Feldbreiten von etwa

5.2 Strukturplanung

0,8 bis 1,2 m Feldbreite zu entscheiden. Als klassisches Isoliergas wird SF6 verwendet, umweltfreundlichere Isoliergase werden auch bereits angeboten.

Konzepte für eigensichere Umspannwerke müssen das (N−1)-Prinzip durchgängig beachten. Raum- und Anlagendisposition sind entsprechend vorzunehmen. Bei der Umspannwerksplanung ist nach Möglichkeit auch auf künftige Teilerneuerungen sowie die Gesamterneuerung am Ende der wirtschaftlichen Nutzungsdauer des Gebäudes Rücksicht zu nehmen.

5.2.2.2 Hochspannungs-Schaltanlagen

Aus Gründen der Wirtschaftlichkeit ist bei neuen Standorten meist ein stufenweiser Ausbau der Hochspannungsanlage zu realisieren. Im Folgenden wird nur die Anlagenstruktur gezeigt, auf Details der Abzweigstruktur wird später eingegangen. Bei 1 oder 2 Transformatoren ist für den Anschluss an ein bestehendes Umspannwerk grundsätzlich keine oberspannungsseitige Schaltanlage erforderlich. Bei der Anbindung an eine Freileitung mittels Einfach- oder Doppelstich genügt ein Schaltfeld je Transformator, wie Abb. 5.17 zeigt.

Bei der Einschleifung einer Hochspannungsleitung ist zumindest eine Anlage mit Einfachsammelschiene und Längskupplung erforderlich. Die Aufstellung der SS-Abschnitte und die Ausführung der Längskupplung können so erfolgen, dass ein Ausbau auf Doppelsammelschiene möglich ist. Eine Variante stellt auch die sogenannte H-Schaltung dar, sie kann besonders platzsparend ausgeführt werden (vgl. Abb. 5.18).

Bei mehr als zwei Transformatoren wird im Allgemeinen eine Doppelsammelschienenanlage ausgeführt. Bei besonders wichtigen oder großen Umspannwerken werden auch Längskupplungen vorgesehen (vgl. Abb. 5.19).

Eine Reihe weiterer Strukturen wie Ring- oder Umgehungssammelschienen sowie Konzepte mit 1,5 oder 2 Leistungsschaltern je Abzweig werden in Mitteleuropa eher selten realisiert.

Abb. 5.17 Umspannwerksanbindung ohne Schaltanlage

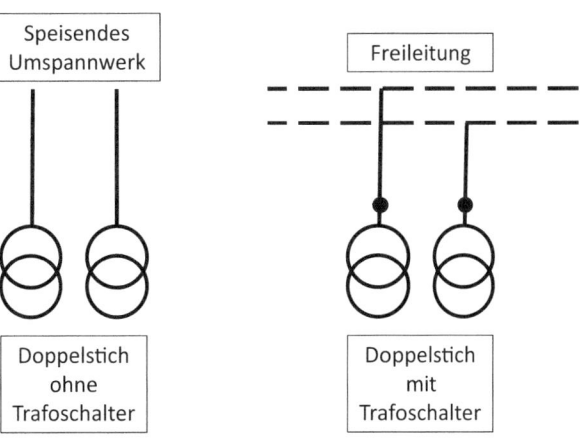

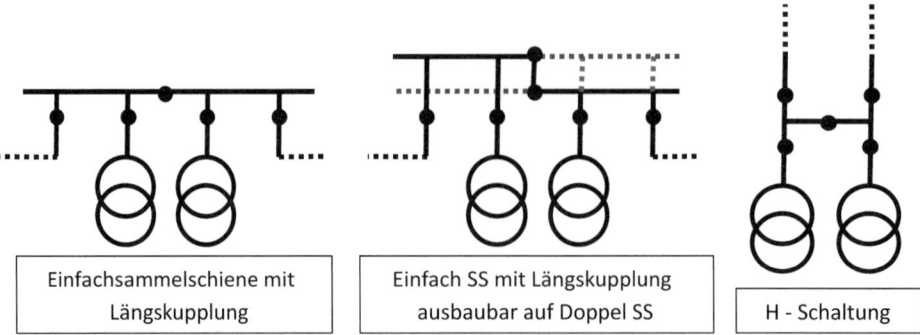

Abb. 5.18 Oberspannungsseitige Schaltanlage mit Einfachsammelschiene

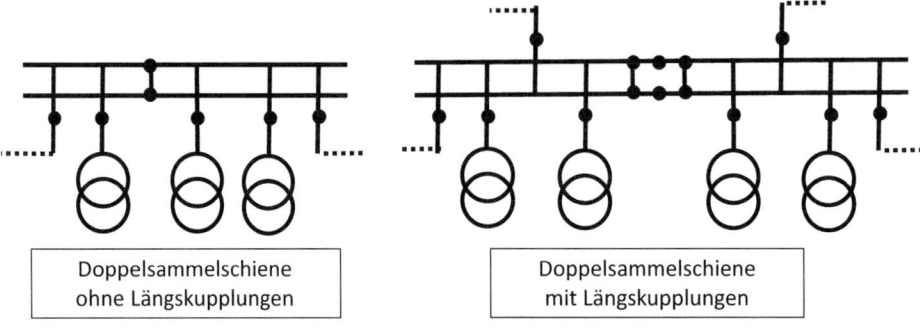

Abb. 5.19 Oberspannungsseitige Schaltanlage mit Doppelsammelschiene

Die Nenndaten von Hochspannungs-Schaltanlagen richten sich zweckmäßigerweise bereits nach dem Endausbau, folgendes Beispiel zeigt die wichtigsten:

- Nennspannung 110 kV, höchste Spannung für Betriebsmittel 132 kV,
- Sammelschienen-Nennstrom 2000 A, Abzweig-Nennstrom 1250 A,
- Nenn-Kurzzeitstrom 40 kA,
- Feldteilung, Hauptabmessungen, Gewichte.

5.2.2.3 Mittelspannungs-Schaltanlagen

Die Hoch- und Mittelspannungsanlagen kleiner Umspannwerke werden häufig mit Einfachsammelschienen (ESS) und Längskupplungen (LK) ausgeführt, wie Abb. 5.20 zeigt.

Die (N−1)-Sicherheit kann dabei auf der Mittelspannungsseite nur gewährleistet werden, wenn das MS-Netz entsprechend konfiguriert ist: Die Enden von Leitungsringen müssen an unterschiedlichen Sammelschienenabschnitten enden, bei Strangnetzen müssen alle Stränge eines SS-Abschnitts auch gleichzeitig auf benachbarte Umspannwerke umgeschaltet werden können.

5.2 Strukturplanung

Abb. 5.20 Umspannwerk mit Einfachsammelschiene und Ringnetz

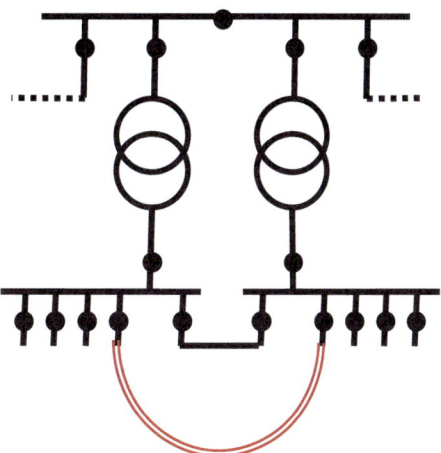

Für größere und zur Erweiterung vorgesehene Umspannwerke werden Anlagen mit Doppelsammelschiene (DSS) realisiert. Zwei Transformatoren können an eine DSS-Anlage angeschlossen werden, ein Parallelbetrieb ist im Allgemeinen wegen der hohen Kurzschlussleistung im MS-Netz nicht möglich. Daher werden für größere Umspannwerke mit drei oder vier Transformatoren DSS-Anlagen mit Längskupplungen gemäß Abb. 5.21 errichtet.

Statt eines dedizierten Reservetransformators können auch drei Transformatoren betrieblich gleichwertig eingesetzt werden, bei einem Ausfall müssen die beiden anderen Transformatoren die Gesamtlast je zur Hälfte übernehmen. Eine einfache DSS-Anlage mit 3 gleichen Sammelschienenabschnitten (SSA) zeigt Abb. 5.22, bei Ausfall eines Transformators ist allerdings ein Zweisammelschienenbetrieb erforderlich. Das kann nur durch aufwendigere Schaltungen mit $2 \cdot 6$ SS-Abschnitten und Ringverbindungen vermieden werden.

Ein Abschnitt einer Doppelsammelschienenanlage kann auch mit getrennten Einfachschienen und zwei kleinen Transformatoren betrieben werden, die aus Gründen der Kurzschlussleistung nicht dauerhaft parallel betrieben werden dürfen, wie Abb. 5.23 zeigt. Die Leitungsabzweige werden je zur Hälfte an eine der beiden Sammelschienen geschaltet.

Abb. 5.21 Doppelsammelschienenanlage mit Längskupplungen

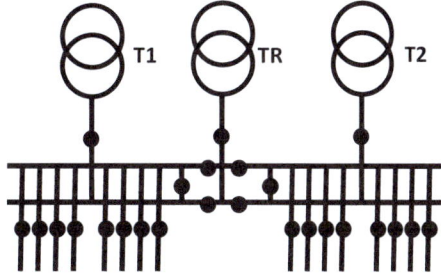

Abb. 5.22 DSS-Anlage mit 3 Transformatoren und 2·3 SS-Abschnitten

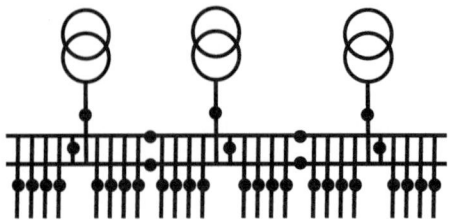

Bei Ausfall eines der kleineren Transformatoren oder einer der Einfachsammelschienen werden alle Abzweige auf die andere Sammelschiene umgeschaltet, die dann vom größeren Reservetransformator versorgt wird. Dies soll nur beispielhaft demonstrieren, wie Anlagenstrukturen an aktuelle Erfordernisse angepasst werden können. Auf elegante Weise kann damit in einem Umspannwerk die Erneuerung der Schaltanlage von jener der Transformatoren zeitlich entkoppelt werden.

Es gibt noch eine große Zahl anderer Anlagenstrukturen wie beispielsweise Ringsammelschienen oder Längskupplungen von Sammelschienenabschnitten in getrennten Räumen und Brandabschnitten mittels Kabel.

Besonders kostensparend ist der Anschluss von zwei MS-Leitungen an ein Schaltfeld einer Doppelsammelschienenanlage, die Anzahl der Leitungsfelder wird halbiert. Die Ersparnis an Baugröße wirkt sich insbesondere bei luftisolierten Schaltanlagen in großen städtischen Umspannwerken aus. Auch dafür gibt es eine Reihe von Möglichkeiten, wie Abb. 5.24 entnommen werden kann.

In allen Schaltfeldern werden 2 MS-Kabel angeschlossen, die im Teilnetzgebiet in unterschiedliche Richtungen führen, damit der gemeinsame Ausfall z. B. bei Leistungsschaltergebrechen beherrschbar bleibt. Man kann auch die Ansicht vertreten, dass nicht zwei Kabel angeschlossen werden, sondern ein einziges, den Umspannwerksstandort querendes, etwa in der Mitte. Variante 1 kann mit Standardfeldern realisiert werden, in Variante 2 sind zwei Abgangslasttrenner mit Schaltautomatik vorgesehen. Ein Kabelfehler wird vom Leistungsschalter abgeschaltet, der betroffene Lasttrenner öffnet, das nicht betroffene Kabel wird vom Leistungsschalter wieder zugeschaltet. Variante 3 enthält zwei vollwertige

Abb. 5.23 DSS-Anlage mit LK und Betrieb eines SSA mit 2 ESS

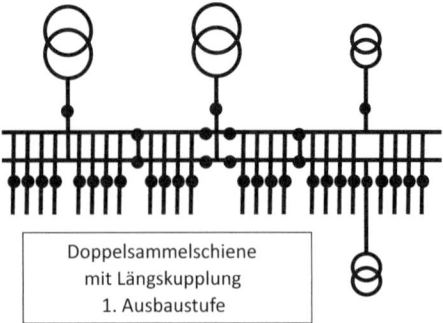

Abb. 5.24 Schaltfelder mit zwei Kabeln

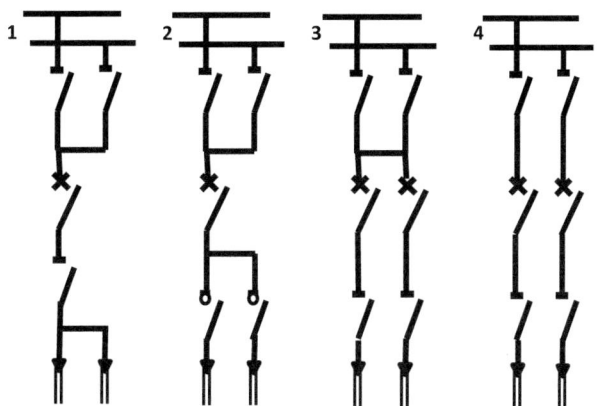

Kabelabgänge je Feld. Variante 4 zeigt zwei Einfachsammelschienenanlagen in der Bauweise einer einzigen Doppelsammelschienenanlage mit zwei Kabelabgängen je Feld. Dies bringt den Vorteil, bei Bedarf eine Einfachsammelschienenanlage mit Längskupplung in eine Doppelsammelschienenanlage mit Querkupplung umbauen zu können.

Die Nenndaten von Mittelspannungsanlagen lauten üblicherweise wie folgt:

- Nennspannung 10, 20, 30 kV, höchste Spannung für Betriebsmittel 12, 24, 36 kV,
- Sammelschienen-Nennstrom meist 1000 A bis 2000 A, angepasst an die Größe der Transformatoren,
- Abzweig-Nennstrom 400 A bis etwa 800 A,
- Nenn-Kurzschlussstrom 10 kA bis etwa 40 kA.

Zu große Sammelschienen-Nennströme, wie sie bei großen Transformatoren vor allem bei 10 kV auftreten, sind durch einfache Maßnahmen vermeidbar:

- Die Trafoschaltfelder werden etwa in der Mitte der Schaltanlage angeordnet.
- Jeder Trafo wird über zwei Schaltfelder angeschlossen.
- Je Trafo werden zwei getrennte Schaltanlagen vorgesehen.

In Transformatorstationen werden meist Mittelspannungs-Lastschaltanlagen mit Einfachsammelschiene und auch Längskupplung(en) bei mehreren Transformatoren eingesetzt. Die Sammelschienen- und Abzweig-Nennströme liegen meist bei 400 A oder 630 A.

5.2.2.4 Niederspannungs-Schaltanlagen

In Trafostationen gibt es je Transformator meist einen NS-Leistungsschalter, einen Kabelverteiler und Kupplungsschalter zwischen den Verteilern. Die Niederspannungsverteiler werden meist aus Niederspannungshochleistungs(NH)-Sicherungslasttrennern aufgebaut. Die Nenndaten lauten beispielsweise folgendermaßen:

- Nennspannung 0,4 kV,
- Transformator-Leistungsschalter-Nennstrom 400 A bis 1600 A, je nach Nennleistung und Überlastbarkeit des Transformators,
- Sammelschienen-Nennstrom des NS-Verteilers 400 A bis 1600 A wie oben. Bei großen Transformatoren können 2 NS-Verteiler mit kleineren Nennströmen angeschlossen werden,
- Abzweig-Nennstrom des NS-Verteilers 400 A,
- Nenn-Kurzschlussstrom etwa 16 bis 40 kA.

Auch Verteilerkästen in den Niederspannungsnetzen werden mit NH-Sicherungslasttrennern mit weitgehend einheitlichen Nenndaten ausgerüstet. Hausanschlusskästen beinhalten die individuell zu bemessenden Hausanschlusssicherungen. Zu beachten ist, dass es eine zunehmende Anzahl von Verbrauchsanlagen im Straßenbereich gibt (z. B. Ampelanlagen, Straßenbahnhaltestellen, Tanksäulen für E-Fahrzeuge etc.), für die Anschlussmöglichkeiten kleiner bis mittlerer Nennstromstärke vorzusehen sind.

5.2.2.5 Raumkonzept

5.2.2.5.1 Umspannwerk

Raumkonzepte für Umspannwerke insbesondere in städtischen Netzgebieten stellen wegen der beschränkten Verfügbarkeit von Grundstücksflächen eine interessante Strukturierungsaufgabe dar. Das Raumkonzept hängt planerisch eng mit der Anlagenstruktur zusammen. Im Folgenden wird exemplarisch das Erstellen eines Raumkonzepts für ein eigensicheres städtisches 110/10 kV-Umspannwerk vorgestellt.

Das Gebäude soll im Endausbau 3 Transformatoren zu je 40 MVA, eine gasisolierte 110 kV-Schaltanlage mit 10 Feldern, zwei luftisolierte 10 kV-DSS-Anlagen mit je 18 Feldern und 2 Kabelanschlüssen je Feld sowie die erforderlichen Nebenräume aufnehmen. Eine Grundfläche von 24 · 16 m soll nicht überschritten werden, damit langfristig ein zumindest abschnittsweiser Neubau während des laufenden Betriebes technisch möglich ist.

Zweckmäßigerweise legt man zuerst den Raumbedarf für die Hauptkomponenten wie Transformatoren und Schaltanlagen sowie für Nebenanlagen wie Eigenbedarf, Löscher und Leittechnik fest. Für ein erstes grobes Konzept genügen auch Bruttoabmessungen einschließlich anteiliger Wanddicken, die daraus entstehenden Quader können dann modulartig in unterschiedlichen Varianten zusammengesetzt werden. Für jedes Gebäudekonzept sind dann die notwendigen Zu- und Abluftführungen für die Transformatoren sowie die Energiekabeltrassen im und außerhalb des Gebäudes zu konzipieren [35].

Ein mögliches Grobkonzept für das zu strukturierende Umspannwerk zeigt Abb. 5.25.

Varianten des Grobkonzepts sind systematisch weiter zu entwickeln, die Raumgrößen zu optimieren und an Hand realer Anlagengrößen und der Montagebedingungen zu prüfen. Kabel- und Kühlluftführungen, externe Zufahrten auch für Einsatzkräfte, Lagerflächen und Kabeltrassen sind festzulegen und die Montagevorgänge zu simulieren. Schließ-

5.2 Strukturplanung

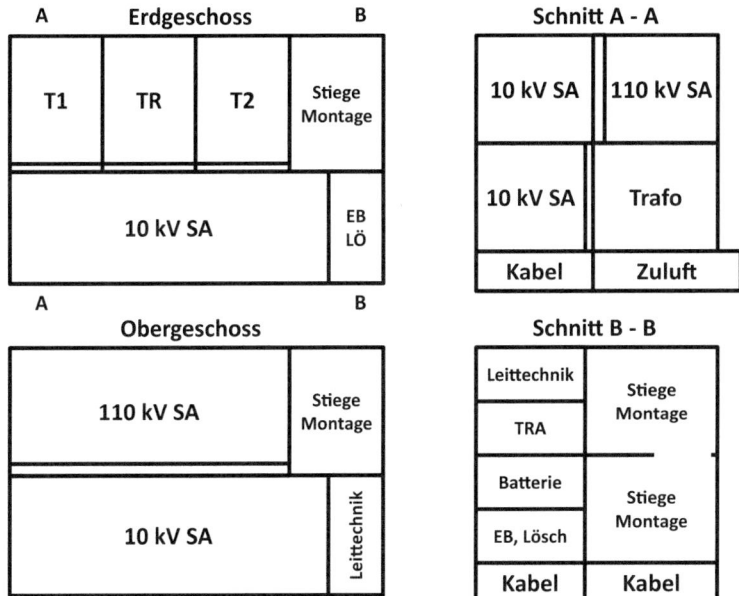

Abb. 5.25 Raumkonzept eines städtischen Umspannwerks

lich ist die Gewährleistung des (N−1)-Prinzips auch unter schwierigen Fehlerbedingungen zu prüfen.

5.2.2.5.2 Transformatorstationen

Raumkonzepte für Transformatorstationen erfordern große Flexibilität, wenn die Stationen in fremde Gebäude integriert werden sollen. Transformatoren- und Schaltanlagenräume sind ebenso wie Kühlluftführung, Kabeltrassen, Zugangs-, Transport- und Montageräume an die extern vorgegebenen Gebäudestrukturen anzupassen und mit der Bauplanung abzustimmen. Insbesondere ist auf den Brandschutz Rücksicht zu nehmen, der allenfalls Brandabschnitte, Zugangsschleusen oder Feuerwehrzufahrten vorschreibt. Bei Stationen im Keller sind oft Luft- und Montageschächte erforderlich, der Hochwasserschutz sollte im Raumkonzept beachtet werden.

Begehbare Fertigteil- und von außen bedienbare Kompaktstationen sind meist modular aufgebaut, die Hersteller bieten eine Fülle unterschiedlicher Raumkonzepte an. Die Anordnung von Transformator-, HS- und NS-Anlagenräumen richtet sich nach den individuellen Erfordernissen des Aufstellungsortes unter Berücksichtigung von Zufahrt, Aufstellung, Montage, Bedienung, Kabeltrassen und auch den Interessen der Grundeigentümer und Nachbarn [51].

5.2.2.6 Transformatorenauslegung

5.2.2.6.1 Umspannwerkstransformatoren

Aus der Strukturplanung eines realen Umspannwerkes ergeben sich konkrete Anforderungen an die Transformatoren und deren Auslegung. Diese Gestaltungsmerkmale und Hauptparameter können auch in die Grundsatzplanung übernommen werden:

- Nennleistung, Schaltgruppe, Nennspannungen, Spannungsregelbereich,
- Bauart, Kühlungsarten und Betriebsbedingungen,
- Überlastbarkeit unter aktuellen Aufstellungsbedingungen,
- Nennkurzschlussspannung.

Standardmäßig werden in Mitteleuropa für Umspannwerke Drehström-Öltransformatoren mit Dehngefäß und angebauten Kühlkörpern zur Aufstellung im Freien oder im Innenraum verwendet. In Sonderfällen können die Radiatoren auch separat aufgestellt werden, dies erfordert jedoch einen forcierten Ölumlauf. Es handelt sich um Dreischenkeltransformatoren, die üblichen Schaltgruppen sind Y(N)(d)y(n)0/6 sowie Dy(n)5/11 [52]. Üblich sind Zweiwicklungstransformatoren, nur in Sonderfällen werden Dreiwicklungstransformatoren zur Trennung der unterspannungsseitigen Netze eingesetzt.

Die Kühlungsart bezieht sich auf natürlichen oder künstlichen Ölumlauf im Kessel (ON oder OF) sowie auf natürlichen oder künstlichen Luft- oder Wasserumlauf außerhalb (AN oder AF, WN oder WF). Aus Zuverlässigkeits- und Kostengründen wird meist die natürliche Luftkühlung mit natürlichem Ölumlauf angestrebt (ONAN). Die Betriebsbedingungen werden durch Tageslastgang, Umgebungstemperatur am Höchstlasttag und die Einsatzweise bestimmt. Die Einsatzweise (Betrieb, Reserve) bestimmt die jährliche Einschaltdauer sowie zusammen mit der Jahreslastganglinie des Umspannwerks die Benutzungs- und Verlustfaktoren.

Die Nennleistung eines Transformators ist der wichtigste Auslegungsparameter. In der Strukturplanung ist in der Regel aus den von der Grundsatzplanung vorgegebenen Standardwerten die beste Auswahl zu treffen. Langfristige Last- und Benutzungsdauerprognosen basierend auf entsprechenden Betriebsplanungen liefern die Grundlagen zur Minimierung des Barwerts der Investitions- und Verlustkosten. In der Praxis ergeben sich wirtschaftliche Auslastungsbereiche, die im Normalbetrieb durch geeignet gewählte Schaltzustände (Netzbereiche) eingehalten werden sollten. Häufig liegt dieser wirtschaftlich optimale Betriebsbereich für die Höchstlast zum Zeitpunkt der Transformatorbeschaffung zwischen 50 und 80 % der Nennleistung. Wichtig sind auch robust gewählte Leistungsreserven in Abhängigkeit vom prognostizierten Belastungswachstum.

Die Überlastbarkeit der Öltransformatoren kann sehr gut für eigensichere Umspannwerke mit drei Transformatoren genützt werden. Drei Möglichkeiten sollten in der Praxis beachtet werden:

- Übliche Tagesganglinien erlauben einen Kurzzeitbetrieb mit Überlast mit anschließender Abkühlung in der Niedriglastzeit.

- Forcierte Kühlung (z. B. ONAF mit Lüftern an den Kühlkörpern) ermöglicht durch bessere Wärmeabfuhr ebenfalls einen Überlastbetrieb.
- Niedrige Umgebungstemperaturen (z. B. im Winter) ermöglichen ebenfalls einen Überlastbetrieb.

Im Normalbetrieb kann ein Transformator ohne Last in Reserve stehen (Betrieb 2 T+R) oder alle drei Transformatoren können möglichst gleichmäßig belastet werden (Betrieb 3 T). Solange kein Überlastbetrieb in Betracht gezogen wird, unterscheiden sich die beiden Betriebsarten nur durch die Trafoverluste im Normalbetrieb und einen allfälligen Zweischienenbetrieb bei Einfachausfällen. Überlastbetrieb ist im Betrieb 3 T nur während Ausfallzuständen erforderlich, beim Betrieb 2 T+R gegebenenfalls auch im Normalbetrieb. Überlastbetrieb für Umspannwerke bei Einfachausfallzuständen mit etwa 240 % bis maximal 300 % der Nennleistung eines Transformators kann unter Nutzung der oben genannten Möglichkeiten eine wirtschaftliche Lösung darstellen.

Die Nennkurzschlussspannung des Transformators beeinflusst wesentlich die Kurzschlussleistung im Mittelspannungsnetz. Maximale und minimale Netzkurzschlussleistungen bzw. Netzkurzschlussströme werden in der Grundsatzplanung festgelegt, daraus ergibt sich die Nennkurzschlussspannung des Transformators. Üblich sind Werte zwischen 5–10 % bei kleinen und 20 % bei großen Umspannwerkstransformatoren. Auf den möglichen (kurzzeitigen) Parallelbetrieb von Transformatoren im Netz ist zu achten.

Die Transformatornennspannungen müssen nicht unbedingt mit den Netznennspannungen übereinstimmen, geringfügige Abweichungen sind manchmal historisch bzw. betrieblich bedingt. Der Spannungsregelbereich ist nach den geplanten maximalen prozentuellen Spannungsabweichungen in den beiden zu verbindenden Netzen zu wählen. Normalerweise sollte die maximale betriebliche Flexibilität unter Ausnützen des zulässigen Spannungsbandes gewährleistet und der Regelbereich bis zu etwa ± 15–$20\,\%$ gewählt werden. Die Laststufenschalter (OLTC) werden üblicherweise im Sternpunkt der Hochspannungswicklung angeordnet, damit nur der niedrige oberspannungsseitige Nennstrom zwischen den Anzapfungen der Wicklungen umgeschaltet werden muss. Wicklungsanzapfungen und Laststufenschalter sind weitgehend standardisiert, die Spannungsstufen liegen meist bei etwa 0,5–1,0 % der Nennspannung.

5.2.2.6.2 Stationstransformatoren

Wiederum sind vorgegebene Standards aus der Grundsatzplanung für die Nennleistungen einzuhalten, für jeden Standort ist die konkrete Festlegung entsprechend der wirtschaftlichen Auslastung und der zweckmäßigen Reserve zu treffen. Dabei ist auch die gegenseitige Reservehaltung im Störungsfall zu berücksichtigen. In geeigneten Zeitabständen sind die festgelegten Standards anhand der aktuellen und zukünftig zu erwartenden Auslastungen aller Stationen zu prüfen.

Standardmäßig werden oft Öltransformatoren mit hermetisch geschlossenem Kessel neu beschafft und eingesetzt. Sie sind kompakter gebaut und benötigen weniger Wartungsaufwand als Öltransformatoren mit Dehngefäß. Wenn es Sicherheitsvorschriften an gewissen Standorten wie beispielsweise in Gebäuden für größere Menschenansammlungen vorschreiben oder eine Ölauffangwanne nicht realisierbar ist, werden Gießharztransformatoren eingesetzt. Die üblichen Kühlungsarten sind ONAN bzw. AN. Die Überlastbarkeit der Transformatoren sollte unter den örtlichen Gegebenheiten geprüft und insbesondere bei Ausfällen benachbarter Transformatoren auch nutzbar sein. Nennleerlauf- und -kurzschlussverluste sollten wie bei Umspannwerktransformatoren optimiert werden, da sie wegen der hohen Stückzahlen große wirtschaftliche Bedeutung haben.

Die Nennkurzschlussspannung beeinflusst wesentlich sowohl minimale als auch maximale Kurzschlussströme im NS-Netz. Bei kleinen Stationstrafos bis etwa 630 kVA sind 4 %, für größere 6 % üblich. Herkömmliche Stationstransformatoren besitzen häufig einen oberspannungsseitigen Spannungsumsteller, der im abgeschalteten Zustand eine Anpassung des Übersetzungsverhältnisses erlaubt, wie z. B. 10.000 V ±2 % ±4 % / 420 V. In städtischen Netzgebieten kann man oft auch auf diesen Spannungsumsteller verzichten. Die häufigste Schaltgruppe ist Dyn5/11 wegen der Leiterzahl der MS- und NS-Netze sowie der unsymmetrischen Belastbarkeit.

Zukünftig sollen in ländlichen (spannungsorientierten) Netzen vermehrt Regeltransformatoren zum Einsatz kommen, die wie Umspannwerktransformatoren unter Last das Übersetzungsverhältnis ändern können. Unterschiedliche Konzepte werden derzeit intensiv entwickelt und erprobt, meist mit unterspannungsseitigen Anzapfungen und Lastumschaltern unterschiedlicher Technologie wie z. B. Luftschütze, Vakuumschalter oder Leistungshalbleiter. Große Herausforderungen sind Kosten, Lebensdauer und Regelbereich [28, 38, 39, 53]. In der Strukturplanung ist zu entscheiden, ob im konkreten Anwendungsfall eine der folgenden Maßnahmen getroffen wird:

- **Größerer konventioneller Stationstrafo:** Wenn die thermische Auslastung des alten absehbar ist und Spannungsbandprobleme nicht zu erwarten sind.
- **Netzverstärkung im NS-Netz:** Vorteilhaft, wenn ohnehin Freileitungen verkabelt werden, Synergien genutzt werden können oder die thermische Belastungsgrenze in absehbarer Zeit erreicht wird.
- **Regelbarer Stationstransformator:** Empfehlenswert bei weitgehend homogener Auslastung des NS-Netzes und absehbaren Spannungsbandproblemen, sofern keine Auslastungsprobleme drohen.
- **Zusatztrafo in einzelnen MS-Leitungssträngen:** Bei stark inhomogener Auslastung und absehbaren lokalen Spannungsbandproblemen im MS-Netz.
- **Zusatztrafo in einzelnen NS-Leitungssträngen oder Umstellung auf 1000 V:** Bei stark inhomogener Auslastung und absehbaren lokalen Spannungsbandproblemen in NS-Netzen.
- **Neue Trafostation:** Optimalen Standort zur Spannungsstützung ermitteln, hohe Kosten zu erwarten.

Sollen regelbare Stationstransformatoren eingesetzt werden, ist der Betriebsplanung besonderes Augenmerk zu schenken (vgl. Abschn. 5.2.3). Spannungsstellbereiche und

Spannungsregelstrategien sind sorgfältig mittels Lastflusssimulationen festzulegen. Für größtmögliche Flexibilität beim Einsatz ist theoretisch ein maximaler Spannungsstellbereich bis max. $\pm 20\,\%$ erforderlich, in der Praxis reichen wohl meistens auch etwa 12 bis 16 %. Ausfallszenarien müssen sich mit Reservehaltung, Funktionsüberwachung, Über- und Unterspannungsschutz, Alarmierung und allenfalls auch mit Techniken zur zuverlässigen Reduzierung der Einspeiseleistungen intensiv beschäftigen [54].

5.2.3 Netzstruktur

5.2.3.1 Synthese von Mittelspannungsnetzen

5.2.3.1.1 Metaheuristik

Im Folgenden wird beispielhaft ein praktisch anwendbares Verfahren zur statischen Strukturplanung von Mittelspannungsnetzen vorgestellt, welches auch zur Planung von Zielnetzen verwendet werden kann. Dazu wird eine Metaheuristik – ein allgemein anwendbares heuristisches Verfahren mit problemspezifischer Ausprägung – auf Basis der Zerlegbarkeit der Planungsaufgabe entwickelt. Die Zerlegung eines Netzgebiets in Teilnetzgebiete und die Ermittlung optimaler Standorte für Umspannwerke wurde bereits in Abschn. 5.2.1 behandelt.

Die auslegungsrelevante Spitzenlast, sei es in Ver- oder Entsorgungsrichtung, ist durch die Spitzenlastanteile der Transformatorstationen im Teilnetzgebiet gegeben. Der Einfachheit halber seien die Lastganglinien ausreichend homogen, sodass für alle Lastpunkte derselbe Höchstlastzeitpunkt relevant ist. Andernfalls müssten mehrere repräsentative Lastzustände für die Netzauslegung untersucht werden.

Die Spitzenlast kann nun auf eine ausreichende Anzahl von zu planenden Stationsketten (Stränge, Ringe) verteilt werden und planerische Mindest- und Maximallasten je Stationskette festgelegt werden. Für Variantenuntersuchungen kann diese Festlegung wie alle noch folgenden modifiziert werden, sodass sich letztendlich eine iterative Planungsstrategie ergibt.

Entsprechend der Anzahl der Stationsketten wird nun das reale Teilnetzgebiet in Gebietsstreifen zerlegt, die jeweils von einer einzelnen Stationskette ver-/entsorgt werden können. Damit werden die Transformatorstationen in Gruppen mit passenden Gruppenlasten eingeteilt. Durch Längenbegrenzung dieser Gebietsstreifen kann auch der maximale Spannungsabfall indirekt limitiert werden.

Die Transformatorstationen eines Gebietsstreifens werden im nächsten Schritt durch möglichst günstige Leitungsringe oder -stränge mit den Umspannwerken verbunden. Diese Leitungsplanung kann in der Ebene oder auf dem Trassengraphen gemeinsam mit der Trassenplanung erfolgen. Die Feintrassierung muss schließlich unter Berücksichtigung aller Stationsketten im gesamten Teilnetzgebiet weiter verbessert werden.

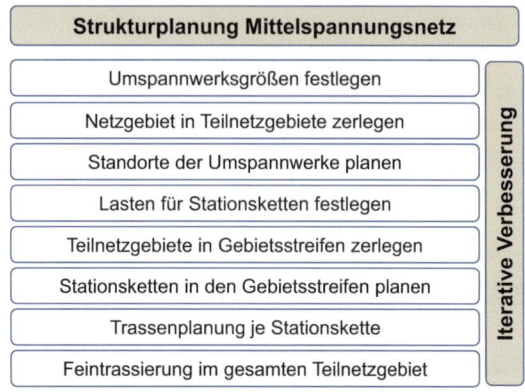

Abb. 5.26 Metaheuristik zur Strukturplanung

Eine Übersicht zur skizzierten Metaheuristik zeigt Abb. 5.26, in den folgenden Abschnitten werden die wesentlichen, in den vorigen Kapiteln noch nicht erläuterten Schritte diskutiert.

5.2.3.1.2 Gebietsstreifen je Stationskette

Eine bekannte Methode zur Festlegung von Gebietsstreifen im Zuge der Planung von Ringnetzen ist die Tortenschnitt- oder Fahrstrahlmethode. Mit dem Umspannwerk als Zentrum schneidet eine rotierende Halbgerade Sektoren („Tortenstücke") aus dem Teilnetzgebiet. In diesen Sektoren sind gerade so viele Transformatorstationen enthalten, dass deren Spitzenlastsumme zwischen minimaler und maximaler Last einer Stationskette liegt, siehe Abb. 5.27.

Diese Methode lässt sich auch zur Planung von Strangnetzen modifizieren, wie Abb. 5.28 zeigt.

Die Tortenschnittmethode nimmt keine Rücksicht auf ein allfälliges Trassennetz, daher wird im Folgenden noch eine insbesondere für städtische Netzgebiete gut geeignete Me-

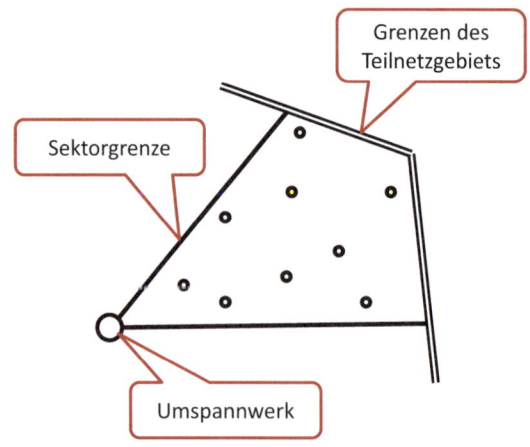

Abb. 5.27 Sektorenbildung nach der Tortenschnittmethode

5.2 Strukturplanung

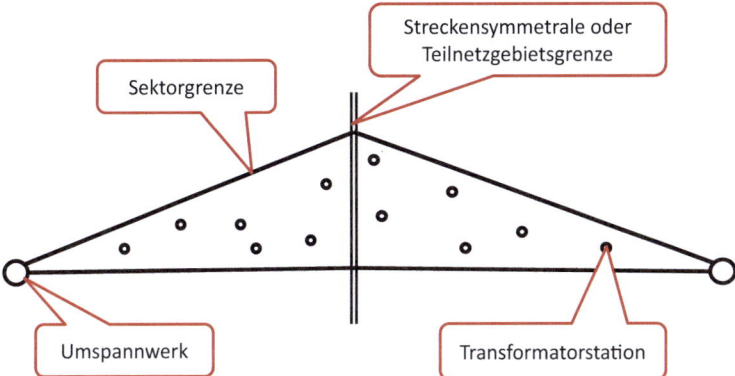

Abb. 5.28 Sektorenschnittmethode für Strangnetze

thode vorgestellt. Diese „Streifenstapelmethode" lässt sich weitgehend einem realen Straßennetz anpassen, das Grundprinzip bleibt jedoch gleich: Die Breite jedes Streifens wird so gewählt, dass planerisch günstige Spitzenlasten für die Stationsketten erreicht werden. Die Streifenlänge kann beispielsweise in zwei Varianten gewählt werden: Kurze Streifen lassen keine Spannungsbandprobleme erwarten, lange Streifen erfordern spezielle Maßnahmen wie z. B. einen Regeltransformator im Leitungsstrang. Das Umspannwerk gehört

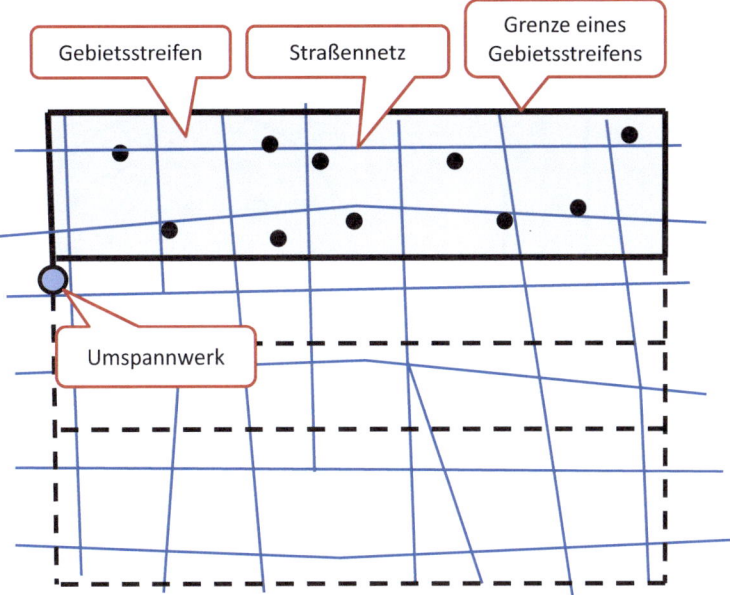

Abb. 5.29 Streifenstapelmethode auf städtischem Straßennetz

nicht zu den meisten Streifen, die den Vernetzungsbereich bilden, die Umspannwerksanbindung ist jeweils separat einzubeziehen, sie ist Teil des Transportbereichs. Abb. 5.29 zeigt ein einfaches Anwendungsbeispiel.

Mit den beschriebenen Methoden lassen sich je nach Aufgabenstellung gute Startlösungen ermitteln. Sollen diese weiter verbessert werden, bieten sich Variationen der Startpunkte für die Einteilung in Gebietsstreifen, Anpassungen der Streifenrichtung, leichte Richtungsänderungen der Streifengrenzen oder der Austausch einzelner Knoten an den Streifengrenzen an.

5.2.3.1.3 Optimale Reihenfolge

Für Reihenfolge- und Rundreiseprobleme gibt es eine Fülle heuristischer Lösungsmethoden. Im Allgemeinen wird eine gute Startlösung gesucht, die dann schrittweise verbessert wird. Die populäre NN-Methode (Nearest Neighbor Method) geht von einem frei gewählten Knoten aus und schließt dann in jedem Schritt den nächstgelegenen, noch nicht angeschlossenen Nachbarknoten an. Nachteilig ist, dass zwischen den letzten Knoten oft große Entfernungen liegen. Varianten dieser Methode gehen von mehreren eng beieinander liegenden Knotenpaaren aus, verlängern diese einzelnen Teilstücke und schließen sie bestmöglich zusammen. Durch heuristisches Einfügen einzelner Knoten in die vorhandenen Teilstücke können oft bessere Lösungen in kürzerer Zeit ermittelt werden [55, 56].

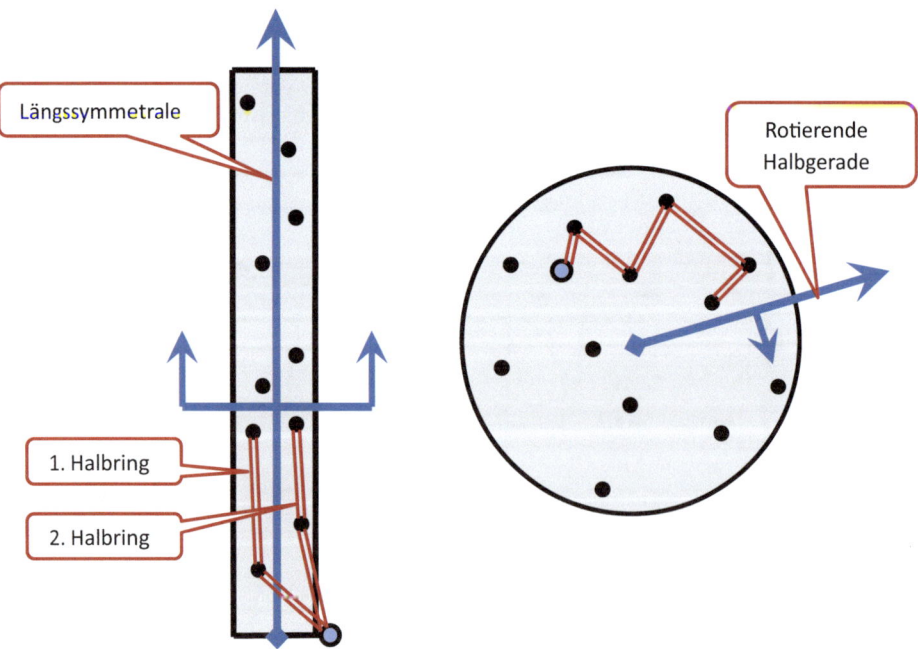

Abb. 5.30 Metaheuristiken für spezielle Leitungsringgebiete

5.2 Strukturplanung

Für Leitungsringe oder -stränge in länglichen Gebietsstreifen empfiehlt sich das sukzessive Auffädeln der Knoten durch Verschieben einer Normalen zur Längssymmetralen gemäß Abb. 5.30. In eher kreisförmigen Gebieten bringt das Auffädeln der Knoten entlang einer rotierenden Halbgeraden häufig gute Lösungen, wie ebenfalls Abb. 5.30 zeigt [56, 57].

Die schrittweise Verbesserung erfolgt durch lokales Durchforsten von kleinen Knotengruppen, in denen die Reihenfolge der Netzknoten noch verbessert werden kann. Leitungsnetz- und Trassenplanung lassen sich kombinieren, indem der Leitungsnetzplanung immer die kürzesten Leitungstrassen zwischen jeweils zwei Netzknoten zu Grunde gelegt werden. Die Feintrassierung kann innerhalb kleiner Knotengruppen noch durch örtliches Zusammenfassen von Leitungstrassen verbessert werden (vgl. Steiner-Baum-Problem in Abschn. 3.1.3) [58].

Durch leichtes Modifizieren einzelner Parameter der beschriebenen Metaheuristiken, wie z. B. der Startpunkte, kann eine bestimmte Menge guter Lösungen gefunden werden. Besonderheiten wie beispielsweise vorhandene Leitungen oder spezielle Netzknoten mit sehr großen Lasten lassen sich in heuristischen Methoden gut berücksichtigen. Ein fundamentaler theoretischer Unterschied zwischen Ring- und Strangnetzplanung besteht nicht.

5.2.3.2 Synthese von Niederspannungsnetzen

5.2.3.2.1 Städtisches Niederspannungsnetz

Eine praktische Aufgabenstellung ist die vollständige Erneuerung des Niederspannungsnetzes in einem bestimmten Teilnetzgebiet. Zweckmäßigerweise plant man ein Zielnetz zwischen mehreren langfristig gesicherten Transformatorstationen mit günstig bemessenen Abständen, wie Abb. 5.31 beispielhaft zeigt. Bei Bedarf sind mehrere Umspannstellenkonfigurationen zu prüfen. Ausgangspunkt sind die auslegungsrelevanten Höchstlasten entlang der Häuserfronten in den einzelnen Straßenabschnitten, sie hängen von den in Abb. 5.31 angegebenen Höchstlasten der Häuserblocks ab. In der Grundsatzplanung wurde ein Kabelquerschnitt von 240^2Al festgelegt.

Die Kabel in den Straßenabschnitten sind möglichst optimal zu Ring- bzw. Strangnetzen mit zusätzlichen Transportleitungen, Querverbindungen und Kuppelmöglichkeiten zu konfigurieren, dabei sind folgende Überlegungen hilfreich:

- Man fasst Häuserblocks rund um die Transformatorstationen zusammen, bis eine geeignete Stationslast erreicht ist. Dabei kann man auch auf die Grenzen der Voronoi-Regionen achten.
- Die Gesamtkabellänge kann bei vorgegebener Trassenlänge entlang der Häuserblocks gering gehalten werden, indem die Längen allenfalls notwendiger zusätzlicher Transportleitungen minimiert werden.
- Die Anzahl der Straßenquerungen sollte aus Kostengründen begrenzt werden.
- Die $(N-1)$-Sicherheit sollte durch eine ausreichende Anzahl von Umschaltmöglichkeiten sichergestellt sein.

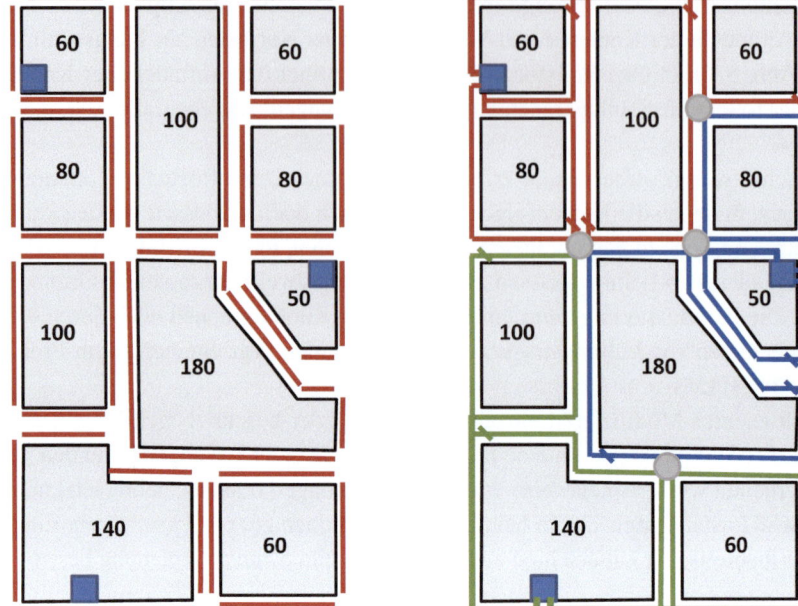

Abb. 5.31 Städtisches Niederspannungsnetz

- Der Normalschaltzustand soll eine möglichst gleichmäßige Auslastung der Kabel und im Fehlerfall einfache Umschaltmöglichkeiten sicherstellen.
- Auf die gegenseitige Reservehaltung der Trafostationen ist durch ausreichende Kuppelmöglichkeiten zwischen den Netzen zu achten (siehe Abb. 5.31).

Durch die Maschennetzstruktur des städtischen Niederspannungsnetzes ergeben sich in der Praxis meist ausreichende Umschaltmöglichkeiten im Fehlerfall und damit auch zusätzliche Leistungsreserven. Für jede heuristisch ermittelte Lösung sind neben der Auslastung im Normalbetrieb auch Investitions- und Netzverlustkostenbarwerte sowie die Auslastungen in ungünstigen Einfachausfallzuständen zu prüfen. Die Methoden zur erforderlichen Planung eines günstigen Normalschaltzustandes werden später im Kapitel zur Betriebsplanung dargestellt.

5.2.3.2.2 Ländliches Niederspannungsnetz

Eine häufig vorkommende praktische Aufgabe lautet beispielhaft wie folgt: Ein ländliches Niederspannungsnetz soll verkabelt und für die absehbaren dezentralen Einspeisungen ertüchtigt werden. Die auslegungsrelevanten gleichzeitigen Einspeiseleistungen (obere Werte) sind ebenso wie die maximalen Entnahmeleistungen (untere Werte) in Abb. 5.32 dargestellt. Der Kabelquerschnitt wurde mit 150^2 Al in der Grundsatzplanung festgelegt,

5.2 Strukturplanung

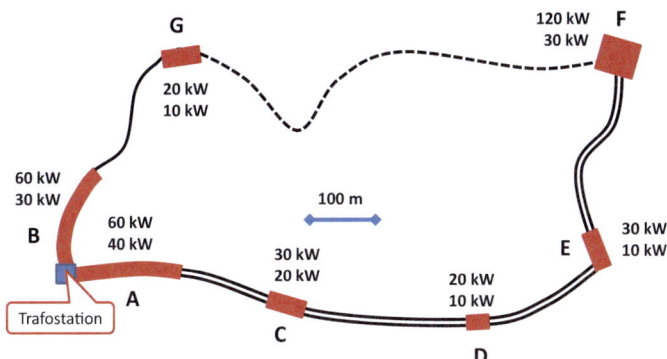

Abb. 5.32 Ländliches Niederspannungsnetz

entscheidend für die Netzstruktur wird auf Grund der großen Entfernungen eindeutig das Spannungsmanagement sein.

Ausgangspunkte für das Spannungsmanagement sind die vorgegebenen Spannungsspreizungen auf der Mittelspannungsseite der Transformatorstation: Normalbetrieb +4/−5 %, Ausnahmebetrieb bei Fehlern im MS-Netz +6/−8 %. Damit ist der Einbau eines regelbaren Ortsnetztransformators 630 kVA unerlässlich, mit einem Spannungsregelbereich von ±10 % kann man von einer Bezugsspannung von −4 % bei höchster Einspeisung und +2 % bei höchster Entnahme ausgehen.

Wegen der hohen zu erwartenden Einspeiseleistung im weit entfernten Netzpunkt F und dem damit verbundenen hohen Spannungsabfall auf NS-Leitungen wird eine Lösung mit einer 1000-V-Leitung von der Transformatorstation zum Netzpunkt F entworfen und analysiert. Ein zweites paralleles Kabel wird mit 400 V betrieben, ebenso wie ein Kabel zum Netzpunkt G. Bei Ausfall eines der beiden Spartransformatoren 400/1000 V und Weiterbetrieb der parallelen Kabel mit 400 V ist auch zum Zeitpunkt der Höchstlast die volle Versorgung gewährleistet. Für den Ausfall des regelbaren Ortsnetztransformators wird ein Reservetrafo für den raschen Austausch bereitgehalten. Zusätzlich werden Zeitvorgaben für den raschen Trafotausch formuliert.

Alle Ausbauvarianten sind wiederum einem Gesamtkostenvergleich zu unterziehen. Normalbetrieb und relevante Fehlerzustände sind zu analysieren und zu vergleichen.

5.2.3.3 Betriebsplanung

5.2.3.3.1 Optimaler Schaltzustand

Die Optimierung des Schaltzustandes für den Strahlennetzbetrieb trägt zur Verringerung der Netzverluste, der höchsten thermischen Auslastung und der größten Spannungsabfälle sowie zur möglichst effizienten Abwicklung des Störungsmanagements bei. Sie ist ein wichtiger Teil der Strukturplanung, da ohne Kenntnis des Schaltzustandes keine Netzverlustkosten und Kurzschlussströme berechnet werden können. Durch Umschalten können lange Leitungen entlastet und damit Investitionskosten reduziert werden.

Das Ermitteln eines optimalen Schaltzustandes ist ein komplexes gemischt-ganzzahliges Optimierungsproblem, daher werden mit Erfolg einfache heuristische Methoden bevorzugt. Ausgangspunkt ist ein geplantes MS- oder NS-Teilnetz, das geschlossene Ringe, Stränge, Querverbindungen oder generell Netzmaschen enthält. Ein repräsentativer, im Allgemeinen auslegungsrelevanter Lastflusszustand wird berechnet. Die am wenigsten belasteten Leitungsabschnitte werden an einer Seite geöffnet, so werden in jedem Schritt der ursprüngliche Lastfluss und die Netzverluste möglichst geringfügig geändert. Dies wird fortgesetzt, bis alle Netzmaschen beseitigt sind. Ländliche Netze erfordern oft eine Nachoptimierung, um die Spannungshaltung zu verbessern. Eine weitere Nachoptimierung kann noch zu einem einfacheren Störungsmanagement beitragen [59].

5.2.3.3.3.2 Spannungsmanagement

Alle geplanten Maßnahmen des Spannungsmanagements sind auf ihre langfristige Tauglichkeit für den Netzbetrieb zu prüfen. Dabei sind neben dem Normalbetrieb auch relevante Netzausfallzustände, allenfalls Inselbetrieb, Netzzusammenbruch und Netzwiederaufbau zu simulieren. Alle Einzelmaßnahmen müssen unter diesen vielfältigen Randbedingungen koordiniert zusammenwirken. Auch das Systemverhalten bei Defekten oder Fehlfunktionen der Spannungshaltungseinrichtungen muss bedacht werden. Jedenfalls ist nachzuweisen, dass Sicherheit und Zuverlässigkeit der Ver-/Entsorgung nicht unzulässig beeinflusst werden.

Besonderes Augenmerk ist den geplanten Maßnahmen in Kundenanlagen zu widmen. Die nachträgliche Einführung oder Änderung solcher Maßnahmen ist mit sehr hohem Aufwand verbunden. Der Rahmen wird durch Regulierungsbehörden, allgemeine Normen sowie Branchenstandards vorgegeben. Eine einfache Maßnahme ist das Vorschreiben reiner Wirkleistungseinspeisung für alle dezentralen Erzeuger, so können Längsspannungsabfälle und Netzverluste bei hoher Einspeisung reduziert werden. Das Implementieren einer lokalen spannungsabhängigen Blindleistungseinspeisung $Q = f(U)$ bei dezentralen Erzeugern ist grundsätzlich eine sehr wirkungsvolle Maßnahme der Spannungshaltung, ihre Vor- und Nachteile erfordern eingehende Überlegungen zur Betriebsplanung. Sie wirkt lokal unabhängig vom Netzschaltzustand und kann beispielsweise größere Spannungsabweichungen in langen Netzausläufern oder bei Netzausfallzuständen reduzieren. Problematisch sind die höheren Leitungsströme und die Aufbringung der dezentral verbrauchten Blindleistung.

Können dezentrale Erzeuger während Netzausfallzuständen vom Verteilnetzbetreiber verlässlich abgeschaltet oder ihre Einspeiseleistung reduziert werden, so kann im Normalbetrieb der Blindleistungsverbrauch durch Erzeuger in Netzausläufern durch die Blindleistungsbereitstellung umspannwerksnaher dezentraler Erzeuger erfolgen (vgl. Abb. 5.6). Die beteiligten dezentralen Erzeugungsanlagen sollten zweckmäßigerweise nach abgestimmten Kennlinien $Q = f(P)$ gesteuert werden.

Generell ist darauf zu achten, dass keine unerwünschten Wechselwirkungen zwischen unterschiedlichen Verfahren der Spannungshaltung auftreten. Eine Entkopplung ist beispielsweise durch unterschiedliche Zeitkonstanten der Regelungen oder durch Entkoppeln unterschiedlicher Spannungsebenen möglich. Bei großen Spannungsabweichungen in den Hoch- und Höchstspannungsnetzen ist die mittelspannungsseitige Spannungsregelung in Umspannwerken zu blockieren, da sie die Spannungsprobleme weiter verstärken könnte. Sollen Verteilnetze inselbetriebsfähig sein, müssen die Methoden der Spannungshaltung auch darauf abgestimmt werden. Insbesondere sind Erzeuger und Verbraucher auch vor unzulässigen Spannungen durch geeignete Selektivschutzeinrichtungen zu schützen.

Bei Netzzusammenbrüchen sind üblicherweise alle Spannungsstelleinrichtungen in eine neutrale Stellung zurückzuführen. Beim Netzwiederaufbau müssen Einspeisungen und Entnahmen stufenweise und abgestimmt wieder zugeschaltet werden und die Maßnahmen zur Spannungshaltung auch wieder wirksam werden. Dezentrale Einspeiser sollten erst zeitverzögert einschalten, sobald vordefinierte Spannungsverhältnisse wieder hergestellt sind. Bei vorgeschriebener konstanter Zeitverzögerung ist mit entsprechenden Sprüngen der Einspeiseleistung zu rechnen. Zufällig verteilte Zeitverzögerungen können definierte Rampen der wiederkehrenden Einspeiseleistung erzeugen. Unter Umständen ist eine direkte Zuschaltkontrolle durch den Verteilnetzbetreiber erforderlich.

5.2.3.3.3 Schaltbare Lasten und Speichereinsatz

Falls der Netzausbauplanung ein bestimmtes zeitliches Verhalten schaltbarer Lasten (Warmwasserboiler, Speicherheizungen) oder bestimmte Einsatzstrategien für Elektrizitätsspeicher (Batterien, dezentrale Pumpspeicher-Kraftwerke) zu Grunde liegt, sind auch mögliche Abweichungen oder Änderungen der Nutzungsstrategien durch die Netzkunden in Betracht zu ziehen. Dies könnte durch geänderte Anreize zur Nutzung von Wind- oder Sonnenstromüberschüssen (Reduktion der Netzentgelte, Befreiung von Steuern und Abgaben) massiv schlagend werden. Vorteilhaft ist dabei eine systemorientierte Freigabe der Nutzung durch den Netzbetreiber durch lokale oder zentrale Schalteinrichtungen (Schaltuhren, Smart Controllers, Tonfrequenz-Rundsteuerung, Funkrundsteuerung), um Netzengpässe sicher ausschließen zu können.

Zu planen ist auch das Verhalten dieser Einrichtungen bei Netzstörungen, Netzzusammenbrüchen und beim Netzwiederaufbau. Die Einschaltlast einer Population elektrothermischer Speicher nach einem längeren großflächigen Netzzusammenbruch kann enorm sein. Abhilfe können hier nur geeignet parametrierte zentrale Steuer- oder Freigabeeinrichtungen schaffen. Ist die Verbreitung solcher Speicher in einem Netzgebiet gering, sind lokal keine Betriebsprobleme zu erwarten.

5.2.3.3.4 Störungsmanagement

Bei Störungen in MS-Strangnetzen muss ein Teil eines Stranges auf ein anderes Umspannwerk geschaltet werden. Eine unterbrechungslose Rückschaltung kann auch bei gleichen Beträgen der Sammelschienenspannungen wegen stark unterschiedlicher Querspannungsabfälle in den UW-Transformatoren zu hohen Ausgleichsströmen und Leistungsschalterfall im betroffenen Leitungsabzweig führen. Spezielle unterbrechungsfreie Umschaltprozeduren unter Nutzung von Reservetransformatoren und Reservesammelschienen sind ebenso wie Rückschaltungen mit kurzer spannungsloser Pause möglich.

Das Umschalten nach Störungen im MS-Netz erfolgt nach entsprechender Fehlerklärung meist durch Betriebspersonal vor Ort. Bei Ausfällen in Transformatorstationen oder im NS-Netz sind ebenfalls Umschaltungen vor Ort, der Austausch von Betriebsmitteln oder Leitungs- bzw. Kabelreparaturen erforderlich. Die notwendigen Maßnahmen, Vorgangsweisen und Vorsorgen wie z. B. das Vorhalten von Personal, Ressourcen und Reservebetriebsmitteln sind betrieblich festzulegen. Damit sind die zu erwartenden Ausfall- bzw. Wiederversorgungsdauern abschätzbar und die Zuverlässigkeit der Ver- und Entsorgung planbar.

5.2.3.4 Analyse von Planungsvarianten

5.2.3.4.1 Allgemeines
Die erstellten Ausbauvarianten sind hinsichtlich Wirtschaftlichkeit, Versorgungsqualität sowie ihrer technischen Eigenschaften zu analysieren. Folgende Analysen sind üblich:

- Leistungsflüsse und Spannungsabweichungen,
- Abstände zu Strom- und Spannungsgrenzwerten,
- Kurzschlussströme minimal und maximal,
- Zuverlässigkeit,
- Netzverluste,
- Investitions-, Instandhaltungs-, Betriebs- und Engpasskosten.

Einige der obigen technischen Analysen sind für den Normalbetrieb, für alle wesentlichen Einfachausfallzustände sowie allenfalls auch für ausgewählte (N−2)-Zustände auszuführen.

5.2.3.4.2 Softwarepakete
Eine Reihe kommerziell verfügbarer Softwarepakete wird in der Praxis für technische Netzberechnungen eingesetzt. Sie bieten umfangreiche Funktionen und komfortable grafische Benutzeroberflächen sowie vielfältige Schnittstellen zu Netzinformationssystemen meist auf Basis geografisch orientierter Netzschemapläne, die auch zur Netzbetriebsführung dienen. Die Orientierung wird erleichtert, wenn diese Schemapläne auf geografischen Karten oder Straßenkarten abgebildet werden können [60–62].

Grundlage ist eine leistungsfähige Datenbasis mit realen Anlagen-, Betriebs- und Nachfragedaten, die mit technischen und wirtschaftlichen Informationen aus der Systemplanung ergänzt werden können. Erforderlich ist ein komfortables Management von simulierten bzw. prognostizierten Nachfrageszenarien sowie von Studienfällen für Netzausbau und Schaltzustand. Die Arbeit erleichtern Prozeduren zum Festlegen von Planungsgebieten mit automatischer Datenselektion aus dem Gesamtnetz.

Die anschauliche Darstellung der Ergebnisse in grafischer Darstellung beispielsweise mit Einfärbung der Leitungen je nach Auslastung und der Knoten entsprechend der

Knotenspannung ermöglicht einen raschen Überblick. Die gemeinsame Präsentation wesentlicher technischer und wirtschaftlicher Planungskennzahlen unterstützt den Variantenvergleich.

Lastflussberechnungen werden für repräsentative, meist extreme Nachfragezustände durchgeführt und erlauben die Berechnung aller Knotenspannungen bei Vorgabe der Bezugsspannung(en) im(in den) zentralen Netzknoten (Umspannwerke, Transformatorstationen). Alle Arten von Regeltransformatoren, Kompensationselementen und Leistungskennlinien sollten im Lastflussmodell enthalten sein. Die Berechnungen für den stationären symmetrischen Betrieb müssen in Strahlen- und Maschennetzen durchführbar sein.

Zur Optimierung des Schaltzustandes müssen die Lastflüsse in Maschennetzen berechnet werden, um daraus Empfehlungen für das sukzessive Öffnen von Schaltern abzuleiten. Aus extremen Knotenspannungen können Empfehlungen zur Änderung der Bezugsspannung, zur Anpassung von Übersetzungsverhältnissen von Regeltransformatoren oder zur Änderung der Blindleistungseinspeisung abgeleitet werden. Die entsprechenden Variantenrechnungen sollten möglichst komfortabel umgesetzt und die Ergebnisse möglichst übersichtlich dargestellt werden. Die genannten Lastflussrechnungen sollen nicht nur für den Normalbetrieb, sondern auch für alle Einfachausfallzustände und für ausgewählte Mehrfachausfallzustände auf einfache Weise ausgeführt werden können. Auch in diesen Fällen sollten einfache Funktionen für das Spannungsmanagement und die Schaltzustandsoptimierung unterstützt werden.

Für Planungszwecke reichen üblicherweise näherungsweise Kurzschlussstromberechnungen auf Basis von IEC 60909 [63]. Dies gilt für maximale und für minimale Kurzschlussströme, die bei unterschiedlichen Netzkonfigurationen auftreten. Von Interesse können auch die Kurzschlussstromanteile aus dezentralen Einspeisern sowie von Asynchronmotoren in Industriebetrieben sein. Zur Dimensionierung der Anlagen werden in Verteilnetzen der dreipolige Anfangskurzschlusswechselstrom und der thermisch wirksame maximale Kurzschlussstrom benötigt. Für allfällige Beeinflussungsrechnungen oder die Dimensionierung von Erdungsanlagen werden auch asymmetrische Kurzschlussströme bzw. Doppelerdschlussströme benötigt.

5.2.4 Restrukturierung

5.2.4.1 Allgemeines

Anhand einfacher praktischer Beispiele wird die Praxis der Strukturplanung an bestehenden Netzen gezeigt. Auf Basis der Vorgaben aus der Grundsatzplanung sollen konkrete Lösungen im Sinne einer Restrukturierung des Istnetzes in Richtung Zielnetz ermittelt werden. Dabei geht es um den Anschluss von großen Kundenanlagen, Verstärkungen und Erweiterungen, Verkabelungen, Erneuerungen, Optimierungen und Vereinfachungen. Aus diesen Planungsüberlegungen für einzelne Strukturplanungsprojekte lassen sich möglicherweise wieder allgemeine Planungsgrundsätze ableiten.

5.2.4.2 Anschluss großer Kundenanlagen

In einem vorstädtischen NS-Kabelnetz mit Ringstruktur soll eine neue Großkundenanlage angeschlossen und das strukturelle (N−1)-Prinzip eingehalten werden. Die Höchstlast der neuen Anlage soll ein neues zusätzliches Kabel aus der Transformatorstation erfordern, auslegungsrelevant sei die thermische Belastbarkeit der Netzelemente. Aus der Ringstruktur entsteht durch die zusätzliche Kabelstrecke ein sogenanntes Dreibein. Ähnliche Überlegungen gelten für Strangnetze und auch in allen anderen Spannungsebenen.

Die einfach erscheinende Lösung einer neuen Kabelstrecke aus der Transformatorstation soll nun etwas näher analysiert werden, es gibt nämlich meist mehrere mögliche Varianten, wie Abb. 5.33 zeigt. Die relativen Spitzenauslastungen sind angegeben.

Bei Variante A wird das neue Kabel bis zur neuen Kundenanlage geführt und die normal offene Schaltstelle ebenfalls dorthin verlegt. Damit werden die Lasten der Halbringe vergleichmäßigt. Bei Variante B wird das neue Kabel nur so weit geführt, dass es bei Einbindung in einen der beiden Halbringe diesen soweit entlastet, dass eine zweckmäßige Lastverteilung entsteht. Das neue Kabel ist zwar kürzer, es gibt dann aber 2 normal offene Schaltstellen. Bei Variante C wird die neue Kundenanlage an das neue Kabel angeschlossen und der weniger ausgelastete Halbring eingeschliffen. Es entstehen wieder 2 normal offene Schaltstellen, zusätzlich ist im Kabelverteilerkasten der neuen Kundenanlage eine geschlossene Durchschleifung des weniger belasteten Halbringes erforderlich. Variante C ist unter den gegebenen Verhältnissen eher nachteilig, die Entscheidung sollte zwischen Variante A und B fallen.

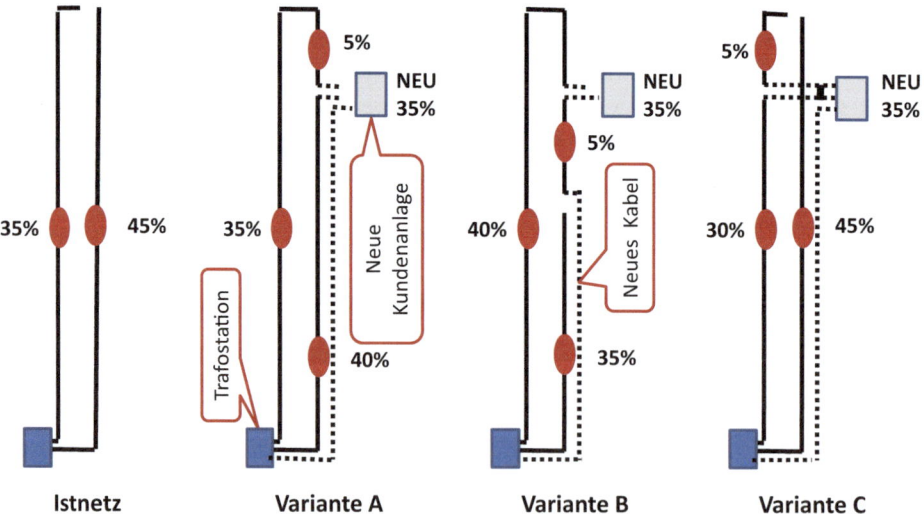

Abb. 5.33 Anschluss einer neuen Kundenanlage

5.2.4.3 Netzverstärkung und -erweiterung

Ein städtisches Gewerbegebiet soll mittelfristig intensiver erschlossen werden und kontinuierlich wachsen. Die Flächenlastdichte wird sich im Planungsgebiet letztendlich vervielfachen. Das 10 kV-Mittelspannungsnetz war ursprünglich als Kabelringnetz konzipiert und wird kontinuierlich ausgebaut. In Abb. 5.34 wird in Form einfacher Netzschemapläne dargestellt, wie aus dem Bestandsnetz durch schrittweise Restrukturierung das aus der Grundsatzplanung vorgegebene Zielnetz, in diesem Fall ein Reservekabelnetz entwickelt werden kann.

In den ersten beiden Ausbaustufen wird der bestehende Kabelring durch Kurzringe verstärkt. Anschließend wird ein weiterer Halbring errichtet und mittels Leerrohr für das später erforderliche Reservekabel vorgesorgt. Die letzte Ausbaustufe zeigt schließlich bereits deutlich das endgültige Reservekabelnetz. Die Kabellänge erhöht sich etwa auf das 2,4-fache bei einer Laststeigerung nahezu auf das 6-fache.

Für Gebiete mit starkem Nachfragewachstum lässt sich damit folgende Restrukturierungs- und Verstärkungsstrategie formulieren, die auch in die Grundsatzplanung einfließen kann:

- Trassenplanung (Leerrohre, Mitlegungen) unter Beachtung des Zielnetzes,
- Leitungsringe durch kurze Halbringe verstärken (Dreibeine),
- Neue Halbringe erstellen oder kurze Halbringe verlängern,
- Querverbindungen können aufgelassen werden,
- Übergang auf ein Reservekabelnetz.

Stufenweiser Ausbau und Verstärkung von Ring- und Strangnetzen führen zu sogenannten Dreibeinen. Diese aus 3 Stationsketten gebildete Netzstruktur bietet bei schwer-

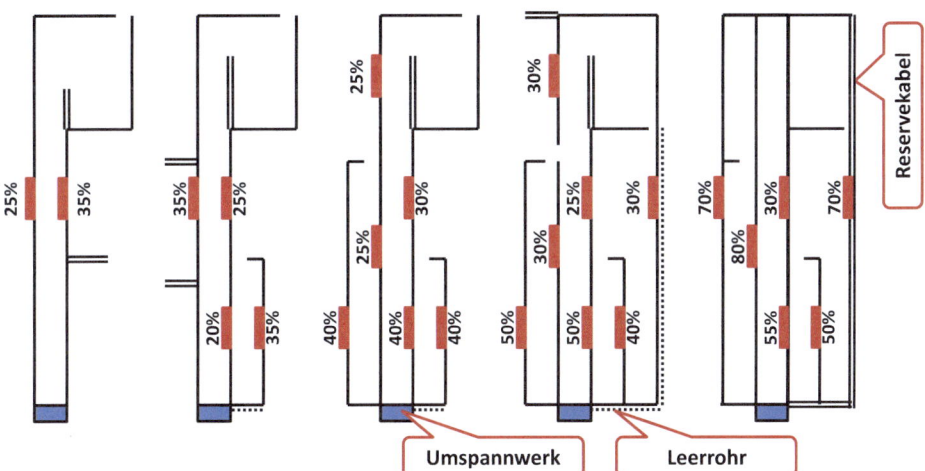

Abb. 5.34 Stufenweiser Ausbau eines Mittelspannungsnetzes

wiegenden Einfachausfallzuständen die Möglichkeit, durch kurzzeitigen Parallelbetrieb von 2 Leitungen eine erhöhte Gesamtlast sicher versorgen zu können. Das lässt sich leicht an einem netztechnisch symmetrischen Dreibein zeigen, bei dem die einzelnen Stationsketten in einem stromorientierten Stadtnetz bis zu 2/3 der thermisch zulässigen Belastung (N−1)-sicher aufnehmen können. Etwas komplexer sind die Verhältnisse bei den in der Praxis üblichen unsymmetrischen Dreibeinen, diese sind im Einzelfall auf (N−1)-Sicherheit zu prüfen.

5.2.4.4 Verkabelung

Zwei praxisnahe Beispiele sollen typische Planungsüberlegungen demonstrieren:

Eine regionale 20 kV Doppelleitung soll verkabelt werden, es werden 2 parallele MS-Kabel 400^2 Al vorgesehen. Die MS-Netze in den Dörfern sollen für zunehmende dezentrale Erzeugung verstärkt und entsprechend der vorliegenden Zielnetzplanung restrukturiert werden. Beispielhaft wird ein Restrukturierungsschritt in einem Dorf gezeigt. Das Zielnetz ist ein Strangnetz zwischen zwei neuen MS-Stützpunkten. Das Istnetz wird über mehrere Leitungen von der außerhalb des Dorfes vorbeiführenden Freileitung gespeist.

Das neue Doppelkabel wird anlässlich einer Sanierung der Hauptstraße durch das Dorf geführt und zwei Stützpunkte werden ausgebaut. Die lokale Haupttransportrichtung im Dorf wird damit um etwa 90 Grad gedreht. Vorerst wird aus Kostengründen die alte zweisystemige Freileitung zur lokalen Versorgung weiter verwendet. Die neue Netzstruktur wird unter Nutzung von Mitlegungsmöglichkeiten mittelfristig angestrebt. Istnetz, Restrukturierungsschritt und Zielnetz sind in Abb. 5.35 dargestellt.

Folgende Planungsmethodik wird für Restrukturierungen dieser Art als zweckmäßig angesehen:

- Anlassbezogene Restrukturierungsschritte: Änderungen der Nachfrage, Erneuerungserfordernisse (z. B. nach Schäden), mögliche Synergien (z. B. Straßensanierungen),
- Restrukturierungsschritte mit dem größten Nutzen bei geringsten Kosten umsetzen,
- Überprüfen und gegebenenfalls Anpassen des Zielnetzes.

Ein weiteres Beispiel soll Planungsüberlegungen bei der Verkabelung einer NS-Freileitung und erwartetem starken Wachstum dezentraler Einspeisungen demonstrieren. Eine der folgenden Ausführungsvarianten ist zu wählen:

A. Ein NS-Kabel 150^2 Al (Var. A, Kosten 100 %),
B. Ein NS-Kabel 150^2 Al und ein Leerrohr (Var. B, Kosten 110 %),
C. Zwei NS-Kabel 150^2 Al (Var. C, Kosten 115 %),
D. Ein NS-Kabel 150^2 Al und ein 20 kV-Kabel 150^2 Al (Var. D, Kosten 125 %).

Variante A ist kostengünstig, bei Nachfragesteigerungen kann nur eine zusätzliche Transformatorstation gebaut werden, für die wiederum MS-Kabel erforderlich sind. Variante B erlaubt das spätere Einziehen eines NS- oder MS-Kabels und ist als sehr robuste

5.2 Strukturplanung

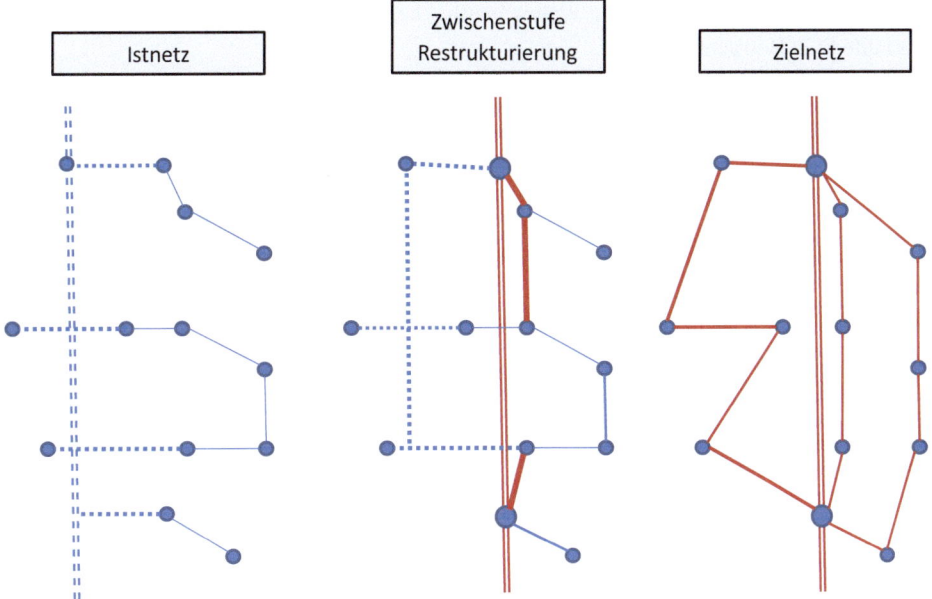

Abb. 5.35 Verkabelung und Restrukturierung

Lösung anzusehen. Variante C ermöglicht begrenztes Wachstum, eines der Kabel kann auch mit 1000 V betrieben werden. Variante D ist sehr robust, da das MS-Kabel auch mit 0,4 oder 1 kV betrieben werden kann. Damit könnte der Bau einer Trafostation hinausgeschoben werden.

Beispielsweise lässt sich die Entscheidung zwischen den Varianten C und D auch als eine einfache stochastische Optimierungsaufgabe formulieren, wenn man nur die Investitionskosten betrachtet: p sei die Wahrscheinlichkeit, dass die Transportnachfrage nach n Jahren höher als die Transportkapazität von 2 NS-Kabeln gemäß Variante C ist. Das bedeutet, es müsste mit dieser Wahrscheinlichkeit p nach n Jahren noch ein MS-Kabel verlegt werden, wenn nicht von vornherein Variante D realisiert wird.

Für die Erwartungswerte der Barwerte der Investitionskosten dieser beiden Varianten gelten die Beziehungen gemäß Gl. 5.3.

$$\begin{aligned} E(BKI_C) &= (KI_T + 2KI_{NSK}) + (KI_T + KI_{MSK}) \cdot q^{-n} \cdot p \\ E(BKI_D) &= (KI_T + KI_{NSK} + KI_{MSK}) \end{aligned} \quad (5.3)$$

Ab der Grenzwahrscheinlichkeit p_{grenz} gemäß Gl. 5.4 ist Variante D wirtschaftlicher:

$$p_{grenz} = \frac{KI_{MSK} - KI_{NSK}}{KI_T + KI_{MSK}} \cdot q^n \quad (5.4)$$

Die Grenzwahrscheinlichkeit p_{grenz} hängt neben den Kosten auch vom Zinsfaktor q und dem Jahr n des Überschreitens der Transportkapazität der Variante C ab. In der Praxis sollte der Planer schon ab einer Wahrscheinlichkeit von etwa 10 % bei kleinem n auch Variante D in Betracht ziehen.

5.2.4.5 Erneuerung

Eine vor allem wirtschaftlich interessante Aufgabe der Strukturplanung ist die mit anderen Infrastrukturen koordinierte Erneuerung der Elektrizitätsnetze [64]. Die Abstimmung mit der Erneuerung oder Generalsanierung von Straßen, Wegen, Brücken, Unterführungen etc. ermöglicht kostengünstige Leitungstrassen, erfordert jedoch auch eine örtliche und zeitliche Abstimmung der Bauprojekte und damit meist auch der Netzstrukturen und Anlagenstandorte. Neubau oder Erneuerung anderer Infrastrukturen bieten die Chance, durch abgestimmte Vorgangsweisen die Tiefbaukosten für jeden Partner massiv zu senken. Auch Gemeinden und die Öffentlichkeit haben ein großes Interesse, die Anzahl großer Baustellen und die damit verbundenen Verkehrsbehinderungen durch gute Koordination der Beteiligten zu minimieren.

Wie ein Mittelspannungsnetz durch Nutzen von Synergien bei der Erneuerung der Kabelstrecken verändert werden kann, zeigt an einem praktischen Beispiel Abb. 5.36. Eine Straße soll samt Infrastruktur (Kanal, Wasser, Gas, Telekom, Elektrizität) generalsaniert werden, die gemeinsamen Tiefbauarbeiten ermöglichen eine sehr kostengünstige neue Trasse für die Mittelspannungskabel. Etwas aufwendiger werden dadurch die ebenfalls zu erneuernden Einschleifungen der Transformatorstationen.

Die größten Vorteile aus der koordinierten Erneuerung der Infrastruktur ergeben sich, wenn alle Beteiligten ihre Investitionsvorhaben bereits mittelfristig vorausplanen und abstimmen.

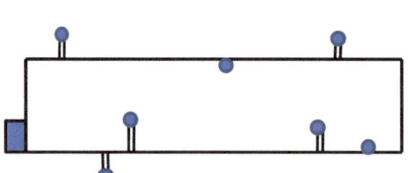 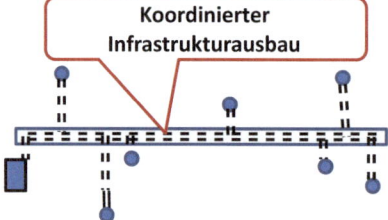

Abb. 5.36 Synergien mit anderen Infrastrukturen

5.2.4.6 Optimierung und Vereinfachung

Historisch gewachsene Verteilnetze weisen häufig ein gewisses Potenzial für Vereinfachung und damit Optimierung auf. Dies gilt vor allem dann, wenn Nachfragesteigerungen nicht in dem Maß und der Form eingetreten sind, wie sie ursprünglich prognostiziert worden sind. Alle Restrukturierungsmaßnahmen nutzen geeignete Anlässe für Einzelmaßnahmen, die letztendlich zu einem einfacheren und kostengünstigeren Zielnetz führen sollen.

Am praktischen Beispiel eines städtischen Mittelspannungsnetzes, das als Netz mit einer Schwerpunkt- oder Gegenstation und Querverbindungen bezeichnet werden kann, soll ein wichtiger Restrukturierungsschritt schematisch gezeigt werden. Die Schaltanlage in der Gegenstation hat das Ende ihrer Nutzungsdauer erreicht und der Netzknoten soll aufgelassen werden. Dies bietet eine günstige Gelegenheit zu Netzvereinfachungen und zum Übergang auf ein Reservekabelnetz. Damit ist jedoch noch nicht die endgültige Zielstruktur erreicht, weitere Restrukturierungsschritte werden noch zweckmäßig sein, wie Abb. 5.37 zeigt.

Netzvereinfachungen sind auch sinnvoll in Gebieten mit langfristig sinkender Nachfrage. Stationszahl und Netzlänge können reduziert werden, die Mindestlänge zum Vernetzen aller Netzanschlusspunkte kann jedoch nicht unterschritten werden [29].

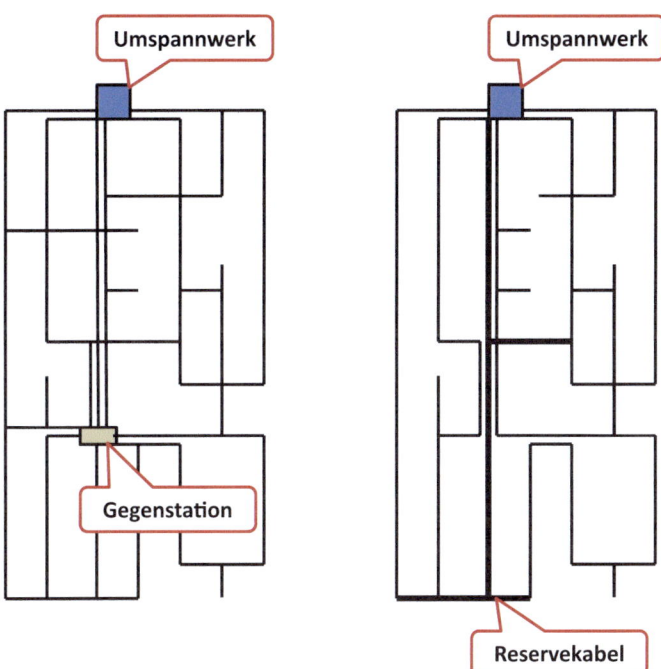

Abb. 5.37 Netzvereinfachung und Optimierung

5.2.5 Strukturoptimierung

5.2.5.1 Optimierungsverfahren

5.2.5.1.1 Allgemeines

Zur Planung von Netzstrukturen wurde eine große Vielfalt an mathematischen Optimierungsverfahren entwickelt, adaptiert und eingesetzt. Das vorliegende stochastische dynamische gemischt-ganzzahlige nichtlineare Optimierungsproblem erfordert leistungsfähige Zerlegungsstrategien und Lösungsalgorithmen. Die Lösung vereinfachter Optimierungsprobleme kann Hinweise zur Lösung komplexer Planungsaufgaben generieren. Der stochastischen Natur wird in der Praxis durch Analyse von Szenarien und der Lösung deterministischer Teilprobleme Rechnung getragen. Dynamische Aufgabenstellungen können durch die Planung optimaler Zielnetze vereinfacht werden [50, 65–67].

Zu unterscheiden sind mathematisch exakte und heuristische Optimierungsverfahren. In der Praxis der Netzplanung ist es nicht entscheidend, das theoretische Optimum zu finden und nachzuweisen, sondern eine Menge sehr guter Lösungen mit vertretbarem Aufwand zu ermitteln. Charakteristisch für Netzplanungsprobleme sind flache Optima, das heißt, es gibt im Allgemeinen eine größere Zahl sehr guter Lösungen. Im Optimierungsmodell können meist nur die wesentlichen wirtschaftlichen und technischen Zusammenhänge nachgebildet werden, zusätzliche Eigenschaften der gefundenen Optimierungslösungen werden durch Netzanalysen ermittelt und zusätzlich bewertet.

5.2.5.1.2 Mathematische Optimierungsverfahren

Die Lösung gemischt-ganzzahliger Optimierungsaufgaben beruht häufig auf dem Verzweigungsprinzip. Die ganzzahligen Variablen werden in der ersten Phase als kontinuierliche Variable behandelt. Durch diese Relaxation entsteht ein wesentlich einfacher zu lösendes kontinuierliches Startproblem, in dessen Lösung allerdings viele ganzzahlige Variable nichtganzzahlige Werte annehmen werden. Eine dieser Variablen wird dann als Verzweigungsvariable gewählt und durch Zusatzrestriktionen werden die unzulässigen kontinuierlichen Werte ausgeschlossen. Eine Investitionsentscheidung, die beispielsweise den Startwert 0,5 annimmt, wird in den folgenden Subproblemen entweder mit 0 oder 1 fixiert. Die durch solche Verzweigungen sukzessive entstehenden Subprobleme können in Form eines Suchbaums angeordnet werden. Durch die Zusatzrestriktionen sollte sich der Zielfunktionswert möglichst wenig verschlechtern, die Suche endet, wenn ausreichend viele gute gemischt-ganzzahlige Lösungen gefunden worden sind [68].

Abb. 5.38 zeigt die wesentlichen Verfahrensschritte des dargestellten Verzweigungsverfahrens. Es gibt eine große Zahl ähnlicher Verfahren, ihre Leistungsfähigkeit hängt von der gewählten Verzweigungsstrategie ab. Besonders leistungsfähige Verfahren gibt es für lineare Optimierungsprobleme, meist ist die Formulierung linearisierter Modelle für Netzplanungsaufgaben nicht besonders schwierig.

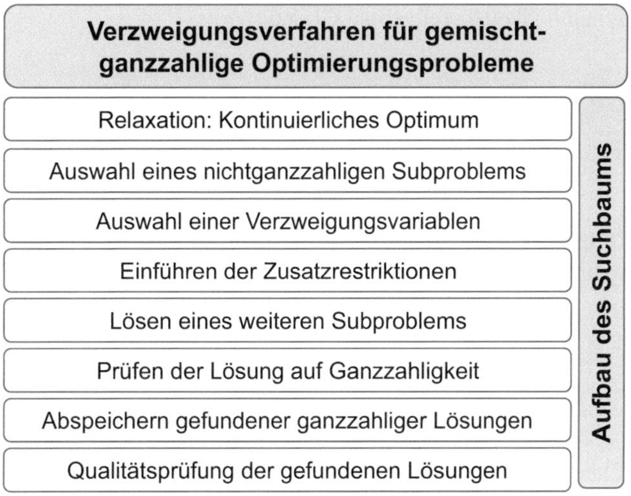

Abb. 5.38 Ablauf eines Verzweigungsverfahrens

Verzweigungsverfahren für gemischt-ganzzahlige Optimierungsprobleme

- Relaxation: Kontinuierliches Optimum
- Auswahl eines nichtganzzahligen Subproblems
- Auswahl einer Verzweigungsvariablen
- Einführen der Zusatzrestriktionen
- Lösen eines weiteren Subproblems
- Prüfen der Lösung auf Ganzzahligkeit
- Abspeichern gefundener ganzzahliger Lösungen
- Qualitätsprüfung der gefundenen Lösungen

Aufbau des Suchbaums

5.2.5.1.3 Metaheuristische Optimierungsverfahren

Mathematische Optimierungsverfahren erfordern im Allgemeinen einen großen Aufwand zur Lösung ganzzahliger Optimierungsaufgaben. Daher werden oft Metaheuristiken auf Basis von Evolutionsstrategien zur Behandlung dieser Aufgabenklasse eingesetzt. Aus der Vielzahl der entwickelten und in der Netzplanung getesteten Verfahren soll hier nur ein sogenannter Ameisenalgorithmus (ACO Ant Colony Algorithm) zur Planung kettenförmiger Netzstrukturen vorgestellt werden [69–72].

Diese Algorithmen bilden das Auffinden kürzester Wege von den Ameisenkolonien zu den Futterstellen mit Hilfe von Geruchsstoffen (Pheromonen) nach. Ameisen suchen vorerst mit zufälligen Methoden nach Futter, wenn sie erfolgreich ins Nest zurückkehren, sondern sie Pheromone ab. Diese Duftstoffe animieren weitere Ameisen, diesem Erfolg versprechenden Weg zu folgen, bis schließlich die meisten Ameisen den kürzesten Weg gefunden haben. Optimale Wege auf Graphen werden kantenweise aufgebaut, indem eine Ameise (ein Agent) von einem Knoten aus entweder eine zufällige (Exploration) oder die nach einer Metaheuristik günstigste Kante (Exploitation) zu einem Nachfolgeknoten wählt.

Beim Ant Colony System (ACS) nach Dorigo und Gambardella [73] erfolgt die Exploitation, d. h. die Wahl des günstigsten Knotens j ausgehend vom Knoten i nach dem Kriterium gemäß Gl. 5.5.

$$c_{ij} = \max_k \{f_{ik}^a \cdot g_{ik}^b\} \tag{5.5}$$

Bewertet werden die Produkte der relativen Pheromonpegel f und Kantenbewertungen g der Kanten (i,k), jeweils gewichtet mit den Exponenten a und b. Die heuristischen Kantenbewertungen g werden zweckmäßigerweise verkehrt proportional zu den Kantenlängen L festgelegt. Die Exploration ausgehend vom Knoten i erfolgt nach einer Wahrscheinlichkeitsregel gemäß Gl. 5.6.

$$p_{ij} = \frac{f_{ij}^a \cdot g_{ij}^b}{\sum_k f_{ik}^a \cdot g_{ik}^b} \qquad (5.6)$$

Die Wahrscheinlichkeit, ob Exploration oder Exploitation erfolgt, wird als Parameter festgelegt. Die Pheromonpegel werden zu Beginn beispielsweise für alle Kanten einheitlich niedrig festgelegt, sie werden auf jedem von einer Ameise ermitteltem Weg lokal gemäß Gl. 5.7 aktualisiert.

$$(1 - \rho) \cdot f_{ij} + \rho \cdot \Delta f_{ij} \rightarrow f_{ij} \qquad (5.7)$$

Δf ist die neue Pheromonspur einer Ameise, die Formel bildet auch das Verdunsten von Pheromonen ab. Haben alle Ameisen ihre günstigen Wege gefunden, erfolgt ein globales Pheromonupdate nach Gl. 5.8

$$(1 - \alpha) \cdot f_{ij} + \alpha \cdot \Delta f_{ij}^{best} \rightarrow f_{ij} \qquad (5.8)$$

Auf den ermittelten Wegen wird der Pheromonlevel gesenkt ($\Delta f^{best} = 0$), auf dem besten gefundenen wird er aber erhöht ($\Delta f^{best} = 1/L_{ij}$). Dies fördert die Konvergenz zu den besten Lösungen. Generell sind die metaheuristischen Regeln der Pheromonupdates kritisch für den Erfolg der Verfahren. Abb. 5.39 zeigt den grundsätzlichen Ablauf des Ameisenalgorithmus.

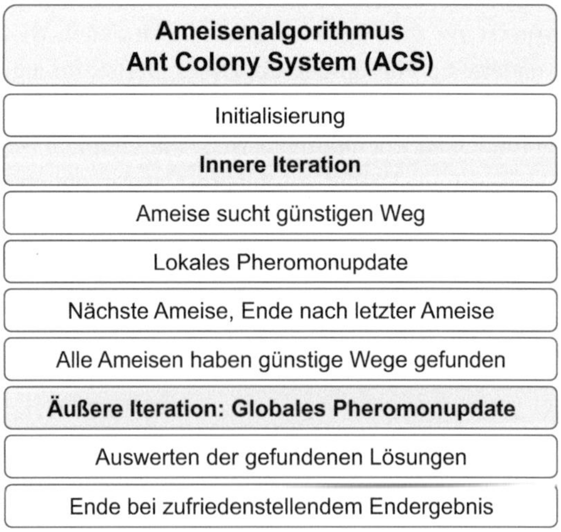

Abb. 5.39 Allgemeiner Ablauf von Ameisenalgorithmen

- **Ameisenalgorithmus Ant Colony System (ACS)**
- Initialisierung
- **Innere Iteration**
- Ameise sucht günstigen Weg
- Lokales Pheromonupdate
- Nächste Ameise, Ende nach letzter Ameise
- Alle Ameisen haben günstige Wege gefunden
- **Äußere Iteration: Globales Pheromonupdate**
- Auswerten der gefundenen Lösungen
- Ende bei zufriedenstellendem Endergebnis

5.2 Strukturplanung

5.2.5.2 Dynamisches Optimierungsmodell zur Netzplanung

Beispielhaft wird ein deterministisches dynamisches nichtlineares gemischt-ganzzahliges Optimierungsmodell zur Planung von städtischen Kabelringnetzen mit einheitlicher Leitungstype skizziert. Das Modell enthält auch die Feintrassierung der Kabelstrecken und bildet detailliert die Tiefbau- und Kabelkosten auf einem Trassengraphen nach. Die Barwertsumme aus Investitions- und Verlustkosten wird minimiert, ein planungsrelevanter Lastflusszustand wird nachgebildet.

5.2.5.2.1 Zielfunktion

Der Barwert der Investitionskosten hängt von den Errichtungsentscheidungen für Kabelgräben y und für Kabelabschnitte z zu Beginn eines Zeitschrittes t entlang einer Kante j des Trassennetzes gemäß Gl. 5.9 ab. Die Errichtungskosten können in allen Zeitschritten unterschiedlich sein und damit z. B. etwaige temporäre exogene Synergien durch Straßenabschnittssanierungen oder relative Kostenverschiebungen zwischen Tiefbau und Kabeln berücksichtigen.

$$BKI = \sum_{t \in T} q^{1-t} \cdot \sum_{j \in JT_t} (KT_{tj} \cdot y_{tj} + KK_{tj} \cdot z_{tj}) \tag{5.9}$$

Der Barwert der Jahresverlustkosten wird durch Summation über alle Zeitschritte t, alle Trassenabschnitte j und alle von einem Netzknoten i ausgehenden Kabelstrecken gemäß Gl. 5.10 modelliert.

$$BKV = \frac{p_{WV} \cdot T_A \cdot d}{U_N^2 \cdot \cos^2 \varphi_N} \cdot \sum_{t \in T} \left[q^{-t} \cdot \sum_{j \in JT_t} \left(R_j \cdot \sum_{i \in IN_t} p_{tij}^2 \right) \right] \tag{5.10}$$

Vereinfachend werden Spannungsniveau, Leistungsfaktor und Scheinarbeitsverlustfaktor als einheitlich im gesamten Netz vorausgesetzt.

5.2.5.2.2 Errichtung und Bestand von Kabelabschnitten

Zu Beginn eines Zeitschrittes t kann entlang jeder Kante j des Trassennetzes ein Abschnitt einer von einem Knoten i ausgehenden Kabelstrecke gemäß Gl. 5.11 errichtet werden, wenn hierfür ein Kabelgraben erstellt wird. Der Bestand des Kabelabschnitts ab diesem Zeitpunkt muss ebenfalls modelliert werden. Die Berücksichtigung eines allfälligen Altbestandes A ist auf einfache Weise möglich.

$$\forall t \in T, j \in JT_t : \sum_{i \in IN_t} x_{tij} \leq \sum_{\tau \in T: \tau \leq t} z_{\tau j}; \quad z_{tj} - z_{(t-1)j} \leq C \cdot y_{tj};$$
$$z_{0j} = A_j; \quad x, y \in \{0, 1\}; z \in G \geq 0 \tag{5.11}$$

Die binären Variablen x_{tij} repräsentieren im Zeitabschnitt t den Bestand eines Abschnitts einer vom Netzknoten i ausgehenden Kabelstrecke entlang der Kante j. Werden im Zeitabschnitt t entlang der Kante j mehr Kabel benötigt als vorher, so sind $z_{tj} - z_{(t-1)j}$ Kabel zusätzlich zu verlegen. Hierfür ist zu Beginn des Zeitabschnitts t ein Kabelgraben im Trassenabschnitt j notwendig, wie die entsprechende binäre Variable y_{tj} zeigt. Mit diesem einfachen Investitionsmodell kann das Ummuffen eines Kabelabschnitts auf eine andere Kabelstrecke nicht gesondert bewertet werden.

5.2.5.2.3 Aufbau von Kabelstrecken aus Kabelabschnitten

Ein Fluss der Stärke 1 repräsentiert in jedem Zeitschritt t eine vom Netzknoten i (Quelle) ausgehende Kabelstrecke über beliebige Trassenknoten m zu einem anderen Netzknoten k (Senke), der durch eine binäre Variable u_{tik} gemäß Gl. 5.12 identifiziert wird.

$$\forall t \in T; i, k \in IN_t, i < k; m \in IT_t - IN_t :$$

$$\sum_{\substack{j \in JT_t: \\ A(j)=i}} x_{tij} = 1; \quad \sum_{\substack{j \in JT_t: \\ E(j)=k}} x_{tij} = u_{tik}, u_{tik} \in \{0,1\}, \quad \sum_{\substack{k \in IN_t \\ k \neq i}} u_{tik} = 1; \quad \sum_{\substack{j \in JT_t: \\ A(j)=m}} x_{tij} - \sum_{\substack{j \in JT_t: \\ E(j)=m}} x_{tij} = 0 \quad (5.12)$$

Diese Gleichungen sind die Basis für die Modellierung der Strecken eines Kabelringes, da von jedem Netzknoten genau eine Kabelstrecke ausgeht, die in einem anderen endet. Durch Modifikation der Gleichungen in einem Knoten kann dieser zum Ausgangspunkt für mehrere Kabelringe gemacht werden (z. B. Umspannwerk). Auch eine Modellvariante für ein Strangnetz ist realisierbar. Ohne zusätzliche Restriktionen entsteht jedoch bei Minimierung der Investitionskosten keine Ring- oder Strangstruktur, die Lösungen entarten in eine Menge von Kurzzyklen. Durch geeignete Transporterfordernisse, wie sie in der Folge formuliert werden, kann dies verhindert werden.

5.2.5.2.4 Lastfluss mit Restriktionen

Im folgenden Modell (Gl. 5.13–5.15) wird ein auslegungsrelevanter Wirkleistungsfluss durch seine Knotenbilanzen in den Netz- und Trassenknoten mit Ausnahme des zentralen Bilanzknotens (z. B. Umspannwerk) und durch Restriktionen für die Maximalwerte auf den einzelnen Kabelabschnitten formuliert.

$$\forall t \in T; i \in IN_t - \{0\} : \sum_{\substack{j \in JT_t \\ A(j)=i}} p_{tij} - \sum_{\substack{j \in JT_t \\ E(j)=i}} p_{tij} = E_i - D_i \quad (5.13)$$

$$\forall t \in T; i \in IN_t; m \in IT_t - IN_t : \sum_{\substack{j \in JI_t \\ A(j)=m}} p_{tij} - \sum_{\substack{j \in JI_t \\ E(j)=m}} p_{tij} = 0 \quad (5.14)$$

$$\forall t \in T; i \in IN_t; j \in JT_t : |p_{tij}| \leq P_{max} \cdot x_{tij} \quad (5.15)$$

5.2 Strukturplanung

Da kein Schaltzustand modelliert wird, werden Wirkleistungsflüsse auf geschlossenen Ringen bzw. zweiseitig gespeisten Strängen modelliert. Wegen der Minimierung der Netzverlustkosten stellt sich im Modell ein verlustminimaler und durch Gl. 5.15 beschränkter Lastflusszustand ein. Leitungsverluste sind in obigen Lastflussgleichungen nicht berücksichtigt. Die Nachbildung mehrerer auslegungsrelevanter Leistungsflüsse ist ohne Schwierigkeiten möglich. Auch die näherungsweise Modellierung von Spannungsabfällen und Spannungsgrenzen in den Netzknoten ist möglich. Nach Bedarf kann das beschriebene Lastflussmodell verfeinert bzw. ergänzt werden.

5.2.5.3 Ameisenalgorithmus zur Ringnetzplanung

Im Folgenden wird beispielhaft die Methode von ROTERING [74] zur Planung von Ringnetzen mit Hilfe eines Ameisenalgorithmus vorgestellt. Gegeben sei ein Teilnetzgebiet mit zentralem Umspannwerk und einer Menge von Transformatorstationen. Die Menge aller denkbaren Leitungsverbindungen wird zweckmäßigerweise durch Konstruktion von Voronoi-Regionen auf die Verbindungskanten der jeweiligen Nachbarknoten beschränkt (vgl. Abschn. 4.1.2). Diese Verbindungskanten bilden Dreiecke einer Delaunay-Triangulierung gemäß Abb. 5.40 links, die durch ihre Umkreismittelpunkte charakterisiert werden können. Die Anzahl möglicher Kabelstrecken aus dem Umspannwerk heraus kann durch Modifikation erhöht werden, wie Abb. 5.40 rechts zeigt.

Die Planung eines Ringnetzes wird auf die Planung eines zugeordneten Spannbaums zurückgeführt. Dreiecke aus der Delaunay-Triangulierung können einen Kabelring definieren, wie Abb. 5.41 zeigt. Analog dazu können die Umkreismittelpunkte dieser Dreiecke zur Definition eines zugeordneten Spannbaums verwendet werden.

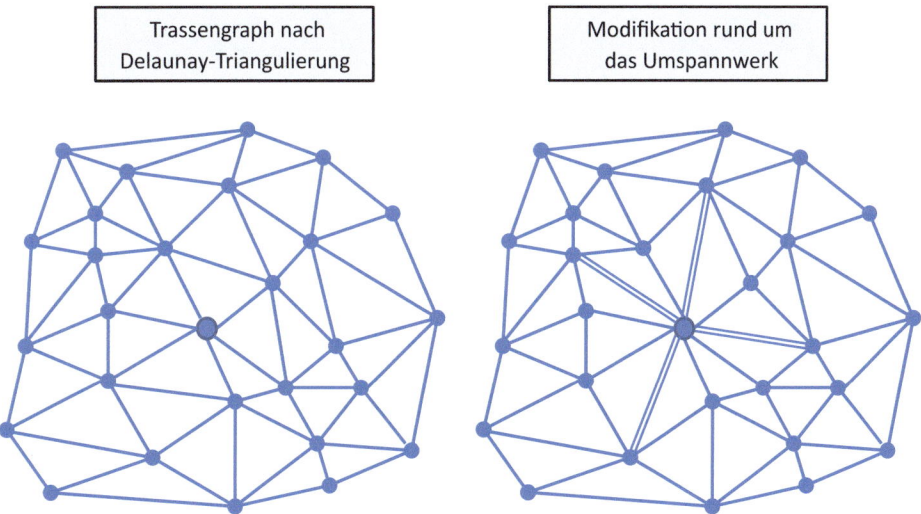

Abb. 5.40 Aufbereitung des Trassengraphen für das Ringnetz

Abb. 5.41 Analogie zwischen Spannbaum und Kabelring

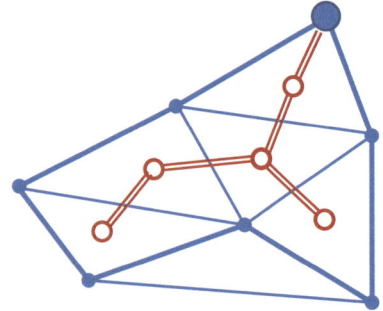

Mit Hilfe eines Ameisenalgorithmus sollen nun Spannbäume ermittelt werden, die zu kostengünstigen Kabelringen gehören. Die Ameisen starten mit ihrer Suche beim Umspannwerk und bauen schrittweise Spannbäume auf, wie Abb. 5.42 zeigt.

Die Entwürfe des Ameisenalgorithmus können durch lokale heuristische Suchverfahren weiter verbessert werden. Das beschriebene Optimierungsverfahren nach ROTERING hat seine Praxistauglichkeit zur Planung aktiver Verteilnetze bereits gezeigt [74].

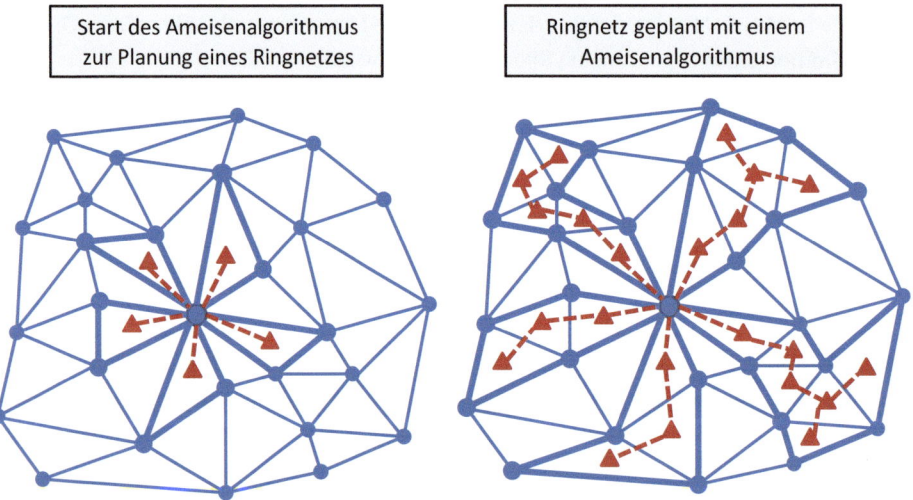

Abb. 5.42 Ringnetzplanung mittels Ameisen und Spannbäumen

5.3 Ausführungsplanung

5.3.1 Umspannwerksgebäude

5.3.1.1 Einfluss der Systemgestaltung

Die Gestaltungsprinzipien dezentraler Elektrizitätssysteme und die Vorgaben der Strukturplanung sind bei der Projektierung von Umspannwerken umzusetzen. Im Folgenden werden spezielle Planungsaspekte beleuchtet, die zur Wirtschaftlichkeit, Versorgungszuverlässigkeit, Betriebssicherheit und Umweltverträglichkeit des Gesamtsystems beitragen. Eine umfassende Darstellung der Projektierung von Umspannwerken würde den Rahmen dieses Kapitels sprengen. Die folgenden Ausführungen konzentrieren sich vorwiegend auf städtische Umspannwerke mit Innenraumschaltanlagen.

Die strategische Standortplanung ermöglicht die langfristige Sicherung geeigneter Grundstücke. Die Grundstücksgröße sollte nicht nur die Errichtung des geplanten Umspannwerkes, sondern nach Möglichkeit auch dessen kostengünstige Kompletterneuerung während des laufenden Betriebes ermöglichen. Die konkreten Randbedingungen durch Lage und Umfeld des Grundstückes sind bei der Auswahl zu beachten. Bei der Grundstücksbeschaffung sollte die Nähe zum langfristig idealen Standort entsprechend wirtschaftlich bewertet werden.

Versorgungszuverlässigkeit und Betriebssicherheit berühren eine Vielzahl von Planungsdetails, dies gilt speziell für eigensichere Umspannwerke. Das Raumkonzept, die Ausführung des Gebäudes (z. B. Brandabschnitte), Kabelführung und die Leittechnik sind darauf abzustimmen. Dies gilt ebenso für anlagentechnische Details wie Störlichtbogensicherheit, elektromagnetische Verträglichkeit, Kühlung, Lüftung und unterbrechungsfreie Stromversorgung.

Einen wichtigen Beitrag zur Wirtschaftlichkeit leisten Vereinheitlichung und Standardisierung. Umspannwerke sind zwar oft individuell zu planen, um den örtlichen Gegebenheiten Rechnung zu tragen. Dennoch sollten soweit möglich einheitliche Module, Anlagen und Komponenten verwendet werden. Dies trägt nicht nur zur Senkung der Planungskosten bei, sondern reduziert auch Instandhaltungs- und Betriebskosten.

Das Vorprojekt als interne Entscheidungsgrundlage (vgl. Abschn. 4.2.4) muss bereits die wesentlichen Vorgaben aus Grundsatz- und Strukturplanung umsetzen. Raum-, Schaltanlagen- und Transformatorenkonzept sind bestimmende Faktoren für die Gebäudeplanung. Für das verfeinerte Einreichprojekt sind alle gesetzlichen Rahmenbedingungen zu prüfen, um die Notwendigkeit behördlicher Genehmigungen und den Umfang der Einreichunterlagen abklären zu können. Nach Vorliegen aller Genehmigungen samt allfälligen behördlichen Auflagen kann die Detailplanung unter Beachtung der Vorgaben aus der Systemgestaltung erfolgen.

5.3.1.2 Eigensichere Umspannwerke

Speziell bei eigensicheren Umspannwerken ist die Wahrscheinlichkeit von gravierenden Mehrfach- bzw. Gesamtausfällen zu minimieren. Wichtig ist daher eine hohe Sicherheit des Gebäudes gegen Erdbeben, Eindringen von Wasser, Brand, Blitzschlag und ähnliche Ereignisse, die zu einem Totalausfall führen können. Die Erdbebensicherheit wichtiger Infrastruktureinrichtungen wie Krankenhäuser, Feuerwehrgebäude und auch Umspannwerken sollte hoch sein, damit gerade in Katastrophenfällen der Schutz der Bevölkerung aufrechterhalten werden kann. Die Bemessung von Bauwerken hinsichtlich Erdbebenfestigkeit ist in EN 1998 [75] geregelt.

5.3.1.3 Eindringen von Wasser

Schutz vor Hochwasser ist für alle Elektro- und Elektronikanlagen fundamental wichtig, daher sind sie in entsprechender Höhe sicher über dem höchsten zu erwartenden Hochwasserpegel anzuordnen. Ist dies in Ausnahmefällen nicht möglich, sollten besondere Vorkehrungen gegen das Eindringen von Hochwasser getroffen werden. Die Dachkonstruktion sollte erhöhten Anforderungen an Lebensdauer, Schneelasten, Sturmfestigkeit und Sicherheit gegen Eindringen von Regenwasser genügen. Entsprechende Aufmerksamkeit sollte der Regenwasserableitung, den Auswirkungen von Wasserrohrbrüchen und der Abwasserführung gewidmet werden. Hinweise zum Schutz Technischer Gebäudeausrüstung kann man beispielsweise der VDI-Richtlinie 6004 [76] entnehmen.

5.3.1.4 Brandschutz und Störlichtbogensicherheit

Wichtig für den Brandschutz sind vor allem die Bildung von Brandabschnitten und die Verwendung nicht brennbarer Materialien, soweit das möglich ist. Hinzu kommen Rauch- und Brandmeldeanlagen, Brandschutzklappen und -tore sowie automatische Löschanlagen speziell für große Transformatoren. Brandabschnittsgrenzen sollten so massiv und beständig ausgeführt werden, dass ein Weiterbetrieb von Anlagen in nicht betroffenen Abschnitten auch bei gravierenden Ereignissen und massiven Löschmaßnahmen möglich ist. Zu bedenken sind Entwicklung und Abfuhr von Rauchgasen, Vorkehrungen für Löschmaßnahmen und Rauchabzug sowie auch Hitzeentwicklung und die daraus folgende Reduktion der Festigkeit von Bauteilen. Dementsprechend sind auch Zu- und Abluftführungen sowie Zugänge und Stiegenhäuser zu gestalten. Nähere Informationen zum Baulichen Brandschutz findet man beispielsweise in [77].

Eingehende Überlegungen erfordert die Störlichtbogenfestigkeit aller Bauwerksteile. Vorbeugende Maßnahmen sollen die Wahrscheinlichkeit und Stärke von Störlichtbögen reduzieren. Dennoch muss der entstehende Überdruck begrenzt bzw. möglichst gefahrlos abgebaut werden. Schaltanlagen müssen störlichtbogenfest sein und die entstehenden Gase gefahrlos ins Freie leiten. Kabelkeller, -schächte und -kanäle und sind auf Störlichtbogenfestigkeit zu prüfen, dabei sind die jeweils ungünstigsten Umstände anzunehmen. Druckverläufe und die Ableitung der Brandgase sind bei der Detailplanung zu berücksichtigen.

Zum Sicherheitskonzept gehören ebenso Fluchtwege, deren Ausgestaltung entsprechende Sorgfalt erfordert und durch eine Reihe von Vorschriften geregelt ist. Auch die Mindestbreiten von Bedien- und Montagegängen sind vorgeschrieben, einfache Montage-

und Instandhaltungsarbeiten erfordern manchmal auch größere Breiten und zusätzliche Montageflächen.

5.3.1.5 Kühlung und Lüftung

Kostengünstig und zuverlässig im Betrieb ist die natürliche Luftkühlung, sie erfordert jedoch eine entsprechende Gestaltung des gesamten Gebäudes, um die erforderlichen Lüftungsquerschnitte realisieren zu können. Die Frischluftzufuhr erfolgt über Erd- oder Kellergeschoß zu den Transformatorboxen, sie sollte hochwassersicher ausgeführt und mit Brandschutzklappen ausgestattet werden. Die Abluftführung erfolgt unter der Decke der Transformatorboxen ins Freie oder durch Abluftschächte über das Dach. Auch in diesem Bereich sind eigene Brandabschnitte und Brandschutzklappen sehr wichtig. Entscheidend für eine gute natürliche Kühlluftführung sind Zughöhe, Strömungsquerschnitte und die Anzahl der Umlenkungen bzw. Richtungsänderungen der Luftströmung. Aus Gründen der Wirtschaftlichkeit kann die natürliche Kühlung im Normalbetrieb mit einer künstlichen (forcierten) Kühlung im Ausnahmebetrieb kombiniert werden. Hierfür ist eine sichere Ersatzstromversorgung unerlässlich.

5.3.1.6 Ölauffanggruben

Für flüssigkeitsgekühlte Transformatoren sind aus Umweltschutz- und Sicherheitsgründen oft Ölauffangwannen oder -gruben vorgeschrieben. Spezielle flüssigkeitsdurchlässige und flammhemmende Abdeckungen können Ölbrände eindämmen [78].

5.3.1.7 Emissionen

Schallemissionen außerhalb des Gebäudes sind entsprechend den geltenden Vorschriften zu limitieren. Besonders niedrige Emissionsgrenzen gelten naturgemäß in der Nähe von Krankenhäusern, in Ruhe- und Wohngebieten. Wichtigste Schallquellen sind die Transformatoren, deren Geräuschpegel, soweit wirtschaftlich machbar, bereits niedrig sein sollte. Dennoch sind Maßnahmen gegen die Übertragung des Körperschalls auf das Gebäude unerlässlich. Bei Bedarf sind zusätzliche Schalldämmmaßnahmen in der Transformatorbox bzw. bei den Lüftungsöffnungen erforderlich. Auch die räumliche Ausrichtung der Trafoboxen oder der Lüftungsöffnungen kann die Emissionsproblematik entschärfen. Bestimmungen für den Schallschutz von Gebäuden findet man z. B. in [79].

Die Emission niederfrequenter elektromagnetischer Felder unterliegt Beschränkungen, von Interesse ist insbesondere die magnetische Flussdichte. Grenzwerte für den Arbeitnehmerschutz und den Schutz der Öffentlichkeit sind einzuhalten, entsprechende Bestimmungen findet man beispielsweise für die EU in der Empfehlung des Rates 2013/35/EU und für Deutschland in der 26. Verordnung zum Bundesimmissionsschutzgesetz.

5.3.1.8 Elektromagnetische Verträglichkeit

Eine engmaschige, auch für zukünftige Anforderungen dimensionierte Erdungsanlage, falls notwendig auch mit Einrichtungen zur Potenzialsteuerung, ist die Grundlage für die Anlagen- und Sternpunkterdung, Blitzschutz, Potenzialausgleich, Personen-, Anlagen- und Überspannungsschutz sowie elektromagnetische Verträglichkeit. Für Gebäude sind Fundamenterder vorzusehen und die in das Umspannwerk führenden Freileitungen und Kabel in das Erdungskonzept einzubeziehen. Die Ausführung von Fundamenterdern ist beispielsweise in [80] genormt.

Eine Blitzschutzanlage reduziert die Brandgefahr und die Gefahr schwerwiegender elektromagnetischer Beeinflussungen. In einem Stahlbetonbau kann die Betonarmierung für eine kostengünstige Schirmung von Räumen genutzt werden. Ein gewisser Abstand zwischen Anlagen- und Elektronikräumen kann ebenfalls störende Auswirkungen reduzieren. Ein Schutz gegen einen nuklear-elektromagnetischen Puls wird heutzutage meist als nicht erforderlich erachtet. IEC 61000 [81] stellt eine Normenreihe zur elektromagnetischen Verträglichkeit dar, Teil 6-5 befasst sich beispielsweise mit der Störfestigkeit in Kraftwerken und Umspannstationen.

5.3.1.9 Gebäudesicherheit

Die Gestaltung von Fassaden, Zugängen und Zufahrten trägt bereits wesentlich zum Objektschutz bei. Zum Schutz vor Intrusion dienen zusätzlich ferngemeldete Tür- und Fensterkontakte, Bewegungsmelder und Videoanlagen mit Bewegungserkennung. Hinzu kommen Brandmeldeanlagen für alle Räume einschließlich Kabelkeller und -schächte sowie automatische Feuerlöscheinrichtungen speziell für die Transformatorboxen.

5.3.2 Schaltanlagen

Aus der Gestaltung des gesamten Elektrizitätssystems und aus praktischen Betriebserfahrungen resultieren einige Empfehlungen zur Detailplanung, die im Folgenden diskutiert werden sollen: Mehrfachausfall in Mehrsammelschienenanlagen, Störlichtbogensicherheit, Erwärmung, Prüfungen, Wartung und Reparatur, Erweiterung und Erneuerung. Die Ausführungen gelten vorwiegend für Hoch- und Mittelspannungs-Schaltanlagen in Umspannwerken, einzelne Aspekte auch für Lastschaltanlagen in Transformatorstationen.

5.3.2.1 Anlagen mit mehreren Sammelschienen

Es muss vermieden werden, dass sich ein schwerer Sammelschienenfehler auf eine andere Sammelschiene negativ auswirkt, d. h. ein Mehrfachfehler auftritt. Bei Hoch- und Mittelspannungsanlagen kann das durch eine vollständige störlichtbogensichere Metallkapselung jeder Sammelschiene gewährleistet werden. Die separate Kapselung der Sammelschienenräume reicht jedoch nicht aus, auch die Sammelschienentrenner müssen in separat vollständig gekapselten Räumen untergebracht werden. Damit ist der Austausch beschädigter Betriebsmittel oder von Teilen der Kapselung bei Betrieb der anderen Sammelschiene möglich. Längskupplungen von Sammelschienenabschnitten müssen aus ähnlichen Gründen mit zwei Trennern in Serie ausgerüstet werden.

Die Auswirkungen eines Fehlers mit Störlichtbogen sollten jedenfalls auf den betroffenen Schottraum beschränkt werden. Reparatur- und Wiederinbetriebnahmearbeiten nach einem solchen Fehler sollten den unterbrechungsfreien Betrieb der nicht betroffenen Sammelschiene nicht behindern. Das gilt nicht nur für den Austausch beschädigter Geräte, Durchführungen oder Schienenstücke, sondern auch für notwendige Arbeiten an der metallischen Kapselung der Schaltanlage und der Druckentlastungskanäle.

5.3.2.2 Störlichtbogensicherheit

Die störlichtbogensichere metallische Kapselung bzw. Schottung ist eine Voraussetzung zur Begrenzung von Fehlerauswirkungen auf ein Schaltfeld oder einen einzelnen Schottraum [82]. Nur so ist an einen raschen Weiterbetrieb der nicht betroffenen Anlagenteile zu denken. Bei weniger wichtigen Mittelspannungs-Schaltanlagen ist die Sammelschiene oft nicht separat metallisch gekapselt, wie z. B. bei Lastschaltanlagen für Transformatorstationen. Daher ist die Ausfallwahrscheinlichkeit der Sammelschiene höher. Bei Bedarf sollte die Sammelschiene in jedem Schaltfeld demontierbar sein, um einen Teilbetrieb der Anlage zu ermöglichen. Das Vorhalten mobiler Ersatzschaltanlagen kann die Zeit bis zur Wiederinbetriebnahme reduzieren.

Auch Kabelkeller bzw. Kabelanschlussräume sind gegen die Auswirkungen von Störlichtbögen zu schützen. Die dafür notwendige metallische Abschottung sollte jedoch die Kabelmontage nicht wesentlich erschweren. Erforderlich ist auch die Störlichtbogenfestigkeit eines Doppelbodens über dem Kabelraum, der entsprechend mechanisch stabil und widerstandsfähig gegen einen Druckstoß von unten auszuführen ist.

5.3.2.3 Kühlung

Schaltanlagen sollten der thermischen Belastung auch im Ausnahmebetrieb bei höchstzulässigen Umgebungstemperaturen verlässlich und dauerhaft standhalten. Kritisch sind dabei hoch belastete Sammelschienenabschnitte und generell alle hoch ausgelasteten verschraubten Schienenverbindungen. Dies gilt nicht nur für die neue Anlage, sondern sollte über die gesamte technische Nutzungsdauer kein Problem darstellen. Eine vorbeugende Sicherheitsmaßnahme sind Thermofarben, die zu heiße Stellen anzeigen. Ein Problem stellt die metallische Kapselung dar, die Kühlung, Inspektion und Wartung der Schienensysteme erschwert.

Generell wird für Schaltanlagen eine natürliche Kühlung vorgesehen. Oft ist eine ausreichende Kühlluftzufuhr in den Schaltanlagenraum bei hohen Außentemperaturen ausreichend. Bei nicht vermeidbaren Sammelschienen-Nennströmen über 2 kA sollte dem Problem der Anlagenkühlung erhöhte Aufmerksamkeit geschenkt werden. Möglich ist beispielsweise die Nutzung von Luftkanälen entlang der Sammelschienenräume metallgekapselter Anlagen. Die selten angewandte forcierte indirekte Luftkühlung im Ausnahmebetrieb erfordert einen sehr verlässlichen (redundanten) Lüfterantrieb mit gesicherter Energieversorgung vor allem im Störungsfall. Zu beachten ist der erhöhte Inspektions- und Wartungsaufwand für forcierte Kühlung.

5.3.2.4 Wartung, Reparatur, Erweiterung

Auf weitgehende Wartungsfreiheit bzw. einfache Wartungsmöglichkeiten ist vor allem bei Schaltgeräten zu achten. Alle mechanischen Antriebe erfordern ein Mindestmaß an Inspektion und Wartung. Schalthäufigkeiten und Abschaltstromsummen sind in der Elektrizitätsversorgung meist nicht das große Problem. Wichtiger ist die verlässliche Funktionsbereitschaft auch nach vielen Jahren ohne Schaltvorgang. Meist werden jedoch Routineschaltungen wie Sammelschienen- oder Transformatorwechsel periodisch durchgeführt. Die metallische Kapselung sollte Inspektionen und Wartungsarbeiten nicht allzu sehr behindern.

Reparaturen sollten ohne großen Demontageaufwand und ohne Gefährdungen auch während des Betriebes der übrigen Schaltfelder ausgeführt werden können. In luftisolierten Anlagen werden hierfür oft Einschubplatten eingesetzt. Öfters müssen Geräte wie Schalter oder Wandler getauscht werden. Nach einem stromstarken Störlichtbogen sind meist umfangreiche Reinigungs- und Reparaturmaßnahmen erforderlich, deren Ausführbarkeit innerhalb eines vorgegebenen Zeitrahmens bei Weiterbetrieb nicht betroffener Anlagenteile realistisch konzipiert werden sollte. Für spätere Erweiterungen einer Schaltanlage sollten Vorbereitungen bereits getroffen sein, um notwendige Nichtverfügbarkeitsdauern von Anlagenteilen sinnvoll zu minimieren.

5.3.2.5 Prüfungen

Hochspannungs-Schaltanlagen ($U_N > 1$ kV) werden entsprechend den geltenden Normen (EN 62271) sowohl Typprüfungen als auch Stückprüfungen unterzogen. Stückprüfungen erfolgen sowohl beim Hersteller (FAT Factory Acceptance Test) als auch am Aufstellungsort (SAT Site Acceptance Test). Folgende Prüfungen sind üblich:

- Spannungsprüfungen,
- Widerstandsmessung,
- Kurzschlussstromprüfung,
- Erwärmungsprüfung,
- Teilentladungsmessung,
- Erdbebenqualifikation,
- Funktionsprüfungen,
- Schutzprüfungen.

Die Spannungsprüfungen von Hoch- und Mittelspannungs-Schaltanlagen erfolgen häufig mit genormten Blitzstoßspannungen und der sogenannten Nennstehwechselspannung. Sie stellen Typ- und Stückprüfungen beim Hersteller dar, nach der Anlagenmontage am Aufstellungsort erfolgt häufig eine Wechselspannungsprüfung. Widerstandsmessungen erfolgen nach der Schienenmontage. Kurzschlussstrom- und Erwärmungsprüfungen sind meist Typprüfungen, ein Erwärmungslauf der fertigen Anlage am Aufstellungsort kann bei hohen Nennströmen vorteilhaft sein. Teilentladungsmessungen an der fertig montierten Anlage können Schwachstellen aufzeigen, sie sind vor allem bei Kunststoffisolierungen interessant. Die Erdbebenqualifikation kann vor negativen Überraschungen bei Naturkatastrophen schützen.

Detaillierte Funktionsprüfungen an allen Geräten, Mess- und Bedieneinrichtungen, im Orts- und Fernbetrieb, samt allen Mess-, Steuer- und Verriegelungsfunktionen sind die Basis für den zuverlässigen und sicheren Anlagenbetrieb. Zu prüfen ist die Schaltanlage samt Leittechnik, die zugehörige Fernwirktechnik und die zugeordneten Funktionen in der Netzleitstelle. Auch die gesicherte Stromversorgung sollte unter realitätsnahen Bedingungen geprüft werden. Den Abschluss vor Inbetriebnahme bildet meist eine primäre und sekundäre Schutzprüfung. Nur sorgfältig geprüfte Schaltanlagen tragen zur gewünschten hohen Versorgungssicherheit bei.

5.3.3 Transformatoren

5.3.3.1 Eisen- und Kupferverluste

Die Auslegung von Transformatoren für dezentrale Elektrizitätssysteme kann wirtschaftlich optimiert werden. Eisen- und Kupferverluste können durch geeignete Dimensionierung des Eisenkerns und der Wicklungen in gewissen Grenzen verändert werden. Damit wird es für den Systembetreiber möglich, den Gesamtkostenbarwert aus Investitions- und Verlustkosten zu minimieren. Im Zuge des Beschaffungsvorgangs gibt der Systembetreiber den Transformatorherstellern leistungsspezifische Kostenbarwerte für Eisen- und Kupferverluste bekannt. Der Anbieter mit dem niedrigsten Gesamtkostenbarwert bekommt dann den Zuschlag.

Transformatoren zum Anschluss von Industriebetrieben im Mehrschichtbetrieb oder von Laufwasserkraftwerken weisen meist sehr hohe Benutzungsdauern von 6000 h/a und mehr auf. Verteiltransformatoren für städtische Versorgungsgebiete haben etwa 5000 jährliche Benutzungsstunden, Transformatoren mit überwiegender Photovoltaikeinspeisung jedoch nur etwa 1000–2000 h/a. Bei hohen Benutzungsdauern sollten Transformatoren mit relativ niedrigen Kupferverlusten, bei niedrigen solche mit relativ niedrigen Eisenverlusten verwendet werden. Bei forcierter Kühlung kann auch der Energieaufwand für Pumpen oder Lüfter in die Optimierung einbezogen werden.

Eine neuere Entwicklung stellen Transformatoren mit amorphem Kern dar, die sehr niedrige Eisenverluste aufweisen. Bei hohen Energiepreisen kann ihr Einsatz trotz höherer Investitionskosten wirtschaftlich von Interesse sein [83]. Angaben zu Eisen- und Kupferverlusten gängiger Verteiltransformatoren findet man beispielsweise in [84].

5.3.3.2 Schallemissionen

Geringe Schallemissionen sind ein wichtiges Qualitätsmerkmal für den Einsatz eines Transformators in dicht verbauten Gebieten. Messgrößen sind der (bewertete) Schalldruckpegel und der Schallleistungspegel, die entsprechenden Mess- und Bewertungsverfahren sind in EN 60076 genormt. Ältere Transformatoren haben meist höhere Schallemissionen, daher werden tendenziell eher „leise" Transformatoren beschafft. Da

Bebauungsdichte und die Empfindlichkeit der Anrainer im Allgemeinen zunehmen, kann auf diese Weise der freizügige Einsatz langfristig gesichert werden. Der übliche Bereich des Schallleistungspegels bei Verteiltransformatoren hängt natürlich von Bauart und Nennleistung ab, er liegt bei etwa 40–70 dB(A) [85].

Reduzierte Schallemissionen sind durch eine niedrige Magnetflussdichte, geeignetes Material für die Kernbleche, optimierte Blechzuschnitte und geeignete Maßnahmen am Eisenkern zu erreichen. Meist wird auf zusätzliche Schalldämmmaßnahmen am Transformatorkessel von Öltransformatoren verzichtet. Der Körperschallübertragung ist entsprechende Aufmerksamkeit zu widmen, Transformatoren werden daher auf schalldämmenden Unterlagen aufgestellt.

5.3.3.3 Anschlusstechnik

Für den Anschluss von Transformatoren gibt es zahlreiche Ausführungsvarianten:

- Freiluftendverschlüsse: Anschluss von Leiterseilen, Schienen oder Kabeln,
- Steckendverschlüsse: Anschluss von Kunststoffkabeln,
- SF_6-Rohranschlüsse: Anschluss gasisolierter Schienen.

Die Anordnung der Anschlüsse am Deckel oder an den Seitenwänden kann variieren. Bei Bestellung eines Transformators ist die benötigte Anordnung anzugeben. Für Instandhaltung und Betrieb sind berührungssichere Anschlüsse vorteilhaft. Auf möglichst einheitliche Ausführung ist wegen der freizügigen Verwendbarkeit zu achten.

5.3.3.4 Zubehör und Schutz

Folgendes Zubehör ist typisch für Öltransformatoren:

- Öldehngefäß, Ölarmaturen, Ölstandanzeiger, Luftentfeuchter,
- Lastschalterantrieb, Stufenstellungsanzeige.

Verbreitet sind folgende Schutzeinrichtungen:

- Thermometer und Temperatursensoren,
- Buchholzschutz: Er wird zwischen Kessel und Dehngefäß eingebaut. Er warnt bei Gasbildung im Kessel und veranlasst die Abschaltung bei starker Ölströmung,
- Hermetikschutz und Druckwächter: Der Hermetikschutz meldet Gasbildung oder das Absinken des Ölstandes im Kessel. Druckwächter haben oft eine Warn- und eine Auslösestufe [52].

Hinzu kommen bei HS/MS-Transformatoren meist noch Überstrom-, Überspannungs-, Unterspannungs- und Differentialschutz. MS/NS-Transformatoren werden meist durch HH-Sicherungen geschützt.

5.3.3.5 Prüfungen nach EN 60076
Zu den Typprüfungen eines Verteiltransformators gehören:

- Stoßspannungsprüfung,
- Erwärmungsprüfung,
- Kurzschlussprüfung.

Folgende Stückprüfungen sind standardmäßig vorgesehen:

- Isolationsprüfung,
- Windungsprüfung,
- Messung der Wicklungswiderstände, Leerlauf- und Lastverluste,
- Messung der Kurzschlussspannung,
- Messung des Übersetzungsverhältnisses und Nachweis der Schaltgruppe,
- Messung der Durchschlagspannung des Isolieröls.

Die Qualitätssicherung bei den Transformatoren erfordert sorgfältig erstellte Prüfkonzepte und ist ein wesentlicher Baustein eines sicheren und zuverlässigen Systembetriebs.

5.3.3.6 Standards
Alle dargelegten Detailfestlegungen können und sollen auch für neue zusätzliche oder geänderte Standards für die Grundsatzplanung in Betracht gezogen werden. Im Einzelfall kann es jedoch auch besser sein, individuelle Lösungen zu finden. Wichtig ist es auch, eigene Betriebserfahrungen in den vorgegebenen Normenrahmen einzubetten, um die für das eigene Unternehmen technisch-wirtschaftlich beste Lösung zu finden und zu realisieren.

5.3.4 Transformatorstationen

5.3.4.1 Bauarten und Anwendung
Folgende Bauarten sind in Mitteleuropa weit verbreitet:

- **Einbaustation:** In größere Gebäude werden Transformatorstationen meist in Betonbauweise integriert. Zu bevorzugen ist der Einbau im Erdgeschoß (Zugang, Montage, Kabelzuführung), häufig muss man jedoch ins Kellergeschoß ausweichen. Auch der Einbau in ein Obergeschoß kann in hohen oder großen Gebäuden in Betracht kommen. Kostengünstig ist oft die Integration in Nebengebäude wie Garagen, Müll- oder Fahrradhäuschen und Wirtschaftsgebäude.
- **Begehbare Fertigteilstation:** Sie werden aus Beton, Stahlblech oder Aluminium in der Fabrik gefertigt. Der Einbau der Schaltanlagen erfolgt üblicherweise am Aufstellungsort. Bewährt hat sich eine Modulbauweise bestehend aus Transformator- und Schaltanlagenräumen samt Ölgrube und Kabelkeller, die je nach örtlichen Gegebenheiten

zusammengestellt werden können. Sie können auf Grün- oder Restflächen, Parkplätzen und sogar Dachflächen aufgestellt werden.
- **Kompaktstationen:** Geringe Abmessungen und Errichtungskosten sind die wichtigsten Vorteile dieser nur von außen bedienbaren, in der Fabrik gefertigten Transformatorstationen. Häufig werden die elektrischen Anlagen bereits in der Fabrik eingebaut, der Trafo jedoch am Aufstellungsort. Wegen ihrer Kompaktheit sind geeignete Aufstellungsorte relativ einfach zu finden.
- **Maststationen:** Sie werden im Allgemeinen nicht mehr neu gebaut, sie werden oft durch Kompaktstationen ersetzt.

Die Ausführung fabrikfertiger Stationen ist in EN 61330 genormt. Bei der Detailplanung von Transformatorstationen sollte aus Sicht des Gesamtsystems unter anderem folgenden Punkten Aufmerksamkeit geschenkt werden:

5.3.4.2 Ausführung der Station und der Anlagen

Auch für Einbaustationen sollten möglichst standardisierte und modular konfigurierbare Räume für Schaltanlagen und Transformatoren samt Kabelkellern und Kabelkanälen vorgesehen werden. Dabei ist auf möglichst kurze Kabelanbindungen, Zufahrtsmöglichkeiten und Manipulationsflächen für Errichtung und Instandhaltung (z. B. Trafotausch) sowie auf möglichst einfache Zugänglichkeit im Betrieb zu achten.

Die Auflagen der baulichen Brandsicherheit insbesondere in Gebäuden mit Menschenansammlungen, Geschäftszentren oder Krankenhäusern sind zu beachten. Hierzu existieren zahlreiche nationale Gesetze, Verordnungen und Normen [z. B. 86, 87]. Sie betreffen die bauliche Ausführung sowie die Gestaltung der Flucht- und Rettungswege samt Notausgängen. In engem Zusammenhang mit dem Brandschutz steht auch die vorschriftsmäßige Gestaltung der Kühlluftführung hauptsächlich für den Transformator, aber auch für den Schaltraum. Natürliche Kühlung mit Frischluftzufuhr vom Freien unter den Transformator und Abzug unterhalb der Decke des Traforaums ins Freie ist anzustreben. Insbesondere Lüftungsöffnungen und die Abluftführung sind wegen möglicher Brandgase und -gefahr sorgfältig zu planen, um Personengefährdung auszuschließen. Gleichzeitig sind Lüftungsgitter kleintier- und stochersicher auszuführen.

Schaltanlagen sollen störlichtbogensicher sein und eine möglichst geringe Brandlast darstellen. Bedienpersonal darf keinesfalls durch Lichtbogengase beeinträchtigt werden, deren Führung und Ableitung ist ebenfalls zu bedenken. Standardmäßig können Öltransformatoren (DIN 42500) eingesetzt werden, unter speziellen Bedingungen sind aber nur Trockentransformatoren (DIN 42523) zugelassen.

5.3.4.3 Emissionen

Schallemissionen des Transformators sollten vor allem durch seine Bauart möglichst gering gehalten werden. Entscheidend ist jedoch die Schallemission ins Freie, speziell durch die Lüftungsöffnungen und die Transformatorraumtüren, sowie die Körperschallübertragung auf das Gebäude. Die daraus entstehenden Schallimmissionen müssen die von der

Flächennutzung (z. B. Wohn-, Gewerbe- oder Ruhegebiet) abhängigen Grenzwerte einhalten. Abhilfe kann durch Aufstellung des Transformators auf schalldämmenden Unterlagen, zusätzliche Schalldämmmaßnahmen im Transformatorraum und an der Abluftöffnung geschaffen werden. Auch eine geschickte Anordnung der Raumöffnungen kann Auswirkungen auf Nachbarn drastisch reduzieren. Es ist daher ratsam, bei der Wahl des Standortes auch bereits die möglichen Richtungen von Schallemissionen zu berücksichtigen.

Wichtig für die Detailplanung sind auch die nationalen Grenzwerte für niederfrequente magnetische Feldstärken bzw. Flussdichten bei beruflicher oder permanenter Exposition [z. B. 88]. Kritisch sind die NS-seitigen Durchführungen des Transformators, die Kabelverbindung zum NS-Verteiler und dieser Verteiler selbst. Durch Begrenzen der Nennleistungen bzw. Nennströme, geeignete Anordnung der NS-Durchführungen, der NS-Transformatorkabel, des NS-Leistungsschalters und des Verteilers können Feldemissionen begrenzt werden. Spezielle Schirmkonstruktionen des NS-Trafoanschlusskastens und für die NS-Anlagen können Felder weiter reduzieren.

Umweltgefährdend kann auch der Austritt von Isolieröl aus dem Transformator in das Erdreich sein. Deshalb sind auch Ölauffangwannen unter dem Transformator zwingend vorgeschrieben. Möglich ist auch der Einsatz von Estern statt Mineralölen, da diese in der Natur abgebaut werden können.

5.3.5 Kabelstrecken

5.3.5.1 Vorgangsweise

Die Detailplanung wird am Beispiel einer neuen Mittelspannungs-Kabelstrecke in einem bestehenden städtischen Netzgebiet vorgestellt. Aus der Strukturplanung ergibt sich die Notwendigkeit, zwischen den Transformatorstationen A und B bis zu einem vorgegebenen Zeitpunkt ein neues Mittelspannungskabel zu verlegen. Zusätzlich sind in diesem Gebiet Niederspannungskabel und Hausanschlusskästen zu erneuern, Netzanschlüsse im Gehsteigbereich herzustellen (Öffentliche Beleuchtung, Haltestellen des öffentlichen Verkehrs, Verkehrsleittechnik u. ä.) sowie möglichst kostengünstig ein neues Breitband-Telekomnetz zu erstellen und alle Gebäude daran anzubinden.

Folgende Freiheitsgrade können für die Feintrassierung genützt werden:

- Gegenüberstellung örtlich unterschiedlicher Trassen zwischen A und B samt wirtschaftlicher Bewertung möglicher Synergien (z. B. Gehsteigsanierung, Hausanschlusserneuerung),
- Festlegung günstiger Realisierungszeitpunkte für Teilabschnitte innerhalb des vorgegebenen Zeitrahmens,
- Projektierung von gemeinsamen Verlegungen mehrerer Leitungen im offenen Kabelgraben zur Nutzung von Synergien,
- Verlegung von zusätzlichen Leerrohren für künftigen Bedarf.

5.3.5.2 Koordination

Um mögliche Synergien nützen zu können, sind Abstimmungsgespräche mit der Straßenverwaltung und den anderen Infrastrukturbetreibern unerlässlich. Im vorliegenden Fall sind dies vor allem der örtliche Telekom-Infrastrukturbetreiber, das kommunale Verkehrsunternehmen sowie die Fachleute für Verkehrsleittechnik und Straßenbeleuchtung der Straßenverwaltung. Abklärungen sollten aber nicht nur mit den bereits bekannten potenziellen Interessenten für gemeinsame Verlegungen stattfinden, sondern auch mit allen anderen lokal vertretenen Infrastrukturbetreibern wie Wasser, Gas, Fernwärme, Kanal, Eisenbahn etc.

Üblich sind periodische Koordinationsgespräche, bei Bedarf können Projektteams spezielle Vorhaben von gemeinsamem Interesse bearbeiten. Erste Schritte sind die Abgrenzung eines Projektgebietes und die Formulierung der Interessen, Notwendigkeiten und Freiheitsgrade aller Beteiligten. Die technischen Möglichkeiten gemeinsam zu nutzender unterirdischer Bauwerke wie Leitungskollektoren, -schächte, Straßenunterführungen, Bahntunnels o. ä. sind abzuklären. Auch die technischen Grenzen gemeinsamer Verlegung, bedingt beispielsweise durch Sicherheitsvorschriften, sind zu beachten. So sind bei der gemeinsamen Verlegung von Kabeln mit Gasrohren oder deren Kreuzung spezielle Beschränkungen zu beachten bzw. Zusatzmaßnahmen zu realisieren [89]. Damit lassen sich meist Straßenabschnitte finden, in denen bestimmte Synergien nutzbar sind, sofern gemeinsame Errichtungstermine gefunden werden können. Durch gemeinsames Auswerten und schrittweises Optimieren können dann für alle Beteiligten zufriedenstellende Baupläne erstellt werden.

5.3.5.3 Trassenfestlegung

Kostengünstige Kabeltrassen kann man anhand folgender Kriterien finden:

- **Kürzester Weg:** Ausgehend vom kürzesten Weg kann man iterativ versuchen, längere aber kostengünstigere Abschnitte einzubauen.
- **Oberflächenbeschaffenheit:** Teure (z. B. Granitplatten) und neue Straßenbeläge sind zu meiden, erneuerungsbedürftige Beläge ermöglichen die Nutzung von Synergien. Asphaltbeläge können durch Schneiden und Baggern effizient abgetragen werden.
- **Maschinelle Grabung:** Geradlinige Trassen ohne Hindernisse können maschinell gegraben werden. Bei Annäherung an Leitungen oder andere Einbauten muss von Hand gegraben werden.
- **Ausreichende Flächen:** Arbeitsmaschinen können ungehindert eingesetzt werden und Aushubmaterial kann zwischengelagert werden.
- **Verkehrsbehinderung:** Baustellen auf verkehrsreichen Straßen erfordern unter Umständen Nacht- und Wochenendarbeit, Sondermaßnahmen für Umleitungen, separate Verkehrslenkung etc.
- **Straßenquerungen:** Sind oft kostenintensiv, vorbereitete Trassen mit Leerrohren bringen Vorteile, die Zahl der Straßenquerungen in einer Leitungstrasse sollte gering gehalten werden.

5.3 Ausführungsplanung

- **Grünflächen, Parks:** Tiefbauarbeiten können wesentlich kostengünstiger sein als auf asphaltierten Straßen.
- **Düker:** Eisenbahnen, Autobahnen, Kanäle oder Flüsse können mittels Rohrtrassen unterfahren werden. Spezielle Rohre können durch Bohren und/oder Pressen relativ kostengünstig eingebracht werden.
- **Einpflügen:** Bei geeigneter Bodenbeschaffenheit können Kabel beispielsweise neben Landstraßen im Grünland eingepflügt werden.
- **Seen:** Spezielle Kabel können auf Seegrund kostengünstig verlegt werden.

Günstige Leitungstrassen müssen zwischen allen Infrastrukturpartnern und der Straßenverwaltung abgeklärt werden, dann können notwendige behördliche Genehmigungen eingeholt werden. Das Einreichprojekt umfasst im Allgemeinen eine Technische Beschreibung, den Lageplan mit Querschnittsdarstellungen, ein Verzeichnis der betroffenen Grundeigentümer und der sonstigen vom Bauvorhaben betroffenen Rechtsträger.

5.3.5.4 Tiefbauarbeiten

Die Tiefbauarbeiten werden üblicherweise von speziellen Fachfirmen im Auftrag des Infrastrukturbetreibers ausgeführt. Diese Tiefbauunternehmen sind oft über mehrjährige Rahmenverträge zur Ausführung von Leitungsarbeiten zu festgelegten Bedingungen verpflichtet. Bei gemeinsamen Projekten ist festzulegen, wie bzw. an wen der Auftrag vergeben werden soll. Basis hierfür ist eine gemeinsam erstellte und abgestimmte Leistungsbeschreibung, die alle notwendigen Arbeiten ausreichend präzise hinsichtlich Qualität und Quantität festlegt. Dieses Pflichtenheft ist Basis für die Leistungsabrechnung und die anteilige Kostentragung durch die beteiligten Partner.

Folgende Leistungen werden oft von Tiefbauunternehmen für die Erstellung einer Kabelstrecke erbracht:

- **Baustelleneinrichtung:** Planen, Abzäunen, Werkzeug und Material lagern, Ver- und Entsorgung, Soziales, Verkehrslenkung, Einmessen, Reinigen, Räumen.
- **Tiefbauarbeiten:** Asphalt schneiden, Oberflächenbelag abtragen, Gehsteigkanten abtragen, Aushub maschinell oder von Hand, Zwischenlagern oder Abtransportieren von Aushubmaterial, Pölzen von Künetten, provisorische Abdeckungen offener Gräben, Bohrarbeiten, Beton schneiden und abtragen, Betonierarbeiten, Einsanden der Kabel, Wiederverfüllen des Grabens, Gehsteigkanten wieder herstellen, Asphaltieren, Oberflächenbelag wiederherstellen.
- **Infrastrukturarbeiten:** Entfernen und Abtransportieren von Altkabeln, Kabel und Erder transportieren und verlegen, Leerrohre und Abdeckungen verlegen, Verteilerkasten aufstellen.

Bei gemeinsamen Baustellen ist eine zweckmäßige Projektorganisation mit eindeutigen Verantwortungsbereichen sehr wichtig. Die Qualitätskontrolle und die zeitlichen Abläufe sind sorgfältig zu planen und umzusetzen.

5.3.6 Leittechnik

5.3.6.1 Schutztechnik

5.3.6.1.1 Niederspannung

In Niederspannungsnetzen werden NH-Sicherungen in den Niederspannungsverteilern der Transformatorstationen und in wichtigen Netzknoten als standardmäßiger Überstrom- und Kurzschlussschutz eingesetzt. Ein unterspannungsseitiger Transformator-Leistungsschalter wird mit thermischen und magnetischen Auslösern ausgestattet. Damit ist ein ausreichend selektiver und staffelbarer Schutz und Reserveschutz der NS-Netze gegen zu hohe Ströme kostengünstig realisierbar. Schutz gegen transiente Überspannungen in Form nichtlinearer Widerstände als Ableiter kommt vor allem in Freileitungsnetzen, beim Übergang auf Kabelnetze, in Trafostationen und in Netzausläufern zur Anwendung. Bei Einsatz regelbarer Ortsnetztransformatoren sollte künftig ein leistungs- und leistungsrichtungssensitiver Spannungsschutz in der Transformatorstation in Betracht gezogen werden.

5.3.6.1.2 Mittelspannung

MS-NS-Transformatoren werden oberspannungsseitig oft mit HH-Sicherungen geschützt. Für größere MS-NS-Transformatoren werden MS-Leistungsschalter mit Überstrom- und Kurzschlussschutz vorgesehen. Mittelspannungsleitungen werden im Umspannwerk und in manchen Schwerpunktstationen durch einen meist zweistufigen unabhängigen Überstromzeitschutz geschützt. Als Reserveschutz dient der unterspannungsseitige Überstromzeitschutz des Umspannwerkstransformators, wenn ein Impedanzschutz verwendet wird, fungiert dieser auch als Fehlerorter.

In Mittelspannungsnetzen mit freiem oder induktiv geerdetem Sternpunkt ist eine Erdschlussanzeige notwendig und eine Erdschlussrichtungsanzeige in den Leitungsabzweigen der Umspannwerke empfehlenswert. Im Umspannwerk gibt es mittelspannungsseitig Über- und Unterspannungs- sowie Über- und Unterfrequenz-Schutzeinrichtungen samt allfälligen Lastabwurfautomatiken. HS-MS-Transformatoren werden üblicherweise mittels Differentialschutz und oberspannungsseitigen Überstromzeit- oder Impedanzschutz geschützt. Die Schutzeinrichtungen dezentraler Kraftwerke sind in das Schutzkonzept des Netzes einzubeziehen. Einen Schutz gegen transiente Überspannungen mittels nichtlinearer Widerstände findet man in Umspannwerken, Netzausläufern, in allen Stationen mit Freileitungsabzweigen und auch in exponierten Stationen in Kabelnetzen.

5.3.6.1.3 Hochspannung

In vermascht betriebenen regionalen Hochspannungsnetzen wird der gestaffelte Impedanzschutz als Haupt- und Reserveschutz verwendet. In städtischen Kabelnetzen wird als Hauptschutz oft ein optischer Längsdifferentialschutz mit einem gestaffelten Impedanzschutz als Reserveschutz eingesetzt. HS-Sammelschienen werden meist ebenfalls mit einem Differentialschutz wirksam geschützt, hinzu kommen Über- und Unterspannungsschutz, Frequenzschutz, Erdschluss- und Erdschlussrichtungsanzeige. Der Schutz gegen

5.3 Ausführungsplanung

transiente Überspannungen konzentriert sich auf Freileitungsabzweige und Anschlüsse sensibler Betriebsmittel wie Transformatoren. Fehlerorter für Kurz- und Erdschlüsse liefern einen wichtigen Beitrag für Sicherheit und Zuverlässigkeit.

5.3.6.1.4 Projektierung

Ausgehend vom vorliegenden Schutzkonzept sind bei der Detailplanung einige systemorientierte Grundsätze zu beachten:

- **Autarkie und Softwaresicherheit:** Digitale Selektivschutzeinrichtungen sollten ihre gespeicherte und geprüfte Schutzfunktion autark und möglichst örtlich direkt beim auszulösenden Leistungsschalter ausführen. Die Beeinflussung einer Schutzfunktion durch andere Gerätefunktionen sollte prinzipiell ausgeschlossen sein. Eingriffe von außen über Netzwerke sollten nach einer Schutzprüfung vor Ort bis zu einer expliziten Freigabe nicht möglich sein.
- **Zuverlässigkeit und Vertrauenswürdigkeit:** Nur in der Praxis bewährte und von qualifizierten Herstellern gelieferte Schutzgeräte sollten verwendet werden. Eine umfangreiche Qualitätskontrolle samt Erfahrungsaustausch unter Netzbetreibern ist unbedingt zu empfehlen.
- **Funktionelle Redundanz:** Der Schutz gegen Überstrom oder Kurzschluss ist extrem wichtig wegen der möglichen schwerwiegenden Schäden bei einem Versagen. Eine funktionelle Redundanz ist daher erforderlich, d. h. eine andere Schutzeinrichtung ermöglicht bei Versagen des Hauptschutzes eine Abschaltung. Dieser Reserve- oder Versagerschutz kann auch auf einer anderen Schutzfunktion als der Hauptschutz beruhen. Oft wird eine selektive Reservefunktion durch Zeitstaffelung erreicht (z. B. Auslöse-Zeit-Kennlinien von Sicherungen).
- **Prüfungen und Funktionsanalysen:** Normen sehen umfangreiche Typ- und Stückprüfungen für Selektivschutzeinrichtungen vor. Dies reicht von Funktions-, Störfestigkeits- und Klimaprüfungen bis zum Nachweis der Erdbebensicherheit [90]. Nach Störereignissen sollten die Störschriebe, das sind Aufzeichnungen von Strom- und Spannungsverläufen, ausgewertet und die korrekte Funktion des Schutzes bestätigt oder Fehlfunktionen analysiert werden.

Richtlinien für digitale Schutzsysteme, wie sie beispielsweise vom Verband Deutscher Netzbetreiber (VDN) herausgegeben werden, sind zu beachten.

5.3.6.2 Feldleittechnik

5.3.6.2.1 Funktionalität

Schaltanlagen in Umspannwerken sind mit digitaler Feldleittechnik ausgestattet, die alle notwendigen Automatisierungsfunktionen in den Schaltfeldern ausführen:

- **Erfassung:** Zustände, Ereignisse, Mess- und Zählwerte, Störgrößenverläufe,
- **Steuerung:** Betriebliches Schalten von Schaltgeräten und Stufenschaltern, Verriegelung, automatische Wiedereinschaltung, Schaltfolgen,
- **Regelung:** Spannung, Löschstrom,
- **Kommunikation:** Lokales MMI, Anlagenbus, PC Schnittstelle lokal,
- **Engineering:** Lokales und zentrales (remote) Projektieren und Parametrieren.

Schutz- und Feldleitfunktionen werden oft im selben Gerät implementiert. Grundsätzlich gelten alle Qualitätsanforderungen für Schutzgeräte ebenso wie für Feldleitgeräte. Bei Ausfall der Feldleittechnik sollte ein konventioneller Ortsbetrieb des Schaltfelds möglich sein. Die notwendigen Informationen sollten durch mechanische/elektrische Stellungsanzeigen und analoge Messinstrumente bereitgestellt werden. Mechanische Bedienmöglichkeiten samt allfälligen einfachen mechanischen Verriegelungen sollten vorhanden sein.

In Transformator- und Schaltstationen sowie in Übergabestationen dezentraler Kleinkraftwerke werden vermehrt Automatisierungsgeräte eingebaut, deren Aufbau und Funktionsumfang mit Feldleitgeräten vergleichbar ist. Der Aufgabenumfang kann stark variieren, ein Beispiel wird vorgestellt:

- **Erfassen und Fernübertragen von Meldungen:** Spannungsausfall, Trafoübertemperatur, NS-Leistungsschalterfall, Kurzschlussrichtung je Leitungsfeld,
- **Messwerterfassung und -fernübertragung:** Transformatorstrom, -temperatur, Kraftwerkswirk- und -blindleistung.

In Schwerpunktstationen mit Leistungsschaltern ist der Funktionsumfang der Feldleittechnik meist umfangreicher, auch die Fernsteuerung der Schalter mit Motorantrieben kann vorgesehen werden.

5.3.6.2.2 Prozesskommunikation

Die klassische Echtzeitkommunikation zwischen zwei oder mehreren Leitgeräten oder Prozessrechnern in Infrastruktursystemen beruht auf Protokollen gemäß IEC 60870. Sie wird sowohl im Nahbereich (Anlagenbus) als auch im Fernbereich zwischen unterschiedlichen Standorten verwendet (Fernwirktechnik). Diese Techniken sind einfach, robust und derzeit weit verbreitet. Moderne Softwaretechniken beruhen auf Objektorientierung, ihre Anwendung in der Schaltanlagenleittechnik ist in IEC 61850 genormt. Definiert wird ein Netz von „Logical Nodes" in denen Methoden (z. B. Impedanzschutz) implementiert werden, die miteinander in Echtzeit („Sampled Values"-Messwerte, „Goose"-Ereignisse) oder über den Internet-Protokollstack (z. B. Konfigurations-, Parameterfiles, Störschriebe) kommunizieren.

5.3.6.3 Stationsleittechnik

5.3.6.3.1 Konfiguration

Das Stationsleitgerät übernimmt im Umspannwerk die zentralen Automatisierungsfunktionen wie das anlagenweite Prozessabbild oder Stationsvisualisierung und -bedienung.

Außerdem stellt es den Kommunikationsknoten zwischen der Feldleittechnik im Umspannwerk, in den zugeordneten Transformatorstationen, bei den dezentralen Erzeugern und der Netzleitstelle dar. Häufig wird eine separate Schutzzentrale vorgesehen, beispielsweise für den Sammelschienenschutz oder als Schutzdatenzentralgerät für Schutzparametrierung und Störschriebe.

5.3.6.3.2 Zuverlässigkeit

Wichtige Komponenten der Prozessleittechnik werden gedoppelt, dazu zählen meist:

- Kommunikationslinien Umspannwerk – Netzleitstelle,
- Stationsleitgerät, allenfalls auch Schutzzentrale,
- Stationskommunikation zwischen Stations- und Feldleitebene.

Feldleitgeräte werden oft nicht gedoppelt, bei Ausfall wird auf eine konventionelle Notebene zurückgegriffen. Die Leittechnik in Transformatorstationen und Übergabestationen zu dezentralen Kraftwerken sowie die Kommunikationslinien werden ebenfalls meist nur einfach ausgeführt.

5.3.6.4 Netzleitstellen

5.3.6.4.1 Funktionalität

Der Betrieb dezentraler Elektrizitätssysteme wird im Allgemeinen durch Netzleitstellen aus der Ferne überwacht und gesteuert. Je nach Größe des Netzgebiets kommen von einfachen Überwachungs- und Alarmierungssystemen bis zu redundanten verteilten Rechnersystemen unterschiedlich leistungsfähige Netzleitsysteme (DMS Distribution Management System) zum Einsatz. Basisaufgaben solcher Systeme sind Überwachung und Steuerung des Elektrizitätssystems im normalen und im gestörten Betrieb (SCADA Supervisory Control and Data Aquisition). Prozessvisualisierung und -bedienung (MMI Man Machine Interface) beruhen auf Anlagenschaltplänen und lageorientierten Netzschemaplänen samt Schaltzuständen und Messwerten sowie auf Lageplänen in Landkarten samt detaillierten Anlagen- und Leitungsinformationen. Moderne Führungssysteme für dezentrale Elektrizitätssysteme bieten eine Reihe von Unterstützungsfunktionen:

- **Netzbetrieb:** Topologische Einfärbung, netzbetriebsorientiertes Lastprofilmanagement, Lastflussrechnung mit Auslastungssimulation, Schaltzustands- und Spannungssollwertoptimierung, Löschstromanalyse, Schaltbriefe und Schaltprüfung, Einsatzführung Montagetrupps.
- **Störungsmanagement:** Zentrale Fehlerortung, Abwicklung telefonischer Störungsmeldungen, Einsatzführung zur Störungsbehebung, Nachfragereduktion (vgl. folgende Punkte), Umschaltungen zur Störungsbehebung (Remedial Actions), Unterstützung für Inselnetzbetrieb und Netzwiederaufbau, Unterstützung für Krisenmanagement.

- **Entnahmemanagement:** Freigabe von Zeitfenstern für Lastgruppen (Nacht-, Windoder Solarstrom), dynamische Steuerung der Ladung von Speichern, Reduzieren bzw. Abschalten von Lasten bei Netzengpässen, Simulation des Zeitverhaltens schaltbarer Lasten (z.B thermische Speicher normal und nach Blackout). Klassische Kommunikationssysteme hierfür sind Tonfrequenz-Rundsteueranlagen oder Funkrundsteuerungen.
- **Einspeisemanagement:** Maximalleistungsvorgabe an Erzeugungsanlagen bei Netzengpässen, Prognose und Simulation dezentraler Erzeugungsleistung.

Die Verbreitung der genannten Funktionen in realen Netzleitstellen ist sehr unterschiedlich. Die Detailplanung der Funktionalitäten sollte folgende Gesichtspunkte bewerten:

- Anschaffungs-, Implementierungs- und Betriebskosten,
- Nutzen für den Normalbetrieb und das Störungsmanagement,
- Auswirkungen auf Versorgungszuverlässigkeit und Betriebssicherheit,
- Häufigkeit der Nutzung,
- Ersatzstrategie bei Ausfall der Funktion.

5.3.6.4.2 Sicherheit der Prozessleittechnik

Vernetzte standardisierte Prozessleitsysteme sind verletzlich, ihre Funktionalität kann durch illegale Eingriffe aus dem Internet beeinträchtigt werden. Schädliche Software kann auch in offiziell beschaffter und installierter Software eingeschmuggelt werden. Es ist nicht auszuschließen, dass in der sorgfältig aufgebauten Hardware Fehl- oder Schwachstellen versteckt sind, die das System oft erst nach gewisser Zeit beeinträchtigen. Das Personal für Systemengineering oder Prozessführung kann ebenfalls durch Fahrlässigkeit oder illegale Aktivitäten den ordnungsgemäßen Systembetrieb behindern [91, 92].

Dagegen sind eine Reihe organisatorischer und informationstechnischer Maßnahmen zu ergreifen, die solche Risiken reduzieren sollen:

- **Systembeschaffung und -inbetriebnahme:** Es sollten nur geprüfte und in der Praxis bewährte Systeme von namhaften Herstellern beschafft werden. Vor der Inbetriebnahme sollten umfangreiche Funktionstests beim Hersteller und am Aufstellungsort erfolgen (FAT Factory Acceptance Test, SAT Site Acceptance Test). Die Schnittstellen zur Außenwelt sollten reduziert (Keine unnötigen Steckverbindungen) und sicherheitsorientiert gestaltet werden (Zeitlich begrenzt aktivierbare oder unidirektionale Nutzung). Sorgfältige Sicherheitsüberprüfungen sollen die Authentizität und korrekte Funktionalität des Hard- und Softwaresystems gewährleisten.
- **Notfallmaßnahmen und Ersatzstrategien:** Wichtige Notfallmaßnahmen sind Backupstrategien für gestörte Systeme und die Fähigkeit zum meist zeitlich begrenzten Notbetrieb ohne die ausgefallenen Leitsysteme. Zu den Ersatzstrategien zählen redundante Systeme mit gegenseitiger Überwachung, Notsysteme mit eingeschränkter Funktionalität, räumlich entfernte Ersatzleitstellen. Die Ersatzstrategie richtet sich nach

der Bedeutung der Leitstelle und den Folgen eines Ausfalls. Besonders ist darauf zu achten, Systemfehler nicht zu kopieren, sondern durch Diversifikation nach Möglichkeit zu vermeiden.
- **Informationstechnische Maßnahmen:** Sicherheitssoftware zur Detektion nicht autorisierter Aktivität und Kommunikation; Installation und Betrieb von hochwertigen Firewalls an den Schnittstellen, Protokollierung aller Systemaktivitäten und Bedienhandlungen, sichere Kommunikationskanäle (VPN Virtual Private Network, Verschlüsselung, Authentifizierung).
- **Organisatorische Maßnahmen:** Physische Zugangskontrolle, professionelle Identifikationssysteme, strikte persönliche Arbeitsbereiche (Privilegienmanagement), Vieraugenprinzip für systemkritische Aktivitäten.

5.3.7 Ersatzstromversorgung

Digitale Prozessleittechnik benötigt ausreichende und unterbrechungsfreie Ersatzstromversorgung, da sie gerade bei Störungen im Elektrizitätssystem zuverlässig funktionieren soll. Dies gilt insbesondere für den Selektivschutz samt Auslösespulen der Leistungsschalter, die häufig über zusätzliche Energiespeicher (Kondensatorauslösegeräte) oder aus den Stromwandlern sehr zuverlässig und unabhängig von anderen Systemen mit Energie versorgt werden. Hierfür werden USV-Anlagen eingesetzt (Unterbrechungsfreie Stromversorgung). Von Rechenanlagen und Leitgeräten werden eigentlich niedere Gleichspannungen wie 5 V DC oder auch 12 V DC benötigt, daher gibt es eine große Vielfalt an Varianten für USV-Systeme. Es können 230/400 V gesicherte Drehspannungssysteme, 230 V gesicherte Wechselspannungssysteme oder gesicherte Gleichspannungssysteme mit 220 V, 110 V, 60 V oder 24 V aufgebaut werden.

In wichtigen Netzleitstellen und Umspannwerken werden redundante USV-Systeme aufgebaut. Gedoppelte Gleichrichter, Batterien und Wechselrichter versorgen das gesicherte Ersatzstromnetz, das alle kritischen Verbraucher versorgt. Dazu zählen neben der Leittechnik auch alle notwendigen Hilfseinrichtungen wie Kühler, Klimaanlagen, Umwälzpumpen, Schalter- und Stellantriebe sowie alle Sicherheitseinrichtungen wie Notbeleuchtung oder Brandmeldeeinrichtungen. Eine Reihe von Vorschriften regelt die Ausführung von Ersatzstromanlagen [93].

Kleinere Umspannwerke oder Schwerpunktstationen werden mit einfachen USV-Anlagen ausgerüstet, daher sind autarke Ersatzstromversorgungen für Schutz und Schutzauslösung besonders wichtig. Transformatorstationen wurden bisher selten mit Prozessleittechnik ausgestattet und brauchten daher auch keine Ersatzstromversorgungen. Dies wird sich in Zukunft ändern, lokale Prozessleittechnik und Kommunikationsknoten für Schmal- und Breitbandnetze (proprietär und öffentlich) werden immer häufiger in Transformatorstationen installiert. Kompakte USV-Anlagen mit langlebigen und wartungsfreien Batterien werden für diesen Anwendungsfall immer wichtiger. Netzstationen in einem gewissen Radius rund um Umspannwerke können über freie Adern von Fernmelde-, Steuer- oder Energiekabeln mit gesicherter Spannung aus dem Umspannwerk versorgt werden.

Literatur

1. Halstrup D, Beermann E (2014) Herausforderung Verteilnetze: Zur Situation in Niedersachsen und Bremen. Energiewirtschaftliche Tagesfragen 64(2014), 3, 101–104
2. Tröster E, Koch M, Rothfuchs H (2014) Verteilnetzstudie Rheinland-Pfalz – Integration von erneuerbaren Energien in die Stromnetze. Energiewirtschaftliche Tagesfragen 64, 8, 20–23
3. OECD IEA (Herausgeber) (2003) The Power to Choose – Demand Response in Liberalized Electricity Markets. Internationale Energie Agentur, Paris
4. Schermeyer H, Klapdor K, Steinhausen B, Bergmann P, Bertsch V (2014) Lösungsvorschläge für ein marktnahes Einspeisemanagement. Energiewirtschaftliche Tagesfragen 64, 8, 52–56
5. Deutsche Energie-Agentur GmbH (Herausgeber) (2012) Ausbau- und Innovationsbedarf der Stromverteilnetze in Deutschland bis 2030. Endbericht zur dena-Verteilnetzstudie, Berlin http://www.dena.de/fileadmin/user_upload/Projekte/Energiesysteme/Dokumente/denaVNS_Abschlussbericht.pdf (Abfrage 18.8.2015)
6. VDE FNN, OE, VSE, CSRES (Herausgeber) (2007) Technische Regeln zur Beurteilung von Netzrückwirkungen; Kompendium. Gemeinsam herausgegeben von Österreichs Energie OE, Verband Schweizerischer Elektrizitätsunternehmen VSE, Ceske sdruzeni regulovanych elektroenergetickych spolecnosti CSRES, Forum Netztechnik/Netzbetrieb im VDE FNN
7. Meuser M (2012) Verbesserte Ausnutzung bestehender Netzstrukturen zur Integration elektrischer Erzeugungsanlagen. Dissertation RWTH Aachen, Aachener Beiträge zur Energieversorgung, Bd. 143
8. Scheffler J (2002) Bestimmung der maximal zulässigen Netzanschlussleistung photovoltaischer Energiewandlungsanlagen in Wohnsiedlungsgebieten. Dissertation TU Chemnitz
9. Gatzen C, Riechmann C (2011) Stationäre Stromspeicher – zukünftiger Nischenmarkt oder Milliardengeschäft? Energiewirtschaftliche Tagesfragen 61, 3, 20–23
10. Wittwer C (2013) Mehr Strom aus Photovoltaik ohne Netzausbau. ew 112, 11, 74–76
11. Wirtz F, Berg A, Schmiesing J, vom Felde U (2008) Realisierbarkeit von Referenznetzen durch Ausbauplanung. ew 107, 3, 42–45
12. Maximini M, Schulze S, Gutschek A, Sünderkamp U (2007) Entwicklung effizienter Zielnetze. ew 106, 24, 58–62
13. Huber W, Kamenka D (2009) Kabeldiagnose bei den Stadtwerken Ingolstadt Netze GmbH. np 48, 11, 18–27
14. Balzer G, Asgarieh L, Gaul A (2008) Dynamische Asset Simulation – Abschätzung des Investitionsbedarfs von Betriebsmitteln. ew 107, 4, 26–30
15. Asgarieh L, Balzer G, Gaul A, Mathis M (2011) Assetsimulation steuert Investitionsbudget. ew 110 (2011), 10, 50–54
16. Schneider J (2011) Moderne Verteilnetze – welche Regulierung brauchen wir? FGE Tagung 2011, Aachen
17. Bundesnetzagentur (Herausgeberin) (2015) Anreizregulierung von Strom- und Gasnetzbetreibern. http://www.bundesnetzagentur.de/DE/Sachgebiete/ElektrizitaetundGas/Unternehmen_Institutionen/Netzentgelte/Anreizregulierung/anreizregulierung-node.html (Abfrage 28.9.2015)
18. Sillaber A (2006) Regulierung der Stromnetze in Österreich. Vortrag im Rahmen eines FGE Kolloquiums an der RWTH Aachen am 29.6.2006
19. Meisa K (2011) Bewertung von Umbaumaßnahmen in elektrischen Verteilungsnetzen zur Erreichung eines langfristigen Ausbauziels. Dissertation RWTH Aachen, Aachener Beiträge zur Energieversorgung, Bd. 141
20. Prousch S (2010) Optimierung und Bewertung kommunaler Energieversorgungssysteme. Dissertation RWTH Aachen, Aachener Beiträge zur Energieversorgung, Bd. 135

21. Paulun T, Maurer C, Haubrich H J (2007) Referenznetzanalyse für Strom- und Gasnetze. Energiewirtschaftliche Tagesfragen 57, 12, 8–11
22. Rabensteiner G, Sillaber A (1991) Optimierung von kombinierten Elektrizitäts- und Fernwärmesystemen. ÖZE 44, 1991, 4, 134–137
23. Paulun T (2007) Strategische Ausbauplanung für elektrische Netze unter Unsicherheit. Dissertation RWTH Aachen, Aachener Beiträge zur Energieversorgung, Bd. 115
24. TIWAG Netz AG (Herausgeberin) (2010) TIWAG Netz AG erneuerte 110 kV-Zillertalleitung um 30 Mio. €-Masten verschwinden aus Ortszentren. http://www.tinetz.at/unternehmen/aktuelles/archiv/archivierte-beitraege-im-detail (Abfrage 28.8.2015]
25. Fickert L, Muhr M et al (2004) 110-kV-Kabel/-Freileitung: Eine technische Gegenüberstellung. Verlag TU Graz
26. Schlabbach J, Cichowski R R (2002) Sternpunktbehandlung. VDE Verlag GmbH, Berlin
27. Janus R, Nagel H, Cichowski R R (2005) Transformatoren. 2. Aufl, VDE Verlag GmbH, Berlin
28. Grundl F, Werner M, Finkel M (2012) Transformatoren in Netzgebieten mit hoher dezentraler Einspeisung. ew 111, 4, 54–58
29. Montebaur A, Felde U (2006) Langfristige Entwicklung von Mittelspannungsnetzen in Regionen unterschiedlicher Versorgungsdichte. Energiewirtschaftliche Tagesfragen 56, 4, 42–46
30. Xiao J, Cui Y, Luo F, Liu M, Jianmin W, Yinong L, Gao Y, Saiyi W (2008) Comprehensive Method on Evaluation of Distribution Network Planning. 3rd International Conference on Electric Utility Deregulation and Restructuring and Power Technologies DRPT, Nanjing. Conference Proceedings 2008, 1249–1254
31. Schmidthaler M, Reichl J, Schneider F (2012) Der volkswirtschaftliche Verlust durch Stromausfälle: Eine empirische Analyse für Haushalte, Unternehmen und den öffentlichen Sektor. Perspektiven der Wirtschaftspolitik 13, 4, 308–336
32. Föger G (2013) Niederspannungsnetzgestaltung und 980 V-Erschließungen. Seminar Verteilnetzplanung veranstaltet von Österreichs Energie, Fuschl (Salzburg)
33. Dugan R C, McGranaghan M F, Santoso S, Beaty W W (2012) Electrical Power Systems Quality. 3. Aufl, McGraw-Hill, New York
34. Wirtz F (2009) Zusammenhang von Zuverlässigkeit und Kosten in Mittelspannungsnetzen. Dissertation RWTH Aachen, Aachener Beiträge zur Energieversorgung, Bd. 125
35. Gremmel H (2007) ABB Schaltanlagen-Handbuch. 11. Aufl, Cornelsen Verlag, Düsseldorf
36. Kaufmann W (1995) Planung öffentlicher Elektrizitätsverteilungs-Systeme. VDE Verlag GmbH, Berlin
37. Verband Deutscher Elektrotechniker (Herausgeber) (2011) Anwendungsregel VDE-AR-N 4105:2011-08: Erzeugungsanlagen am Niederspannungsnetz; Technische Mindestanforderungen für Anschluss und Parallelbetrieb von Erzeugungsanlagen am Niederspannungsnetz. VDE Verlag GmbH, Berlin
38. Firma SIEMENS (2014) FITformer® REG – Der regelbare Ortsnetztransformator. http://www.energy.siemens.com/hq/pool/hq/powertransmission/Transformers/Distribution%20Transformers/fitformer-reg/fit-former-reg-ortsnetz-transformator.pdf (Abfrage 6.3.2014)
39. Haslbeck M, Sojer M, Smolka T, Brückl O (2012) Mehr Netzanschlusskapazität durch regelbare Ortsnetztransformatoren. etz 2012, 9, 2–7
40. Brückl O, Dalisson N, Strohmayer B, Haslbeck M (2014) Spannungshaltungsmaßnahmen im Verteilungsnetz. ew 2014, 6, 66–69
41. Brückl O, Haslbeck M, Portner O, Hinz G (2014) Kostenminimaler Anschluss einer 8-MW-PV-Anlage mithilfe regelbarer Ortsnetztransformatoren. Energiewirtschaftliche Tagesfragen 64, 6, 63–65

42. Winterfeld J (2003) Untersuchungen zur Spannungsumstellung von 10 kV auf 20 kV eines 10-kV-Kabelnetzes der enviaM. Diplomarbeit am Institut für Elektrische Energieversorgung und Hochspannungstechnik der TU Dresden
43. Eckmair J (2013) Ortsnetz- und Kuppeltransformatoren. Seminar Verteilnetzplanung veranstaltet von Österreichs Energie, Fuschl (Salzburg)
44. Kiesch M, Merschel F, Cichowski R R (2010) Starkstromkabelanlagen. 2. Aufl, VDE Verlag GmbH, Berlin
45. Sillaber A, Tiwald R, Knauf B (2004) Neue Konzepte für Mittelspannungsschaltanlagen in städtischen Umspannstationen. ew 103, 5, 32–37
46. Buchholz B M, Styczynski Z (2014) Smart Grids. VDE Verlag GmbH, Berlin
47. Brown R E (2008) Impact of Smart Grid on Distribution System Design. Power and Energy Society General Meeting 2008
48. Werth K (1984) Ein Beitrag zur rechneroptimierten Planung der Einspeisung in Mittelspannungsnetze. Dissertation TH Darmstadt
49. Allan R, Billinton R (1996) Reliability Evaluation of Power Systems. Springer Media, New York
50. Pöppl G (2004) Planung und Optimierung von Niederspannungsnetzen bei dezentraler Stromerzeugung. Dissertation TU Wien
51. Schneider Electric GmbH (Herausgeber) (2015) Mittelspannungs-Niederspannungs-fabrikfertige Schaltstation http://www.schneider-electric.com/products/de/de/3700-mittelspannungs--niederspannungs-fabrikfertige-schaltstation/ (Abfrage 4.11.2015)
52. Abts H J (2006) Verteil-Transformatoren. Hüthig GmbH & Co. KG, Heidelberg
53. Feldmann J, Linke C, Hammerschmidt T, Gaul A (2011) Innovative Netzkonzepte für die Stromverteilnetze der Zukunft. Energiewirtschaftliche Tagesfragen 61, 11, 38–43
54. Sojer M, Smolka T (2014) Regelungsstrategien für den RONT: Den richtigen Algorithmus für jedes Netz finden. ew 2014, 8, 72–77
55. Zimmermann W, Stache U (2001) Operations Research: Quantitative Methoden zur Entscheidungsvorbereitung. 10. Aufl., Oldenburg Verlag, München
56. Lee K Y, El-Sharkawi M A (2008) Modern Heuristic Optimization Techniques. John Wiley & Sons, Hoboken NJ
57. Siegmund D, Buder R, Klein L (1996) Changing a District Medium-Voltage Power System and Optimization of Network Configuration – Computer Optimized Power System Planning. Proceedings of 12th PSCC, 771–776, Dresden
58. Zenker B (2013) Approximation minimaler Steinerbäume in Straßennetzwerken usw. Dissertation Universität Erlangen Nürnberg d-nb.info/1065378041/34 (Abfrage 18.8.2015)
59. Brandauer W (2009) Verluste im Niederspannungsverteilnetz. Diplomarbeit am Institut für Elektrische Anlagen der TU Graz
60. NEPLAN AG (Herausgeber) (2015) Website. Firma NEPLAN AG, Küsnacht (Schweiz) www.neplan.ch (Abfrage 7.8.2015)
61. SIEMENS AG (Herausgeber) Website – PSS®SINCAL. Siemens AG, München www.siemens.com (Abfrage 7.8.2015)
62. FGH GmbH (Herausgeber) (2012) Integral 7 – Kurzbeschreibung. FGH Mannheim www.fgh.rwth-aachen.de (Abfrage 7.8.2015)
63. International Electrotechnical Commission (Editor) (2001–2015) IEC 60909 Series: Short-circuit currents in three-phase a.c. systems. IEC Central Office, Geneva, Switzerland
64. Till M, Bäsmann R, Höfer G, Esser A, Ladermann A, Fritz W (2011) Netzplanung spartenübergreifend. ew 110 (2011), 11, 29–31
65. Papadopoulos M P, Peponis G J, Boulaxis N G, Drossos N X (1997) Heuristic Methods for the Optimization of MV Distribution Networks Operation and Planning. CIRED Paper 438

66. Freund H, Klein L, Wellßow W H (1993) Rechnergestützte Planung von städtischen Mittelspannungsnetzen. Elektrizitätswirtschaft 92, 22, 1374–1380
67. Neimane V (2001) On Development Planning of Electricity Distribution Networks. Dissertation Kungl Tekniska Högskolan, Stockholm
68. Thiel P (2005) Gemischt-Ganzzahlige Nichtlineare Optimierung. Seminarunterlagen Universität Hamburg. www.mme/gerdts/TEACHING/OPTSEMSS05/Pablo_Thiel. pdfath.uni-hamburg.de/ho (Abfrage 6.11.2015)
69. Wong E et al (2011) Ant Colony Optimization. http://www.math.ucla.edu/~wittman/10c.1.11s/Lectures/Raids/ACO.pdf (Abfrage 6.11.2015)
70. Gen M, Cheng R (2000) Genetic algorithms and engineering optimization. Wiley & Sons, Hoboken NJ
71. Lavorato M, Rider M J, Garcia A V, Romero R (2010) A Constructive Heuristic Algorithm for Distribution System Planning. IEEE Transactions on Power Systems 25, 3, 1734–1742
72. Tao X, Haubrich H J (2006) A Two-Stage Heuristic Method for the Planning of Medium Voltage Distribution Networks with Large-Scale Distributed Generation. 9th Conference on Probabilistic Methods applied to Power Systems, Stockholm, Sweden
73. Dorigo M, Gambardella L (1997) Ant Colony System: A cooperative learning approach to the traveling salesman problem. IEEE Transactions on Evolutionary Computation 1, 1, 53–56
74. Rotering R (2013) Zielnetzplanung von Mittelspannungsnetzen unter Berücksichtigung von dezentralen Einspeisungen und steuerbaren Lasten. Dissertation RWTH Aachen, Aachener Beiträge zur Energieversorgung, Bd. 148
75. Europäisches Normungskomitee CEN (2010) EN 1998 Eurocode 8: Auslegung von Bauwerken gegen Erdbeben. Beuth Verlag, Berlin
76. Verein Deutscher Ingenieure VDI e.V. (Herausgeber) (2006–2009) RL 6004 Serie: Schutz der Technischen Gebäudeausrüstung. VDI Düsseldorf
77. Lebeda C. (2015) Baulicher Brandschutz. Beuth Verlag, Berlin
78. Lichtgitter GmbH (Herausgeber) (2015) Website. http://lichtgittergroup.com/mahout_cms/plugins/downloaddb/download.php?token=84b404a350d081ad8b6c018b140702db&view=true (Abfrage 6.11.2015)
79. Deutsches Institut für Normung e.V. (Herausgeber) (2002) DIN 18005 Serie: Schallschutz im Städtebau. Beuth Verlag, Berlin
80. Deutsches Institut für Normung e.V. (Herausgeber) (2014) DIN 18014 Fundamenterder – Planung, Ausführung und Dokumentation. Beuth Verlag, Berlin
81. Europäisches Komitee für elektrotechnische Normung CENELEC (2015) EN 61000-6-5 Elektromagnetische Verträglichkeit (EMV) – Teil 6-5: Fachgrundnormen – Störfestigkeit von Betriebsmitteln, Geräten und Einrichtungen, die im Bereich von Kraftwerken und Schaltstationen verwendet werden. Beuth Verlag, Berlin
82. Europäisches Komitee für elektrotechnische Normung CENELEC (2012) EN 62271-200 Hochspannungs-Schaltgeräte und -Schaltanlagen; Teil 200: Metallgekapselte Wechselstrom-Schaltanlagen für Bemessungsspannungen über 1 kV bis einschließlich 52 kV Beuth Verlag, Berlin
83. Koehler H, Ramljak D (2015) Amorphe Transformatoren senken Leerlaufverluste. ABB about 2, 18–19
84. SIEMENS AG (Herausgeber) Handbuch Transformatoren. https://www.cee.siemens.com/web/at/de/industry/ia_dt/produkte-loesungen/automatisierungstechnik/niederspannungs-schalttechnik/handbuecher-software/Documents/tranformatorentip.pdf (Abfrage 6.11.2015)
85. SGB-SMIT Management GmbH (Herausgeber) Website. http://www.sgb-smit.com/de/produkte/giessharztransformatoren/technische-informationen/konstruktionsinformationen/geraeusche.html (Abfrage 6.11.2015)

86. Deutsches Institut für Bautechnik (Herausgeber) (2014) Liste der Technischen Bauvorschriften https://www.dibt.de/de/DIBt/data/Amtliche_Mitteilungen/4_2014.pdf (Abfrage 6.11.2015)
87. Bayerische Staatsregierung (1997) Verordnung über den Bau von Betriebsräumen (EltBauVO) http://www.gesetze-bayern.de/jportal/portal/page/bsbayprod.psml?showdoccase=1&doc.id=jlr-ElekBauVBYrahmen&doc.part=X (Abfrage 6.11.2015)
88. Bundesrepublik Deutschland (2013) 26. Bundes-Immissionsschutzverordnung (26. BISchv) https://de.wikipedia.org/wiki/Verordnung_%C3%BCber_elektromagnetischeFelder (Abfrage 7.11.2015)
89. Österreichischer Verband für Elektrotechnik (Herausgeber) (2013) ÖVE/ÖNORM E 8120 Verlegung von Energie-, Steuer- und Messkabeln. https://www.ove.at/
90. Europäisches Komitee für elektrotechnische Normung CENELEC (2010) EN 60255 Serie: Messrelais und Schutzeinrichtungen. Beuth Verlag, Berlin
91. North American Electric Reliability Council (Herausgeber, 2010) Mandatory Standards subject to Enforcement – Critical Infrastructure Protection http://www.nerc.net/standardsreports/standardssummary.aspx (Abfrage 7.11.2015)
92. Sillaber A (2014) Prozessleittechnik in Elektrizitätssystemen. Skriptum zur Vorlesung an der TU Graz
93. Verband der Netzbetreiber (VDN) (Herausgeber) (2004) Notstromaggregate – Richtlinien für Planung, Errichtung und Betrieb. https://www.bdew.de/internet.nsf/id/A2A0475F2FAE8F44C12578300047C92F/$file/Richtlinie_Notstrom_2004-08.pdf (Abfrage 7.11.2015)

Zusammenfassung 6

In fünf Kapiteln wurde ein weiter Bogen von Basisüberlegungen zur Systemgestaltung, über Zielvorstellungen in den Köpfen der Netzplaner und die zur Verfügung stehende Netztechnik bis zu Planungstechniken, zur Planungssystematik und zu den Planungsmethoden geschlagen. Ziel war eine möglichst umfassende und zweckmäßig strukturierte Darstellung praktischer und theoretischer Elemente der Systemgestaltung. Erst die Synthese aus Theorie und Praxis, aus Orts-, Branchen- und Fachkenntnissen sowie aus Erfahrung und aktuellem Wissen über Fakten und Methoden ermöglicht eine nachhaltige und alle Stakeholder zufriedenstellende Systemgestaltung.

Ausgangspunkt aller Planungsüberlegungen sind die aktuellen und zukünftig zu erwartenden Anforderungen an ein dezentrales Elektrizitätssystem, mit deren Kenntnis kann das generelle Planungsproblem formuliert werden. Eine genauere Analyse der Interessen der Stakeholder sowie der technischen und wirtschaftlichen Gegebenheiten und des Planungsumfeldes erlaubt schließlich eine Präzisierung der Gestaltungsaufgabe. Wesentliche Merkmale wie Optimierungszeiträume, die Ungewissheit zukünftiger Entwicklungen und die Zerlegbarkeit komplexer Planungsprobleme werden vorgestellt sowie elementare Netzstrukturen und technische Grundlagen kurz erläutert. Daraus lassen sich Anforderungen an die Kompetenzen der Netzplaner ableiten.

Ein wesentlicher Erfolgsfaktor für die zweckmäßige Systemgestaltung ist ein umfassendes Verständnis für die Planungsziele und deren ausgewogene Anwendung. Die Nachfragedeckung wird oft als selbstverständliche Nebenbedingung angesehen, wurde aber hier im Sinne von Lagrange als fundamentales Ziel vorgestellt. Im Vordergrund stehen die Interessen und der Bedarf der Verbraucher und Erzeuger an System- bzw. Transportdienstleistungen sowie dessen zeitliche und örtliche Verteilung. Der Einsatz von Energiespeichern und die resultierenden Auswirkungen auf die Netzplanung wurden diskutiert. Zeitliche Verschiebungen von Einspeisung und Entnahme mittels Speichereinsatz sowie Systemdienstleistungen im Netzinteresse können unter bestimmten Voraussetzungen die Netzentwicklung stark beeinflussen.

Die Ungewissheit künftiger Entwicklungen kann durch solide Prognosen bestmöglich reduziert werden. Insbesondere langfristige Szenarien erfordern realistische Einschätzungen des zu erwartenden Kundenverhaltens sowie technologischer und regulatorischer Entwicklungen. Der unvermeidlichen Ungewissheit von Prognosen muss durch robuste Lösungen Rechnung getragen werden. Vereinfacht ausgedrückt ist mit geringsten Zusatzaufwendungen die größtmögliche Vielfalt voraussehbarer Anforderungen abzudecken.

Große betriebs- und volkswirtschaftliche Bedeutung hat die kostenoptimale Gestaltung dezentraler Elektrizitätssysteme. Die klassischen Methoden der Investitionsrechnung gestatten Bewertungen der Wirtschaftlichkeit unterschiedlicher Gestaltungsvarianten in Form von Kosten-Nutzen-Vergleichen. Die wesentlichen Kostenkomponenten für Investitionen, Instandhaltung und Betrieb, speziell auch Netzverlust- und -engpasskosten sowie deren Modellierung wurden diskutiert. Netzausbauprojekte zeigen oft hohe Basis- und geringe Zuwachskosten für Transportkapazitäten, dies begünstigt unter anderem die zeitliche und örtliche Konzentration von Kabelverlegungen und fördert insgesamt robuste Investitionsvarianten. Variationen regulatorischer Rahmenbedingungen wie z. B. das Simulieren von Anreizen zur netzorientierten Errichtung dezentraler Kraftwerke oder Speicher ermöglichen langfristige Analysen von Auswirkungen geänderter Regulierungsvorgaben auf die Systemgestaltung.

Das Erzielen einer angemessenen Ver- und Entsorgungszuverlässigkeit erfordert vielfältige Planungsaktivitäten und ein umfassendes Systemverständnis. Basis sind die sorgfältige Auswahl und Beschaffung der Betriebsmittel, um auf Dauer eine hohe Verfügbarkeit der Netzelemente gewährleisten zu können. Festzulegen sind geeignete Netzstrukturen und betriebliche Randbedingungen, um ausreichende Reservekapazitäten zu garantieren. Von Interesse sind die Auswirkungen von Störungen auf die Netzkunden(anlagen), die durch für die Systemgestaltung aussagekräftige Kennzahlen zu beschreiben sind. Grundprinzipien der Reservehaltung (z. B. $(N-1)$-Prinzip) und der wirtschaftlichen Gestaltung zuverlässiger Elektrizitätssysteme sowie daraus abgeleitete zweckmäßige Basisstrukturen von Verteilnetzen wurden vorgestellt. Volkswirtschaftliche Gründe sprechen für unterschiedliche Zuverlässigkeitsniveaus bei Ver- und Entsorgung.

Die zur Verfügung stehende Technik für Verteilnetze bestimmt wesentlich Strukturen, Transportkapazitäten, Spannungs- und Kurzschlussmanagement sowie den Netzbetrieb. Eine Reihe von Anlagenstrukturen mit den gewünschten Redundanzen ist wirtschaftlich vorteilhaft und hat sich in der Praxis bewährt. Leitungsnetze können auf Projekt- oder Trassennetzen geplant werden, im Allgemeinen lässt sich ein Transport- und ein Vernetzungsbereich identifizieren. Unterschieden werden Maschen- und Strahlennetze sowie verzweigte und unverzweigte Netze. Zur Planung von Leitungsnetzen in der Ebene wurden einige grundsätzliche Überlegungen vorgestellt.

Maximale Transportkapazitäten auf Grund thermisch zulässiger Grenzbelastungen von Leitungen und Transformatoren sind ein zentrales Element jeder Systemplanung. Das Verständnis der physikalischen Grundlagen von Erwärmung und Wärmeabfuhr elektrischer Betriebsmittel ermöglicht eine solide Beurteilung und Gestaltung deren thermischer Belastbarkeit. Sie ist das wichtigste Dimensionierungskriterium für die Transportkapazität von

6 Zusammenfassung

Betriebsmitteln in städtischen Verteilnetzen. Zur Optimierung solcher Netzstrukturen dienen mathematische Flussmodelle mit Investitionsentscheidungen und Kantenkapazitäten.

Für Verteilnetze in Gebieten mit niedriger Nachfragedichte, also speziell in ländlichen Gebieten, sind Spannungsabfälle und Spannungsgrenzen entscheidende Dimensionierungskriterien. Der Netzplaner sollte ein fundamentales Verständnis für die physikalischen Zusammenhänge der Spannungshaltung, die wichtigen Einflussgrößen und die Wirksamkeit von Stelleingriffen entwickeln, um langfristig wirtschaftliche Lösungen realisieren zu können. Fundamentale Auswirkungen hat die Wahl der Spannungsebenen, Umstellungsprogramme erfordern hohe Investitionsmittel, umfangreiche Planungen und langfristige Strategien. Die Festlegung des zulässigen Spannungsbandes und seine Aufteilung auf die einzelnen Netzebenen sind grundlegend für eine wirtschaftliche Spannungshaltung. Unter Berücksichtigung von Spannungsgrenzen und thermischen Stromgrenzen lassen sich städtische, meist stromorientierte und ländliche, meist spannungsorientierte Netze unterscheiden, je nachdem, welche Grenzen in der Praxis wirksam sind. Klassische und innovative Methoden der Spannungssteuerung und -regelung gewinnen mit Zunahme dezentraler Einspeisung aktuell an Bedeutung. Welche dieser zentralen oder dezentralen Methoden im Einzelfall zweckmäßig ist, hängt von vielen Faktoren wie z. B. Netzstrukturen, Auslastungshomogenität und Nachfrageentwicklung ab und sollte möglichst umfassend technisch-wirtschaftlich untersucht werden.

Auf ähnlichen physikalischen Gegebenheiten wie das Spannungsmanagement beruht das Kurzschlussmanagement in Verteilnetzen. Unter diesem Begriff wurde die Gewährleistung der Kurzschlussfestigkeit durch Obergrenzen für die Kurzschlussströme und die Sicherstellung einer ausreichenden Spannungsqualität durch Untergrenzen für die Kurzschlussleistungen zusammengefasst. Von praktischer Bedeutung für die Netzplanung sind vereinfachte Methoden zur Berechnung von Kurzschlussströmen, die Entwicklung der Netzkurzschlussleistungen ist eine Frage der langfristigen Netzplanung.

Der Netzbetrieb beeinflusst nicht unwesentlich die Systemgestaltung. Der Schaltzustand im Normalbetrieb definiert Stationsgebiete, unterschieden werden Strahlen- und Maschennetzbetrieb. Verschiebungen der Stationsgebietsgrenzen ermöglichen das Aufschieben von Netzverstärkungen und sind ebenso wie ein verlustminimaler Strahlennetzbetrieb eine Aufgabe der Betriebsoptimierung. Die einzusetzende Prozessleittechnik, die Techniken der Datenübertragung und Fernsteuerung sowie die örtliche Anlagenleittechnik beeinflussen maßgeblich den Netzbetrieb. Intensive Systembeobachtung in Echtzeit erhöht die Ver- und Entsorgungszuverlässigkeit, elektronische Lastprofilzähler mit Datenfernübertragung ermöglichen dynamische Tarife, Tonfrequenz- oder Rundfunksignale dienen der netz- und/oder marktorientierten Fernsteuerung von Speichern. Die Ausstattung der Stationen mit Leit- und Schutztechnik richtet sich nach wirtschaftlichen Gesichtspunkten und bewährten Standards, derzeit findet eine intensive Weiterentwicklung auf Grund gesunkener Kosten und neuer Anforderungen statt. Eine spezielle Planungsaufgabe ist die nachhaltige Festlegung bzw. Anpassung der Art der Sternpunkterdung.

Die Gestaltungsprozesse dezentraler Elektrizitätssysteme umfassen die folgenden wesentlichen Teilschritte: Synthese, Analyse und vergleichende Bewertung von Ausbauvarianten, iterative Vorgangsweise, Modellierung und Optimierung. Eine wichtige Technik zur Lösung komplexer Planungsprobleme ist die Problemzerlegung, in der Netzplanung speziell nach dem Detaillierungsgrad sowie nach sachlichen, räumlichen oder zeitlichen Kriterien. Entsprechend dem Detaillierungsgrad werden Grundsatz-, Struktur- und Projektplanung unterschieden. Die räumliche Zerlegung betrifft unterschiedliche Teilnetzgebiete, die zeitliche Zerlegung beispielsweise Erst- und Folgeausbau oder Zielnetzplanung und Restrukturierung. Ebenso wichtig wie die Problemzerlegung ist die anschließende Koordination der Teilprobleme, beispielsweise mittels Variantenrechnungen.

Viele Netzplanungsaufgaben lassen sich anhand von Modellnetzen studieren, wie beispielsweise an einer homogenen Stationskette oder einem vereinfachten Modellnetz. Dazu gehören im Allgemeinen Teilmodelle zur Nachbildung von Nachfrage, Infrastruktur, Kosten und Zuverlässigkeit. Analytische Modelle können ebenfalls als Linien- oder Flächenmodelle für Stationsketten oder ganze Netze formuliert werden, sie bilden die wirtschaftlich-technischen und strukturellen Zusammenhänge in mathematischen Formeln ab. Die rechnergestützte Netzplanung kann auf geografischen Informationssystemen zur Darstellung des Istzustandes aufbauen. Informationen zur bestehenden Nachfrage stammen aus Kundeninformationssystemen, der Istzustand des Netzbetriebes kann aus Prozessinformationssystemen entnommen werden. Zur Planung und Projektierung von Stationen und Anlagen werden fachspezifische CAE-Systeme verwendet, die Strukturplanung von Netzen bedient sich einer großen Vielfalt an Optimierungsmodellen und -methoden. Kurz diskutiert werden die Stellung der Systemgestaltung im Unternehmen sowie einige Grundsätze der Personalorganisation in der Netzplanung.

Die vorgestellte Planungssystematik unterscheidet Grundsatz-, Struktur- und Projektplanung. Die Grundsatzplanung, auch strategische oder langfristige Planung befasst sich mit der Festlegung von Planungsgrundsätzen und Ausführungsstandards. Ihre Bedeutung und ihre Aufgabenfelder sind wegen stark zunehmender dezentraler Erzeugung, den aktuellen energiepolitischen und regulatorischen Fragestellungen, neuen technologischen Entwicklungen und dem künftig wichtigen Speichereinsatz stark gewachsen. Die Themenfelder der Grundsatzplanung umfassen neben dem Festlegen von Planungsgrundsätzen für Bau, Instandhaltung und Betrieb auch Regelungen für Systemnutzung, Wirtschaftlichkeit und Ver-/Entsorgungsqualität. Hinzu kommen die Wahl von Anlagen- und Leitungstechnologien sowie die Formulierung von Standards für Betriebsmittel. Gestaltungsgrundsätze und Systemstandards unterliegen dem Spannungsfeld von langfristiger Stabilität und rascher Adaption an geänderte Rahmenbedingungen.

Die Strukturplanung befasst sich mit der Konfiguration und den Hauptparametern elektrischer Anlagen sowie mit Netzstrukturen und Leitungsdimensionierung, unterschieden werden statische und dynamische Planungsprobleme. Eine spezielle Aufgabenstellung betrifft Investitionsentscheidungen zur Erneuerung des Transformatorenparks. Die Ausführungsplanung befasst sich mit der detaillierten Projektierung von Stationen und mit der Feintrassierung von Leitungen. Dazu gehört die Erstellung von Vor- und Einreichprojekten sowie von Ausführungsplänen und Leistungsbeschreibungen in angemessener Detaillierung.

6 Zusammenfassung

Die Grundsatzplanung wurde anhand von Aufgabenstellungen der Systementwicklung und der Infrastrukturerneuerung erläutert, es wurde die Formulierung beispielhafter und praxisnaher Gestaltungsgrundsätze und Systemstandards gezeigt. Die Entwicklung dezentraler Elektrizitätssysteme im Spannungsfeld der aktuellen Energiepolitik wird an einem praktischen, stark vereinfachten Beispiel eines ländlichen Netzes mit wachsender Einspeisung aus Photovoltaik- und Windkraftanlagen demonstriert. Es werden dazu einfache Netz-, Nachfrage- und Kostenmodelle sowie Einspeise- und Lastmanagementszenarien entwickelt und unter Annahme von beispielhaften Netzverstärkungen ausgewertet. Die dargelegten Schlussfolgerungen können als Anregungen für eigene Grundsatzstudien angesehen werden.

Grundsätzliche Planungsüberlegungen zur Systemerneuerung müssen bei den unternehmensinternen Instandhaltungsstrategien ansetzen. Vor- und Nachteile systematischer Erneuerung sind gegen Instandhaltungsaktivitäten abzuwägen. Ersatzinvestitionen müssen regulatorische Vorgaben ebenso berücksichtigen wie das mittels dynamischer Restrukturierung anzustrebende Zielnetz. Dabei steht größtmögliche Wirtschaftlichkeit im Vordergrund, ein Investitionsrückstau ist jedenfalls zu vermeiden. Erneuerungspläne auf allen Netzebenen sollen so flexibel sein, dass sie einer Nutzung aller Synergiepotenziale nicht im Wege stehen. Wichtig ist die vorausschauende Sicherung von Grundstücken und Bestandsrechten sowie von Leitungstrassen und Mitlegemöglichkeiten. Das Transformatorenmanagement umfasst Neubeschaffungen, Instandhaltungsarbeiten, Orts- und Statusänderungen, Reparaturen, Umbauten, Reservehaltung und Koordination mit anderen Netzbetreibern. In Gebieten langfristig sinkender Nachfrage kann ein strategisch geplanter Netzrückbau die Wirtschaftlichkeit nachhaltig steigern.

Gestaltungsgrundsätze sollten für die unternehmensinterne Beurteilung der Wirtschaftlichkeit von Investitionsentscheidungen, für das gewünschte Maß an Robustheit sowie die erforderliche Ver- und Entsorgungsqualität in allen Netzebenen formuliert werden. Dazu gehören Bewertungsmethoden und Randbedingungen für die Systemzuverlässigkeit, die Bemessung der strukturellen und betrieblichen Reserven sowie unternehmensinterne Regelungen betreffend Umweltauswirkungen des Elektrizitätssystems. Auch die Dimensionierung entsprechend der thermischen Belastbarkeit sowie die Grundsätze des Spannungsmanagements sind sowohl für den Normal- als auch den Ausnahmebetrieb festzulegen. Insbesondere der langfristige Gestaltungsrahmen für innovative Methoden des Spannungsmanagements erfordert sorgfältige Planungsüberlegungen.

Systemstandards auf Basis von Grundsatzplanungen betreffen üblicherweise Spannungsebenen bzw. Netzbetriebsspannungen, die einzusetzenden Betriebsmittelarten samt Standardparametern, Stationstypen und Schaltanlagenstandards sowie Netzformen. Änderungen der Netzbetriebsspannung bzw. der Spannungsebene erfordern langfristige Strategien und umfangreiche planerische Vorbereitung. Standards für Technologie und Nenngrößen von Betriebsmitteln beeinflussen die Wirtschaftlichkeit des Gesamtsystems über die Kosten für Beschaffung, Montage, Logistik und Instandhaltung, sie bedürfen der regelmäßigen Evaluierung. Standards für den Stationsbau, für Stationsgebäude, Schaltanlagenstrukturen und die Transformatoraufstellung erhöhen die Wirtschaftlichkeit von Bau,

Erhaltung und Betrieb von Umspannwerken und Transformatorstationen. Auf allen Spannungsebenen hat sich eine Reihe einfacher Netzformen für typische Anwendungsbereiche als vorteilhaft erwiesen.

Eine der Basisaufgaben der Strukturplanung ist die Standortplanung für Umspannwerke und Transformatorstationen, die eng mit der Definition von Teilnetzgebieten verknüpft ist. Da die Anzahl möglicher Standorte in der Praxis eingeschränkt ist, sind Variantenvergleiche eine häufig verwendete Planungsmethode. Heuristische Methoden ermöglichen realitätsnahe Einschätzungen günstiger Teilnetzgebiete und Standorte auf Basis einfacher Lastdichtemodelle und sinnvoller Transportentfernungen. Eine Reihe üblicher Strukturen von Schaltanlagen wurde vorgestellt und ihre systemtechnischen und betrieblichen Merkmale wie Kosten, Zuverlässigkeit und Flexibilität diskutiert. Zweckmäßige Raumkonzepte für Umspannwerke in dicht verbauten städtischen Gebieten müssen eine Fülle von Randbedingungen einhalten. Die Auslegung von Transformatoren umfasst neben den elektrischen Betriebsparametern auch Bau- und Kühlungsart sowie die Möglichkeiten zur Spannungsregelung.

Kern der Strukturplanung ist die Festlegung konkreter Netzstrukturen sowie die Dimensionierung der Leitungen. Für diese komplexe Aufgabenstellung wird eine beispielhafte und praxisnahe Metaheuristik auf Basis der Zerlegung in Teilaufgaben samt iterativen Verbesserungen entwickelt. Für Mittelspannungsnetze mit Ring- oder Strangstrukturen bieten sich plausible Gebietseinteilungen für jede Stationskette sowie einfache geometrische Methoden zur Ermittlung der optimalen Reihenfolge der Stationen an. Heuristische Planungsüberlegungen werden für typische Aufgabenstellung zur Planung städtischer und ländlicher Niederspannungsnetze gezeigt. Zur Strukturplanung gehört auch die Planung des Netzbetriebes: Typische Aufgabenstellungen sind die Ermittlung des optimalen Schaltzustandes, das zentrale und dezentrale Spannungsmanagement, der Einsatz von Speichern oder schaltbaren Lasten sowie das Störungsmanagement. Alle heuristisch erstellten Netzvarianten sind hinsichtlich Wirtschaftlichkeit, Versorgungsqualität, Robustheit und Einhaltung der technischen Randbedingungen zu prüfen und zu bewerten.

Die Restrukturierung bestehender Netze in Richtung eines vorteilhaften Zielnetzes ist ein typisches Anwendungsfeld der dynamischen Netzstrukturplanung. Anhand einfacher praxisnaher Beispiele im Bereich Mittel- und Niederspannung wurden typische Gestaltungsszenarien vorgestellt. Dabei geht es um den Anschluss großer Kundenanlagen an das Niederspannungsnetz, um den stufenweisen Ausbau sowie um Verkabelung und Restrukturierung von Mittelspannungsnetzen. Weitere Planungsaufgaben befassen sich insbesondere mit der Nutzung von Synergien bei Erneuerung, Vereinfachung und Optimierung.

Eine Vielzahl mathematischer und metaheuristischer Optimierungsverfahren kann zur Netzstrukturplanung eingesetzt werden. Beispielhaft wurden ein dynamisches gemischt-ganzzahliges Optimierungsmodell und die Anwendung des Ameisenalgorithmus zur Planung von Kabelringnetzen vorgestellt. Die rechnergestützte Optimierung kann den Netzplaner durch rasches Erstellen einer Menge qualitativ hochwertiger Lösungen unterstützen.

Auch bei der Projekt- oder Ausführungsplanung sind die Ziele, Qualitätskriterien und Randbedingungen der Systemgestaltung zu beachten. Die Erfordernisse von Versorgungszuverlässigkeit und Betriebssicherheit beeinflussen beispielsweise maßgeblich Bau- und Raumkonzepte von eigensicheren Umspannwerken. Zur weitgehenden Vermeidung von Mehrfachausfällen ist möglichen schwerwiegenden Ereignissen wie z. B. Erdbeben, Brand und Störlichtbögen besondere Aufmerksamkeit zu widmen. Die vorgestellte Detailprojektierung von Schaltanlagen befasst sich mit der Betriebssicherheit von Sammelschienenabschnitten, mit Störlichtbogensicherheit, Kühlung, Wartung, Reparatur, Erneuerung sowie mit Typ- und Stückprüfungen.

Bei der Beschaffung von Transformatoren hat die Festlegung der Eisen- und Kupferverluste große wirtschaftliche Bedeutung, Schallemissionen sind im Interesse einer langfristigen und freizügigen Verwendbarkeit gering zu halten. Die Detailprojektierung umfasst auch Anschlusstechnik, Zubehör, Schutz sowie die Abnahmeprüfungen. Die Projektierung von Transformatorstationen erfordert Flexibilität und das vorausschauende Einbeziehen der Interessen von Kunden und deren Nachbarschaft. Die Vorteile der unterschiedlichen Bauarten wie Einbau-, Fertigteil- und Kompaktstationen samt modularer Konfiguration sind zu nutzen. Wichtig sind Kühlung, Brandschutz und die Begrenzung von Emissionen. Die Feintrassierung von Kabelstrecken sollte unter Nutzung größtmöglicher Synergien erfolgen, dafür ist regelmäßige und intensive Kommunikation mit allen Stakeholdern unerlässlich. Die kostengünstige Ausführung der Tiefbauarbeiten ist ein wesentlicher Erfolgsfaktor der Netzgestaltung.

Der Anteil der Leit- und Schutztechnik an einem wirtschaftlichen, zuverlässigen und sicheren Netzbetrieb nimmt ständig zu. Die Projektierung des Selektivschutzes auf allen Netzebenen muss die Erfordernisse von Autarkie, Zuverlässigkeit, Redundanz, Softwaresicherheit sowie den Nutzen zweckmäßiger Funktionalität und umfassender Prüfkonzepte beachten. Feldleittechnik sollte die gleichen Qualitätsanforderungen erfüllen wie die Selektivschutztechnik. Aktuell ist ihr vermehrter Einsatz in dezentralen Stationen, der durch preiswert verfügbare Kommunikationstechnik erleichtert wird. Die Stationsleittechnik stellt ein wichtiges Bindeglied zwischen der Feldleittechnik und der Netzleitstelle dar und sollte hohe Anforderungen an Zuverlässigkeit und Sicherheit erfüllen. Netzleitstellen übernehmen immer mehr Aufgaben für Betriebsführung und Störungsabwicklung sowie Entnahme- und Einspeisemanagement. Die Qualität des Leitstellenbetriebes ist entscheidend für den sicheren und zuverlässigen Betrieb des gesamten Elektrizitätssystems. Daher werden organisatorische und informationstechnische Maßnahmen zur Gewährleistung der Sicherheit der Verarbeitung von Prozessinformationen immer wichtiger. Aufmerksamkeit verdient ebenso die Projektierung des Systems der Ersatzstromversorgung.

Eine erfolgreiche Systemgestaltung beruht auf theoretischem Wissen und praktischen Erfahrungen, sie setzt somit die Synthese von Theorie und Praxis voraus. Notwendig sind theoretische Kenntnisse der Elektrotechnik, um das Betriebsverhalten der Anlagen- und Netzkomponenten sowie der Energieversorgungsnetze zu verstehen. Wesentlich ist auch das Verstehen theoretischer Zusammenhänge der Zuverlässigkeitstheorie, um das entsprechende Systemverhalten und die Auswirkungen auf Kundenanlagen beurteilen zu können.

Vorteilhaft sind Kenntnisse der Wärmelehre, um einfache Erwärmungs- und Kühlvorgänge nachvollziehen zu können. Sehr wichtig sind die Vertrautheit mit den Methoden der Investitionsrechnung sowie Grundkenntnisse der Betriebswirtschaft und der Regulierungsmethoden. Von großem Vorteil ist ein Grundverständnis von Optimierungsmodellen und -methoden, um Grundaufgaben der Systemgestaltung zu formulieren. Ebenso hilfreich sind Basiskenntnisse aus Informatik, Statistik und Prognose.

Unerlässlich sind praktische Kenntnisse des betreffenden Elektrizitätssystems, des Anlagen- und Leitungszustandes, des Netzgebiets sowie der energiewirtschaftlichen und örtlichen Gegebenheiten. Berufliche Erfahrungen aus Netzbau, Netzinstandhaltung und Netzbetrieb sind ebenso wie Verständnis für die Interessen von Kunden und der anderen Stakeholder äußerst vorteilhaft. Wissen über relevante rechtliche und regulatorische Rahmenbedingungen, die technischen Errichtungs- und Betriebsvorschriften sowie über betriebsinterne Vorgaben sollte in ausreichendem Maße gegeben sein. Praktische Kenntnisse heuristischer Planungsverfahren und einfacher Näherungsmethoden für Synthese und Analyse sind eine wertvolle Ergänzung theoretischer Kenntnisse.

In den vorigen Kapiteln wurden theoretische Zusammenhänge, praktische Erfahrungen und realitätsnahe Anwendungsbeispiele in einer sinnvoll aufbauenden und eng verzahnten Reihenfolge präsentiert. Damit wurde versucht, beim Praktiker Verständnis für theoretische Modelle und Methoden zu wecken. Dem Theoretiker sollten praktische Erfahrungen und Kenntnisse über bewährte Vorgangsweisen näher gebracht werden. Nur eine zweckmäßige Verschränkung von Theorie und Praxis kann zu nachhaltig günstigen Planungsergebnissen führen.

Die Gestaltung eines wirtschaftlich und technisch vorteilhaften sowie nachhaltigen Elektrizitätssystems erfordert neben den genannten Kenntnissen und Fähigkeiten auch eine umfassende systemorientierte Sichtweise. Die isolierte Betrachtung von Teilsystemen oder die Konzentration auf kurze Zeitabschnitte führt zu suboptimalen Teillösungen und kann sogar schwer zu korrigierende Nachteile in nicht betrachteten Bereichen nach sich ziehen. Einer strategisch vorteilhaften Gewichtung der Teilziele kommt dabei besondere Bedeutung zu. Zu einer umfassenden Sichtweise gehören auch die Berücksichtigung von benachbarten Bereichen wie Instandhaltung und Betrieb und die Beachtung der Interessen aller Stakeholder wie Kunden oder Grundeigentümer.

Eine umsichtige Planungstätigkeit erfordert systematisches, möglichst langfristiges Vorausdenken samt Analyse und Bewertung realistischer Szenarien. Dabei sollten auch derzeit fixe Rahmenbedingungen und technologische Gegebenheiten sinnvollen Variationen unterzogen werden. Nur so kann die regulatorische und technologische Weiterentwicklung durch die Netzplaner sinnvoll beurteilt oder manchmal sogar beeinflusst werden. Eine mehr systemorientierte Sichtweise in der Energiepolitik und in der darauf aufbauenden Regulierung der Elektrizitätswirtschaft wird zu volkswirtschaftlichen Vorteilen führen.

Eine ganze Reihe wirtschaftlicher und technischer Gegebenheiten erfordert eine ganzheitliche Herangehensweise: Die typische Kostenfunktion von Tiefbau und Kabelverlegungen erfordert bei jedem Projekt (Kabelgraben) das Betrachten der gesamten Umgebung über einen längeren Zeitraum, um Synergien durch örtliche und zeitliche Konzentration von Kabellegungen nutzen zu können. Auch andere Infrastrukturen wie Telekom oder Wasser sind diesbezüglich in die Planungsüberlegungen mit einzubeziehen. Beim Ausbau von Stationen sind alle benachbarten Teilnetzgebiete zu berücksichtigen, Grenzverschiebungen können die Wirtschaftlichkeit verbessern. Neue Leitungen oder Änderungen des Schaltzustandes haben in Elektrizitätsnetzen manchmal weitreichende Auswirkungen, jede Veränderung in einem Netz wirkt sich natürlich auch auf die zukünftige Entwicklung aus. Wenig überraschend gilt: Vernetztes und umsichtiges Denken ist in der Netzplanung unerlässlich.

Für die Gestaltung dezentraler Elektrizitätssysteme gibt es einen dichten Rahmen an rechtlichen und regulatorischen Vorgaben, zahlreiche allgemeine und unternehmensinterne Richtlinien sowie ein umfassendes technisches Regelwerk für Errichtung, Instandhaltung und Betrieb von Anlagen und Leitungen. Zu berücksichtigen sind die Interessen aller Stakeholder bei geplanten Projekten, die eigenen Ressourcen sowie das Angebotsspektrum der Lieferindustrie. Dieses Umfeld begünstigt das Ausführen von bewährten Standardlösungen und scheint wenig Spielraum für neue Lösungsansätze zu bieten. Umso interessanter ist es für den Systemgestalter, innovative Ideen in seine Planungsarbeit einfließen zu lassen. Sie müssen eindeutige und überprüfbare Vorteile gegenüber Standardlösungen aufweisen, dann sollte ihre Umsetzung trotz vielleicht auftretender Hürden konsequent verfolgt werden. Großes Potenzial bieten Vereinfachungen und die kreative Nutzung von Synergien, die Einführung neuer Technologien erfordert eine solide Vorbereitung beispielsweise in Feldversuchen. Letztlich trägt die Innovationskraft der Systemgestalter wesentlich zur langfristig vorteilhaften Entwicklung dezentraler Elektrizitätssysteme bei.

Sachverzeichnis

(N−1)-Prinzip, 65, 194
1000-V-Leitung, 203, 233

A
Abschaltbereich, 61
Abzweigstruktur, 80
Ameisenalgorithmus, 161, 245, 249
Amortisationsdauer, 50
Analyse, 134, 236
analytisches Netzmodell, 155
analytisches Planungsmodell, 152
Anfangskurzschlusswechselstrom, 114
Anlagenplanung, 77
Anlagenstruktur, 79, 216
Annuitätenmethode, 47
Annuitätsfaktor, 47
Anreizregulierung, 57
Anschlusstechnik, 258
Asset Management, 163
Ausbauleistung, 215
Ausbauvariante, 236
Ausfallhäufigkeit, 60
Ausfallleistung, 62
Ausfallzustände, 61
Ausführungsplanung, 138, 163, 169, 251, 281
Ausnahmebetrieb, 89
automatische Wiedereinschaltung, 122

B
Badewannenkurve, 59
Bedarfsganglinie, 17
Bereichsprognose, 37
Bereitstellungsleistung, 16
Betrachtungszeitraum, 8, 49
Betriebsgrenze, 197
Betriebskosten, 44, 54

Betriebsmittel, 206
Betriebsplanung, 233
Betriebssicherheit, 251
Betriebstopologie, 120
Bewertungszeitraum, 8, 142
Blindleistung, 22
Blitzschutzanlage, 254
Brandschutz, 252, 260

C
CAE-System, 158

D
Datenübertragung, 125
Dauerbetrieb, 89, 95
Dauerlinie, 19
Dekomposition, 137
Delaunay-Triangulierung, 85, 249
Detaillierung, 138
Detailplanung, 170
dezentrale Spannungsregelung, 111
Dienstleistung, 23
direkte Reserve, 67
diskretes Modell, 136
Drehstromleitung, 99
Dreibein, 239
dynamisches Optimierungsmodell, 247

E
eigensicheres Umspannwerk, 67, 208, 217, 251
Einbaustation, 259
Einreichprojekt, 170
Einschaltlast, 235
Eisenverluste, 257
Elektrizitätsmarkt, 21
elektromagnetische Verträglichkeit, 253
Emission, 253, 260

EN 50160, 105, 117
EN 60076, 257
EN 61000, 117
EN 62271, 256
Energiekosten, 54
Energiepolitik, 57
Engpassenergie, 62
Engpasskosten, 46
Engpassleistung, 62
Entsorgungsqualität, 194
Entsorgungsstörung, 62
Entsorgungszuverlässigkeit, 72, 276
Erdschlusskompensation, 127
Ergebnisnetz, 77
Erneuerung, 242
Erneuerungsbedarf, 185
Erneuerungsstrategie, 186, 191
Ersatzschaltbild, 102
Ersatzstromversorgung, 269
Erwärmung, 91
Erweiterung, 256
evolutionärer Algorithmus, 161
Evolutionsstrategie, 245
EVU-Last, 90

F
Feintrassierung, 77, 169, 261
Feldleittechnik, 265
Fertigteilstation, 191, 259
Filterverfahren, 34
Fixkostenstruktur, 55
Flächenlastdichte, 26
Flussmodell, 97, 111
Folgeausfall, 62
Folgefehler, 68
forcierte Wärmeabfuhr, 90
Freileitungsanbindung, 210
Funkrundsteuerung, 125
Funktionsprüfung, 257

G
ganzzahlige Variable, 244
Gebäudesicherheit, 254
Gebietseinteilung, 139
Gebietsstreifen, 228
Gehsteignetz, 80
geografische Informationssystem, 156
Gestaltungsgrundsatz, 192, 197, 279
Gleichzeitigkeitsfaktor, 24

Gompertz-Funktion, 36
Graph, 76
Greenfield Planning, 77
Grenzlänge, 106
Grenzwahrscheinlichkeit, 241
Großkundenanlage, 238
Großstörung, 23
Grundsatzfestlegung, 200
Grundsatzplanung, 163, 165, 278

H
Hauptschutz, 264
heiße Reserve, 62
Heißwasserspeicher, 20
heuristische Methode, 137
HH-Sicherung, 264
Hochspannungsnetz, 188
Hochspannungs-Schaltanlage, 217
Höchstlastzeitpunkt, 24
Hochtemperaturseil, 96

I
IEC 60038, 104, 105
IEC 60071, 128
IEC 60076, 97
IEC 60287, 95
IEC 60853, 95
IEC 60865, 112
IEC 60870, 266
IEC 60909, 114
IEC 61850, 266
Impedanzerdung, 127
Impedanzwinkel, 100
Inbetriebnahmedauer, 60
indirekte Reserve, 67
Infrastrukturmodell, 144
innovative Spannungsregelung, 109
Instandhaltung, 183
Instandhaltungskosten, 43, 54
Investitionsanreiz, 56
Investitionsentscheidung, 42, 186, 244
Investitionskosten, 43, 192
Investitionsrechnung, 47, 276
Investitionsrückstau, 188
Isolationskoordination, 128
isolierter Sternpunkt, 126
iterativer Planungsprozess, 134

J
Jahresganglinie, 24

Sachverzeichnis

K
Kabelmitlegung, 87
Kabelstrecke, 261
kalte Reserve, 65
Kante, 76
Kapazitätsfestlegung, 9, 27
kapazitiver Ladestrom, 100
Kapitalwertmethode, 48
Kausalmodell, 39
Knoten, 76
Knotenpotenzial, 111
Kompaktstation, 191, 260
kontinuierliche Variable, 244
kontinuierliches Modell, 136
Koordinierungsstrategie, 140
Kosten, 42
Kostenangabe, 50
Kostenkomponente, 50
Kostenmodell, 145
kostenoptimaler Fluss, 160
kostenoptimaler Spannbaum, 86
kostenoptimaler Weg, 159
Kostenstruktur, 51, 53, 55
Kraftwirkung, 113
Kühlung, 253, 255
Kühlungsart, 224
Kupferverluste, 257
Kurzschluss, 89
Kurzschlussfestigkeit, 22, 112
Kurzschlussleistung, 12, 22, 119
Kurzschlussmanagement, 112
Kurzschlussstromberechnung, 115, 237
kurzzeitige Impedanzerdung, 127
Kurzzeitstromdichte, 113

L
ländliches Niederspannungsnetz, 232
Längsspannungsabfall, 100
Lastabwurf, 23
Lastfluss mit Restriktionen, 248
Lastflussberechnung, 237
Lastflussrechnung, 103
Lastprofilzähler, 125
Laststeuerung, 20, 21
Laststufenschalter, 225
Leiterseil, 96
Leittechnik, 125, 264, 281
Leitungsnetz, 83
Leitungsplanung, 77
Leitungsring, 10
Leitungsstrang, 10
Lüftung, 253

M
Markoff-Prozess, 30, 58
Maschennetz, 83
Maschennetzbetrieb, 123
mathematische Methode, 137
mathematisches Modell, 98
mathematisches Optimierungsverfahren, 244
maximaler Fluss, 159
mechanische Dimensionierung, 113
Metaheuristik, 227, 280
metaheuristisches Optimierungsverfahren, 245
minimaler Spannbaum, 159
Minimum Spanning Tree, 86
Mittelspannungsnetz, 227
Mittelspannungs-Schaltanlage, 218
Modellierung, 76, 135
Modellnetz, 143, 146, 151, 278
Modellprognose, 39, 40

N
Nachfrage, 158
Nachfragedeckung, 16, 275
Nachfragedichte, 152
Nachfrageganglinie, 24
Nachfragemodell, 143
Nachfrageprognose, 32, 37
Nachfrageschätzung, 23
Nachtstrom, 20
natürliche Belüftung, 93
natürliche Kühlung, 255
natürliche Wärmeabfuhr, 89
Nearest Neighbor Method, 230
Nebenbedingung, 98, 137
Nennkurzschlussspannung, 225
Nennleistung, 224
Netzanschluss, 17
Netzanschlusspunkt, 16
Netzberechnungsprogramm, 103
Netzbetrieb, 120, 277
Netzdienstleistungen, 22
Netzebene, 16
Netzelement, 61, 64
Netzerweiterung, 239
Netzform, 209
Netzinformationssystem, 76, 156

Netzkosten, 50
Netzleitstelle, 267
Netzrückbau, 192
Netzrückwirkung, 119
Netzstruktur, 227
Netzverlustkosten, 44, 193
Netzverstärkung, 203, 239
Netzzugang, 16
NH-Sicherung, 264
Nichtverlässlichkeit, 59
Niederspannungs-Schaltanlage, 221
Nutzen, 42
Nutzenergiespeicher, 21

O

Oberschwingung, 120
Objekt, 76
optimale Reihenfolge, 230
optimaler Schaltzustand, 233
Optimierung, 136, 243
Optimierung des Schaltzustandes, 237
Optimierungsaufgabe, 5
Optimierungsmethode, 160
Optimierungsproblem, 159
Optimierungsverfahren, 244, 280
Optimierungszeitraum, 7

P

Partikelschwarm, 161
Periodizität, 17
Pflichtenheft, 263
Phasenwinkel, 100
Pheromon, 246
Planungsaufgabe, 7
Planungskompetenz, 12
Planungsmethode, 193
Planungsorganisation, 162
Planungsprojekt, 158
Planungsprozess, 133
Planungsstrategie, 204
Planungssystematik, 163, 278
Planungstechniken, 133
Planungsvorbereitung, 77
Planungszeitraum, 8, 142
Problemzerlegung, 137, 278
Prognose, 31
Projektnetz, 77, 85
Projektplanung, 138, 169
Prozesskommunikation, 266

Prozessleittechnik, 125
Prüfung, 256, 259

Q

Qualität, 194
Querverbindung, 211

R

Raumkonzept, 222
Real Time Pricing, 21
rechnergestützte Netzplanung, 156
regelbarer Ortsnetztransformator, 109
regelbarer Stationstransformator, 201
Regeltransformator, 226
Regressionsverfahren, 35
Regulierung, 56, 186
Regulierungsanreiz, 56
Reparatur, 256
Reparaturdauer, 64
Reparaturstatistik, 184
Reserve, 65
Reservekabel, 69
Reservekabelnetz, 70, 211
Reserveschutz, 264
Restnutzen, 46
Restrukturierung, 237, 241, 280
Ringnetz, 10, 69, 211
Ringnetzplanung, 249
Robustheit, 26, 40, 192, 193
Rundreiseproblem, 160, 230
Rundsteuerung, 21

S

Sammelschiene, 254
Schadensstatistik, 184
Schallemission, 257
Schallschutz, 253
Schaltanlage, 207, 254
Schaltbare Last, 235
Scheinarbeitsverlustfaktor, 44
Schirmverlust, 92
Schutz, 258
Schutzkonzept, 265
Schutztechnik, 125, 264, 281
Sectionalizer, 123
Sektorenbildung, 228
Sektorenschnittmethode, 229
Sicherheit, 268
simulierte Abkühlung, 161

Skaleneffekt, 55
Softwarepaket, 236
Spannbaum, 249
Spannungsabfall, 99
Spannungsänderung, 119
Spannungsband, 105
Spannungsbandmanagement, 200
Spannungsebene, 11, 104, 205
Spannungshaltung, 105, 203, 277
Spannungsmanagement, 99, 198, 234, 277
spannungsorientiertes Verteilnetz, 106
Spannungsprüfung, 256
Spannungsqualität, 22, 117, 119
Spannungsregelbereich, 225
Spannungsregelung, 108
Spannungswinkel, 100
Speicher, 20, 21
Speichereinsatz, 235
Spitzenlastanteil, 25
städtisches Niederspannungsnetz, 231
Stakeholder, 6
Standard, 207
Standortermittlung, 215
Standortplanung, 213, 251, 280
Station, 207
Stationsgebiet, 120
Stationskette, 102
Stationsleittechnik, 266
Stationsplanung, 77
Stationsstruktur, 78
Stationstransformator, 225
Steiner-Baum-Problem, 81, 159
Sternpunkterdung, 126
steuerbare Nachfrage, 20
stochastische Optimierungsaufgabe, 241
stochastischer Prozess, 30
Störlichtbogensicherheit, 252, 255
Störungsmanagement, 23, 123, 235
Störungsstatistik, 63, 184
Stoßkurzschlussstrom, 115
strahlenförmig, 69
Strahlennetz, 70, 83
Strahlennetzbetrieb, 121
Strangnetz, 10, 69, 211
Straßennetz, 80
strategische Planung, 138
Streifenstapelmethode, 229
stromabhängige Verluste, 88
Strombelastbarkeit, 94, 96

stromorientiertes Verteilnetz, 106
Struktur, 10, 76
strukturelle Reserve, 62
Strukturoptimierung, 244
Strukturplanung, 138, 163, 167, 213, 227, 228, 278
Stückprüfung, 256
Stützpunktnetz, 84
Synergie, 242
Synthese, 133, 227, 231
Systementwicklung, 57, 58
Systemerneuerung, 183, 279
Systemgestaltung, 3, 251, 281
Systemstandard, 204, 279
Systemzuverlässigkeit, 63
Szenarienentwicklung, 175
Szenario, 30

T
Tabu Suche, 161
Tageseinspeiseganglinie, 18
Tagesganglinie, 24
Tageslastganglinie, 17
Teilnetzgebiet, 139, 213
Teilnetzplanung, 139
Teilspannungsabfall, 103
thermisch wirksamer Kurzzeitstrom, 115
thermische Belastbarkeit, 94, 197, 276
thermischer Grenzstrom, 92
thermisches Ersatzschaltbild, 92
Tiefbauarbeiten, 263
Tonfrequenz-Rundsteueranlage, 20
Tonfrequenz-Rundsteuerung, 125
Tortenschnittmethode, 228
Transformator, 97, 101, 190, 257, 281
Transformatorenauslegung, 224
Transformatorstation, 191, 259
Transport, 81
Transportbereich, 82
Transportkapazität, 11, 88
Transportmoment, 107
Trassenfestlegung, 262
Trassennetz, 80
Trassenplanung, 77
Trend, 29, 34
Trendprognose, 38
Typprüfung, 256

U
Überlastbarkeit, 97, 224

Übersetzungsverhältnis, 102
Überspannungsschutz, 128
Übertragungsnetz, 23
Umspannwerk, 189
Umspannwerksanbindung, 217
Umspannwerksgebäude, 251
Umspannwerkskonzept, 216
Umspannwerkstransformator, 224
Umwegfaktor, 146
Umwelt, 197
Ungewissheit, 8, 26, 28, 31, 276
Unterbrechung, 62
unverzweigte Leitung, 84
unverzweigtes Netz, 83

V
Vehicle Routing Problem, 160
Vereinfachung, 243
Verfügbarkeit, 61
Verkabelung, 240
Verlässlichkeit, 59
Vernetzung, 80
Vernetzungsbereich, 82
Versorgungskette, 65
Versorgungsqualität, 62, 194
Versorgungsstörung, 62
Versorgungszuverlässigkeit, 58, 64, 65, 251, 276
Vertrauensintervall, 37
verzweigte Leitung, 84
verzweigtes Netz, 83
Verzweigungsprinzip, 244
Vorhersage, 29
Voronoi Region, 139
Vorprojekt, 169

W
Wahrscheinlichkeitsdichte, 28

Wärmeleitung, 90
Wärmespeicher, 21
Wärmestrahlung, 90
Wärmeübergang, 90
Wärmewiderstand, 92
Warmwasserbereitung, 18
Wartung, 256
Wartungsstatistik, 184
Wegenetz, 80
Wiederaufbau, 23
Wiederinbetriebnahmedauer, 64
Wirkverlust, 88
Wirtschaftlichkeit, 42, 47, 192, 251
Wirtschaftlichkeitsvergleich, 47

Z
Zeigerdiagramm, 100
zeitliche Dekomposition, 140
Zeitreihe, 34
Zeitreihenprognose, 34
zentrale Spannungsregelung, 111
zentraler Einspeiseknoten, 85
Zerlegbarkeit, 9
Zielfunktion, 98, 136, 247
Zielnetzplanung, 141, 187, 205
Zollenkopf-Prinzip, 66
Zubehör, 258
Zufallsgröße, 28
Zufallsprozess, 58
Zustandsmodell, 59
Zustandsstatistik, 184
Zustandswahrscheinlichkeit, 59
zuverlässige Anlage, 67
zuverlässiges Netz, 69
Zuverlässigkeit, 58
Zuverlässigkeitsmodell, 145
zyklischer Betrieb, 89

MIX
Papier aus verantwortungsvollen Quellen
Paper from responsible sources
FSC® C105338

If you have any concerns about our products,
you can contact us on
ProductSafety@springernature.com

In case Publisher is established outside the EU,
the EU authorized representative is:
**Springer Nature Customer Service Center GmbH
Europaplatz 3, 69115 Heidelberg, Germany**

Printed by Libri Plureos GmbH
in Hamburg, Germany